图3-3　乳铁蛋白产品

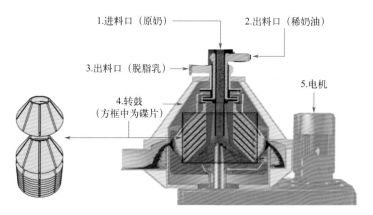

图4-6　常见离心式分离机的主要内部结构

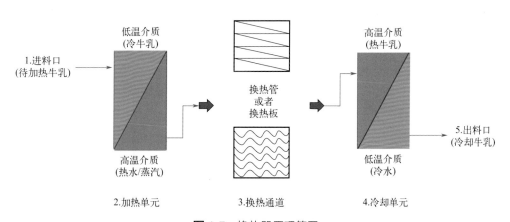

图4-7　换热器原理简图

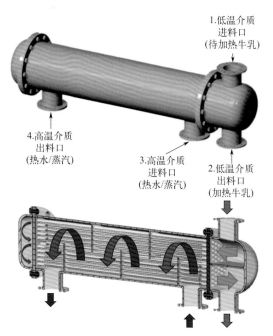

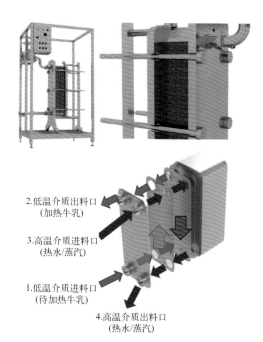

图 4-8　常见列管式换热器结构和液体流向示意图

图 4-9　常见板式换热器结构和液体流向示意图

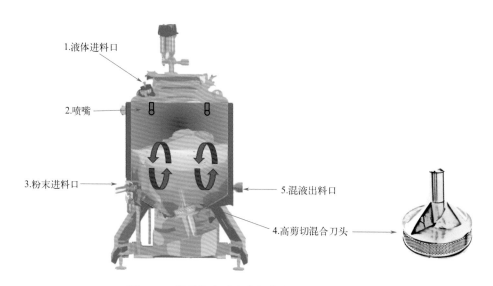

图 4-14　常见批次式高剪切真空混料机罐体结构

3.混液出料口

1.液体进料口

2.固体进料口

1.液体进料口

图 4-15 常见连续式在线高剪切混合器

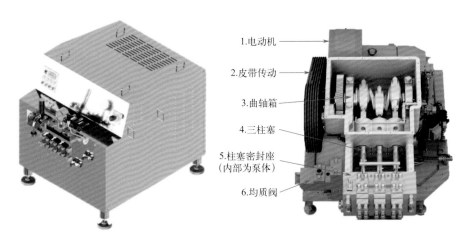

1.电动机

2.皮带传动

3.曲轴箱

4.三柱塞

5.柱塞密封座
(内部为泵体)

6.均质阀

图 4-16 常见高压均质机及其内部结构

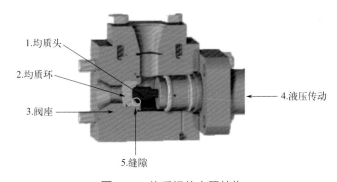

1.均质头

2.均质环

3.阀座

4.液压传动

5.缝隙

图 4-17 均质阀的主要结构

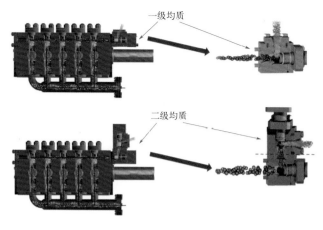

一级均质

二级均质

图 4-18　一级均质和二级均质阀

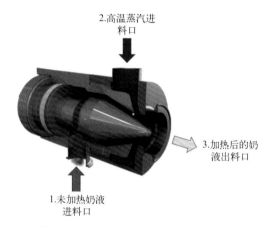

2.高温蒸汽进料口

3.加热后的奶液出料口

1.未加热奶液进料口

图 4-20　常见的直接蒸汽喷射式杀菌器

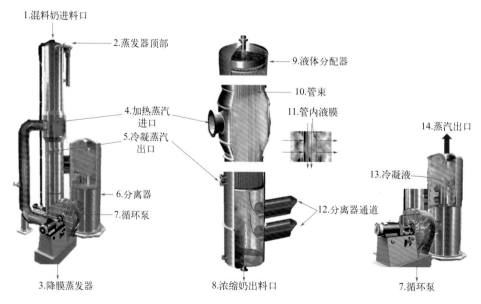

1.混料奶进料口

2.蒸发器顶部

9.液体分配器

10.管束

11.管内液膜

14.蒸汽出口

4.加热蒸汽进口

5.冷凝蒸汽出口

13.冷凝液

6.分离器

7.循环泵

12.分离器通道

3.降膜蒸发器

8.浓缩奶出料口

7.循环泵

图 4-21　常见的降膜蒸发器及其主要结构

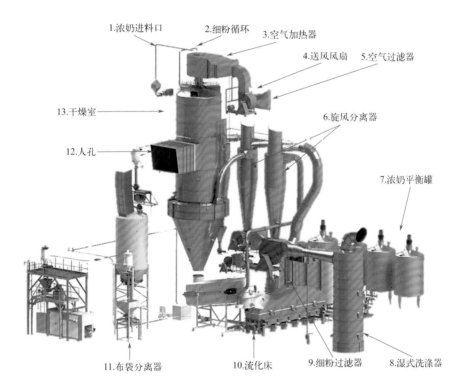

1.浓奶进料口　2.细粉循环　3.空气加热器
4.送风风扇　5.空气过滤器
13.干燥室
6.旋风分离器
12.人孔
7.浓奶平衡罐
11.布袋分离器　10.流化床　9.细粉过滤器　8.湿式洗涤器

图 4-25　常见的喷雾干燥系统

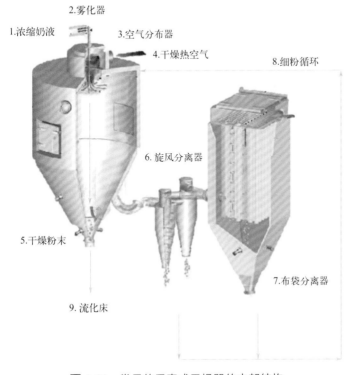

2.雾化器
1.浓缩奶液　3.空气分布器
4.干燥热空气
8.细粉循环
6.旋风分离器
5.干燥粉末
7.布袋分离器
9.流化床

图 4-28　常见的垂直式干燥器的内部结构

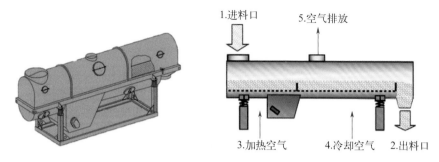

图 4-29 常见的流化床干燥器的内外部结构

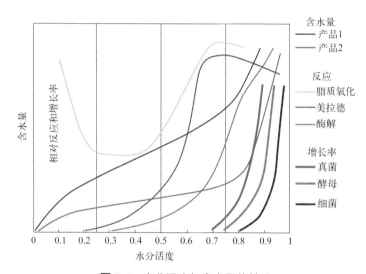

图 7-1 水分活度与含水量的关系

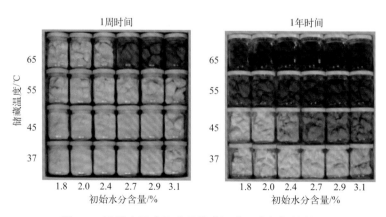

图 7-2 乳粉水活度和产品储藏温度、货架期的关系

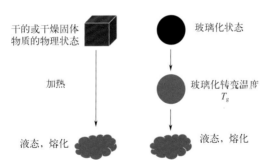

乳粉玻璃化转变温度模型

干的或干燥固体物质的物理状态

玻璃化状态

加热

玻璃化转变温度 T_g

液态，熔化

液态，熔化

图 7-3　玻璃化转变与温度关系

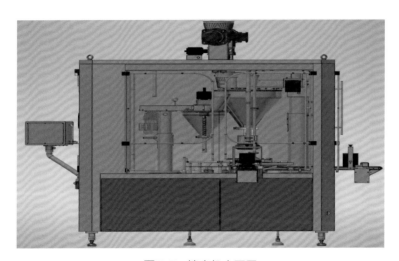

图 7-5　填充机立面图

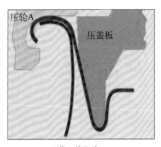

压轮A

压盖板

罐、盖配合

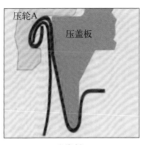

压轮A

压盖板

一次卷封

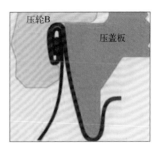

压轮B

压盖板

二次卷封

图 7-8　封罐机卷封效果图

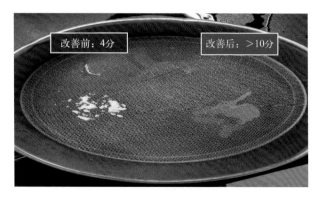

图 8-8　D90 原料对应粉体指标改善

MS3000 报告参数解释

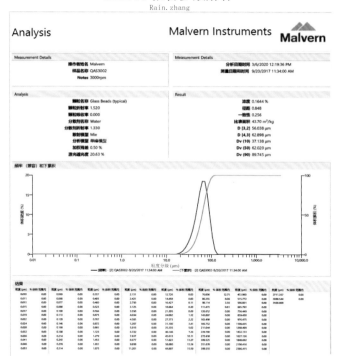

图 8-12　MS3000- 马尔文粒径检测数据

"生命早期1000天营养改善与应用前沿"
编委会

顾问

陈君石　国家食品安全风险评估中心，中国工程院院士

孙宝国　北京工商大学，中国工程院院士

陈　坚　江南大学，中国工程院院士

张福锁　中国农业大学，中国工程院院士

刘仲华　湖南农业大学，中国工程院院士

主任

任发政　中国农业大学，中国工程院院士

副主任

荫士安　中国疾病预防控制中心营养与健康所，研究员

编委（按姓氏汉语拼音排序）

边振甲　中国营养保健食品协会

陈　伟　北京协和医院

崔　红　首都医科大学附属北京友谊医院

戴耀华　首都儿科研究所

邓泽元　南昌大学

丁钢强　中国疾病预防控制中心营养与健康所

董彩霞　甘肃省疾病预防控制中心

付　萍　中国疾病预防控制中心营养与健康所

葛可佑　中国疾病预防控制中心营养与健康所

姜毓君　东北农业大学

蒋卓勤　中山大学预防医学研究所

李光辉　首都医科大学附属北京妇产医院

厉梁秋　中国营养保健食品协会

刘　彪　内蒙古乳业技术研究院有限责任公司

刘烈刚　华中科技大学同济医学院

刘晓红　首都医科大学附属北京友谊医院

毛学英　中国农业大学

米　杰　首都儿科研究所

任发政　中国农业大学

任一平　浙江省疾病预防控制中心

邵　兵　北京市疾病预防控制中心

王　晖　中国人口与发展研究中心

王　杰　中国疾病预防控制中心营养与健康所

王　欣　首都医科大学附属北京妇产医院

吴永宁　国家食品安全风险评估中心

严卫星　国家食品安全风险评估中心

杨慧霞　北京大学第一医院

杨晓光　中国疾病预防控制中心营养与健康所

杨振宇　中国疾病预防控制中心营养与健康所

荫士安　中国疾病预防控制中心营养与健康所

曾　果　四川大学华西公共卫生学院

张　峰　首都医科大学附属北京儿童医院

张玉梅　北京大学

国家出版基金项目
NATIONAL PUBLICATION FOUNDATION

中国营养保健食品协会推荐用书

生命早期1000天
营养改善与应用前沿
Frontiers in Nutrition Improvement and
Application During the First 1000 Days of Life

婴幼儿配方食品
品质创新与实践

Quality Innovation and Practice of
Infants and Young Children Formulas

毛学英 ｜ 主编

刘　彪

化学工业出版社

·北京·

内容简介

母乳是研究婴幼儿配方食品的金标准，而要将母乳中发现的具有重要生物学功能的成分实现真正的产业化，则需要更长期的且复杂艰巨的研究与推进过程。

本书全面系统总结了国内外婴幼儿配方食品的发展历程、婴幼儿配方食品的配方设计原则、婴幼儿配方食品原料的评价与选择、婴幼儿配方食品生产工艺及关键设备、婴幼儿配方食品研发与生产过程中的质量控制、婴幼儿配方食品货架期的品质变化与保持、提升消费者对婴幼儿配方食品体验的创新实践、婴幼儿配方食品国内外相关标准与法规。本书基于我国母乳成分研究成果，提出了适合我国婴幼儿生长发育特点的婴幼儿配方食品组分含量建议，以促进我国婴幼儿配方食品的品质升级和国际美誉度提高。

本书可作为乳制品生产研发人员、婴幼儿营养专家和婴幼儿配方食品研发人员的参考书。

图书在版编目（CIP）数据

婴幼儿配方食品品质创新与实践 / 毛学英，刘彪主编 . —北京：化学工业出版社，2024.7
（生命早期 1000 天营养改善与应用前沿）
ISBN 978-7-122-36441-8

Ⅰ.①婴…　Ⅱ.①毛…②刘…　Ⅲ.①婴儿食品-研究　Ⅳ.①TS216

中国国家版本馆 CIP 数据核字（2024）第 076676 号

责任编辑：李　丽　刘　军　　　　　　文字编辑：朱雪蕊
责任校对：田睿涵　　　　　　　　　　装帧设计：王晓宇

出版发行：化学工业出版社（北京市东城区青年湖南街 13 号　邮政编码 100011）
印　　装：中煤（北京）印务有限公司
710mm×1000mm　1/16　印张 23½　彩插 4　字数 437 千字
2024 年 7 月北京第 1 版第 1 次印刷

购书咨询：010-64518888　　　　　　　售后服务：010-64518899
网　　址：http://www.cip.com.cn
凡购买本书，如有缺损质量问题，本社销售中心负责调换。

定　　价：168.00 元　　　　　　　　　　　　　　版权所有　违者必究

《婴幼儿配方食品品质创新与实践》编写人员名单

主编
毛学英　刘　彪

副主编
叶文慧　温红亮　段素芳　孙亚楠

参编人员（按姓氏汉语拼音排序）

段素芳　巩　涵　韩斌剑　何婷超　姜　慧　景智波
李　放　李奋昕　李　婧　李　星　李彦荣　李玉珍
刘　彪　马聿麟　马志远　毛学英　祁璇婧　石羽杰
田春艳　王洪丽　王鹏杰　王瑞霞　王晓玉　温红亮
肖竞舟　徐海青　徐　洋　闫雅璐　叶文慧　喻斌斌
张　吴　赵　亮　赵　琦

序一

生命早期 1000 天是人类一生健康的关键期。良好的营养支持是胚胎及婴幼儿生长发育的基础。对生命早期 1000 天的营养投资被公认为全球健康发展的最佳投资之一，有助于全面提升人口素质，促进国家可持续发展。在我国《国民营养计划（2017—2030 年）》中，将"生命早期 1000 天营养健康行动"列在"开展重大行动"的第一条，充分体现了党中央、国务院对提升全民健康的高度重视。

随着我国优生优育政策的推进，社会各界及广大消费者对生命早期健康的认识发生了质的变化。然而，目前我国尚缺乏系统论述母乳特征性成分及其营养特点的系列丛书。2019 年 8 月，在科学家、企业家等的倡导下，启动"生命早期1000 天营养改善与应用前沿"丛书编写工作。此丛书包括《孕妇和乳母营养》《婴幼儿精准喂养》《母乳成分特征》《母乳成分分析方法》《婴幼儿膳食营养素参考摄入量》《生命早期 1000 天与未来健康》《婴幼儿配方食品品质创新与实践》《特殊医学状况婴幼儿配方食品》《婴幼儿配方食品喂养效果评估》共九个分册。丛书以生命体生长发育为核心，结合临床医学、预防医学、生物学及食品科学等学科的理论与实践，聚焦学科关键点、热点与难点问题，以全新的视角阐释遗传 - 膳食营养 - 行为 - 环境 - 文化的复杂交互作用及与慢性病发生、发展的关系，在此基础上提出零岁开始精准营养和零岁预防（简称"双零"）策略。

该丛书是一部全面系统论述生命早期营养与健康及婴幼儿配方食品创新的著作，涉及许多原创性新理论、新技术与新方法，对推动生命早期 1000 天适宜营养的重要性认知具有重要意义。该丛书编委包括国内相关领域的学术带头人及产业界的研发人员，历时五年精心编撰，由国家出版基金资助、化学工业出版社出版发行。该丛书是母婴健康专业人员、企业产品研发人员、政策制定者与广大父母的参考书。值此丛书付梓面世之际，欣然为序。

任发政

2024 年 6 月 30 日

序二

　　儿童是人类的未来，也是人类社会可持续发展的基础。在世界卫生组织、联合国儿童基金会、欧盟等组织的联合倡议下，生命早期1000天营养主题作为影响人类未来的重要主题，成为2010年联合国千年发展目标首脑会议的重要内容，以推动儿童早期营养改善行动在全球范围的实施和推广。"生命早期1000天"被世界卫生组织定义为个人生长发育的"机遇窗口期"，大量的科研和实践证明，重视儿童早期发展、增进儿童早期营养状况的改善，有助于全面提升儿童期及成年的体能、智能，降低成年期营养相关慢性病的发病率，是人力资本提升的重要突破口。我国慢性非传染性疾病导致的死亡人数占总死亡人数的88%，党中央、国务院高度重视我国人口素质和全民健康素养的提升，将慢性病综合防控战略纳入《"健康中国2030"规划纲要》。

　　"生命早期1000天营养改善与应用前沿"丛书结合全球人类学、遗传学、营养与食品学、现代分析化学、临床医学和预防医学的理论、技术与相关实践，聚焦学科关键点、难点以及热点问题，系统地阐述了人体健康与疾病的发育起源以及生命早期1000天营养改善发挥的重要作用。作为我国首部全面系统探讨生命早期营养与健康、婴幼儿精准喂养、母乳成分特征和婴幼儿配方食品品质创新以及特殊医学状况婴幼儿配方食品等方面的论著，突出了产、学、研相结合的特点。本丛书所述领域内相关的国内外最新研究成果、全国性调查数据及许多原创性新理论、新技术与新方法均得以体现，具有权威性和先进性，极具学术价值和社会价值。以陈君石院士、孙宝国院士、陈坚院士、张福锁院士、刘仲华院士为顾问，以任发政院士为编委会主任、荫士安教授为副主任的专家团队花费了大量精力和心血著成此丛书，将为创新性的慢性病预防理论提供基础依据，对全面提升我国人口素质，推动 21 世纪中国人口核心战略做出贡献，进而服务于"一带一路"共建国家和其他发展中国家，也将为修订国际食品法典相关标准提供中国建议。

中国营养保健食品协会会长

2023 年 10 月 1 日

前言

　　母乳作为出生后 6 个月婴儿的唯一营养来源，可满足其几乎全部能量和营养素的需求。然而，由于各种原因，比如母乳分泌不足或疾病，有些婴儿无法接受母乳喂养，在这种情况下，就需要选择人工喂养方式——婴幼儿配方食品。婴幼儿配方食品作为非母乳喂养儿的无奈选择，其生产历史悠久。在没有婴幼儿配方食品之前，采用生牛乳或其他畜乳、炼乳、米糊等食品代替母乳进行人工喂养的婴幼儿，感染性疾病的发病率和死亡率相当高。这致使人们一直在探索寻找一种与人乳相似的婴幼儿配方食品，用于保障那些不能用母乳喂养婴幼儿的生存。

　　母乳被公认为研究婴幼儿配方食品的金标准。虽然对母乳的研究已经持续了近百年，但迄今为止，我们对母乳成分与结构的了解只是冰山一角，完全理清母乳成分及其对应的功能作用仍是严峻的挑战，还有相当漫长的路要走。而要将母乳中发现的具有重要生物学功能的成分实现真正的产业化，则需要更长期的且复杂艰巨的研究与推进过程。

　　本书全面系统总结了国内外婴幼儿配方食品的发展历程和趋势、婴幼儿配方食品的配方设计原则、婴幼儿配方食品原料的评价与选择、婴幼儿配方食品生产工艺及关键设备、婴幼儿配方食品研发与生产过程中的质量控制、婴幼儿配方食品货架期的品质变化与保持、提升消费者对婴幼儿配方食品体验的创新实践、婴幼儿配方食品国内外相关标准与法规。

　　最后，非常感谢书中每位作者对本书所做出的贡献，感谢出版社编辑们仔细辛勤的审编工作。本书是作为获得 2022 年度国家出版基金的"生命早期 1000 天营养改善与应用前沿"丛书的组成部分，在此感谢国家出版基金的支持，同时感谢中国营养保健食品协会对本书出版给予的支持。在本书编写过程中，其内容是全体参编人员基于多年研究成果、生产实践和国内外的最新研究进展进行编写的，但难免存在某些疏漏和不当之处，敬请读者朋友将建议反馈给作者，以不断改进。

2023 年 9 月，北京

目录

第 1 章

概论

婴幼儿配方食品作为不能接受母乳喂养儿的替代选择，其生产历史悠久。在没有婴幼儿配方食品之前，采用生牛乳或其他畜乳、炼乳、米糊等食品人工喂养的婴幼儿，感染性疾病的发病率和死亡率高。因而人们一直探索寻找一种与人乳相似的婴幼儿配方食品，用于保障那些不能接受母乳喂养婴幼儿的生存。

1.1 国内外婴幼儿配方食品的发展历程

1.1.1 国外婴幼儿配方食品的发展历程

婴幼儿配方食品的生产历史悠久。一个多世纪以来，母乳喂养历史的发展和科学技术的进步，为开发适合人工喂养儿的母乳代用品（婴幼儿配方乳粉）提供了契机和基础。20世纪初，人们首先合成了模仿人乳的合成乳粉。婴幼儿配方食品的"人工喂养"是伴随母乳喂养历史进程而出现的，一直以来备受争议，甚至被认为是导致全球母乳喂养率降低的重要因素之一。

1.1.1.1 产品配方的演变

在19世纪80～90年代，美国儿科文献讨论的主要议题是婴幼儿的人工喂养方法。在19世纪90年代，美国儿科医生Rotch构思了用奶瓶喂养婴儿的技术，被称为"百分比法"（也称为人性化奶法）。它是基于这样的设想，即如果将牛乳的成分改良为更接近人乳汁的成分，将会更成功地对婴儿进行人工喂养，这对基于生牛乳，经过精心设计生产婴幼儿配方食品产生了促进作用。国外配方食品的变化主要分为以下几个阶段。

（1）第一阶段（1900～1988年） 这一阶段仅仅是追求蛋白质、脂肪、碳水化合物、维生素以及矿物质等基础营养素的均衡，主要是为了防止人体某类营养素摄入不足，即预防缺乏。1905年，瑞典雀巢公司生产出第一款用于婴儿的乳粉，并销售到全世界，1910年商业化产品问世，很大程度代替了母乳喂养。1932年，Pritchard描述了美国儿科专家McKim Marriott教授"不以为然"的言论，宣称母乳没有什么神秘和神圣的，它仅仅是食品[1]，完全有可能制造出满足所有营养需求的"人工配方食品"。在两次世界大战之间，英国的配方乳粉公司并没有声称其产品优于母乳。在当时，医生声称母乳是婴儿最好的食物，同时，他们也承认这些婴幼儿配方产品对婴儿同样也是好的食品。

（2）第二阶段（1989～2003年） 配方乳粉开始追求营养素的强化，添加了对人体具有重要功能但易缺乏的营养素，如二十二碳六烯酸（docosahexaenoic acid, DHA）、花生四烯酸（arachidonic acid, ARA）、牛磺酸、胆碱、核苷酸等。在此期间，美国惠氏公司于1998年推出了添加两种多不饱和脂肪酸（ARA和DHA）的婴幼儿配方乳粉S-26 Gold，这也标志着以提高智力发育为特点的婴幼儿配方乳粉问世[2]。

（3）第三阶段（2004 年至今）　婴幼儿配方乳粉的配方设计及工艺生产更加追求精确性，在对牛乳、羊乳和母乳的组成成分和差异化进行深入研究的基础上，开发出添加多种功能成分因子的婴幼儿配方乳粉，同时也开始针对特殊群体开发适宜其生长发育的功能性配方乳粉 [3]。

近些年，陆续推出了添加维生素 D、硒、牛磺酸、肌醇、左旋肉碱、核苷酸、亚油酸、亚麻酸、ARA 和 DHA 等营养成分的婴幼儿配方乳粉，还包括添加改善肠道健康的益生菌（如双歧杆菌）以及促进益生菌生长和肠道健康的益生元（主要是低聚糖类，如低聚果糖、低聚半乳糖、聚葡萄糖等）的婴幼儿配方乳粉 [4]。研究的主要方向包括：豆基婴幼儿配方产品的研发（比如用植酸酶去除豆粉中植酸盐，改善和提高矿物质的吸收利用率）；配方中微量营养素的溶解性和利用率研究以及营养成分的配比和相互作用（协同与拮抗）研究等。

1.1.1.2　配方食品的生产技术进展

牛乳婴幼儿配方乳粉的研发始于 19 世纪的欧洲和美国。在此之前，没有人工喂养婴儿专用乳粉，主要是用米糊、面糊和牛乳喂养婴儿，造成婴儿死亡率高。

（1）早期研究　1805 年，法国人 Parmantillon Vald 建立了乳粉工厂，开始正式生产乳粉。1855 年英国 Grimwitt 发明了乳饼式乳粉干燥法，开始了乳粉工业化生产。1867 年，德国 Justus VonLiebing 基于将小麦粉、麦芽粉和少量碳酸钾加入牛乳中煮沸的婴儿配方，获得了专利。1872 年发明了乳粉喷雾干燥法，使乳粉生产发生了革命性的变化。在 19 世纪末，产生了许多类似配方，犹太商人 Joseph Nathan 在新西兰北岛的班尼索普小村庄建了牛乳加工厂，Keuber 和 Rubner 基于婴儿新陈代谢研究，创立了根据婴儿能量需要量进行喂养的婴儿喂养能量测定法。

（2）近代研究　20 世纪，婴幼儿配方乳粉真正实现商业化生产得益于滚筒干燥技术的发明，随后几年出现了喷雾干燥技术，并且被成功应用于脱脂乳粉生产。1915 年，美国惠氏公司发明了将植物油、动物脂肪均质后添加到脱脂乳中的首个乳基婴儿配方，并对 300 名婴儿成功进行了喂养试验。该种乳粉从 1921 年开始进行批量生产，标志着现代婴儿配方乳粉产业的开始。大约到 1947 年，滚筒干燥和喷雾干燥技术均被采用 [5]。在 20 世纪 50 年代，美国首次生产出溶解性得到明显改善的"速溶"脱脂乳粉。1961 年美国惠氏公司研究出第一个以乳清蛋白为主的婴儿配方乳粉 S-26，到 60 年代速溶脱脂乳粉得到了认可。70 年代以后才成功研制出速溶全脂乳粉。1972 年芬兰维奥利公司推出全球第一种液态婴儿乳。目前世界上大多数婴幼儿配方食品多基于上述研究演变而来。

1.1.1.3　早期婴幼儿配方食品喂养临床试验及其对母乳喂养率的影响

在 20 世纪初，欧洲多名科学家与多家医院或企业进行合作，开展多项婴儿乳粉喂养效果评价试验。其中，葛兰素公司迅速成为英国配方乳粉市场的领导者。之后，诸多国际品牌的婴幼儿配方食品生产商或其研究机构展开了很多临床喂养试验，并根据营养科学最新进展不断完善配方和生产工艺，使婴幼儿配方食品的营养和安全质量得到改善[6]。

1.1.2　我国婴幼儿配方食品的发展历程

在目前国内市场上，国内外品牌的婴幼儿配方乳粉均有销售。然而在大城市，国外品牌长期占主导，高端产品市场更为突出，国外品牌占据绝对优势[7]。究其原因，与我国婴儿配方乳粉的研发起步较晚和产品研发能力相对薄弱有关。我国婴幼儿配方食品主要经历了 20 世纪初的早期发展阶段，以谷类、大豆为主要蛋白质来源的谷基婴幼儿配方食品研发阶段，"5410"豆基婴幼儿配方食品的研究阶段，乳基母乳化婴幼儿配方食品的研究阶段（也被称为母乳代用品），以及伴随改革开放兴起的乳基婴幼儿配方食品阶段，也称为全面发展阶段[8]。

1.1.2.1　我国婴幼儿配方食品基料和配方组成的演变

（1）早期发展阶段　我国母乳代用品的研究始于 1916 年，我国著名公共卫生学家、1935 年诺贝尔生理学或医学奖候选人、中华医学会创始人、防疫事业先驱伍连德先生在《中华医学杂志》上发表题为《制牛乳以代人乳法》的文章，提出当婴儿得不到母乳喂养或由于其他原因不能用母乳喂养婴儿时，可将新鲜牛乳煮沸后加适量沸水和糖喂养婴儿。早期婴幼儿配方食品（乳粉）主要是用米粉、面粉混合的原料制成的，并没有考虑添加多种微量营养素来调节营养成分[9]。

（2）谷基婴幼儿配方食品研发阶段　我国谷基婴幼儿配方食品的研究始于1926 年，民国名医、小儿科专家祝慎之从营养科学出发研究豆浆代替乳类以喂养婴儿，并在动物水平进行了相关代谢试验。抗战期间，祝慎之与侯祥川教授等制备豆浆、豆乳粉及豆渣饼喂养难童。在 1954 年之前，普遍使用以稻米和小麦为基本原料，添加少量乳粉、蛋黄粉、钙和食盐等（通常被称为奶糕、代粥糕、乳儿糕等）的食品作为母乳代用品。然而，这些代乳品不能完全满足婴儿生长发育需要[10]。

（3）"5410"豆基婴幼儿配方食品的研发阶段　1954 年 10 月，中国医学科学院卫生研究所立项开始研究我国第一个以大豆为基础的婴幼儿配方食品，并依据研究开始的时间将配方命名为"5410"，以大豆蛋白为蛋白质的主要来源，原料为大豆粉、蛋黄粉、大米粉、植物油和蔗糖，采用热处理方法消除大豆粉中抗胰蛋白酶因子的不良作用，适量补充了维生素。同时根据婴儿对能量和氨基酸的需要，调整了主要原料的配比，相继完善和定型了生产工艺，并进行动物实验、营养状况评价和婴儿喂养临床试验等，系统研发了我国第一个豆基婴幼儿配方食品，为我国婴幼儿配方食品的工业化生产奠定了基础，当时生产企业以上海益民一厂和哈尔滨松江罐头厂为代表。

随着我国乳基婴幼儿配方食品的迅速发展和大量国际品牌产品的进入，上述国产豆基产品价格失去竞争优势，逐渐停产并退出市场。1996年，修订婴幼儿配方食品标准时，这类豆基配方食品产品在国内市场上几乎消失。因而，在1997年颁布新修订实施的婴幼儿配方食品标准中撤销了该标准批准号，将豆基配方产品并入《食品安全国家标准 婴儿配方食品》（GB 10765），至此"5410"配方食品标准成为历史。

（4）乳基婴幼儿配方食品的研发阶段　1949年之前，我国乳制品主要靠进口，国内仅有几家小型乳品厂生产乳基婴儿代乳食品，品种少且产量很小，而且这些企业主要由外国人操控。1949年后，乳制品的生产逐渐开始国产化，全脂乳粉/滚筒生产的全脂乳粉（1950年）、全脂加糖乳粉（1953年）、全脂速溶乳粉（1959年）等产品相继面市[11]。

① 早期配方乳粉的研发。20世纪70年代，国内正式开始进行婴幼儿配方乳粉的研发。黑龙江乳品工业研究所提出婴儿配方乳粉立项研究，获得国家轻工业部批准，同时也推动了产品相关法规标准的建设。1979年，黑龙江乳品工业研究所研制出国内第一种婴儿配方乳粉，其主要原料为牛乳、豆浆、蔗糖和饴糖；1980年10月，国务院以国发（80）262号文件批准了由轻工业部、粮食部、商业部联合起草的《关于解决我国婴幼儿食品问题》的报告，推动了我国婴幼儿配方食品的研究和发展；1985年，内蒙古轻工业研究所和黑龙江乳品工业研究所在"婴儿配方乳粉Ⅰ"的基础上，研发出了以乳为基础，调整了乳清蛋白含量的"婴儿配方乳粉Ⅱ"。与此同时，伊利乳粉厂建立了第一条生产线。20世纪90年代初陆续出现各种婴幼儿配方乳粉，结束了我国婴幼儿配方乳粉品种单一的局面，为推动我国婴幼儿配方食品的发展做出贡献[11]。

② 配方成分的营养和功能化。20世纪90年代之后，随着医学和营养科学的发展以及食品加工技术的进步，人们希望婴幼儿配方食品不仅在组成成分，而且在营养与功能方面更接近母乳[12]。此时，大量国外著名品牌的婴幼儿配方食品进入我国市场，推动了我国婴幼儿配方食品的研究与开发，使国产品牌的产品逐渐丰富多样。乳粉消化吸收性质改善、必需营养素强化和功能性成分添加的深入研

究，使其不仅在基础营养组成方面，而且在可能的功能性成分组成方面也更接近母乳。黑龙江乳品工业开发中心研制出"婴儿配方乳粉Ⅲ"，以精制饴糖和麦芽糖取代脱盐乳清粉；北京食品工业研究所主持研究了"酶法改进酪蛋白在婴儿配方乳粉中的应用"，解决了我国长期依赖进口乳清粉的问题，提供较易消化吸收的蛋白质。江南大学在国家"八五"科技攻关项目"新生儿婴儿配方乳粉的研究"中，采用酶法选择性消除 α_s-酪蛋白、β-酪蛋白的过敏性，同时强化多种维生素和矿物质，并添加了牛磺酸、溶菌酶和免疫球蛋白等活性物质，使产品在营养价值和调节免疫功能方面更接近母乳。伊利公司陆续开发出伊利婴儿系列乳粉、婴幼儿系列乳粉、幼儿系列乳粉等婴幼儿配方食品。

③ 配方的精准、科学和高端化。进入 21 世纪，越来越多的企业涉入配方乳粉的生产。但在 2004 年春的"大头娃娃事件"和 2008 年的"三聚氰胺事件"被披露之后，婴幼儿食品安全受到国家重视，国家在贯彻落实《中华人民共和国食品安全法》（简称《食品安全法》）相关要求的基础上，对婴幼儿食品进行了严格的标准修订。整个修订过程中注重科学依据，以保障婴幼儿健康为目标，既要保证产品安全又要满足婴幼儿的营养需要。同时，国家相关部门参考国际食品法典委员会及欧盟成员国、美国、澳大利亚和新西兰等国家的婴幼儿食品标准与法规，广泛征求各方面的意见和建议，依据中国营养学会《中国居民膳食营养素参考摄入量》等相关文献、资料以及中国国情，形成婴幼儿配方食品的 4 项标准，即食品安全国家标准 GB 10765—2010《食品安全国家标准 婴儿配方食品》、GB 10767—2010《食品安全国家标准 较大婴儿和幼儿配方食品》、GB 10769—2010《食品安全国家标准 婴幼儿谷类辅助食品》、GB 10770—2010《食品安全国家标准 婴幼儿罐装辅助食品》，这些标准基本上涵盖了婴幼儿食品的主流产品，并在标准体系方面与国际标准接轨，体现了国际标准的最新动态。因为"大头娃娃事件"的发生，麦芽糊精基本上不再用于婴幼儿配方 [13]。标准还规定所使用的原料和食品添加剂不应含有谷蛋白、氢化油脂，不应使用经辐照处理过的原辅材料。同时也给出了可强化的营养物质，如婴儿配方食品有推荐的必需和半必需氨基酸，较大婴儿和幼儿配方食品有锰、肌醇、多不饱和脂肪酸等 [14]。

近年，国家卫生行政部门陆续颁布新国标《食品安全国家标准 婴儿配方食品》（GB 10765—2021）（修订）、《食品安全国家标准 较大婴儿配方食品》（GB 10766—2021）、《食品安全国家标准 幼儿配方食品》（GB 10767—2021）（修订），对低聚糖、乳铁蛋白、叶黄素、牛磺酸、不饱和脂肪酸等原料的添加方式做出更严格的规定 [11]。

目前，我国国家营养研究所、大学以及多家乳品企业在持续更新中国母乳研究数据，将为我国婴幼儿配方产品的研发提供更加全面、完整、科学的数据支撑，为开发适合中国婴幼儿生长发育特点的产品以及品质提升创造坚实的基础条件。因此，我国婴幼儿配方产品的营养将更加科学合理，功能性将更加齐全，逐步实现与世界技术水平并驰，这对我国婴幼儿配方食品开发具有里程碑的意义[15]。

1.1.2.2 我国婴幼儿配方食品的生产技术发展

（1）改进婴幼儿配方乳粉中牛乳蛋白的生产技术

① 婴儿配方乳粉的氨基酸模式。从氨基酸组成层面对婴儿配方乳粉中的牛乳蛋白进行的深入研究，在满足早产儿蛋白质营养需求以及酪蛋白与乳清蛋白比例（40∶60）的同时，参照人乳调整了婴儿配方乳粉中氨基酸的含量及模式。

② 开发新的婴儿配方乳粉蛋白质基料。采用大豆分离蛋白作为婴儿配方乳粉的蛋白质基料，添加某些限制性氨基酸，代替脱盐乳清粉，满足蛋白质含量及组成的同时，从氨基酸含量和模式方面模拟母乳，可提高产品的蛋白质质量，适合于乳蛋白过敏的婴幼儿，而且还可以降低生产成本。

③ 降低婴幼儿配方乳粉蛋白的致敏性。以 β-环状糊精为壁材的胰蛋白酶水解牛乳蛋白，可以解决酪蛋白的消化性、酪蛋白和 β-乳球蛋白的过敏性问题，可生产易于婴儿消化吸收、低过敏性的婴幼儿配方食品。还可以利用蛋白酶将乳清蛋白水解成短肽[16,17]，不仅更易被消化吸收，增加抑菌等生物活性，而且对婴儿湿疹有治疗作用[18,19]。

（2）功能性低聚糖应用的生产技术　使用功能性低聚糖适当调配婴幼儿配方乳粉的碳水化合物含量与比例，在满足碳水化合物供给需求的同时，还有利于益生菌（如双歧杆菌等）的增殖，并改善婴幼儿的肠道健康，有效防止婴儿腹泻。

（3）稳态化技术　婴幼儿配方乳粉生产过程中，需要添加多种营养强化剂，有些营养强化剂［如脂溶性维生素 A、维生素 D、B 族维生素、类胡萝卜素、长链不饱和脂肪酸（如 ARA 和 DHA）］暴露在空气中或在加热过程中非常不稳定，易被氧化分解，在储存过程中也极易损失。根据这些不稳定营养强化剂的物理化学性质以及终产品的形状，采用固体包埋、液体的稀释和乳化等工艺，制成结晶状、颗粒状、包膜颗粒状、细粉状和微胶囊状等，可避免营养强化剂在生产过程和保存中的损耗，延长产品保质期，同时提高营养素在终产品中的生物利用率[20]。营养强化剂制剂（固体制剂）的形态与功能特性见表 1-1。

目前在大部分婴幼儿配方乳粉生产中添加的长链多不饱和脂肪酸（如 ARA 和 DHA）等是用活性物质保护并用淀粉层包被的微胶囊化产品，能够隔绝光线和氧气，有效保护不饱和双链、减缓多不饱和脂肪酸的氧化，从而使产品更加稳定[21]。然而，由于微胶囊包埋技术及油脂质量的差异，不同微胶囊粉末产品的氧化稳定性差距很大，结果可能直接影响产品的货架期。

表 1-1　营养强化剂制剂（固体制剂）的形态与功能特性

剂型状态	功能特性	产品类型举例
结晶状	可自由流动的粉末或颗粒	喷干型泛酸钙 自由流动的烟酰胺
颗粒状	活性成分制粒，含或不含黏合剂	抗坏血酸细颗粒 抗坏血酸 90% 颗粒
包膜颗粒状	将颗粒包被在保护层中，或可掩蔽 B 族维生素的苦味	B 族维生素剂型 包膜维生素 C
细粉状	活性成分采用喷雾干燥，含或不含赋形剂如胶体、黏合剂、填充剂等	维生素 E、β-胡萝卜素、维生素 K_1 干粉
微胶囊状	将活性物质在保护性胶体小颗粒中微囊化，并包被淀粉层	维生素 A 醋酸酯、维生素 D_3 干粉，DHA 鱼油粉和藻油粉

对于脂溶性维生素 A 和维生素 D，如果用于粉状或固体产品，需要使用固体制剂的包埋或稀释生产工艺；如果是用于饮料或液体剂型，则需要使用液体制剂的稀释和乳化生产工艺。利用喷雾干燥法将易氧化的植物油脂包埋起来，避免其在生产过程中及产品开罐后，与空气接触而导致功能性脂肪酸的氧化，有助于保证婴幼儿配方乳粉的营养和食用安全性 [22]。

1.2　婴幼儿配方食品的发展现状与趋势

1.2.1　母乳喂养现状

婴幼儿喂养可分为纯母乳喂养、部分母乳与婴幼儿配方食品混合喂养及非母乳喂养。依据世界卫生组织（World Health Organization, WHO）和联合国儿童基金会（United Nations International Children's Emergency Fund, UNICEF）的建议，产后一小时内开始母乳喂养，出生后的最初 6 个月内应坚持纯母乳喂养，从 6 个月起应添加安全且适当的辅食，同时应继续母乳喂养到 2 周岁及以上。WHO 和 UNICEF 积极倡导母乳喂养，将母乳作为婴幼儿最佳的营养来源，并采取措施努力在 2025 年将 6 月龄内纯母乳喂养率提高至 50% 以上。《中国儿童发展纲要（2011—2030 年）》和《国民营养计划（2017—2030）》同样提出 2020 年我国纯母乳喂养率达到 50% 的目标，但是，中国发展研究基金会发布的《2019 年中国母乳喂养因素调查报告》显示，我国婴儿最初 6 个月内的纯母乳喂养率仅为 29.2%。

尽管一些地区已经取得了相当大的进步，但是，实际上的纯母乳喂养率远低于上述建议。在发展中国家的许多地区，纯母乳喂养率仍然较低。一项包括了

66 个国家、覆盖了 74% 的世界人口的综述研究中，发现 1995 ~ 2010 年的 15 年间纯母乳喂养的覆盖率并不理想，2010 年的 6 个月以下的婴儿纯母乳喂养约为 40%[23]（图 1-1）。

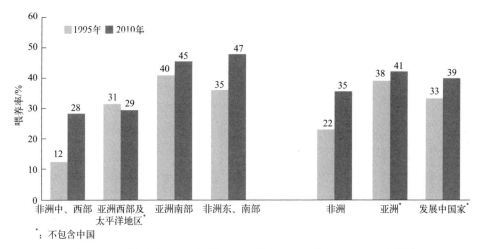

图 1-1 1995 年及 2010 年世界 6 月龄以下婴儿的纯母乳喂养率 [23]

在过去的几十年间，中国母乳喂养率也尚未达到预期目标。在一项综述了 1990 ~ 2009 年母乳喂养率的研究中 [24]，14 个省、市的追踪数据显示，纯母乳喂养率在生后 4 个月时低于 80%（图 1-2）。纯母乳喂养在 12 个城市中从 11% 到 80% 不等。在 6 个大城市，纯母乳喂养率为 37% ~ 61%，5 个中型城市为 27% ~ 80%，3 个小城市为 41% ~ 77%，最低的地区仅为 10.9%。在纳入的其他队列研究中，大多数城市都没有达到纯母乳喂养率 80% 的国家目标。研究者继续

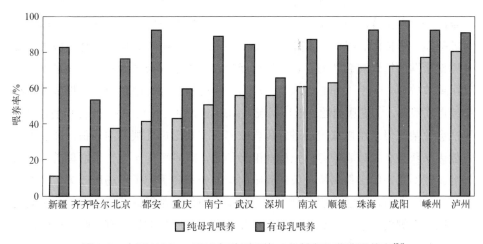

图 1-2 中国 1994 ~ 2004 年队列研究 4 月龄婴儿母乳喂养率 [24]

综述了 2007 ～ 2018 年的母乳喂养率研究 [25]，纳入队列研究的调查对象涵盖全国 20 个城市，其中 17 个城市开展了长达 6 个月或更长时间的随访调查，在另外 3 个城市进行了长达 4 个月或更长时间的跟踪。在 17 个城市中最初 6 个月的纯母乳喂养率在 0.5% ～ 33.5% 之间，仍然低于 50% 的纯母乳喂养率目标（图 1-3），且只有不到 1% 的婴幼儿母乳喂养至两岁。

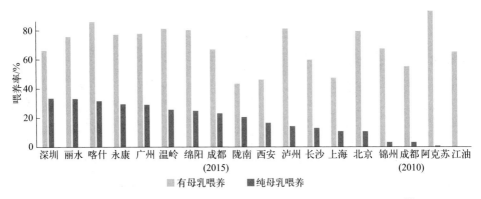

图 1-3　中国 2005 ～ 2016 年队列研究 6 月龄以下婴儿母乳喂养率[25]

1.2.2　影响母乳喂养因素及促进婴幼儿生长发育策略

尽管母乳被认为是婴儿的最佳营养来源，为母亲和喂养婴儿提供多方面的健康益处，但仍有许多障碍和限制因素导致部分婴儿难以进行母乳喂养。分娩方式、婴儿或母亲是否有并发症、产房是否提供早期母乳喂养条件、母子的皮肤接触等是出院时建立良好母乳喂养的影响因素 [26]；出院后其他因素仍然会影响母乳喂养 [5,27]，包括：①缺乏支持。缺乏家人、朋友和医疗保健提供者的支持会使乳母难以维持母乳喂养。②文化信仰相关的错误实践。在某些文化信仰群体中，"体重较大的婴儿更健康"的错误观念普遍存在，这可能导致母乳喂养被视为营养不充足而受到劝阻或被放弃。③个人和心理因素。压力、焦虑和抑郁等因素会影响母亲开始和持续母乳喂养。④健康问题。健康状况（如患传染性疾病）、服用药物和进行手术可能会使某些母亲难以或无法进行母乳喂养。⑤缺乏母乳喂养的知识。许多母亲可能无法获得有关母乳喂养的正确和准确信息，或者可能不完全了解母乳喂养的好处。⑥不完善的工作场所政策。有限的产假和不完善的工作场所政策，例如缺乏指定的哺乳室，可能使职业母亲在重返工作岗位后难以继续母乳喂养。⑦缺乏获得医疗保健的机会。当获得医疗保健和哺乳支持服务的机会有限时，可能使母亲难以获得开始和维持母乳喂养所需的帮助。

基于母乳喂养的影响因素，一方面需要社会和家庭形成完善体系，采取更多有利于母乳喂养举措和干预措施来促进母乳喂养，提高 6 月龄内纯母乳喂养，完成《中国儿童发展国家行动纲领》的目标，这也是 WHO 的 2025 年营养目标。另一方面，需要加强基础营养研究，解决婴幼儿配方乳粉原料生产、工艺技术等问题，开展研究与产业相结合，为无法进行母乳喂养的婴幼儿提供更符合其生长发育营养需求的产品。

1.2.3　母乳主要组分与婴幼儿健康

为无法进行母乳喂养的婴幼儿提供满足其营养需求产品的科学基础是对母乳成分和组成的深入研究。基于目前的研究方法和分析手段，已发现母乳的成分相当复杂，其构成物质种类繁多，包括为婴儿提供能量、支持物质代谢的营养物质和促进婴儿功能发育的生物活性组分。这些母乳成分在含量、亚组分构成及化学和生物学状态等方面，天然地契合婴儿的解剖、生理、生化特征以及能量、营养、免疫、肠道微生态环境发育等需求，是婴儿存活和健康成长必需的生物学体系[28]。

1.2.3.1　主要构成成分

母乳的主要成分为水，含有约 7% 的糖类、3.8% 的脂质、0.8% ~ 0.9% 的蛋白质以及 0.2% 其他物质如维生素、矿物质等。在对母乳营养成分及种类的深入探究中，发现不同组分间具有独立的营养特性及相互间的协同作用，母乳不仅解决婴儿"口粮"问题（食物），复杂多样的母乳构成成分还影响到婴儿肠道微生态建立、免疫功能的启动发育与成熟、认知功能以及疾病发生发展轨迹等诸多方面。

1.2.3.2　脂质

母乳脂质是一种以复杂天然脂质为主要组成的混合物，含有 200 多种脂肪酸和 400 多种三酰甘油，还包括甘油磷脂、鞘脂、固醇等复杂脂质，母乳中的脂质除了提供能量，还在婴儿肠道发育和免疫调节方面发挥重要作用[29]。

1.2.3.3　蛋白质

目前已知的母乳中的蛋白质种类已超过 2500 种，其中包含多种具有重要生物活性的蛋白质，母乳蛋白质除提供能量和人体必需的氨基酸，还参与体内的物质代谢，促进营养物质的吸收，具有抗菌和调节免疫功能等[28]。

1.2.3.4 母乳低聚糖

母乳中含有多达 1000 种母乳低聚糖（human milk oligosaccharides, HMOs），是母乳中含量第三高的成分，200 种以上 HMOs 已经得到分离鉴定。HMOs 在婴儿肠道免疫功能启动、建立和维持中发挥重要作用。

1.2.3.5 维生素和矿物质

维生素在促进骨骼、眼和皮肤的生长和维持其健康状态方面具有重要作用，同时也是预防营养缺乏所必需的微量营养素。母乳中含有支持婴幼儿健康成长所需的所有维生素，母乳也富含矿物质，包括铁、锌、钙、钠、氯、镁和硒等，用于建立支持骨骼和牙齿、产生红细胞，并在一定程度上促进肌肉和神经功能健康等。

1.2.3.6 其他生物活性成分

母乳存在多种生物活性物质，如活性蛋白（激素、酶等）、生长因子（含细胞因子）、益生菌、活细胞等，这些物质对于婴幼儿有多种保护作用，包括抗菌、抗病毒、促进婴儿生长发育和机体免疫成熟等，降低婴儿感染性疾病的发病率，改善早产儿的神经系统发育结局，并能降低远期肥胖、糖尿病的发生风险等 [30]。

1.2.4 婴幼儿配方食品发展现状和趋势

婴幼儿配方食品的演变与发展，从配方角度来说大体经历了关注宏量营养素及含量、关注其他营养成分的组成及比例、关注关键生物活性成分的组分、关注特殊需求四个阶段。对高质量、安全和营养的婴儿食品需求的不断增长作为原始驱动力，使婴幼儿配方食品开发成为一个快速发展的领域。

1.2.4.1 对母乳营养素种类、含量及比例的精准检测和全面模拟

随着仪器设备、检测方法的不断更新和改进，利用不同组学检测技术和手段，从分子水平解析和明确母乳成分，是中国母乳营养成分研究和婴幼儿配方食品产业发展的基石。进而在相关法规和国家标准的修订和进一步完善后，新原料的研发和添加将是未来的发展趋势之一。

（1）新原料研发　在 2010 年发布的 GB 10765 和 GB 10767 中，在将我国乳粉国家标准与国际食品法典委员会的标准对比后，推荐将胆碱、牛磺酸、肌醇、左旋肉碱、二十二碳六烯酸（docosahexaenoic acid, DHA）和花生四烯酸（arachidonic acid, ARA）等 6 种营养强化剂作为可选择性成分添加到婴幼儿配方

食品中；2012 年增加了低聚半乳糖、1,3-二油酸-2-棕榈酸甘油三酯（1,3-dioleoyl-2-palmitoylglycerol, OPO）、叶黄素、核苷酸、乳铁蛋白、酪蛋白肽、益生菌等，通过科学添加，给食用婴幼儿配方食品的婴幼儿提供全面、均衡、适量的营养，以满足其生长发育、神经和认知发展、维持肠道健康、参与调节机体代谢等的需要。近年来，研究发现 HMOs、胆固醇和磷脂等是天然存在于母乳中的成分，有益于肠道益生菌的生长，并支持婴儿免疫系统和神经系统发育等，因此需要深入研究添加这些成分的营养改善效果和长期食用的安全性。

（2）不同营养成分适宜比例研究　母乳是纷繁复杂的物质系统，因此在添加新原料使婴幼儿配方食品营养种类更接近母乳的基础上，进一步探究不同营养组分间的比例关系（相互协同、相互拮抗）将是未来的研究重点之一。母乳蛋白质包括酪蛋白和乳清蛋白，其中以乳清蛋白为主，乳清蛋白主要包括 α-乳白蛋白、乳铁蛋白和分泌型 IgA。α-乳白蛋白在乳清蛋白中的占比最高，不仅可以促进锌的吸收，还能通过调节肠道有益菌的生长，提高婴儿的胃肠道耐受性。酪蛋白主要包括 β-酪蛋白和 κ-酪蛋白等。其中，β-酪蛋白含量最高，是婴儿重要的氨基酸来源，具有促进钙离子、铁离子的吸收和免疫调节的功能。通过模拟婴幼儿配方粉中 α-乳白蛋白、β-酪蛋白二者间的最优配比，使得食用含 α-乳白蛋白、β-酪蛋白组合的婴幼儿相比于食用普通乳粉的婴幼儿具有更好的消化和吸收能力，能更好地强化婴幼儿免疫调节功能。

除了对蛋白质比例的研究，不同种类多不饱和脂肪酸间和不同结构糖类间的比例对婴幼儿健康的影响还有待进一步研究。因此，在种类明确的基础上探究不同母乳成分间的最适比例也是未来婴幼儿配方食品发展的方向之一。

（3）免疫活性成分研究　婴幼儿配方食品专家基于科学证据，在其他重要营养成分的持续强化方面也进行了实践，如将益生菌和益生元添加到婴幼儿配方食品中以支持婴儿肠道微生物群的增殖；将 DHA 和二十碳五烯酸（eicosapentaenoic acid, EPA）（二者为 ω-3 脂肪酸，影响婴儿的大脑和视觉发育）添加到婴儿配方乳粉和其他婴儿食品中，以确保婴儿获得这些足量的重要营养素等。

对母乳中的免疫活性蛋白的比例进行研究可生产具有正向协同免疫功效的婴幼儿配方食品，继乳铁蛋白（lactoferrin, LF）后，骨桥蛋白（osteopontin, OPN）是近年来新发现的活性蛋白，对婴幼儿的生长发育起到重要作用。LF 和 OPN 均能调节机体免疫、促进免疫系统的成熟，且在一定的比例范围内同时添加这两种蛋白质可协同保护小鼠肠道黏膜屏障的完整性以及协同抵抗炎症。

1.2.4.2　个性化、精准化营养及持续发展

母婴营养正逐渐进入到一个精准营养的时代。通常，婴幼儿配方食品分为

0～6月（1段）、6～12月（2段）和12～36月（3段），对母乳成分动态变化规律进行深入探索，可使配方食品的配方设计和产品生产更加细分，同时针对不同性别、地区、膳食模式的婴儿，婴幼儿配方食品将提供更加精准的解决方案。随着科技产品的快速发展，突破传统调查方法的限制，对婴幼儿个体化营养需求的精准识别已成为可能。例如，可以使用人工智能（artificial intelligence, AI）对婴幼儿粪便质地、颜色进行识别和判断，进而判定其肠道健康状况，提供符合其营养和健康需求的婴幼儿配方食品。同时，消费者逐渐关注产品的有机原料、非转基因成分、植物性成分和可持续包装等也促进了婴幼儿配方食品营养的精准化。

1.2.4.3 食品科技发展应用于婴幼儿配方食品，解决特殊需求问题

为了更好地解决和满足特殊生理状态下婴幼儿的营养需求问题，需要应用食品加工工艺和技术手段对普通婴幼儿食品配方进行调整。例如，为了减少过敏原，可以对蛋白质等相关成分进行脱除，从而降低蛋白质的致敏性；还可以使用蛋白酶对完整蛋白质进行水解生产乳蛋白水解/氨基酸配方食品。该食品通过调节婴儿免疫应答，维持肠道屏障功能，改善婴儿的消化吸收。部分婴幼儿存在乳糖不耐受情况，其乳糖酶活性较低甚至缺失，导致进入肠道的乳糖消化吸收不良，进而在结肠中发酵，引起婴儿出现腹胀、腹痛、腹泻等不良症状。针对这一情况，可通过添加乳糖酶，或通过其他碳水化合物代替乳糖的方式，生产无乳糖/低乳糖配方食品。在未来婴幼儿配方食品的开发中，立足解决婴幼儿常见的、消费者最直接关心的健康问题，如黄疸、腹泻、腹胀、反流、湿疹、哭闹等，与此同时，推动食品工艺和技术的迭代更新以实现对婴幼儿配方食品营养及活性物质的高度保留，提升产品品质的货架期稳定性。

总之，母乳为婴幼儿喂养提供了最佳的营养方案，但目前调查数据显示国际及中国母乳喂养率均低于WHO建议，仍有部分婴幼儿无法实现母乳喂养。为满足其营养和健康需求，需制定相关政策及相应干预措施促进母乳喂养，同时发展婴幼儿配方食品产业为部分不能接受母乳喂养的婴幼儿提供全面营养的婴幼儿配方食品。在深入探究母乳成分的研究基础上，通过科学添加营养成分（数量及比例）和新食品原料（需要经临床喂养试验证实并获得应用许可），以满足不同生理状态婴幼儿的营养与生理需求。

1.2.4.4 婴幼儿液态配方乳发展新趋势

婴幼儿液态配方乳是以乳类及乳蛋白制品为主要原料，补充强化了适量维生素、矿物质及低聚糖、DHA等其他有益成分，经物理方法生产加工并无菌灌装而成的。婴幼儿液态配方乳分为3段，1段适用于0～6月龄婴儿、2段适用于6～12月

龄婴儿，3段适用于12～36月龄幼儿[31-33]。婴幼儿液态配方乳被国际上公认为目前最先进的婴幼儿配方食品之一，也是母乳替代品的一种。

（1）婴幼儿液态配方乳的配方设计　现阶段婴幼儿液态配方乳可依据的产品标准为《食品安全国家标准　婴儿配方食品》（GB 10765—2021）、《食品安全国家标准　较大婴儿配方食品》（GB 10766—2021）和《食品安全国家标准　幼儿配方食品》（GB 10767—2021），以上标准明确规定了即食状态下每100mL产品中各营养成分的组成和含量。婴幼儿液态配方乳的配方设计参考母乳成分组成和婴儿的营养吸收代谢特点，从营养成分、含量、组成和配比等方面进行科学调整。以生牛乳或乳粉为主要原料，通过添加脱盐乳清粉、水解乳清蛋白、植物油、乳糖等辅料，调节蛋白质组成和配比、脂肪酸组成以及碳水化合物来源等，使之接近母乳[34]。合理强化多种维生素及矿物质，并根据不同产品诉求选择性添加营养强化成分，如添加DHA、ARA[35]、胆碱、叶黄素等对婴幼儿大脑和视网膜发育有促进作用的营养成分，或添加益生元、母乳低聚糖等调节婴幼儿肠道微生态的营养物质等。

（2）婴幼儿液态配方乳和婴幼儿配方乳粉的异同　两种婴幼儿配方乳的异同见表1-2[36]。婴幼儿液态配方乳与婴幼儿配方乳粉的营养成分无明显差异，液态配方乳符合国家关于婴幼儿配方食品的产品标准和营养素推荐摄入量或适宜摄入量，液态配方乳同样含有乳糖、矿物质、维生素、DHA、牛磺酸、叶黄素等多种营养成分。

婴幼儿液态配方乳生产的一般流程包括：原料乳检验→净乳及标准化→巴氏杀菌→配料混合→定容及均质→杀菌→冷却→灌装。与婴幼儿配方乳粉的生产工艺相比，婴幼儿液态配方乳的生产工艺并不仅仅是省略了后期的喷雾干燥过程。由于在前端生产过程中需要进行超高温瞬时灭菌，稍有不慎就会产生许多质量问题，如脂肪上浮、维生素损失率提高、矿物质沉淀等[37]，因此，为了保证产品在保质期内能满足相关标准要求，生产工艺的选择和生产参数的制定尤为重要。此外，婴幼儿液态配方乳在生产过程处于液体状态，与婴幼儿配方乳粉生产过程相比，没有浓缩和干燥过程，能减少热敏性营养素的损失[34]。

液态配方乳产品包装选用的复杂程度高于婴幼儿配方乳粉，婴幼儿液态配方乳通常采用六层食品级复合壁材进行包装，同时采用抗氧化钢盖对产品进行深度密封，在不添加任何抗氧化剂和防腐剂的情况下，其保质期通常为6～13个月不等[38]。

婴幼儿配方乳粉监管严格，需配方注册，2024年1月19日，国家市场监督管理总局研究起草了《中华人民共和国食品安全法（修正草案）》，拟将婴幼儿配方液态乳纳入注册管理。婴幼儿液态配方乳对微生物要求极为严格，开盖后的产品应立即饮用，剩余的产品应进行冷藏保存，且时间不超过 24h。此外，相比于配方乳粉，婴幼儿液态配方乳无需精准掌握乳粉的冲泡比例及水温也能获得标准化营养配比。

表1-2　婴幼儿液态配方乳和婴幼儿配方乳粉的异同

类别	婴幼儿液态配方乳	婴幼儿配方乳粉
营养成分	基本无差异	
配方	额外添加卡拉胶，单、双甘油脂肪酸	—
工艺	有高温灭菌过程，商业无菌水平	喷雾干燥
包装	真空包装	普通包装
注册	2024 年拟纳入注册	配方注册
保质期	6 ～ 18 个月（开启后常温保存不超过 2h，冷藏不超过 24h）	2 年（一旦冲泡，常温下不超过 4h）
冲泡	无需冲泡	需要精准控制乳粉添加量，冲泡浓度过稀会增加喂养儿发生营养不良风险

（3）婴幼儿液态配方乳的优点　婴幼儿液态配方乳作为婴幼儿配方食品高端细分品类，较传统婴幼儿配方乳粉优势显著。首先，婴幼儿液态乳不需要冲调，开盖即饮，可以在常温下储存，独立包装便于携带，满足了新生代父母追求喂养便利的需求；其次，产品具有稳定的组成成分和浓度，不用精准掌握乳粉的冲泡比例及水温也能获得标准化营养配比，营养物质含量稳定且易吸收，有利于婴幼儿的生长发育；此外，婴幼儿液态配方乳避免了乳粉制作中二次高温成粉的环节，能最大限度地保留牛乳中的原生水和原生营养物质；婴幼儿液态配方乳由于采用超高温灭菌技术和严格的无菌灌装工艺，避免了因容器不洁引起的容器交叉污染及冲泡过程中人为操作不当而导致的污染，安全性更高 [37]。

（4）婴幼儿液态配方乳的研究现状　目前，国内乳制品企业生产的多是儿童液态配方乳，婴幼儿液态配方乳在我国还处于发展阶段。2011 年多美滋旗下的婴幼儿液态配方乳产品在国内开始推广，2017 年 11 月，美赞臣在京东平台首发推出美国原装进口 1、2、3 阶段液态配方乳，除此之外，爱他美、牛栏、雅培等也均有同类产品在售 [38]。虽然目前在我国婴幼儿液态配方乳的市场认知度低，市场份额较低，但随着"90、95 后"逐渐成为主流的生育群体，新生代父母的喂养习惯不断改变和升级，未来快捷食物、高端化及场景化消费的流行会成为主流趋势，液态配方乳将会不断被消费者接受，婴幼儿液态配方乳等高端品类产品发展空间巨大。

（何婷超，段素芳）

参考文献

[1] Floris R, Lambers T, Alting A, et al. Trends in infant formulas: a dairy perspective. Improving the Safety and Quality of Milk, 2010, 35(4): 454-474.

[2] Masum A K M, Chandrapala J, Huppertz T, et al. Production and characterization of infant milk formula powders: A review. Drying Technology, 2021, 39(11): 1492-1512.

[3] Francescato G, Mosca F, Agostoni C, et al. The ideal formula for healthy term infants. Early Hum Dev, 2013, 895: S126-S128.

[4] Green C K, Shurley T. What's in the bottle? A review of infant formulas. Nutr Clin Pract, 2016, 31(6): 723-729.

[5] International Special Dietary Industry. Industry upper levels of nutrients for infant formulas: Data on current situation. 2006, 19-55.

[6] Lönnerdal B, Hernell O. An opinion on "staging" of infant formula: a developmental perspective on infant feeding. J Pediatr Gastroenterol Nutr, 2016, 62(1): 9-21.

[7] 何平, 汪志明. 婴幼儿配方奶粉的发展趋势和最新动态. 中国供销商情: 乳业导刊, 2005 (8): 26-28.

[8] 艾宇萍, 艾长余. 我国婴儿配方奶粉发展历史简要回顾及内在质量分析. 中国乳品工业, 2004, 32(41): 26-28.

[9] 荫士安. 人乳成分-存在形式、含量、功能、检测方法. 北京: 化学工业出版社, 2016.

[10] 寇明钰, 阚健全. 婴儿配方奶粉的研制、质量标准及其发展趋势. 中国乳业, 2005 (11): 38-41.

[11] 余妙灵, 包斌. 中国婴幼儿配方乳粉产品标准与配方发展趋势. 食品与发酵工业, 2022, 48(4): 314-320.

[12] Martin C, Ling P, Blackburn G. Review of infant feeding: key features of breast milk and infant formula. Nutrients, 2016, 8(5): 279.

[13] 赵静, 林清, 荣建琼, 等. 我国婴幼儿配方奶粉生产现状和发展趋势探讨. 中国牛业科学, 2016, 42(5): 64-66.

[14] 田亚如, 张超, 彭华, 等. 我国婴幼儿配方乳粉行业变化新特征与新趋势. 中国食物与营养, 2021, 27(11): 14-19.

[15] 国家卫生计生委疾病预防控制局. 中国居民营养与慢性疾病状况(2015). 北京: 人民卫生出版社, 2016.

[16] 吕建敏, 储小军, 何光华, 等. 乳清小肽及添加乳清小肽婴儿配方奶粉免疫功能评价. 中国食品学报, 2012, 12(11): 136-141.

[17] 赵红霞. 水解蛋白婴儿配方奶粉的研究. 乳业科学与技术, 2011, 34(3): 112-117.

[18] 程莹, 梁彩艳. 深度水解配方奶粉治疗婴儿湿疹的临床研究. 吉林医学, 2011, 32(11): 2121-2122.

[19] De Morais M B. Signs and symptoms associated with digestive tract development. J Pediatria, 2016, 92(Suppl 1): S46-S56.

[20] Gallier S, Vocking K, Post A, et al. A novel infant formula concept: Mimicking the human fat globule structure. Colloids and Surfaces B: Biointerfaces, 2015, 136: 329-339.

[21] 赵红霞, 高昕. DHA、AA 在婴儿配方奶粉中稳定性的研究. 乳业科学与技术, 2011, 34(1): 18-20.

[22] 颜景超. 婴儿配方奶粉中维生素 A 的稳定性研究. 长沙: 中南林业科技大学, 2012.

[23] Cai X D, Wardlaw T, Brown D W. Global trends in exclusive breastfeeding. Int Breastfeed J, 2012, 7(1): 12.

[24] Xu F L, Qiu L Q, Binns C W, et al. Breastfeeding in China: a review. Int Breastfeed J, 2009, 4(1): 6.

[25] Li Q, Tian J L, Xu F L, et al. Breastfeeding in China: a review of changes in the past decade. Int J Environ Res Public Health, 2020, 17(21): 8234.

[26] Del Mazo-Tome P, Suárez-Rodríguez M. Prevalence of exclusive breastfeeding in healthy newborn. Bol Med Hosp Infant Me, 2018, 75(1): 49-56.

[27] Office of the Surgeon General. Barriers to breastfeeding in the United States. Rockville, MD: Office of the Surgeon General, 2011.

[28] 汪之顼, 孙嘉琪, 冯罡. 母乳成分对婴幼儿健康影响的研究进展. 食品科学技术学报, 2022, 40(2): 25-30.

[29] 貌达, 张超, 张彤, 等. 母乳脂质对婴儿肠道功能影响研究进展. 中国乳品工业, 2021, 49(8): 41-45.

[30] 张萌, 李文星, 唐军. 母乳中生物活性物质对婴儿生长发育影响的研究进展. 中国当代儿科杂志, 2020, 22(1): 82-87.

[31] 中华人民共和国卫生健康委员会, 国家市场监督管理总局. 食品安全国家标准婴儿配方食品: GB 10765—2021. 北京: 中国标准出版社, 2021.

[32] 中华人民共和国卫生健康委员会, 国家市场监督管理总局. 食品安全国家标准. 较大婴儿配方食品: GB 10766—2021. 北京: 中国标准出版社, 2021.

[33] 中华人民共和国卫生健康委员会, 国家市场监督管理总局. 食品安全国家标准幼儿配方食品: GB 10767—2021. 北京: 中国标准出版社, 2021.

[34] 粘靖祺, 宫春颖, 孙健, 等. 婴幼儿液态配方奶国内制造及推广的可行性分析. 中国乳业, 2020, (8): 13-14.

[35] 高松柏. 婴儿配方乳的发展趋势. 中国乳品工业, 2003, 31(1): 45-49.

[36] 赵合阳子, 韩晓玲. 浅析婴幼儿液态配方奶及市场. 食品安全导刊, 2022 (15): 114-116/120.

[37] 刘金杰, 王世宾, 吴叶华. 液态婴儿奶. 中国乳品工业, 2002, 30(5): 83-84.

[38] 孙健, 王青云, 王帅, 等. 浅谈婴幼儿配方液态奶现状. 食品安全导刊, 2020 (33): 174.

第 2 章

婴幼儿配方食品的配方设计原则

母乳被认为是婴幼儿配方食品配方设计的金标准。近年来，婴幼儿配方食品的配方设计在符合相关食品安全国家标准的前提下，通过结合母乳成分组成和含量分析的结果、国内外相关研究进展、相应的临床喂养试验结果、婴幼儿的营养素推荐摄入量或适宜摄入量以及最大安全可耐受量来设计婴幼儿配方食品营养成分的含量范围，以保证婴幼儿食用安全和营养需求。

2.1 婴幼儿配方食品配方发展的重要历程

通常在无母乳、母乳不足或者其他无法进行母乳喂养的情况下，母乳代用品会被用来喂哺婴儿。婴幼儿配方乳粉是主要的母乳代用品之一。在没有婴幼儿配方食品之前，人工喂养的婴儿死亡率较高，因为喂养时给予婴儿的食物是动物乳，这些动物乳汁并未经过消毒杀菌处理，也未采用清洁水进行适度稀释，最终易导致婴儿摄入不适食物后机体产生不良反应。给婴儿喂养不合适的母乳代用品导致高死亡率的问题一直持续到 19 世纪末。后续的一个多世纪以来，人们一直在不断探索如何设计出与人乳更接近的婴幼儿配方食品。

2.1.1 婴幼儿配方乳粉的出现

婴幼儿配方乳粉的早期创新突破是在 1865 年，Justus von Liebig 发明了一款名为"Liebig's Soluble Food for Babies"的产品，这是早期尝试模仿母乳营养成分的婴幼儿食品之一，然而它并非是基于对母乳成分的精确化学分析而开发的。在 1867 年，一种被称为"Farine lactée"的婴幼儿配方乳粉由瑞士化学家 Henri Nestlé 创新开发，并成功推向市场。这款产品将牛乳、糖和小麦粉混合，去除了对婴幼儿消化系统可能产生不良影响的成分，从而创造出一种易于消化的婴幼儿食品。这一重要创新标志着婴幼儿配方乳粉的真正诞生，并对此后的婴幼儿营养的科学发展产生了深远影响。19 世纪 90 年代，美国的一位儿科医生 Rotch 提出了一种技术用于生产婴儿乳粉，被称为百分比法（也称人性化乳粉生产法），其主要设想如下：将牛乳的组成成分有针对性地改良为更接近人乳的成分，可以更好地对婴儿进行人工喂养，基于生牛乳改良并精心设计的婴幼儿配方食品由此诞生。此时婴幼儿配方食品的研发设计包括了营养成分分析和数学计算两部分内容[1]。在 20 世纪初，随着对母乳成分的理解深入和科学研究的进展，出现了更多专为婴幼儿设计的乳粉产品，并开始在市场上销售。

2.1.2 添加维生素和矿物质

受到营养科学进步的推动，婴幼儿配方食品的发展实现了第二次突破。在 20 世纪初，随着人们对维生素和矿物质对人体健康重要性理解的加深，乳粉生产商开始向产品中添加各种维生素和矿物质，使之接近母乳的组成，同时解决某些仅用配方乳粉喂养的婴儿所出现的营养缺乏问题。

在 20 世纪 20 ～ 30 年代，维生素 A 和维生素 D 最早被添加到婴儿配方乳粉中，以预防佝偻病和夜盲症等。葛兰素史克公司结合英国医学研究理事会和其他研究机构的营养科学的研究成果，比如辅助食品营养素——脂溶性维生素中维生素 D 对抗佝偻病的积极作用等，改良了当时该公司的乳基产品，开发出强化维生素 D 的乳粉，并提供给婴儿福利中心 [1]。在随后的几十年里，随着对婴幼儿营养需求的进一步了解，其他重要营养素如铁、维生素 C、维生素 K 和 B 族维生素也被添加到婴幼儿配方乳粉中。

2.1.3　添加更多生物活性成分

随着时间的推移，婴幼儿配方乳粉的配方经历了多次优化与更新。乳清蛋白的生理功能被发现后，考虑到牛乳与人乳中乳清蛋白的含量差异，研发者开始在产品中加入"浓缩乳清蛋白粉"，从而推出了以乳清蛋白为主的婴幼儿配方食品。此外，还有产品添加了如益生元、牛磺酸等具有生物活性的成分，有些产品还根据婴幼儿食用后的成长反馈结果进行改良，例如，采用了"脱盐乳清粉"的婴幼儿配方乳粉。再后来，婴幼儿配方乳粉的研发重点也逐渐从宏量营养成分转向了微量营养素，如增加矿物质、维生素和其他具有特殊功能的营养成分。

2.1.4　基于母乳成分研制婴幼儿配方食品

最新发展阶段的婴幼儿配方乳粉更注重以母乳为标准的精确模拟。从 2003 年开始，内蒙古伊利实业集团股份有限公司（简称伊利集团）开始自主研究中国母乳特点，联合中国疾病预防控制中心（中国疾控中心）和南昌大学，分别在中国南方（上海、南昌、成都和广州）和北方（呼和浩特、黑龙江、北京）共计七个城市的妇幼保健医院，选取足月分娩的健康产妇，采集初乳、过渡乳及成熟乳，分析了母乳中的蛋白质、氨基酸、脂肪、脂肪酸组成，并于 2007 年 5 月建成中国第一个母乳成分数据库。从 2008 年开始，精确模拟母乳的婴幼儿配方乳粉开始在中国陆续上市。2008 年第一款含 1,3-二油酸-2-棕榈酸甘油三酯（OPO）的配方乳粉，以及第一款含"α-乳清蛋白 +β-酪蛋白"的配方乳粉成功上市。2010 年含有两种益生菌的配方乳粉面世。2012 年，"含 α-乳清蛋白和 β-酪蛋白的婴儿配方乳粉及其制备方法"获得了发明专利授权，代表着中国婴幼儿配方乳粉蛋白质母乳化技术达到了行业领先水平。

随着婴幼儿营养学、医学、现代检测技术以及食品加工技术的日益进步，科研人员对母乳中生物活性成分及其功能有了更深入的探索，为了更好地模仿母乳中的这些成分，婴幼儿配方食品（尤其是乳粉）开始纳入更多的生物活性成分，包括 DHA、ARA、核苷酸、低聚糖、免疫球蛋白、益生菌等，这些成分的添加确保了婴幼儿配方食品在营养和功能上尽可能接近母乳 [2]。

2.1.5　科学进展对婴幼儿喂养策略的影响

新生儿在出生的早期，尤其是前 6 个月，对于个体生长发育而言具有举足轻重的意义。在此关键阶段，代谢系统还在形成过程中，此时的营养需求也很特殊。婴儿在较早一段时间内是以液体乳（母乳或婴幼儿配方食品）作为唯一营养来源，出生 6 个月后才开始慢慢增加一些辅食共同提供营养。到了幼儿期，其营养的摄入来源变得相对丰富多样。因此，婴幼儿配方乳粉必须能满足不同年龄段婴幼儿的差别化营养需求。当配方乳粉作为婴儿唯一食物来源时，必须如同母乳般能保证婴幼儿从中摄取到生长所需的充分营养，当配方乳粉与其他辅食共同喂养婴幼儿时，也需发挥主要营养供给的作用。婴幼儿早期的生理和功能性损害，都可能长期影响其后续健康。若早期发生营养不良，则可能改变机体的结构、功能和代谢能力，对婴幼儿的体格发育等多方面产生不良影响，可能限制婴幼儿机体潜能的充分发挥。尤其出生后最初数月，母乳是最适合婴幼儿生长发育的食物。在母乳不足或无母乳时可使用婴幼儿配方食品喂养婴儿，该时期食物营养的质与量都可能影响其一生的身体健康状况和对营养相关慢性疾病的易感性。

在无法实现母乳喂养的情境下，需要母乳代用品为婴幼儿的健康生长和发育提供所需的营养，使婴幼儿的生存生长有保障。因此以牛乳为主要原料的、模仿母乳成分的婴幼儿配方乳粉应运而生。随着人类认知和科学技术的全面进步，寻找更好解决婴幼儿喂哺问题的方式成为人们努力的重要方向，特别是探索研发从生长发育方面达到与母乳喂养相同效果的、更适合婴幼儿的母乳代用品。传统观念认为，婴幼儿配方食品的营养目的是提供充足营养，以支持他们的生长发育。充足的营养供给确实能给婴幼儿带来显著的近期健康效益，例如，在身高和体重方面表现出增长优势。结合生命早期营养与远期健康影响的理论假说，对婴幼儿配方食品的作用进一步挖掘，可知此类代用品除了满足营养供给外，还可以从不同侧重点设计，进而对婴幼儿后续的健康生长等方面进行及早的营养规划和干预，从而获得理想的远期健康效益。配方食品需满足婴幼儿正常发育所需，同时也需能够激发儿童生长发育的各方面潜能。在设计配方食品的同时，还需考虑对儿童的远期健康的影响 [3]。这需要食品加工学、婴幼儿营养学、医学、临床应用、母乳成分研究等多方位、多学科的深入研究和共同努力。

由欧洲食品安全局（EFSA）于 2014 年发布的《关于婴儿和较大婴儿配方乳粉中营养成分的科学意见》中所表达的科学观点可知，由于母乳和配方食品中的某些营养物质的吸收效率不同，评估婴幼儿配方食品成分适宜性的更合适方法，是将配方食品喂养婴幼儿的健康结局（包括生理参数如生长和发育）与纯母乳喂养 4 ～ 6 个月的健康足月儿的健康结局进行对比评估。该专家组还指出，婴幼儿配方食品中营养物质的添加量只需达到发挥益处的水平，并非营养成分和能量越多越好，摄入过量属于过度喂养，易造成机体内剩余未利用物质或者不必要物质积累囤积，增加儿童期患上肥胖的可能性，更易引起肝肾心肺功能的损害等。对母乳的研究还在不断深入，同时，婴幼儿的营养需求尚待继续探索，我们最终的设计目标是所提供的配方食品既能满足婴幼儿正常生长的营养需求，又能充分激发婴幼儿在认知、免疫等方面的成长潜力，既安全又能保证其营养适宜性[4]。

2.2　婴幼儿配方食品的配方设计原理

婴幼儿配方食品的设计首先以满足婴幼儿的营养需求为目标，这包括提供蛋白质、脂肪、碳水化合物以及必需的维生素和矿物质。婴儿的营养需求以婴儿的营养素推荐摄入量（RNI）或适宜摄入量（adequate intake, AI）为参考标准，母亲健康且营养状况良好、全母乳喂养、足月产的健康婴儿，从出生到 6 月龄，他们的营养素全都来自母乳，故从母乳摄入的营养素含量为婴儿所需各营养素的 AI 值。因此，婴儿配方乳粉的设计需要参考婴儿的营养素适宜摄入量，并尽可能接近母乳中营养成分的组成及比例。1 岁以后，从营养学上一般可以确定绝大多数个体对各营养素的需求水平，即 RNI 值。所以，幼儿配方乳粉的设计可参考该年龄段的 RNI。

然而，根据"循证原理"，这些设计原则并不是一成不变的。随着新的科学研究和数据的出现，膳食营养素的参考摄入量如 AI 值和 RNI 值可能被重新评估和修订，配方乳粉的设计原则也可能进行相应的调整。这可能涉及对婴儿的营养需求、摄入量以及配方乳粉的喂养效果进行反复的观察和验证。

婴幼儿配方食品所面对的是 0 ～ 36 个月的特定人群，处于这个时期的健康婴幼儿对营养的需求与成年人的营养需求有很大不同，尤其在出生后最初几个月内，母乳是能为其提供良好营养的唯一食物来源，如果母乳不足或无母乳，则只能由母乳代用品（例如婴幼儿配方乳粉）作为其唯一的营养供给源，因此对这类食品的要求就是能持续给予婴儿充足、全面且丰富的营养以保持其健康成长。随着出生后时间增加，从 7 个月开始，可以逐渐添加少量除母乳或母乳代用品之外的辅食，但母乳或者母乳代用品仍需要满足其一半及以上的能量和对各类营养成分的需求。因此，婴幼儿配方食品设计首先要关注的就是这一特殊性。在此时期，婴幼儿生长发育所需的量就逆向锁定了婴幼儿配方食品设计的方向，即配方食品必须做到从能量、宏量营养素、微量营养素等各个方面均能满足婴幼儿的需要。

研发人员应在符合国家婴幼儿配方食品产品标准的前提下，参考母乳中营养成分的组成及比例展开母乳代用品的设计，尽可能覆盖母乳所含营养种类，代替母乳为婴幼儿提供营养。随着开始添加少量其他辅助食物，较大婴儿及幼儿能从所添加辅食中获取一部分营养。针对该时期的配方食品，需要适当调整辅食营养成分组成，以保证与母乳配合共同为目标群体提供所需的营养，同时要控制好各营养成分的设计量，确保营养适宜。婴幼儿配方食品设计应避免营养供给过剩致使不能完全被利用、蓄积在体内，在无形中会增加婴幼儿的新陈代谢负担。在明确了宏观的设计要求之后，为了保证婴幼儿配方食品设计的科学性、合理性、安全性，需要收集尽可能多、丰富全面的营养科学研究结果和健康结局的数据，以此为设计婴幼儿配方食品提供强力支撑。

母乳和婴幼儿配方食品中的营养成分的存在形式有一定的差异，这关系到婴幼儿对其中各成分的消化吸收与利用率，婴幼儿从不同食物中所能获取营养成分的数量和质量也会不同。例如，母乳中的蛋白质相较于普通婴幼儿配方乳粉（其中主要为牛乳蛋白）更易被婴儿消化吸收，消化吸收率更高，且种类丰富多样，具有多种生物学功能 [5]。人乳的脂类主要以直径为 $4 \sim 5\mu m$ 的脂肪球形式存在，由甘油三酯、磷脂、胆固醇、糖蛋白等组成 [6]。母乳和婴儿配方乳粉中甘油三酯的组成和结构（脂肪酸的分布位置）的差异会影响婴幼儿配方乳粉的消化率。婴儿配方乳粉中的脂肪滴被乳蛋白覆盖并修饰，这将会影响脂质的消化和吸收，从而影响婴儿的营养 [7]。此外，母乳中部分铁是以与蛋白质结合的形式存在的，吸收利用率高于牛乳。有研究结果显示，6 月龄婴儿和 9 月龄婴儿对母乳中铁的吸收率分别为（16.4±11.4）% 和（36.7±18.9）%，然而婴幼儿配方乳粉中强化的硫酸亚铁吸收率却较低，仅为 2.9% ～ 5.1%[8]，因此，需要研究婴幼儿配方食品中添加铁的化学形式和适宜量。

除此之外，需要对商业化产品生产所使用的原辅料本底营养素进行研究分析，因为不同的原料种类、同种原料的不同供应商来源都影响其中带入营养素的量，也会影响到婴幼儿配方食品终产品中各营养素的含量。例如，以婴幼儿配方乳粉为例，其生产过程通常包括湿法生产和干法生产两部分，在湿法生产过程中需要经过巴氏杀菌、均质、浓缩、干燥等热处理工序，这些工艺处理往往会对婴幼儿配方乳粉中所含的营养素，尤其是热敏性营养素造成不可逆的热损失，因此，也需要考虑生产过程中可能存在的损失情况（也就是工艺损失率）。而配方食品的各营养成分在保质期内的损失情况（货架期损失率）也是设计婴幼儿配方食品时必须考虑的极为重要的因素。因为婴幼儿配方食品（乳粉）生产合格后经历流通、储存、销售等环节，其间产品所处环境的温湿度存在起伏变化，对产品中部分营养成分含量产生一定的影响，尤其一些热敏性成分易损失，到消费者手中的产品可能就不如设计之初的营养成分充足，也可能存在检测不合格风险，故在设计婴幼儿配方食品（乳粉）时，各营养成分在货架期内的损失率也是必须考虑的。

综上，我们以婴幼儿需求和国家标准规定为设计前提，再结合最新母乳研究和其他营养科学研究成果，在考虑婴幼儿膳食摄入的特点和对营养成分吸收特性之后，再参考具体商业化生产所用的原料本底、工艺损失率、货架损失率，对产品的蛋白质、脂肪、维生素、矿物质等营养成分含量进行调配，设计出既能满足婴幼儿营养素需求和符合国家标准，又能有利于婴幼儿消化吸收的婴幼儿配方产品。

2.2.1 婴幼儿营养需求特点

婴幼儿的生长发育速度令人瞩目，尤其是在出生后的前 6 个月，在这一时期，婴幼儿的发育速度快，代谢旺盛，对营养的需求高。4 ～ 6 月龄时，体重甚至可以达到出生时的两倍以上。因此确保这个阶段的营养充足至关重要。营养的好坏不仅决定着婴幼儿的体格发育，而且影响智力发育。在 1 ～ 3 岁的阶段，婴幼儿的体格发育速度放缓，但大脑的发育仍然处于较快时期，在这段时间的营养供给直接影响大脑发育质量。胆碱、DHA、碘、维生素 A 等微量营养素能增加大脑皮质重量，对认知功能发育有促进作用。由于婴幼儿早期对营养需求非常旺盛，更容易发生微量营养素缺乏的情况。例如，铁的缺乏可能增加贫血发生的风险，6 ～ 11 月龄通常是贫血高发年龄段，婴幼儿愈小需要量相对愈高。同时，婴幼儿体内营养素的储备量相对较小，适应能力也差，出生后需要提供适应该人群营养需求的食物，以避免营养不良导致婴幼儿发生不可逆的生长发育问题，如生长迟缓、生长发育过快、超重、肥胖等[9]。

2.2.1.1　0 ～ 6 月龄婴儿的营养需求特点

婴儿期是迅速生长发育的阶段，处于一个生长高峰期，并且是为人体未来发育打下坚实基础的关键时期，因此对营养的需求量相对较高，需要给予足够的营养支持。婴儿在刚出生后的阶段，主要依靠从母体内储备下来的营养维持生长，但这部分储备会在短时间内被消耗完。由于该年龄段婴儿的各个系统、器官，尤其是消化系统，还未完全发育成熟，他们很难充分消化和吸收大量食物（胃容量和消化能力受限），因此，在这一时期很容易引发消化功能紊乱和营养不良等问题。此外，早期婴儿从母体得到的抗体在逐渐减少，而自身免疫系统发育尚不成熟，抵抗力较弱，容易引发各种感染和传染性疾病。如果婴儿长时间得不到足够的营养，他们的生长发育可能会受到限制，甚至发育停滞。这不仅会影响婴儿健康，还可能错过生理和心理发育的最佳时期。

（1）能量需求　婴幼儿的基础代谢（耗能占其总能量的 50% ～ 60%）、生长发育（此部分耗能为婴幼儿所特有）、个体活动（好动的婴幼儿消耗的能量较多）、食物的生热效应、排泄等均需耗能，其能量需要量（EER）由两个主要部分组成，包括每日总能量消耗量（TEE）和组织生长的能量储备量，即 EER=TEE+ 组织生长的能量储备量，对于 0 ～ 6 月龄的婴儿而言，组织生长的能量储备量主要表现为机体为体重增长所做的能量储备。此外，由于婴儿的年龄、体重及发育速度不同，因此他们的能量需要量也存在差异。通常，我们采用稳定同位素示踪技术［双标水法（DLW）］来估算婴儿能量需要量，以更准确地测定总能量消耗。参考 7 岁以下儿童生长标准数据，根据不同喂养方式下婴儿 TEE 估测公式，并结合 WHO/FAO/UNU（世界卫生组织 / 联合国粮食及农业组织 / 联合国大学）报告的不同月龄、不同性别婴儿每增重 1g 的能量储备量数据，得出 0 ～ 6 月龄纯母乳喂养儿的 EER，其中体重为 6kg 男婴的 EER 约为 2.275MJ/d［540kcal❶/d，90kcal/（kg•d）］，体重为 5.5kg 女婴的 EER 约为 2.066MJ/d［490kcal/d，89kcal/（kg•d）］。《中国居民膳食营养素参考摄入量（2023 版）》推荐的能量 EER 为 90kcal/（kg•d）[9]。若能量的长期摄入量高于婴儿自身需要量，可能导致能量在体内蓄积，出现超重与肥胖的问题。如果长期总能量供给不足，会给婴儿的生长发育带来不良影响，如生长发育迟缓、体重不增或下降、营养不良，还可能伴随营养性贫血的发生等问题[10]。

（2）宏量营养素需求　婴幼儿所需要的能量主要来自于母乳和其他食物中的蛋白质、脂肪及碳水化合物。这三类营养成分被归类为宏量营养素，也被称为产能营养素。

① 蛋白质。婴儿对蛋白质的需要量高于成人，而且需要更优质的蛋白质来源，其中所需的必需氨基酸比例也较高。除必需氨基酸外，婴儿仍需从食物中摄取组氨酸、半胱氨酸、牛磺酸等。母乳中所含的蛋白质及必需氨基酸的比例是最适合婴幼儿生长发育所需要的。对于 0 ～ 6 月龄特殊生长时期的婴儿，可根据其母乳摄入量和母乳蛋白质含量推算适宜摄入量（AI）。一般来说，成熟母乳中平均蛋白质含量约 1.16g/100g，按照每日平均母乳摄入量 750mL（约为 780g）计算，可得出蛋白质的 AI 值为 9g/d。根据 6 月龄内婴儿代表体重 6kg，推算出每千

---

❶ 1kcal=4.1868J。

克体重的 AI 值为 1.5g/d[11]。EFSA 专家组是基于阶乘法推导出婴儿的蛋白质人群参考摄入量（PRI），其评估确定的 1～6 月龄婴儿每千克体重对应蛋白质的 PRI 值为 1.21～1.77g/d，由男婴和女婴体重分布范围（4.2～7.5kg），推导出男婴的 PRI 值分布在 8～9g/d，女婴的 PRI 值分布在 7～8g/d，与我国的适宜摄入量较接近。如果婴儿摄入蛋白质的量不足，可能会导致婴儿发生营养不良，使其出现虚胖、水肿等症状，例如 2003 年阜阳劣质婴儿配方乳粉事件中受害婴儿的临床表现。EFSA 专家组认为，对于牛乳和羊乳这两种乳基婴幼儿配方乳粉，当婴儿配方乳粉中蛋白质的最低含量为 1.8g/100kcal（即 0.43g/100kJ）时，配方乳粉中的蛋白质含量适合且能满足婴儿的营养需求。对于含有大豆分离蛋白的配方乳粉，专家组建议最低蛋白质含量为 2.25g/100kcal（即 0.54g/100kJ）[12]。

② 脂肪。脂肪是人体细胞的重要组成成分，是婴儿生长发育所必需的营养素，对婴儿的生长和发育至关重要。脂肪在肠道中能促进脂溶性维生素的吸收，可为机体储能和供热，同时能发挥保暖和保护器官的作用。婴儿每日能量中，约 2% 来自于脂肪酸的摄入。摄入充足的脂肪酸对婴儿很重要，特别是对停止母乳喂养的婴儿。亚油酸是必需脂肪酸中的一种，对婴儿生长至关重要，而 DHA、ARA 及 α-亚麻酸等脂肪酸可以促进婴儿神经、智力及大脑功能发育，需要适量摄取。母乳中的脂类主要包括甘油三酯（TG）、胆固醇、磷脂等，以脂肪球的形式存在，直径为 4～5μm，由 TG 和胆固醇酯等非极性核心和极性的磷脂、胆固醇、酶、糖蛋白等组成[6]。母乳脂肪的平均含量在 2.4～5.9g/100mL 之间，婴儿所需能量的 35%～50% 来自脂肪。由于孕妇孕期和哺乳期增重程度的不同，母乳的脂肪含量也会有显著差异[13]。中国 DRIs❶ 母乳成分研究工作组提供母乳脂肪含量数值为 3.4g/100mL，按照 0～6 月龄婴儿每日摄入母乳量为 750mL、母乳能量 630kcal/L 计，计算得到脂肪供能比为 48.6%。《中国居民膳食营养素参考摄入量（2023 版）》[14]，依次推荐 0～6 月龄婴儿每日脂肪的适宜摄入量（AI）占总能量的 48%；综合考虑亚油酸作为必需脂肪酸以及过量摄入可能存在过氧化和对免疫功能产生不良影响的风险，推荐 0～6 月龄婴儿亚油酸的 AI 为 4.2g/d，约为总能量的 8.0%；考虑到 α-亚麻酸的免疫调节作用，以及亚油酸与 α-亚麻酸比例在适宜比值范围内，推荐我国 0～6 月龄婴儿 α-亚麻酸的 AI 为 500mg/d，约为总能量的 0.90%。

③ 碳水化合物。碳水化合物也被称为糖类，是自然界中最丰富的产能营养素，它不仅为个体提供主要能量，也是构成细胞和组织的主要成分之一。婴儿从膳食获得的能量中，约 35%～65% 来自碳水化合物提供的能量[15]。在婴儿早期，其消化系统能消化的碳水化合物只有乳糖、蔗糖、葡萄糖等单糖和双糖。随着消

---

❶ DRIs 为膳食营养素参考摄入量。——编者注

化系统的逐步发育，婴儿也开始能消化淀粉类等多糖食物。人乳和牛乳中的乳糖属于适宜婴儿摄入的碳水化合物，相比于牛乳，人乳中的乳糖含量略高。在常见的动物乳中，人乳中的乳糖含量是最高的，有研究表明其含量约 55～70g/L 或者 8.2～10.4g/100kcal（约占总能量 33%～42%）[16]。人乳中还有大量的母乳低聚糖和少量葡萄糖、半乳糖等单糖，不含淀粉和其他碳水化合物[1]。婴儿体内的乳糖酶活性高于成人，有助于乳糖在肠道中被消化。这不仅有利于提高机体对钙的吸收，而且还可以促进肠道嗜酸杆菌生长，进而抑制大肠杆菌的过度繁殖。但若婴儿摄入过量碳水化合物，就会在肠道内过度发酵、产酸、产气，从而对婴幼儿肠道产生刺激，引起腹泻。所以，控制婴儿膳食中的碳水化合物摄入量十分必要。中国居民膳食营养素参考摄入量设定的 0～6 月龄婴儿碳水化合物的 AI 为 60g/d。

（3）微量营养素需求

① 矿物质。婴儿必需且容易缺乏的矿物质主要有钙、铁、锌。

钙是人体发育必需的营养素，只有摄取足够的钙，才能保证促进骨骼、牙齿的生长和坚硬。对于婴儿钙的适宜摄入量，6 个月前为每天 200mg，6 个月后为每天 350mg。6 个月龄后的婴儿在添加辅助食物时，可以选用大豆制品、蛋类、虾皮、绿叶菜等富含钙的食物以补充钙的摄入[17]。

铁是血红蛋白和肌红蛋白的重要成分，婴儿在早期阶段身体生长发育速度快，对铁的需求量很大。胎儿在出生前的最后一个月里，会利用母体的供养在自己肝脏内储入一定量的铁，但这部分的储备铁仅够维持出生后 3～4 个月的需要。因此对 6 个月龄以后的婴儿进行辅食喂养时，应适当补充含铁丰富的食物，如铁强化米粉、猪肝、猪肉、牛肉、蛋黄和豆类等。6 月龄以上婴儿铁的每日适宜摄入量为 10mg。

锌在许多重要的生理功能中都扮演关键角色。若婴儿缺锌，其身体发育能受到不良影响，出现食欲减退、停止生长等症状。人乳的含锌量高于牛乳，婴儿 6 个月龄后，应该为其添加富含锌的食物，例如鱼、虾、肉泥等。我国推荐 0～6 个月龄婴儿锌的摄入量为每天 1.5mg，6 个月后为每天 3.2mg。

② 维生素。在婴儿生长发育过程中，摄入各类维生素对其身体发育尤为重要，特别是要预防维生素 A、维生素 D、维生素 E、维生素 K 和维生素 C 的缺乏。

维生素 A 能促进机体的生长发育，维持上皮组织正常结构与视觉功能。如果婴儿缺乏维生素 A，会导致生长迟缓甚至生长停滞，并导致与视力有关的疾病，如夜盲症、干眼症等。我国推荐 0～6 月龄婴儿每天维生素 A 摄入量为 300μg RAE，人乳中的维生素 A 含量较丰富，以母乳喂养为主的婴儿一般不会出现维生素 A 缺乏的问题。婴儿 6 个月龄后需及时补充动物性食物如肝、肾、蛋类等，另外胡萝卜、红薯、菠菜、西红柿、橘子、香蕉等维生素 A 前体的含量也较丰富，这些维生素 A 前体可在体内部分转变成维生素 A[17]。

维生素 D 有助于调节钙、磷的正常代谢，促进钙的吸收和利用，这对婴儿骨骼和牙齿的正常生长都非常重要。我国推荐 0～6 月龄婴儿维生素 D 的 AI 为 10μg/d（400IU/d），若维生素 D 缺乏可能会导致佝偻病。婴儿所需维生素 D 的主要来源，除了靠母乳提供外，还可来自于户外活动比如在树荫下让皮肤暴露在阳光下。这是因为紫外线可使皮下存在的 7-脱氢胆固醇转变为维生素 D₃[17]。如果没有足够的维生素 D 来源，建议出生后按照适宜摄入量 10μg/d，尽早开始补充维生素 D。

早产儿和低出生体重儿更容易发生维生素 E 缺乏，这可能导致溶血性贫血和水肿。我国推荐 0～6 月龄婴儿每天维生素 E 适宜摄入量为 3mg α-TE。

由于新生儿肠道内正常菌群尚未建立，肠道细菌合成的维生素 K 较少，因此容易发生维生素 K 缺乏症。母乳中维生素 K 含量不高，相比之下，婴儿配方乳中维生素 K 约为母乳的 4 倍。

我国为婴儿制定的每天维生素 C 适宜摄入量为 40mg。富含维生素 C 的食物有橘子、山楂、西红柿、菠菜、苹果、红枣等，这些水果和蔬菜可挤成汁或制成泥糊状用于喂养 6 个月以上的婴儿。如果有必要，可在医生指导下补充维生素 C。缺少维生素 C 可能会导致坏血病。

由于婴幼儿群体生长发育的特点和对食物供给需求的特殊性，婴幼儿期较易缺乏的微量营养素主要包括维生素 A、维生素 D、钙、铁、锌等[17]。

（4）水的需求

婴儿生长发育迅速、代谢旺盛、活动量大，身体对能量的需求多，消耗也快，因此婴儿对水的需要量也相对较大。婴儿每日每千克体重约需 100～150mL 水，婴儿越小，每千克体重需水量就越多。母乳的盐分与蛋白质含量比牛乳低，用母乳喂养时婴儿需水量相对较少。以配方乳粉喂养为主的婴儿，一定要注意水的充足供应，以保证婴儿的正常新陈代谢。如果婴幼儿因病发生呕吐或腹泻，更加需要注意及时地补充水和电解质[17]。

2.2.1.2 6～12 月龄较大婴儿的营养需求特点

当婴儿到了 6～12 月龄，其生长发育日渐加快，活动量日益增加，对各类营养素的需求量也在不断增加，单纯喂养母乳或代乳品已不能满足其对能量和各种营养素的需求。所以，当婴儿达到 6 个月龄后，在母乳（或乳粉）喂养的同时，必须为婴儿逐步添加母乳或婴幼儿配方食品以外的食物[18]，帮助其逐步过渡到家庭普通膳食。

作为能量的主要三大来源，较大婴儿期的蛋白质、脂肪及碳水化合物需求量具体如表 2-1 所示。

表 2-1　宏量营养素参考摄入量

月龄 / 月	蛋白质 /（g/d）	脂肪 /%	碳水化合物 /（g/d）
0～6	9（AI）	48（AI）	60（AI）
7～12	17（AI）	40（AI）	80（AI）

注：AI 为适宜摄入量。

尽管机体对矿物质的需要量不高，但矿物质对维持人体正常生理功能和促进生长发育都是不可缺少的。相较于 0～6 月婴儿期婴儿，7～12 月的较大婴儿期矿物质需求量更高，如表 2-2 所示。

表 2-2　矿物质类营养素的推荐摄入量或适宜摄入量

月龄 / 月	钙 /（mg/d）	铁 /（mg/d）	锌 /（mg/d）
0～6	200（AI）	0.3（AI）	1.5（AI）
7～12	350（AI）	10（RNI）	3.2（AI）

注：AI 为适宜摄入量，RNI 为推荐摄入量。

维生素是维持机体正常生理功能的一大类低分子有机化合物。它们在体内不能合成或合成量不足，需要量虽然很少，但绝不能缺少。脂溶性维生素的主要作用是维持细胞膜结构，为高度分化组织发育所必需；水溶性维生素主要参与辅酶的形成，有高度的分子特异性。相较于 0～6 月龄的婴儿，较大婴儿维生素需要量也更高 [15]。表 2-3 是对比婴儿和较大婴儿对维生素 A、维生素 D、维生素 C 及 B 族维生素的具体需求量差异。

表 2-3　维生素类营养素适宜摄入量（AI）

月龄 / 月	维生素 A/（μg RE/d）	维生素 D/（μg/d）	维生素 B_1/（mg/d）	维生素 B_2/（mg/d）	烟酸 /（mg/d）	维生素 C/（mg/d）
0～6	300	10	0.1	0.4	1	40
7～12	350	10	0.3	0.6	2	40

2.2.1.3　12～36 月龄幼儿的营养需求特点

幼儿期是出生后的另一个关键生长发育阶段。在这一阶段，婴幼儿仍处于生长旺盛期，是培养形成良好饮食习惯的关键时期。对绝大多数婴幼儿，在这段时期，会停止母乳喂养，并在饮食结构中添加更大比例其他常规食物。此时期的幼儿能独立行走，活动范围较婴儿期有所增大，运动量也相应增加，因此，他们需要更丰富的营养素及能量供给。按每千克体重计算，他们对蛋白质、脂肪、碳水化合物及其他营养素的需要量相对高于成人。虽然体格生长速度较婴儿期稍微放缓，但是脑部发育仍很迅速，考虑到他们消化系统尚未发育完善，而营养需要量相对较高，因此，保证营养供给的充足、制定合理的喂养方案仍然是促进幼儿正常生长发育的核心。

（1）能量　幼儿的能量需要包括基础代谢、身体活动、能量储备、排泄耗能以及生长发育所需等。我国推荐1岁、2岁、3岁幼儿每日能量：男孩分别为900kcal、1100kcal和1250kcal；女孩分别为800kcal、1000kcal和1200kcal。

（2）宏量营养素

① 蛋白质。幼儿对蛋白质的需要量不仅高于成人，而且对蛋白质的质量要求也高于成人。一般来说，蛋白质所提供的能量应占到幼儿膳食总能量的12%～15%，其中有一半应为优质蛋白[17]。我国1～2岁和3～5岁婴幼儿每日蛋白质的推荐摄入量分别为25g和30g。

② 脂肪。对于幼儿，由脂肪提供的能量以30%～35%为宜，其中必需脂肪酸应占总能量的1%。

③ 碳水化合物。幼儿的活动量较大，和婴儿相比，碳水化合物的需要量更多。2岁以后，应该适当增加淀粉类食物的摄入，使其占总能量的50%～55%。尽量避免选择含有过多膳食纤维和植酸盐的食物，同时应减少精制糖的摄入量。

（3）微量营养素

① 矿物质。对于幼儿来说，必需而且容易缺乏的矿物质主要有钙、铁、锌。根据我国膳食营养推荐摄入量，幼儿每天的钙适宜摄入量为600mg，因此可以多食用富含钙的食物，如畜乳及其制品、大豆制品、蛋类、虾皮、绿叶菜等。幼儿期出现的缺铁性贫血问题很常见，对于1～3岁幼儿，膳食中铁的适宜摄入量为10mg，幼儿应补充含铁丰富的食物，如蛋黄、猪肝、猪肉、牛肉和豆类等。1～3岁幼儿锌的每天推荐摄入量为4mg，锌最好的食物来源是蛤贝类、动物内脏、蘑菇、坚果类、豆类、肉和蛋等[14]。

② 维生素。幼儿生长发育过程离不开各类维生素。其中维生素A、维生素D的摄入较为关键，1～3岁幼儿每天维生素A推荐摄入量为女孩330μg RAE/d和男孩340μg RAE/d。动物性食物如肝、肾、蛋类等富含维生素A，此外，胡萝卜、红薯、黄瓜、西红柿、菠菜、橘子、香蕉等也是维生素A前体的良好来源。由于维生素A是脂溶性维生素，过量摄入也会给生长发育带来负面效果，因此也要避免由维生素A摄入过量而引发的中毒问题。幼儿属于容易缺乏维生素D的人群。维生素D的膳食来源较少，主要通过户外活动，让皮肤接触到阳光照射，

使皮肤中存在的 7-脱氢胆固醇转变为维生素 D_3。我国幼儿每天维生素 D 的推荐摄入量为 10μg（400IU），为了防止维生素 D 缺乏，幼儿也要适量补充含维生素 D 的食物。

2.2.2　膳食摄入及吸收特点

2.2.2.1　0~6月婴儿的膳食摄入及吸收特点

母乳含有婴儿期需要的最合适比例的营养成分，是喂养婴儿的最佳天然食物。母乳中的蛋白质种类丰富，易于消化吸收。母乳中含有的脂肪酶，有助于脂肪的消化吸收，而且母乳含有很多的必需脂肪酸及其他不饱和脂肪酸，能满足婴幼儿的生长发育所需。母乳中还含有大量的乳糖，为婴儿提供足够的能量，还有利于矿物质的吸收。人乳中的铁、锌等营养素的生物利用率高。母乳还含有多种免疫物质，有利于增强婴儿的机体免疫能力；同时母乳中丰富的低聚糖可在肠道内产生促双歧乳杆菌生长因子，有利于婴幼儿保持肠道菌群平衡，防止有害菌的过度繁殖。

婴幼儿配方食品中的营养成分如蛋白质、脂肪、维生素及矿物质的存在形式与母乳中有所不同。有研究表明，即使在配方乳粉中强化维生素 C 以促进铁吸收，铁的吸收率也只能达到 5.9%~11.3%[19]。此外，配方食品中的钙含量也会影响铁吸收，例如 300~600mg 的钙可能会影响铁的吸收。根据食物来源的不同，婴幼儿对营养成分的吸收方式也有所不同。营养成分的存在形式对其在体内的消化率有较大影响，这直接关系到婴幼儿的营养状况、生长发育及各项生理功能[20]。因此，作为母乳不足时的替代食物，婴幼儿配方乳粉中各类营养素的强化必须充分考虑不同形式营养素的吸收特性。

另外，人乳中和普通食物中，维生素 D 的含量都不高，人乳中的维生素 D 含量只有 22 IU。维生素 D 是固醇类衍生物，在化工合成维生素 D 出现之前，人们都只能靠接触足够的阳光，来保证身体合成足够的维生素 D。随着现代医学和营养学的发展，美国儿科学会和我国营养学会都指出，婴儿每天可补充 400 IU 的维生素 D，来弥补维生素 D 摄入不足的现状。作为母乳代用品的婴幼儿配方乳粉，在设计维生素 D 的强化量时也需要综合考虑不同地域人群接触太阳光的特点。

2.2.2.2　6月龄以上婴幼儿的膳食摄入及吸收特点

对于出生 6 个月以后的婴幼儿，通常需要开始添加辅食。这个阶段，婴幼儿已经拥有更好的消化能力，以消化米粉、泥糊状辅助食品等。出生后 4 ～ 6 个月是味觉形成的敏感期，6 ～ 7 个月是对食物质地接受的敏感期，在膳食中添加配方食品、果蔬泥等食物将使婴儿逐步适应泥糊状食物，更好地过渡到固体食物阶段，补充母乳中部分营养的不足，例如，维生素 D、维生素 B_2 等，增加婴儿摄入的营养素密度，帮助婴幼儿断奶，锻炼舌及口腔肌肉，促进咀嚼、吞咽能力发展和消化器官的发育，有助于养成良好的膳食习惯。因此建议在 6 个月左右，父母开始给婴幼儿添加婴幼儿配方乳粉，同时搭配果蔬汁、肉汤、果泥、菜泥、面条等食物，通过这些食物补偿母乳中能量和营养素的不足，为这一时期的儿童提供多种维生素和矿物质的补充。

2 岁以前婴幼儿应以母乳（或婴幼儿配方乳品）为主要食物。2 岁以后，固体食物逐渐成为主要食物。我国 2 岁后儿童还应戒掉奶瓶，锻炼使用杯子喝水、喝奶的能力。这样可保护婴幼儿的牙齿，避免发生龋齿及上下齿咬合异常等问题的出现。此阶段的儿童，需要从配方食品及辅食中摄取生长所需的钙、铁、锌、碘、维生素 A、维生素 D、维生素 E、维生素 C 等多种营养素。谷类不宜摄入过多，因谷类食物摄入过多，会形成植酸钙，其不溶性导致钙吸收较为困难，最终容易引起婴幼儿身体缺钙[21]。

2.3　配方食品中各类营养成分的设计思路

目前婴幼儿配方食品的营养素设计主要有两种设计思路，第一类思路是参考婴幼儿营养素需求量、吸收特性、相关产品法规要求、原料特性、加工特性等方面的信息，先确定婴幼儿配方食品各营养素的标签设计值（即产品营养成分表中标签值），再进一步通过配方中各原料、强化剂的用量设计调整，以保证营养素的实际含量满足标签值的要求，最终使产品中的各营养素含量应能达到营养设计要求，并符合相关食品安全国家标准规定的要求（含量和标签标示）。另一类设计思路，主要是基于以上各方面信息，先确定产品配方中各原料的使用量，通过试验后检测产品中的各营养素含量，再基于含量、法规要求，确定产品的营养成分表标识值。相较于第一种设计思路来说，第二种设计思路所获得的产品同样能达到设计目标，符合食品安全国家标准和标签标示要求，但不足的是每批产品生产时，都可能需要根据到货原料的检测情况及时调整各原料的配方用量，这在实际的生产操作过程中多有不便，而且频繁调整配方会增加出错的风险。

因为产品所面对的人群年龄不同，设计参考的基准也有所不同。对于 0 ～ 6 月龄婴幼儿配方食品，主要是基于正常母乳的组成成分及含量进行设计的。因为 6

月龄以上的婴儿一般已经开始添加辅食，所以对于 6～12 月龄及 12～36 月龄的较大婴儿和幼儿配方食品，应更多参考该年龄段婴幼儿的营养需求进行设计。不同地区人们的饮食习惯也存在差异，如传统中国膳食结构中碳水化合物类的食品摄入占比较大，乳和乳制品占比较少，所以能提供钙的食物摄入偏少；而且传统中国膳食中食盐用量相对较高，6 月龄以后的婴幼儿受家长膳食习惯的影响可能也会从辅食中摄入超过身体所需的钠元素。这些情况也应该作为我们在设计婴幼儿配方食品时考虑在内的因素，保证婴幼儿一天内的营养素摄入量是满足其生长需求的，而且不至于摄入过量造成身体负担。考虑到在现代生活中阳光暴露不足，身体无法合成足够的维生素 D，可能会导致钙的吸收不足，因而建议在产品设计时，要考虑到维生素 D 在婴幼儿身体内的有效吸收量。另外，除了单一的营养素含量，有时还需考虑不同营养素之间的相互作用，例如为了保证钙元素有更好的吸收率，应保持科学、合理的钙磷比水平。

下面主要介绍第一类婴幼儿配方食品的设计思路：首先从各方面科学参考出发，确定产品营养素的标签值和设计目标值（或目标范围），再考虑营养强化剂的强化量以及大宗原料、小料的营养素本底带入情况，同时综合考虑生产过程损失和货架期损失等影响因素后，最终确定产品生产所需的原料用量及营养强化剂的设计。以下将以牛乳基婴儿配方乳粉产品中不同类别的代表性营养成分为例，介绍各类营养素的设计思路。

2.3.1 能量和宏量营养素

蛋白质、脂肪和碳水化合物是婴幼儿配方乳粉的主要成分，它们提供了婴幼儿生长发育所需的能量和宏量营养素。宏量营养素的含量设计对于婴儿是否能获得最佳的生长发育潜能至关重要。

2.3.1.1 能量

（1）母乳研究数据　母乳提供的能量在不同个体间的差异较大，即使是在一次哺乳期间，前、中、后段乳汁中供能成分（碳水化合物、脂肪和蛋白质）的变化也非常显著，如前段乳中脂肪含量显著低于后段乳。母乳的平均能量为 272kJ/100mL（65kcal/100mL）[22]，根据 Cooper 等 [23]、De Halleux 和 Rigo[24] 的研究，得出母乳提供的能量分别为（66±12）kcal/100mL、（63.6±4.5）kcal/100mL。其他作者报告的母乳中能量含量，如表 2-4 所示；我国食品安全标准规定和世界各国的规定，如表 2-5 所示。

表2-4　母乳中能量含量

文献	含量	地区	泌乳阶段
许晓英等[25]（2019）	（272.48±71.73）kJ/100g	兰州	30～60d 优质组
	（254.54±62.00）kJ/100g		30～60d 群体组
王宝珍等[26]（2016）	（70.52±19.15）kcal/100mL	银川	42d～3m
何必子等[27]（2014）	（55±10）kcal/100mL	北京	3～7d
	（62±12）kcal/100mL		30～42d
Gidrewicz等[28]（2014）	（54±8）kcal/100mL	—	1～3d
	（66±9）kcal/100mL		4～7d
	（66±9）kcal/100mL		2w
	（66±8）kcal/100mL		3～4w
	（63±7）kcal/100mL		5～6w
	（63±7）kcal/100mL		7～9w
	（63±8）kcal/100mL		10～12w

注：d 代表天数，w 代表周数，m 代表月数。

表2-5　婴儿配方乳粉能量含量法规/推荐量要求

国家或国际机构	标准号	单位	要求值
中国食品安全国家标准	GB 10765—2021	kJ/100mL	250～295
中国国家卫生健康委员会（中国居民膳食营养素参考摄入量第1部分：宏量营养素）	WS/T 578.1—2017	kcal/(kg·d)	90
国际食品法典	Codex Stan 72—1981	kJ/100mL	250～295
澳新食品法典	Standard 2.9.1	kJ/L	2500～3150
欧洲食品安全局(EFSA)	EFSA Journal, 2014, 12(7): 3760	kJ/100mL	250～293
欧盟委员会	（EU）No. 609/2013	kJ/100mL	250～293

注：这些最小值和最大值适用于婴幼儿配方食品，并且是以母乳的能量含量为参考。

（2）婴儿的能量需求　根据DRIs，0～6月婴儿的能量需要量（EER）为：EER（男）=2.275MJ/d；EER（女）=2.066MJ/d。根据婴儿母乳的摄入量750mL/d，乳液能量应为275～303kJ/100mL。

母乳的能量含量可以为婴幼儿配方食品的配方组成提供一定的指导。然而，母乳的能量含量会根据喂哺时期的不同发生变化。由于脂质含量随着乳房排空而显著增加，因此后乳的能量含量明显高于前乳[29]，而配方乳粉的能量含量相对稳定。因此，了解婴儿的能量需求是确定婴幼儿配方食品最佳组成的关键因素。能量需求是平衡能量消耗所需的食物能量，以保持体重、身体成分和与长期身体健康相一致的身体活动水平。这一需求包括生长和发育所需的能量。能量的膳食参考值（DRV）以平均需要量（AR）形式提供[30]，表2-6汇总了专家组关于满足欧盟婴儿营养需求的膳食摄入量的意见。

表2-6 婴幼儿所需能量摄入量（AR）

年龄/月	男		女		男		女	
	kcal/d	MJ/d	kcal/d	MJ/d	kcal/ (kg·d)	MJ/ (kg·d)	kcal/ (kg·d)	MJ/ (kg·d)
0～1	359	1.5	329	1.4	109	0.45	103	0.43
1～2	505	2.1	449	1.9	112	0.47	107	0.45
2～3	531	2.2	472	2.0	95	0.40	92	0.39
3～4	499	2.1	459	1.9	78	0.33	79	0.33
4～5	546	2.3	503	2.1	78	0.33	79	0.33
5～6	583	2.4	538	2.3	78	0.33	78	0.33
6～7	599	2.5	546	2.3	76	0.32	75	0.31
7～8	634	2.7	572	2.4	76	0.32	76	0.32
8～9	661	2.8	597	2.5	77	0.32	76	0.32
9～10	698	2.9	628	2.6	77	0.32	76	0.32
10～11	724	3.0	655	2.7	79	0.33	77	0.32
11～12	742	3.1	674	2.8	79	0.33	77	0.32

注：1. 以上AR值通常低于欧盟食品科学委员会（SCF）（2003b）使用的AR值，但1个月大（+1.9%）和2个月大（+4.7%）的男婴和两个月大（+4.7%）的女婴除外。从3个月大开始，差异在-6.2%～-3.2%之间。这是根据计算总能量消耗的更精细的方程、关于生长的能量需求的不同假设以及使用更新的参考体重所得的结果。

2. 1cal=4.184J。

（3）婴儿的能量摄入　能量摄入数据来自四项调查，主要针对0～6月龄的婴儿配方乳粉喂养婴儿[31]，据报道，中位能量摄入量约为550～700kcal/d，在纯母乳喂养的婴儿中，15周和25周龄的平均能量摄入量分别为590kcal/d和620kcal/d[32]。对于6月龄以上的婴儿，平均/中位摄入量为650～980kcal/d[33]。

一项来自法国婴儿代表性样本的研究报告[34]，阐述了配方乳粉对人工喂养婴儿出生后第一年能量摄入量的影响。经配方乳粉摄入的能量占总能量摄入量的百分比（%E）如下：1～3个月时为95.5%，4个月时为91.0%，5个月时为77.8%，6个月时63.8%，7个月时58.6%，8～9个月时为54%，10～12个月时年龄为36.7%。

Koletzko 等[35] 和 Hörnell 等[36] 研究发现配方乳粉喂养婴儿的生长模式与母

乳喂养的婴儿存在差异，配方乳粉喂养的婴儿在出生后第一年生长速度更快。相比之下，配方乳粉中的能量和蛋白质含量高于母乳，有人建议用此来解释婴儿生长上的这些差异。许多研究表明生命最初几个月的高生长速度与生命后期非传染性疾病的发病风险增加具有一定的关系。Baird 等[37] 和 Monteiro 等[38] 研究发现，婴儿期的体重和身高的百分位数越高，生长后期患肥胖症的风险越高。

在过去十年中，配方乳粉的组成发生了很大变化，目前婴幼儿配方乳粉的能量和蛋白质含量更接近母乳。然而，还应注意的是，配方乳粉的组成成分相对均匀、稳定，但母乳的成分却会随着泌乳期不断变化，因此，配方乳粉与母乳仍存在一些差距。

根据母乳数据及法规要求，可以初步确定婴儿配方乳粉的能量标签值设计范围，再结合能量的损失（其主要取决于食品中蛋白质、脂肪及碳水化合物的含量，这些宏量营养素在食品中一般损失均较小），并根据婴儿配方乳粉的实际组成含量，最终确定合理的能量标签值。

2.3.1.2 蛋白质

（1）设计参考　基于 GB 10765—2021 中蛋白质的标准范围 0.43 ～ 0.72g/100kJ，结合蛋白质的生理功能、中国母乳成分研究数据，以及人乳中蛋白质含量相关文献，同时还参考了《中国居民膳食营养素参考摄入量》中推荐的该月龄婴儿蛋白质的适宜摄入量 AI 值。

① 生理功能。人乳中的蛋白质是重要的一类宏量营养素，也是氨基酸的重要来源，同时，人乳中含有的很多蛋白质或其组分具有明确而重要的生物学功能，支持或有益于新生儿的早期发育[1]。例如，与消化功能有关的蛋白质：胆盐刺激脂肪酶和淀粉酶能帮助脂类和淀粉消化；与营养素载体和吸收有关的蛋白质：乳铁蛋白，人乳中铁大部分与其结合，乳铁蛋白可促进肠细胞摄取铁，帮助铁吸收；与改善肠道功能相关的活性成分：人乳中含有的某些蛋白质，如生长因子、乳铁蛋白和来源于酪蛋白的肽类等，具有促进肠道发育和功能完善的作用等[1]。

② 中国母乳成分研究数据。2019 年 Liu 等[39] 采用 Bradford 法检测，在青岛、武汉、呼和浩特三地采集的初乳、成熟乳中蛋白质含量分别为（1.60±0.28）g/100mL 和（1.14±0.25）g/100mL。

③ 人乳中蛋白质含量数据。2016 年黄丽丽等[40] 采用 HMA-2000 母乳分析仪检测得到，成都地区成熟乳中蛋白质含量中位值为 1.14g/100mL。江蕙芸等[41] 采用微量定氮法检测得到的南宁市 1 ～ 6 月母乳中蛋白质含量为 1.32 ～ 1.89g/100g。张兰威等[42] 在黑龙江采集的 1 月、2 月、3 月成熟乳中蛋白质含量分别为（1.40±0.17）g/100g、（1.25±0.13）g/100g、（1.12±0.09）g/100g。刘建等[43] 在

石家庄分析了 64 份中国人乳的成熟乳样本，用人乳分析仪测得蛋白质含量为（15.2±2.7）g/L。陈红慧等[44] 在广西南宁采集了产后第 2、3、4、6 月的成熟乳样本，用国标法测得蛋白质含量分别为（15.2±4.5）g/L、（14.6±4.8）g/L、（14.2±5.6）g/L 和（13.2±3.8）g/L。可见随泌乳期延长，人乳中蛋白质含量逐渐降低，不同作者报告的母乳中蛋白质含量结果汇总于表 2-7。

表 2-7　不同作者报告的母乳中蛋白质含量

文献	含量	地区	泌乳阶段
Liu 等（2019）[39]	1.60g/100mL	青岛、武汉、呼和浩特	初乳
	1.14g/100mL	青岛、武汉、呼和浩特	成熟乳
黄丽丽等[40]（2016）	1.14g/100mL（中位值）	成都	成熟乳
江蕙芸等[41]（2005）	1.89g/100g	南宁	成熟乳（1月）
	1.52g/100g	南宁	成熟乳（2月）
	1.46g/100g	南宁	成熟乳（3月）
	1.42g/100g	南宁	成熟乳（4月）
	1.41g/100g	南宁	成熟乳（5月）
	1.32g/100g	南宁	成熟乳（6月）
张兰威等[42]（1997）	1.40g/100g	黑龙江	成熟乳（1月）
	1.25g/100g	黑龙江	成熟乳（2月）
	1.12g/100g	黑龙江	成熟乳（3月）

④ 推荐摄入量 / 适宜摄入量（AI）。我国在 2023 年发布的膳食营养素参考摄入量 DRIs 中，对 0 ～ 6 月龄婴儿的蛋白质 AI 为 9g/d。对于非母乳喂养的婴儿，考虑到配方乳粉中蛋白质的质量和吸收率低于母乳，因此应适当增加非母乳喂养婴儿的蛋白质 AI。同时 0 ～ 6 月龄婴儿蛋白质摄入量不宜过高。欧洲一项涉及 5 个国家的多中心随机对照研究表明[35]，高蛋白质摄入（2.9g/100kcal 和 4.4g/100kcal）会导致 2 岁内婴幼儿体重的过快增长，而低蛋白质摄入（1.77g/100kcal 和 2.2g/100kcal）可能会降低后续成年时期发生超重和肥胖的风险。其他多项随机对照双盲实验也表明 1.8g/100kcal 蛋白质就能满足 4 月龄内婴儿的生长需要[45-46]。

⑤ 营养充足性。基于以上科学依据，除了确定蛋白质标签值的设计范围，还需考虑按该设计量是否能够保证婴儿营养充足性。按 0 ～ 6 月龄婴儿每日摄入900mL 奶液计算，配方乳粉能为婴儿提供的蛋白质总的摄入量需合理。

婴儿配方乳粉除了在蛋白质含量方面接近母乳之外，还需从蛋白质组成及结构上向母乳靠近。比如添加一定比例的 α-乳白蛋白及 β-酪蛋白。

爱尔兰 CORK 大学（UCC）的 FOX 教授编撰的《高级乳品化学——乳蛋白》（2003）一书全面详尽地介绍了 α-乳白蛋白的氨基酸序列。当中提到，母乳 α-乳白蛋白是婴幼儿必需氨基酸的主要来源。α-乳白蛋白的必需氨基酸占了母乳乳清蛋白的63%（其中色氨酸5%，胱氨酸6%，赖氨酸11%）。将牛乳和母乳的α-乳白蛋白的氨基酸序列进行比对发现，牛乳与母乳的α-乳白蛋白氨基酸组成有72%是相同的，有6%是相近的[47]。此外，还有研究表明，牛乳和母乳中α-乳白蛋白的水解和消化途径也是相似的。可见，牛乳α-乳白蛋白的氨基酸组成在某种程度上突显了它在消化性、营养性和生理学上的优势。同样，牛乳β-酪蛋白与母乳β-酪蛋白在氨基酸组成上也具有一定的同源性。两者有47%的氨基酸是相同的，具有差异性的氨基酸主要表现在某些位点的单个碱基变化。其中，两者有60%脯氨酸残基位于相同位置，并且两者的电荷分布和疏水基团分布也基本相同。这些共同点使牛乳β-酪蛋白与人乳β-酪蛋白一样具有舒展的二级结构和较高的可消化性，能满足婴儿的营养需要[48]。

高α-乳白蛋白配方乳粉能够以相对较低的总蛋白质含量达到与传统配方乳粉一样促进非母乳喂养婴儿成长的功效，从而提高能量效率，降低婴幼儿肾脏负担。食用高α-乳白蛋白含量、低蛋白质总量的婴儿配方乳粉的婴儿各项身体测量指标（身长、体重和头围等）与对照组（食用普通配方乳粉的婴儿）没有显著差别[49-51]。如Fleddermann等[49]就指出，高α-乳白蛋白含量、低蛋白质总量配方（蛋白质13g/L）能像传统标准配方（蛋白质15g/L）一样满足婴儿正常成长的蛋白质需求。另外，Lien等[51]还证实了高α-乳白蛋白低蛋白质总量配方相较标准配方能显著降低婴儿体内的尿素氮（BUN）水平。上述实验结果表明在保证婴儿健康成长的前提下，可以通过调高α-乳白蛋白的比例，适当降低配方中总蛋白质含量，从而降低婴儿蛋白质摄入量，减轻婴儿肾脏负担。上述实验结果还表明，在食用一段时间乳粉后，实验组婴儿（食用高α-乳白蛋白配方乳粉）的血浆中必需氨基酸水平等于或高于对照组婴儿（食用普通配方乳粉）[51]。

全球范围内15%的人群面临着过敏的问题，而婴幼儿早期引发的过敏更会给他们后续生活带来不便和困扰。多项研究表明，α-乳白蛋白和β-酪蛋白并不是牛乳中的主要过敏原。因此适当提高α-乳白蛋白和β-酪蛋白在婴幼儿配方乳粉中的比例能一定程度上缓解婴幼儿对牛乳蛋白的过敏反应。

对于牛乳乳清蛋白，Natale等[52]通过口服激发试验、血培养快速药敏试验法（CAP-RAST）和皮肤点刺试验来筛选受试者，并用免疫印迹法来识别牛乳主要过敏原。研究证明，β-乳球蛋白是乳清蛋白中的主要过敏原，而α-乳白蛋白则较为次要。另外Monaci等[53]和Sharma等[54]同样表明β-乳球蛋白是乳清蛋白的主要过敏原[52,54]。

对于牛乳酪蛋白，Natale等[52]证明，α-酪蛋白是酪蛋白中最主要的过敏原，β-酪蛋白（15%）过敏率低于α-酪蛋白（55% αs1-酪蛋白，90% αs2-酪蛋白）。

Monaci 等[53]同样指出，α-酪蛋白是酪蛋白中的主要过敏原，其中，一段含有 10 个氨基酸的肽段（AA69-78）和被隐藏在内部的磷酸化片段是 α-酪蛋白中最主要过敏表位。

上述研究均表明，β-乳球蛋白是乳蛋白中的主要过敏原，α-乳白蛋白的致敏性比 β-乳球蛋白低，β-酪蛋白的致敏性弱于 α-酪蛋白和 κ-酪蛋白。

（2）主要原料来源　乳基婴幼儿配方食品中蛋白质主要来源于生牛乳、脱脂乳粉、脱盐乳清粉、浓缩乳清蛋白粉（WPC34 或 WPC80）、α-乳白蛋白粉等蛋白质类原料；豆基婴幼儿配方食品中蛋白质来源于大豆或大豆分离蛋白。目前市售的婴幼儿配方食品主要以乳基为主。通常，乳基原料的蛋白质含量会因供应商、奶源季节、产地等不同而产生差异和波动，如表 2-8 所示。

表 2-8　不同蛋白质类原料中蛋白质含量

原料名称	生牛乳	脱脂乳粉	脱盐乳清粉	乳清蛋白粉（WPC）34	乳清蛋白粉（WPC）80	α-乳白蛋白粉
蛋白质含量 /%	2.8～3.9	32～37	12～13	31～35	76～79	77～86
添加量 /(kg/t)	1100	150	150	75	75	30
以吨为单位计算为产品提供的蛋白质 /(g/100g)	3.1～4.3	4.8～5.6	1.8～2.0	2.3～2.6	5.7～5.9	2.3～2.6

注：以吨为单位计算为产品提供的蛋白质量（g/100g）= 蛋白质含量（%）× 蛋白质原料添加量（kg/t）÷10。

设计产品前，需要收集多批次、多季节、多家供应商提供的原料，对所用原料的各营养成分含量进行统计分析，以此作为产品设计的有效支撑，有助于更好地将各原料合理配比，进而实现设计目标。根据产品设计需要，适当调整各原料添加种类及用量，以达到设计的目标蛋白质含量。

（3）考虑其他原料带入情况　一些食品添加剂中也会含有少量乳清蛋白粉，主要发挥辅料或包埋载体的作用；还有一些含氮类营养素原料会带入一部分氮，例如氯化胆碱。通过凯氏定氮法测定产品的蛋白质含量时，这部分原辅料带入的氮组分在产品总蛋白质中也会占有一定比例，无形中增加产品的蛋白质含量，而且这部分带入的也往往容易被忽略。对于婴儿和较大婴儿配方乳粉，国家食品安全标准 GB 10765—2021 和 GB 10766—2021 要求乳清蛋白占总蛋白质的比例分别不得低于 60% 和 40%，产品总蛋白质的设计对该指标有很大影响，可以通过微调配方，降低总蛋白质设计值或提高乳清蛋白含量设计值来保障产品中蛋白质及乳清蛋白占比符合标准要求。

（4）影响蛋白质设计准确性的因素

① 生产过程损失。婴幼儿配方乳粉的生产工艺一般包括三类：湿法工艺、干

法工艺和干湿法复合工艺。湿法工艺是将杀菌后生乳与各类营养添加剂进行混合，然后经过均质、杀菌、浓缩、喷雾干燥等工序制成乳粉。优点是混合充分、分散均匀，但缺点是一些对热敏感的营养素会损失。干法工艺则是将基粉或脱脂粉（由生牛乳制成的乳粉）与各种营养强化剂在干燥状态下进行预混、干混处理，制成最终产品。此类工艺直接通过提高生产车间的洁净度来控制杀菌程度，不经过二次高温处理，因此能够较好地保留添加的各类营养成分。干湿法复合工艺是将以上两种工艺结合起来，是目前很多生产企业的选择。该工艺不仅能保证热敏性营养元素的活性，而且制备的产品粉体均匀性也比较好。中高端婴幼儿配方乳粉一般都添加了具有生物活性的功能物质，比如 DHA、ARA、益生菌等。然而这些活性物质通常是热敏性的，经过湿法工艺的热处理工序后损耗会非常大，活性也会降低，因此干湿法复合工艺便成为了生产婴幼儿配方乳粉的最佳选择。

湿法生产过程中，各类蛋白质原料在混料时的水温、操作时间、巴氏杀菌的温度及时间会对终产品的蛋白质产生一定影响，这些参数需保持在不致蛋白质变性的范围内，且加工过程中含蛋白质料液若需暂存的，应该采取低温暂存，以防料液变质，影响终产品的蛋白质含量和产品品质。鉴于目前各婴幼儿配方乳粉生产企业的生产过程已有稳定、全面、成熟的管控体系，各工序的参数控制也形成了各自的管理规范，按照既定规范进行生产，产品蛋白质在加工过程中通常不会发生太大的损失，设计产品蛋白质时这部分损失空间可以根据生产企业的情况合理设定。

② 货架期损失。货架期也称为保质期、有效期或者货架寿命等。食品货架期是指当食品在建议条件下储存，能够保持安全、理化感官等特性符合要求的时间。一般来说，在食品货架期内，有三个方面的因素会对产品品质产生影响，导致部分营养成分损失。首先是产品本身的微生物、酶类和生化反应的影响。微生物自身产生的一些有害物质、微生物利用产品中某些营养成分生成的物质，以及酶导致的生化反应或物质变化主要通过影响产品外观、风味和口感，从而影响产品货架期。其次，保存场所的温湿度、产品的水活度和填充气体浓度等环境因素，也是影响产品货架期的重要因素，其中最为重要的是温度。温度与产品内部的生化反应速度相关联，随着储存温度升高，反应速度会加快，其货架期则会缩短。最后，就是包装材料对产品货架期的影响。不同包材其透气性、密封性、避光性、阻隔性等不同，对货架期的影响也不同，密封性好、避光性能强、填充惰性气体的产品，一般货架期较长。

婴幼儿配方乳粉在货架期内，通常在常温、避光、阴凉处保存，且此类产品的包装一般有马口铁听装、袋装及袋装加盒装等多种形式，且多采用充氮包装。这些手段能有效抑制产品内各种反应的发生，因此在此期间产品蛋白质的损失一般较低，设计产品蛋白质时这部分损失空间可以根据生产企业的情况合理设定。

③ 检测偏差。婴幼儿配方乳粉产品的检测结果是衡量该类产品质量与安全性的重要指标，检测指标所采用检测方法的准确性至关重要。实际上，按照理想条件完成一款婴幼儿配方乳粉产品的设计后，经过检测后发现实际检测值与我们的理论设计值并不是完全一致的，这部分差距属于检测偏差范畴，所以，在设计产品的各项指标时，也需要将这部分的偏差考虑在内，以防按照法规允许的最低限进行设计、检测后出现低于法规要求的低限，出现不合规的问题。婴儿配方产品的蛋白质检测有统一的国标检测方法，也有方法允许的偏差范围（在重复性条件下获得的两次独立测定结果的绝对差值不得超过算数平均值的10%），这也是设计产品时需要考虑在内的一个因素。

综上，各方面因素考虑衡量之后，对选定各类原料及其用量有了初步范围，再通过试验设计进行更为精准的配方设计空间筛选和确定，最终通过一系列由小规模试验到大规模试产验证，最终输出为一款婴幼儿配方乳粉产品可行性生产配方。后期通过大量实际生产数据的不断积累、研究，持续改进和完善配方，保证以设计目标为指导，按照合理科学的配方实施生产，为婴幼儿这一特殊人群提供最为安全、可靠的配方食品。

2.3.1.3 脂肪

（1）设计依据

① 生理功能。婴儿时期是出生后生长发育最快的时期。充足的能量，特别是高能量密度脂肪的供给，是婴儿生长发育所必需的，也是适应婴儿胃肠道功能及渗透压的最佳选择。母乳中的脂类主要包括甘油三酯（TG）、胆固醇、磷脂等。母乳中的脂类是以脂肪球的形式存在的，直径为 4 ～ 5μm，由 TG 和胆固醇酯等非极性核心和极性的磷脂、胆固醇、酶、蛋白质和糖蛋白等组成 [6]。

② 母乳含量数据。母乳中平均脂肪含量为 2.4 ～ 5.9g/100mL，约占母乳总能量的 50%，但母乳的脂肪含量随着孕妇孕期和哺乳期增重程度的不同而发生显著变化，具有显著差异 [13]。不同研究报告的母乳中脂肪含量汇总于表 2-9。

③ 推荐摄入量 / 适宜摄入量。《中国居民膳食营养素参考摄入量（2023 版）》给出的婴儿每日建议摄入的脂肪、亚油酸和 α-亚麻酸的参考摄入值如表 2-10 所示。

根据《中国居民膳食营养素参考摄入量（2023）》，0 ～ 0.5 岁婴儿脂肪建议摄入量为所提供的能量占每日所需总能量的 48%。在此年龄段配方乳粉喂养的婴儿，100mL 奶液的脂肪提供 48% 的能量（总能量国标范围为 250 ～ 295kJ/100mL）则相当于 120 ～ 141.6kJ/100mL，而根据 GB 10765—2021 中介绍的计算能量时脂肪的能量系数是 37kJ/g，则推导出对应冲调后奶液的脂肪含量为 3.24 ～ 3.83g/100mL。

表2-9 母乳中脂肪含量

文献	含量	地区	泌乳阶段
许晓英等[25] (2019)	(3.64±1.38) g/100g	兰州	30～60d 优质组
	(3.02±1.41) g/100g		30～60d 群体组
王宝珍等[26] (2016)	(3.89±1.75) g/100mL	银川	42d～3m
Gidrewicz 和 Fenton[28] (2014)	(1.8±0.7) g/100mL	—	1～3d
	(2.6±0.8) g/100mL		4～7d
	(3.0±0.9) g/100mL		2w
	(3.4±0.8) g/100mL		3～4w
	(3.6±1.1) g/100mL		5～6w
	(3.4±0.8) g/100mL		7～9w
	(3.4±0.9) g/100mL		10～12w

表2-10 婴儿每日脂肪、亚油酸和 α-亚麻酸的参考摄入量

月龄/月	总脂肪/%E	亚油酸/(g/d)	α-亚麻酸/(mg/d)
0～6	48	4.2	500
7～12	40	4.6	510

④ 母乳脂肪特点。母乳中约含有 3%～5% 的脂肪，其中 98% 以上以甘油三酯形式存在，可为婴儿提供能量，同时对多种维生素和矿物质的吸收发挥重要作用，对婴儿的生长发育有重要意义。脂肪的消化主要发生在小肠，在肠道中，Sn-1 位和 Sn-3 位的脂肪酸在消化酶的分解作用下从甘油三酯中释放出来而形成游离脂肪酸，并与连结在甘油基 Sn-2 位上的脂肪酸一起被肠道吸收，再转化成婴儿所需要的能量以及发挥营养作用。母乳中高达 70% 的棕榈酸连在甘油分子主链中间的 Sn-2 位置上，而不饱和脂肪酸多位于 Sn-1 位和 Sn-3 位。因此经过消化，这些不饱和脂肪酸和 Sn-2 位上的棕榈酸很容易被肠道吸收而进入血液循环。在常用于婴幼儿配方乳粉的油脂配料中，如牛乳脂肪，棕榈酸均匀地分布在 Sn-1，Sn-2，Sn-3 位，尽管植物油含有高水平的不饱和脂肪酸，但大都分布在 Sn-2 位置上。Sn-1，Sn-3 位置上的棕榈酸则被胰脂酶水解为游离脂肪酸。根据甘油三酯结构和棕榈酸位置分布对脂肪酸吸收影响，结果比对如表 2-11 所示。

目前，多家油脂生产企业通过技术手段严格控制棕榈酸含量，以达到降低 Sn-1，Sn-3 位置上棕榈酸和游离的棕榈酸、提高 Sn-2 棕榈酸的目的，就制备出 1,3-二油酸-2-棕榈酸甘油三酯，简称 OPO，这是提升配方乳粉消化性的一个很好的切入点。

配方中的高 Sn-2 棕榈酸酯有利于婴儿肠道双歧杆菌的生长定植，对生命早期肠道微生物的定植和形成很关键，对中枢神经系统发育起到有益作用。因此含高 Sn-2 棕榈酸的脂肪酸甘油酯的婴幼儿配方乳粉存在以上的设计优势。不饱和脂肪

表 2-11　甘油三酯结构和棕榈酸位置分布对脂肪酸吸收影响

游离脂肪酸 缺点	Sn-1，Sn-3 位棕榈酸 缺点	Sn-2 位棕榈酸 优点
在小肠的酸性环境下，如果游离脂肪酸是饱和脂肪酸、棕榈酸则容易与钙、镁等矿物质发生皂化反应，显著降低脂肪酸的吸收率	脂肪酶通常将水解甘油三酯 Sn-1、Sn-3 位上的脂肪酸生成游离的脂肪酸，结合在 Sn-1，Sn-3 位置上的棕榈酸消化后容易与钙、镁等矿物质形成不溶性的钙盐排泄出来，不易吸收，且造成钙和能量的流失	① Sn-2 位棕榈酸能够促进机体对脂肪的吸收； ② 膳食中 Sn-2 位棕榈酸含量高时，钙的吸收率也较高； ③ 高含量的 Sn-2 棕榈酸能够增加矿物质的吸收，促进婴儿骨骼矿物质的沉积； ④ Sn-2 位棕榈酸对婴幼儿的生长发育有促进作用； ⑤ 母乳中棕榈酸消化后以 Sn-2 位单甘油酯的形式存在，更容易被吸收利用

酸和 Sn-2 位上的棕榈酸很容易被肠道吸收而进入血液。母乳中的棕榈酸能被很好吸收，是因为它主要在 Sn-2 位进行酯化。因此，强化 OPO 结构的婴幼儿配方乳粉的棕榈酸位置分布更类似于母乳中的位置分布。通过应用含有高水平 Sn-2 棕榈酸酯的配方乳粉，能够促进棕榈酸、矿物质等被婴幼儿很好地吸收利用。

摄入的膳食脂肪酸甘油三酯在体内被脂肪酶消化吸收时，如果酶水解得到的游离脂肪酸是饱和脂肪酸（主要是棕榈酸），就会严重降低脂肪酸的吸收率。这是因为游离棕榈酸的熔点（63℃）高于人体体温，它在小肠的酸性环境下容易和钙、镁等矿物质发生皂化反应，形成不溶的皂化盐被排出体外，就会严重降低脂肪酸的吸收率。这些脂肪酸钙皂在肠道中不溶且难以消化，因而需要通过技术手段增加婴幼儿配方食品中的 Sn-2 位上棕榈酸含量，减少游离棕榈酸与钙、镁等矿物质发生皂化反应，从而解决脂肪酸皂化难题，改善喂养儿的脂肪酸和钙吸收利用。

根据 DRIs 给出的婴儿每日建议摄入的脂肪量，以及结合 Sn-2 母乳数据来设计产品的脂肪来源和含量，通过添加适量 OPO 结构脂，能使产品配方在组成上更接近母乳脂肪。

（2）主要原料来源　产品中脂肪主要来源于各种植物油或食用植物调和油、生乳、脱盐乳清粉、DHA、ARA、无水奶油、磷脂等原料。通常，这些原料的脂肪含量因供应商、批次等不同会存在差异和波动。如表 2-12 所示。

表 2-12　不同原料中脂肪含量

原料名称	生牛乳	植物油	脱盐乳清粉	脱脂乳粉	DHA	ARA
脂肪含量 /%	2.9～5.9	100	0.27～1.43	0.16～1.3	48.1～52.1	24～30
添加量 /（kg/t）	1100	170	150	150	10	10
为每吨产品提供的脂肪（g/100g）	3.2～6.5	17	0.04～0.21	0.02～0.2	0.48～0.52	0.24～0.3

注：为每吨产品提供脂肪的量（g/100g）=脂肪含量（%）×脂类原料添加量（kg/t）÷10。

（3）影响脂肪设计准确性的因素

① 生产过程损失。婴幼儿配方乳粉一般在湿法工艺阶段投入植物油（单体或者多种油混合而成的食用植物调和油）。植物油通常是低温储存，在投入混料系统之前，需经过升温化油工序，在此阶段，合适的温度范围既能保证油脂原料熔化充分、流动性好，又能避免温度过高导致油脂氧化、产生酸败味等不良气味。混料设备将油脂原料与蛋白质类原料充分混合，再经过均质处理，破碎脂肪球，使油脂均匀地分散在料液中。而一些热敏感的脂类原料如 DHA、ARA，在湿法工序中会产生损失，更优的加工工艺是在干混工序加入，该工艺生产的终产品能够较好地保留原料中有益的多不饱和脂肪酸。

各生产企业可按照既定规范执行生产，一般产品脂肪在加工过程中损失较低，设计产品脂肪时这部分损失空间可以根据生产企业的情况合理设定。

② 货架期损失。婴幼儿配方乳粉产品储存货架期内，在氧气、水分、温度、光照等因素影响下，产品的部分营养成分含量会发生一定程度的衰减。所以，通常在常温、避光、阴凉条件下保存，且产品包装一般采用马口铁听等包材进行密封、充氮包装，以此抑制各种反应的发生，在此期间产品脂肪的损失一般较低，设计产品脂肪时这部分损失空间可以根据实际情况合理设定。

③ 检测偏差。婴幼儿配方产品脂肪含量的检测有统一的国标检测方法，并有方法允许的偏差范围，这也是设计产品脂肪时需要考虑在内的一个因素。

综合考虑衡量各方面因素之后，初步选定各类原料及其用量范围，通过试验设计进行更为精准的配方设计空间筛选和确定，并利用一系列由小规模试验到大规模试产验证，最终输出为一款婴幼儿配方乳粉产品可行性生产配方。通过不断积累、研究，持续改进和完善配方，并按照合理科学的配方实施生产。

2.3.1.4 碳水化合物

（1）设计依据 母乳中碳水化合物含量约为 7%，其中 90% 是乳糖，其余的是低聚糖等。乳糖是人们研究最早的乳成分，而且是影响母乳渗透压的主要成分。乳糖除了能为婴儿提供能量外，还可以调节益生菌菌群；乳糖在小肠中被乳酸杆菌等有益菌利用，生成乳酸，抑制肠道腐败菌生长；乳糖还参与新生儿先天性免疫调节和保护肠道防止致病菌感染[55]。不同哺乳期人乳中乳糖含量略有不同，从哺乳期开始，乳糖含量逐渐升高，约到 6 个月时达到最大值，随后乳糖含量逐渐降低[1]。不同研究报告的母乳中的乳糖含量汇总于表 2-13。

钱继红等[56]计算上海地区乳母的过渡乳中总碳水化合物浓度为（77.70±9.48）g/kg，Maas 等[57]和江蕙芸等[41]研究得到的过渡乳和成熟乳中总碳水化合物含量分别为（71.71±5.45）g/kg 和（77.15±6.33）g/kg。成熟母乳中碳水化合物的含量约

表2-13 母乳中乳糖含量

文献	含量	地区	时期
许晓英等[25]（2019）	（6.87±0.23）g/100g	兰州	30～60d 优质组
	（6.85±0.30）g/100g		30～60d 群体组
王宝珍等[26]（2016）	（6.63±0.43）g/100mL	银川	42d～3m
Gidrewicz 和 Fenton[28]（2014）	（5.6±0.6）g/100mL	—	1～3d
	（6.0±1.0）g/100mL		4～7d
	（6.2±0.6）g/100mL		2w
	（6.7±0.7）g/100mL		3～4w
	（6.1±1.0）g/100mL		5～6w
	（6.5±0.5）g/100mL		7～9w
	（6.7±0.7）g/100mL		10～12w

为6.52～7.06g/100mL。美国国家医学院（美国IOM）认为母乳中乳糖含量为7.2～7.4g/100g。通过对我国母乳中碳水化合物含量动态观察，发现整个泌乳期乳糖含量为7.5～8.0g/100g[58]。

综上，各国家或者组织机构规定婴儿配方乳粉中碳水化合物的含量范围在2.2～3.3g/100kJ。婴儿配方粉碳水化合物含量法规／推荐量如表2-14所示。

表2-14 婴儿配方粉碳水化合物含量法规／推荐量

国家或机构名称	标准号	单位	要求值
中国	GB 10765—2021	g/100kJ	2.2～3.3
中国国家卫生健康委员会（中国居民膳食营养素参考摄入量 第1部分：宏量营养素）	WS/T 578.1—2017	EAR:g/d AMDR:%E	60
欧盟食品安全局(EFSA)	EFSA Journal 2014;12(7):3760	g/100kJ	2.2～3.3
欧盟委员会	（EU）No 609/2013	g/100kJ	2.2～3.3

（2）主要原料来源 配方乳粉中碳水化合物的主要来源是添加的食品原料中的乳糖，还有生牛乳带入的一部分乳糖（约乳糖4.5%～5.0%）。一些食品添加剂是以乳糖为包埋壁材，例如复配维生素中除了维生素A、维生素D等有效成分外，乳糖是占据较大比例的辅料，也会不可避免地向婴幼儿配方食品带入一些乳糖。乳基婴儿及较大婴儿配方食品中乳糖占碳水化合物含量应≥90%，乳基幼儿配方食品的乳糖占碳水化合物含量≥50%。

（3）影响碳水化合物设计准确性的因素

① 生产过程损失。一般在湿法工艺阶段投入食品原料乳糖，也有生产企业在

湿法阶段和干法阶段均会添加一部分乳糖，如果干法加入一部分乳糖，则要充分考虑和控制所使用乳糖原料的微生物要求及粒径等方面。若湿法阶段添加，混料时的温度、搅拌时间及混料时长是乳糖溶解充分与否的影响因素，湿法生产过程中需要保证乳糖充分溶解，以防料液最后有结晶导致喷雾干燥时堵塞喷枪。按照既定规范生产，一般产品碳水化合物在加工过程中损失较低，设计时根据实际情况考虑合理的损失空间。

② 货架期损失。婴幼儿配方乳粉货架期储存期间，产品碳水化合物的损失一般较低，设计时为确保产品合格率，这部分损失空间可以根据实际情况合理设定。

③ 检测偏差。婴幼儿配方乳粉的碳水化合物含量是采用国标中规定的计算法得出的，故受产品蛋白质、脂肪、水分、灰分及膳食纤维含量的检测偏差影响。

2.3.2 维生素

维生素是婴幼儿配方乳粉中的关键营养素，对于婴幼儿的生长发育至关重要。维生素产品中的含量需满足食品安全国家标准的要求，并应根据婴幼儿的适宜摄入量（AI）或推荐摄入量（RNI）、母乳含量以及新的科学研究成果进行调整。下面以维生素 D 和维生素 B_{12} 为例，介绍婴幼儿配方食品中维生素的设计思路。

2.3.2.1 维生素 D

（1）设计依据 GB 10765、GB 10766、GB 10767 规定的维生素 D 含量均为 $2.0 \sim 5.0\mu g/100kcal$（$0.48 \sim 1.20\mu g/100kJ$）。欧盟食品安全局建议，婴幼儿配方食品中维生素 D 含量为 $1 \sim 2.5\mu g/100kcal$，较大婴儿配方食品的维生素 D 含量为 $1 \sim 3\mu g/100kcal$ [59]。

① 推荐摄入量或适宜摄入量。我国在 2023 年发布的膳食营养素参考摄入量（DRIs）中，$0 \sim 6$ 个月婴儿维生素 D 的适宜摄入量（AI, Adequate Intake）和可耐受最高摄入量（UL, upper level）分别为 $10\mu g/d$ 和 $20\mu g/d$。美国农业部发布的 DRIs 中，$0 \sim 6$ 个月婴儿维生素 D 的适宜摄入量是 $10\mu g/d$。欧盟专家小组得出结论，维生素 D 的摄入量为 $10\mu g/d$ [12]。根据日本在 2010 年发布的 DRIs，$0 \sim 5$ 个月婴儿的维生素 D 适宜摄入量 AI 为 $5\mu g/d$，可耐受最高摄入量为 $25\mu g/d$。综上可知，我国与欧盟、美国的婴幼儿维生素 D 适宜摄入量一致。

② 母乳中维生素 D 含量。据报道，健康乳母的乳汁中维生素 D 平均含量在 $0.25 \sim 2.0\mu g/L$（$0.04 \sim 0.31\mu g/100kcal$）范围 [60]。有学者认为母乳提供的维生素 D 不足以预防婴幼儿发生佝偻病 [61]。

③ 婴儿维生素 D 摄入量。据报道，6 月龄以下婴幼儿配方食品喂养婴儿的维

生素 D 摄入量约为 9 ～ 10μg/d，母乳喂养的婴儿为 3.5μg/d[33]。对于 6 ～ 12 月龄的婴儿，维生素 D 的摄入量在 3.6 ～ 10.4μg/d 范围内 [33,34]。

④ 影响婴幼儿维生素 D 摄入状况的因素。在阳光下暴露，可使皮肤中存在的 7-脱氢胆固醇转变成维生素 D，并且母乳中维生素 D 的水平被认为能反映母体维生素 D 的摄入量以及母体的紫外线暴露程度 [60]。因此，膳食中维生素 D 的需要量也取决于人们所处地理区域和其生活方式。此外，维生素 D 的需要量也受皮肤颜色的影响，深色皮肤人群产生维生素 D 的效率更低，拥有深色皮肤的人群需要更长的日晒时间来产生同样含量的维生素 D[62]。这也能从侧面解释，对于母乳中维生素 D 含量的研究，往往不同地域、不同人群之间，获得的数据差异较大。因此，在制定维生素 D 的婴幼儿膳食需要量时，应综合考虑这些因素。

⑤ 健康结局。维生素 D 是人体必需的脂溶性维生素，对于骨骼健康有重要作用，可促进食物中钙吸收。维生素 D 对于母亲和婴儿的免疫功能也有一定作用 [64]。维生素 D 是钙磷代谢的最重要调节因子之一，维持人体正常的血钙和血磷水平。维生素 D 缺乏会伴随血清中钙和磷浓度降低，严重缺乏时可能会出现佝偻病、骨软化以及呼吸功能改变等症状 [63,65-66]。

⑥ 营养充足性。婴幼儿配方乳粉的维生素 D 设计值（单位为 μg/100g 或者 μg/100kJ）依据冲调比例折算为每 100mL 奶液中的维生素 D 含量，按照婴幼儿每天正常饮奶量计算出其每天维生素 D 的总摄入量，这一摄入量应保证满足婴幼儿对维生素 D 的需求。

（2）主要原料来源　配方乳粉中的维生素 D 来源主要是外源添加的食品营养强化剂。GB 14880 中允许添加的维生素 D 的化合物来源有 2 种，分别是胆钙化醇（维生素 D_3）和麦角钙化醇（维生素 D_2）。通常是将维生素 D 以食品添加剂制剂的形式与其他种类维生素及乳糖、麦芽糊精等辅料共同制备成营养素预混料应用于婴幼儿配方乳粉的生产，但制剂中维生素 D 的有效含量会因供应商不同而存在差异。

生产婴幼儿配方乳粉经常使用的一些乳类原料，如生牛乳、脱脂乳粉、脱盐乳清粉等，本底所带的维生素 D 量很少，其他类别的原料中也基本不含维生素 D。因此，设计婴幼儿配方乳粉的维生素 D 时，开发人员可根据维生素 D 的目标标签值、营养素预混料的维生素 D 的有效含量推导出该化合物的配方用量。

（3）影响设计准确性的因素

① 生产过程损失。含维生素 D 的营养素预混料一般在湿法工段溶解、参与配料，也有企业会在湿法和干法工段都添加一部分含维生素 D 预混料。在干法阶段添加，含维生素 D 预混料免于高温长时间的处理，一般认为此阶段的营养素损失率较低，甚至可以忽略不计。在湿法阶段，原料会经过温水混料、预热均质、浓

缩、喷雾干燥等工序，在一定时间内经受较高温度，通常会产生一定损失。设计产品的维生素 D 含量时，需要考虑到这部分工艺损失，以保证产品能符合产品标准及国家标准的要求。

例如，针对某生产线上维生素 D 的工艺损失率研究，通常需先确定一个试验用的产品配方，研发人员依此配方在该生产线上进行试验，试验规模按照商业化生产时规模设定，将用于试验的各原料的维生素 D 含量进行检测统计，最后按照标准作业流程完成生产试验，结束试验后产品取样送检维生素 D 含量，再计算维生素 D 损失率。

公式如下：

工艺损失率（Y_0）＝［原料本底带入量（X_1）＋营养强化量（X_2）－营养指标检验结果（X_3）］÷［原料本底带入量（X_1）＋营养强化量（X_2）］。

为了研究数据的可靠性，可以根据情况进行多次重复试验，增加数据量，获得更有参考价值的工艺损失率数据，也能更好地提升配方设计的准确性。

② 货架期损失。维生素 D 对光照和氧气比较敏感，易受这两方面因素影响。有研究对常温保存的婴幼儿配方乳粉货架期内维生素损失进行了检测分析，发现脂溶性维生素的损失率较高，其中维生素 D 的损失率约为（16.45±11.15）%[67]。这也是设计产品的维生素 D 添加量时需要考虑的因素。

③ 检测偏差。有研究对比了 11 家国内检测实验室对同一配方乳粉样品中维生素 D 的检测结果，对其检测偏差进行分析，发现维生素 D 的检测偏差约为 15%。根据检测机构的不同，维生素 D 的检测可能存在一定差异。在设计产品维生素 D 的含量时同样需要考虑这部分波动，以确保产品检测合格 [68]。

2.3.2.2 维生素 B_{12}

（1）设计依据 GB 10765—2021 中要求维生素 B_{12} 的含量范围为 0.024～0.359μg/100kJ，结合维生素 B_{12} 的生理功能，参考中国母乳研究文献数据，同时考虑我国 2023 版的 DRIs 对于婴儿维生素 B_{12} 的适宜摄入量 AI 值、国外（如美国和日本）的 DRIs 中的适宜摄入量 AI 值，即可确定出符合法规要求的婴儿配方乳粉中维生素 B_{12} 的设计值。

① 生理功能。维生素 B_{12} 作为辅酶参与重要的甲基转移反应，将半胱氨酸转变为蛋氨酸，并参与裂解反应，L-甲基丙二酰辅酶 A 转变为琥珀酰辅酶 A。甲基钴胺素作为辅因子将甲基四氢叶酸提供的甲基转移给同型半胱氨酸形成蛋氨酸和四氢叶酸。蛋氨酸合成 S-腺甲硫氨酸后，L-甲基丙二酰辅酶 A 变位酶在腺苷甲硫氨酸参与下发生异构化反应，使 L-甲基丙二酰辅酶 A 转变成琥珀酰辅酶 A。当维生素 B_{12} 缺乏时，过多的叶酸可能蓄积在血清中影响维生素 B_{12} 依赖的甲基转移酶

的活性。此外，维生素 B_{12} 缺乏与恶性贫血、神经退化疾病、心血管疾病和胃肠疾病密切相关 [1]。供给充足的维生素 B_{12} 对于正常血液形成和维持神经功能有着重要作用。

② 母乳中维生素 B_{12} 的研究数据。郗文政等 [69] 报道，成熟乳维生素 B_{12} 的含量为 0.5 ～ 1.0μg/L。有学者测得 24 名健康的加利福尼亚妇女的母乳中维生素 B_{12} 平均值为 1.2μg/L（含量范围在 0.2 ～ 5.0μg/L），其中受试孕妇在孕期均补充 6μg/d 的钴胺素 [70]。欧洲食品安全局（EFSA）专家组报道母乳中维生素 B_{12} 平均浓度 0.31 ～ 0.42μg/L。我国有关母乳中维生素 B_{12} 含量和存在形式的研究报道不多，测定值分别为（0.66±0.14）μg/L 和（0.166±0.106）μg/L。此外，中国营养学会建议使用 0.42μg/L 作为我国母乳中维生素 B_{12} 的参考水平。不同研究报道的母乳中维生素 B_{12} 含量汇总于表 2-15。

表 2-15　母乳中维生素 B_{12} 含量

文献	含量	泌乳阶段
Hambraeus 和 Leif（1977）[71]	0.03μg/100g	成熟乳
Samson 等（1980）[72]	2431pg/mL	成熟乳
Ford 等（1983）[73]	0.002 ～ 0.34μg/100mL	成熟乳

③ DRIs 数据。我国在 2023 年发布的膳食营养素参考摄入量（DRIs）中，对于 0 ～ 6 个月婴儿，维生素 B_{12} 的适宜摄入量为 0.3μg/d。美国农业部发布的 DRIs 中，对于 0 ～ 6 个月婴儿，维生素 B_{12} 的 AI 为 0.4μg/d。日本在 2010 年发布的 DRIs 中，0 ～ 5 个月婴儿的维生素 B_{12} 的 AI 为 0.4μg/d。

④ 营养充足性。婴儿配方乳粉的维生素 B_{12} 标签值假定设计为符合法规要求最低限以上的某个值，按照冲调比例换算出冲调后奶液中维生素 B_{12} 的含量，再按照婴儿每日摄入 900mL 奶液计算，配方乳粉最多提供的维生素 B_{12} 总量需合理，才能保障婴儿充足的摄入。

综上所述，配方乳粉中维生素 B_{12} 添加量的设计，应参考中国母乳中维生素 B_{12} 含量水平，并根据我国以及国外婴幼儿维生素 B_{12} 的适宜摄入量或推荐摄入量等，最终确定婴幼儿配方乳粉中维生素 B_{12} 的添加量。

（2）主要原料来源　配方乳粉中的维生素 B_{12} 主要是通过外源食品营养强化剂进行强化。GB 14880 中允许添加的维生素 B_{12} 的化合物来源有 3 种，分别是氰钴胺、盐酸氰钴胺和羟钴胺，较常使用的是氰钴胺。通常，维生素 B_{12} 会与其他种类维生素及乳糖、麦芽糊精等辅料共同制备成营养素预混料应用于婴幼儿配方乳粉的生产。维生素 B_{12} 可能是单体形式，也可能是不同有效含量的食品添加剂制剂（包埋），因供应商不同而存在差异。

生产婴幼儿配方乳粉经常使用如生牛乳、脱脂乳粉、脱盐乳清粉等乳基原料，这些原料本底带有少量的维生素 B_{12}，含量范围约为 0.5% ～ 7%，也会受原料产地及批次不同而波动，其他原料基本不含维生素 B_{12}。设计配方乳粉的维生素 B_{12} 时，根据产品标签值、原料本底含量、营养素预混料的有效含量推导出提供维生素 B_{12} 化合物的用量。

（3）影响设计准确性的因素

① 生产过程损失。含维生素 B_{12} 的营养素预混料一般在湿法工段溶解，经受较高温度，会产生一定损失，不同生产线参数的设置不同，其损失率也有差异，可根据对所用生产线的工艺损失率的积累研究，确定其损失率，在产品设计时预留可损失空间，保证终产品能符合标准要求。

② 货架期损失。维生素 B_{12} 易受光和热影响。常温避光保存的婴幼儿配方乳粉货架期内水溶性维生素的损失率较脂溶性维生素低，约为 9%[74]。产品储存条件的设定也会影响终产品中维生素 B_{12} 的含量。

③ 检测偏差。有研究对比了多个实验室对同一样品中维生素 B_{12} 的检测结果，分析其检测偏差，约为 25%[75]。检测机构不同，检测偏差可能存在一定差异。在设计产品配方时，适当放宽设计空间以保证产品检测合格。

2.3.3　矿物质

矿物质是婴幼儿配方乳粉中的关键营养素，对于婴幼儿的生长发育、免疫功能和神经系统等的健康发展至关重要。婴幼儿配方食品中各类矿物质的含量既要满足食品安全国家标准的要求，又要以婴幼儿的适宜摄入量（AI）或推荐摄入量（RNI）、母乳含量以及科学研究数据为依据进行设计。下面举例介绍婴幼儿配方食品配方中钙、磷、碘的设计思路。

2.3.3.1　钙

（1）设计依据

① 生理功能。钙是构成骨骼和牙齿的主要成分，体内 99% 以上的钙都存在于骨骼和牙齿中。同时，钙还参与维持多种生理功能，如钙离子与钾离子、钠离子和镁离子的平衡共同调节神经肌肉的兴奋性，包括骨骼肌、心肌的收缩，平滑肌及非肌肉细胞的活动和神经兴奋性的维持。当血钙低于正常范围时，神经肌肉的兴奋性增强，可引起肌肉抽搐；而浓度过高时可损害肌肉收缩功能，抑制正常心率与呼吸。此外，钙离子还参与调节生物膜的完整性和通透性，在细胞功能的维持、酶的激活等生理过程中都发挥重要作用。如 ATP 酶、琥珀酸脱氢酶、脂肪

酶等都需要钙的激活。如果儿童缺钙，会导致生长迟缓，严重者还会出现佝偻病。若摄入钙过高，可能引发高血钙症、肾结石，还会干扰铁离子、锌离子等金属离子的吸收。

② 母乳钙含量数据。相关研究报道母乳中钙含量约 260 ～ 340mg/L[76-77]，结果如表 2-16 所示。

表 2-16　母乳中钙含量

文献	含量	地区	泌乳阶段	单位
刘静等[78]（2016）	293	呼和浩特	初乳	mg/L
	285		过渡乳	mg/L
	341		成熟乳	mg/L
李瑞园等[79]（2014）	296.55	深圳	成熟乳	mg/L
Zhao 等[80]（2014）	303.3	北京、苏州、广州	5 ～ 11 天	mg/kg
	293.6		12 ～ 30 天	mg/kg
	309.6		31 ～ 60 天	mg/kg
	287.4		61 ～ 120 天	mg/kg
	267.4		121 ～ 240 天	mg/kg
邓波等[81]（2009）	280.22	深圳	成熟乳	mg/L
钱继红等[56]（2002）	283	上海	—	mg/kg

③ 推荐摄入量或适宜摄入量。《中国居民膳食营养素参考摄入量（2023 版）》建议 0 ～ 6 月婴儿钙 AI 和 UL 值分别为 200mg/d 和 1000mg/d，能够满足绝大部分婴儿（0 ～ 6 月）的营养需要。

④ 体内吸收利用情况。婴幼儿配方乳粉与母乳相比，钙元素的存在形式以及吸收利用率不同。婴幼儿对于配方乳粉中钙的吸收与利用率低于母乳。据 Hicks 等[76]报道，婴幼儿配方乳粉中钙的吸收率约为 56.8%。

总之，婴儿食用配方乳粉时钙的吸收率（约 60%）低于母乳（76%）[76]。根据新国标中钙含量要求，参考母乳中钙含量、母乳钙吸收率和配方乳粉钙吸收率，结合推荐摄入量或适宜摄入量确定婴儿配方乳粉中钙的设计范围。

（2）主要原料来源　产品中钙的来源有两部分，一部分来源于生牛乳、脱脂乳粉、脱盐乳清粉、浓缩乳清蛋白粉等原料的本底带入，这些原料的钙含量会因供应商不同、奶源、季节、产地等因素的不同而有所波动。婴幼儿配方乳粉中另一部分钙来自于含钙的营养素预混料或含钙的单体化合物。GB 14880 中规定了婴幼儿配方食品中可用的钙化合物剂型有 10 种，其中碳酸钙和磷酸三钙使用较为普遍。各类原料中钙的本底值如表 2-17 所示。

表2-17　各类原料中钙的本底含量典型值

原料名称	生牛乳	脱脂乳粉	脱盐乳清粉	乳清蛋白粉 WPC34	乳清蛋白粉 WPC80	α-乳清蛋白粉
钙含量 /（mg/100g）	140	1100	45	650	800	600
添加量 /（kg/t）	1100	150	150	75	75	30
为每吨产品提供的钙 /（mg/100g）	154	165	6.75	48.75	60	18

注：为每吨产品提供的钙（mg/100g）= 钙含量（mg/100g）× 原料添加量（kg/t）÷1000。

设计产品配方前，需要收集多批次、多季节、不同供应商提供的原料，对所用原料的营养成分含量进行检测分析，形成本底数据库，为产品设计提供有效支撑。原料中钙的本底含量波动较大，因此，除了依靠本底带入，还需要添加碳酸钙或磷酸三钙进行部分强化，以保证终产品中钙含量保持稳定。通过各原料合理配比，再结合营养素提供的强化量，可以更有效、更准确地达到设计的钙目标含量。

（3）影响设计准确性的因素

① 生产过程损失。对于含钙的强化剂，如碳酸钙，如果采用的碳酸钙粒径过大，在混合后料液经过滤网时易被截留在滤网上导致料液中钙损失，最终进入到产品中钙也有所降低。所以，设计产品时，除了考虑强化剂中钙的有效含量，还需考虑其在实际生产中的应用特性。根据生产线的工艺损失率的研究结果，确定产品配方设计时需要考虑的损失范围，保证损失后也能符合摄入需求量和标准要求。

② 货架期损失。婴幼儿配方乳粉产品中钙的性质较稳定，基本不损失。

③ 检测偏差。钙的国标检测方法允许的检测偏差为10%。不同检测机构之间检测偏差可能有差异。

2.3.3.2　磷

设计依据如下。

① 生理功能。磷和钙一起是构成婴儿骨骼和牙齿的重要组成成分。磷在骨骼和牙齿中以无定形的磷酸钙和结晶的羟基磷灰石形式存在。骨骼组织不仅作为磷的主要储存器官，而且在与"磷池"交换、维持体内磷平衡中发挥重要作用。此外，磷直接参与能量的储存和释放，产能营养素在体内氧化时所释放出的能量以高能磷酸键的形式储存于三磷酸腺苷和磷酸肌酸的分子中。当人体需要能量时，高能有机磷酸释放出能量并游离出磷酸根。由于食物中含磷丰富，一般不会发生磷缺乏。母乳喂养的早产儿，因母乳含磷量较低，不足以满足早产儿骨磷沉积的

需要，可能出现磷缺乏，出现佝偻病样骨骼异常等问题。一般情况下，不会由于膳食摄入的原因引起磷过量。

② 母乳磷含量数据。据统计，中国母乳中磷的含量范围在 157.9 ～ 208.4mg/kg[1]（表 2-18）。

表 2-18　母乳中磷含量

文献	含量 /（mg/kg）	地区	泌乳阶段 /d
Zhao 等[80]（2014）	143.8	北京、苏州、广州	5 ～ 11
	148		12 ～ 30
	136.4		31 ～ 60
	118		61 ～ 120
	113.4		121 ～ 240
钱继红等[56]（2002）	153	上海	—

③ 推荐摄入量或适宜摄入量。我国在 2023 年发布的膳食营养素参考摄入量（DRIs）中，0 ～ 6 个月婴儿磷的 AI 值为 105mg/d。美国农业部（USDA）发布的 DRIs 中，0 ～ 6 个月婴儿，磷的适宜摄入量是 100mg/d。

婴幼儿配方乳粉与母乳相比，磷元素的存在形式以及吸收利用率是不同的。据 Haschke 等[82]报道，婴幼儿配方乳粉中磷的吸收率约为 80%。研究人员基于婴幼儿配方食品新国标中磷含量要求，结合母乳磷含量数据、婴幼儿配方食品中钙磷比要求等，通过对磷的主要来源原料（乳类原料等）中含量研究，即可初步确定婴幼儿配方乳粉中磷的设计范围，再将生产过程工艺损失、货架期损失及检测偏差的影响考虑进去，适当调整磷的设计添加量，最后可通过试验验证设计的准确性。

2.3.3.3　碘

（1）设计依据　婴幼儿配方乳粉碘的设计主要基于 GB 10765—2021 中碘的含量范围要求（3.6 ～ 14.1μg/100kJ）、碘的生理功能、人乳中碘含量数据，以及 2023 版 DRIs 婴儿碘的 AI 值，并参考国外（如美国、日本、WHO）制订的相应推荐摄入量或适宜摄入量进行设计，保证设计值既符合法规要求，又能更好地保障营养充足性。

① 生理功能。碘是合成甲状腺素的必需成分，而甲状腺素能调节婴幼儿的多种生理功能，如促进生长发育、体内蛋白质合成和神经系统发育，对婴儿智力发育和大脑发育发挥重要作用。碘能通过激活多种重要酶、参与糖和脂肪代谢的方式，调节体内新陈代谢。

② 人乳碘含量数据。在中国的北京、苏州和广州采集的人乳样本中，初乳、过渡乳和成熟乳（1～3个月）及成熟乳（4～6个月）的碘含量分别为（292.4±159.1）μg/kg、（226.7±122.0）μg/kg、（230.6±297.5）μg/kg、（222.0±331.0）μg/kg[80]。Chierici 等[83] 报道，母乳中初乳和成熟乳（1～3月、4～6月）碘含量分别（270±140）μg/L、（150±90）μg/L、（110±40）μg/L。中国母乳碘含量通常高于报道的国外母乳的碘含量，这可能与多年来中国全面推广食盐加碘有关。

③ 推荐摄入量或适宜摄入量。我国在2023年发布的膳食营养素参考摄入量（DRIs）中，对0～6个月婴儿，碘的适宜摄入量为85μg/d。美国农业部发布的DRIs中，0～6个月婴儿碘的适宜摄入量AI是110μg/d。日本2010年发布的DRIs中，0～5个月婴儿碘适宜摄入量为100μg/d。世界卫生组织和联合国粮食及农业组织联合发布的DRIs中，0～6个月婴儿碘的适宜摄入量为90μg/d[84]。综上所述，我国与世界卫生组织制订的婴幼儿碘的适宜摄入量范围大致接近。

④ 营养充足性。根据以上设计依据初步选定产品碘含量的设计范围，以冲调比例折算为每100mL奶液所含碘的量，按照婴儿每日正常饮奶量900mL计算，配方乳粉提供的碘总量需合理，才能保障婴儿充足的摄入。

（2）主要原料来源　产品中碘的来源有两部分，一部分来源于生牛乳、脱脂乳、脱盐乳清粉、浓缩乳清蛋白粉等原料的本底带入，另一部分来自于含有碘元素的营养素预混料的强化。GB 14880中规定碘的化合物剂型有3种，包括碘酸钾、碘化钾及碘化钠，因供应商不同有效含量有差异，如表2-19所示。

表2-19　各类原料中碘的本底含量典型值

原料名称	生牛乳	脱脂乳	脱盐乳清粉	乳清蛋白粉 WPC34	乳清蛋白粉 WPC80	α-乳清蛋白粉
碘含量 /（μg/100g）	10	7	10	120	29	5
添加量/（kg/t）	1100	1100	150	75	75	30
为每吨产品提供的碘 /（μg/100g）	11	7.7	1.5	9	2.175	0.15

注：为每吨产品提供的碘（μg/100g）=碘含量（μg/100g）×原料添加量（kg/t）÷1000。

饮用水是碘的另一个摄入来源，参考全国自来水中碘含量的调查，乡级水碘含量为3.4μg/L，全国省（区、市）乡级水碘含量低于10μg/L，饮用水带入的碘预估不超过8μg，纯净水带入极低，几乎不影响总的摄入量[85]。

同样，在进行婴幼儿配方乳粉中碘的设计之前，需要收集大量原料的本底数据，形成数据库，为产品设计提供有效支撑。原料中碘的本底含量波动也较大，因此，需要进行额外的强化，将各原料和营养素预混料组合使用，可以更有效、准确地达到设计的目标。

（3）影响设计准确性的因素

① 生产过程损失。通常，研发人员为保证婴幼儿配方乳粉中碘的均匀性，建议将含碘营养素预混料在湿法阶段添加，与各类原料、配料及水进行充分混合。在生产过程中碘易受高温影响，也会产生一定损失。

② 货架期损失。婴幼儿配方乳粉中碘在常温避光条件下性质较稳定，损失率较小。由于碘的添加量较小，检测中存在一定偏差，实际货架期内显示出的损失更多是由检测偏差导致的。在设计产品的碘时，需要考虑偏差的影响，以保证产品与标准的符合性。

2.3.4 可选择性成分

一些可选择成分，如 DHA、ARA、OPO 和乳铁蛋白等，被允许添加到婴幼儿配方乳粉中。尽管其中某些成分可以通过婴幼儿配方乳粉的普通原料带入，但是通常含量较低，因此，为更好地满足婴幼儿的健康生长发育需求，还需额外添加。这些可选择成分的功效包括促进大脑和视网膜的发育、改善脂肪的吸收和利用、提高铁的生物利用率等。

2.3.4.1 二十二碳六烯酸（DHA）

设计依据如下。

婴幼儿配方乳粉 DHA 的设计基于 DHA 的生理功能，考虑 GB 10765—2021 中 DHA 的标准范围为 3.6 ～ 9.6mg/100kJ，同时参考了文献报道的人乳中的 DHA 含量数据、中国和欧盟对于 0 ～ 6 月龄婴儿 DHA 的适宜摄入量等，确定出产品 DHA 的标签值，符合法规要求，更好地满足了婴儿充足的营养需求，以下分别阐述设计依据及出处。

① 生理功能。DHA 是一种长链多不饱和脂肪酸，它是膜结构脂尤其是神经系统和视网膜磷脂类的重要组成成分。在婴儿出生前和出生后，发育中的大脑会积聚大量的 DHA，尤其在生命最初的两年，这些 DHA 主要是通过母亲的胎盘和母乳传递给胎儿和婴儿，且大脑合成 DHA 的能力也会随着出生后年龄的增长而增加 [86]。

② 人乳 DHA 含量数据。Jiang 等 [87] 采用气相色谱法检测得到杭州、北京、兰州三城市成熟乳的 DHA 含量占总脂肪酸的（0.38±0.31）%。Liu 等 [88] 采用气相色谱法检测得到内陆（包头）、海滨（威海）、湖滨（岳阳）三地的成熟乳中 DHA 含量分别为（113.09±72.90）μg/mL、（163.36±133.82）μg/mL、（148.17±100.98）μg/mL。Yuhas 等 [89] 采用配备火焰电离检测器的气相色谱仪检测得到中国成熟乳中 DHA 含量为总脂肪酸的（0.35±0.02）%。不同研究报告的母乳中 DHA 含量汇总于表 2-20。

表 2-20　母乳中 DHA 含量

文献	含量	地区	泌乳阶段
Deng 等[90]（2018）	0.299%（总脂肪酸）	内蒙古	成熟乳
	0.394%（总脂肪酸）	江苏	成熟乳
	0.261%（总脂肪酸）	广西	成熟乳
Jiang 等[87]（2016）	0.38%（总脂肪酸）	杭州、北京、兰州	成熟乳
Liu 等[88]（2016）	113.09μg/mL	内陆（包头）	成熟乳（42d±7d）
	163.36μg/mL	海滨（威海）	成熟乳（42d±7d）
	148.17μg/mL	湖滨（岳阳）	成熟乳（42d±7d）
Yuhas 等[89]（2006）	0.35%（总脂肪酸）	中国	成熟乳（1～12 个月）

另外，根据 2016 年 Giuffrida 等[91]的研究结果，可知中国母乳的初乳、过渡乳和成熟乳（样本量分别为 113、81、345）三个阶段的 DHA 含量（占总脂肪酸百分比）分别为（0.5±0.3）%、（0.5±0.2）% 以及（0.3±0.2)%。

③ 推荐摄入量或适宜摄入量。我国 0～6 月龄婴儿 DHA 的 AI 为 100mg/d[14]。

④ 营养充足性。婴儿配方乳粉（0～6 月龄）产品的 DHA 冲调后奶液中含量按照婴儿每日摄入 900mL 奶液计算，DHA 的每日摄入总量需满足婴儿需求，更好地保障其对 DHA 的充足摄入。

2.3.4.2　花生四烯酸（ARA）

设计依据如下。

基于 ARA 的生理功能，考虑 GB 10765—2021 中 ARA 的含量范围为（N.S.～19.1）mg/100kJ（N.S. 表示为无特别说明），参考文献报道的母乳中的 ARA 含量及我国对于 0～6 月龄婴儿 ARA 的适宜摄入量等完成婴儿配方乳粉 ARA 的设计。

① 生理功能。ARA 是一种长链多不饱和脂肪酸，在生物体中发挥重要生理功能。花生四烯酸可以被进一步转化为类花生酸物质，如环列腺素和白细胞三烯类等，这些物质参与了血压调节、血液凝集、免疫反应，并在组织中发挥多种功能。ARA 也是细胞膜的重要组成部分，对于多种细胞功能（如细胞膜的流动、渗透性以及膜上酶和受体的活性及信号转导等）都有重要作用。

② 母乳 ARA 含量数据。2016 年 Jiang 等发表的研究结果显示，采用气相色谱法检测的杭州、北京、兰州三城市成熟母乳 ARA 含量占总脂肪酸的比例分别为（0.64±0.30）%、（0.80±0.30）%、（0.69±0.18）%[87]。Giuffrida 等 2016 年发表的研究表明，采用气相色谱法测定广州、北京、苏州三地的初乳、过渡乳、成熟乳中 ARA 含量，占总脂肪酸的比例分别为（0.9±0.3）%、（0.7±0.2）%、（0.5±0.1）%[91]。

Brenna 等 2007 年的研究中分析了世界范围 685 项母乳含量，其中 ARA 含量均值为总脂肪酸的 0.47%（约为 124mg/d）[92]。2015 年高颐雄等采用气相色谱法测定的江苏句容和河北徐水地区过渡乳中 ARA 含量，占总脂肪酸的比例分别为（0.74±0.13）%、（0.71±0.14）%[93]。1999 年 Dodge 等采用气相色谱法检测得到北京地区成熟乳中 ARA 含量，占总脂肪酸的比例为（0.63±0.03）%[94]。Xiang 等采用配有火焰电离检测器气相色谱仪检测得到，北京密云县 1 个月成熟乳中 ARA 含量占总脂肪酸的比例为（0.63±0.03）%[95]。不同研究报告的母乳中 ARA 含量，如表 2-21 所示。

表 2-21　母乳中 ARA 含量

文献	含量 /%	地区	泌乳阶段
Deng 等 [90]（2018）	0.722	内蒙古	成熟乳
	0.509	江苏	成熟乳
	0.570	广西	成熟乳
Jiang 等 [87]（2016）	0.64	杭州	成熟乳
	0.80	北京	成熟乳
	0.69	兰州	成熟乳
Giuffrida 等 [91]（2016）	0.9	广州、北京、苏州	初乳
	0.7	广州、北京、苏州	过渡乳
	0.5	广州、北京、苏州	成熟乳
高颐雄等 [93]（2015）	0.74	江苏句容	过渡乳
	0.71	河北徐水	过渡乳
Dodge 等 [94]（1999）	0.63	北京	成熟乳
Xiang 等 [95]（1999）	0.63	北京	成熟乳

③ 推荐摄入量或适宜摄入量。我国 0～6 月龄 ARA 的 AI 为 150mg/d[14]，且有研究提到 FAO 对于 0～6 月龄婴儿的 ARA 适宜摄入量 AI 为 115～173mg/d[1]，与我国的范围相似。

④ 营养充足性。合理的设计有利于保障营养的充足性。婴儿配方乳粉 ARA 选定的设计值，依据冲调比例折算出每 100mL 含量，再按照婴儿每日摄入奶量计算出每天的总摄入量，需满足婴儿需求，保障其 ARA 的充足摄入。

2.3.4.3　1,3-二油酸-2-棕榈酸甘油三酯（OPO）

设计依据如下。

基于 GB 14880—2012 中的要求，结合 OPO 的生理功能，参考人乳中的 OPO 含量数据，同时也考虑到 OPO 的吸收利用率，综合选定婴儿配方乳粉 OPO 的设计范围。

① 生理功能。人乳中棕榈酸位于 Sn-2 位的甘油三酯如 OPO 等有助于婴幼儿对脂肪酸的吸收和软化婴儿粪便等。OPO 等结构脂还可促进婴幼儿早期骨骼发育、影响婴幼儿肠道菌群，还可以减少肠道的炎症、减缓早期婴幼儿的哭闹，对其神经智力发育也有一定的有益影响[96]。

② 母乳 OPO 含量数据。对母乳中 OPO 结构脂的含量检测，检测结果通常以总甘油三酯的百分比表示。母乳中的脂类约 98% 是以甘油三酯（TG）的形式存在的。吕金昌等[97] 报道了 341 例中国乳母的乳汁成分，第 8～30 天、第 31～180 天、第 181～330 天的乳汁中脂肪含量分别为（4.16±1.20）g/100mL、（4.07±1.54）g/100mL、（4.36±1.51）g/100mL。据 Pons 等[98] 报道，人乳中初乳、过渡乳和成熟乳的 OPO 占总脂肪的百分比分别为（29.07±1.50）%、（19.23±1.50）%、（23.73±1.37）%。（注：该文献发表时，文中所示 POO 即 OPO，因为文中所示甘油三酯中含有 1 个棕榈酸和两个亚油酸的甘油三酯仅此一种，且含量最高，符合 OPO 特点。）据 Zou 等[99] 报道，母乳初乳、过渡乳和成熟乳中 OPO 含量约占总甘油三酯的（24.68±2.33）%、（16.46±3.38）%、（19.03±5.51）%。据 Zhao 等[100] 报道，在中国母乳初乳和成熟乳中，OPO 占总甘油三酯的百分比分别为（17.589±2.793）% 和（14.575±1.962）%。Yuan 等[101] 报道中国母乳初乳、过渡乳与成熟乳中 OPO 含量约占总甘油三酯的百分比分别为（19.5±3.91）%、（14.09±3.46）% 以及（13.91±4.04）%。随泌乳期延长，母乳中脂肪含量有升高趋势，而 OPO 占总甘油三酯的百分比呈现略微降低的趋势。

③ 婴幼儿对配方粉中 OPO 的吸收利用率。出生后，新生儿肠道消化和吸收发育不完善。胆盐是促进甘油三酯水解和吸收的重要物质，然而，新生儿的胆盐合成率低于成人，其胆盐含量只有成年人的 1/4。母乳中甘油三酯的棕榈酸主要分布在 Sn-2 位，因此比较稳定，不容易被释放。而当棕榈酸位于 1、3 位时，容易被释放并与钙离子形成钙皂。母乳喂养的婴幼儿，对甘油三酯的吸收能力高于配方粉喂养的婴幼儿[102]。Carnielli 等[103] 报道，使用强化了 Sn-2 位棕榈酸甘油三酯的配方粉喂养婴幼儿，与未强化 Sn-2 位棕榈酸甘油三酯的配方粉喂养婴幼儿相比，喂养一周后测定脂肪摄入量及粪便排出量，发现婴儿对强化了 Sn-2 位棕榈酸甘油三酯配方粉中脂肪的吸收率约为（81±4）%，而未强化的配方粉喂养婴幼儿对脂肪吸收率约为（76±3）%。

因此在参考文献报道的母乳中脂肪含量、OPO 占脂肪的百分比以及 OPO 生理功能等基础上，确定婴幼儿配方乳粉配方中 OPO 的设计值。

2.3.4.4 乳铁蛋白

（1）生理功能 乳铁蛋白（laetoferrin, LF）是一种天然的、具有免疫功能的糖蛋白[104]。乳铁蛋白由约 700 个氨基酸组成，其三级结构具有两个铁结合位点，使得其每个蛋白质分子具备结合两个 Fe^{3+} 的能力。结构上，牛乳乳铁蛋白与母乳乳铁蛋白之间的氨基酸序列同源性约为 70%[66]，这使得牛乳乳铁蛋白具备与母乳乳铁蛋白相似的生理功能，包括抗微生物作用（细菌、病毒和霉菌）和免疫调节作用（支持了免疫细胞的增殖、分化和激活，增强机体免疫力，以及抗炎功能）[105]。

（2）人乳中乳铁蛋白含量数据 乳铁蛋白存在于人乳和各种分泌液中，其中在母乳中的含量最高。Rai 等[106]2014 年发表的综述包含了 52 篇有效文献，共涉及 2724 名参与者，研究对象主要来自欧洲，部分来自非洲和南美洲，结果表明，早期（<28 天）母乳中乳铁蛋白的含量范围为 0.34 ~ 17.94g/L，平均水平为（4.91±0.31）g/L（±SEM）；成熟母乳（≥ 28 天）中乳铁蛋白的范围为 0.44 ~ 4.4g/L，平均水平为（2.10±0.87）g/L。Steijns 等[107]2000 年发表的研究表明，乳铁蛋白是来自于母乳的、对婴儿免疫力非常重要的一种营养物质，在母乳中的含量至少为 1 ~ 2mg/mL。牛乳含乳铁蛋白 20 ~ 200μg/L。

2.3.4.5 胆碱

婴儿配方乳粉中胆碱含量的设计主要基于其生理功能，考虑 GB 10765—2021 中要求的含量范围（4.8 ~ 23.9mg/100kJ），同时参考文献报道的母乳中胆碱含量数据等。

（1）生理功能 人体内可以合成胆碱，但有时其合成速度难以满足快速生长发育的需要，使胆碱成为了膳食中的必需营养素。婴幼儿的胆碱主要由母乳提供，人体通过磷脂酰胆碱的甲基化来合成胆碱。胆碱是一些磷脂的重要组成部分，对于膜的结构与功能也发挥重要作用。胆碱及磷脂酰胆碱在胆固醇和脂肪代谢以及脂蛋白运载胆固醇和脂肪等过程中起重要作用，也是肝脏合成和分泌低密度脂蛋白所需的营养素[111]。

（2）人乳胆碱含量数据 母乳中胆碱含量约为 160mg/L[112]。

（3）推荐摄入量 我国在 2023 年发布的膳食营养素参考摄入量（DRIs）中，0 ~ 6 个月婴儿胆碱的适宜摄入量为 120mg/d[14]。美国农业部发布的 DRIs 中，0 ~ 6 个月婴儿胆碱的适宜摄入量是 125mg/d。

2.3.4.6 肌醇

婴幼儿配方乳粉中肌醇的含量设计基于其生理功能，考虑 GB 10765—2021 要求的肌醇含量范围为 1.0 ～ 9.6mg/100kJ，同时参考文献报道的人乳中的含量数据等。

（1）生理功能　肌醇（myoinositol）属于 B 族维生素，是机体维持正常生理功能不可或缺的营养成分，且具有多种生物学功能。肌醇与神经管畸形、新生儿呼吸窘迫综合征、早产儿视网膜病变及儿童双向情感障碍等儿科发育性疾病的发生、预防及治疗相关[113]。也有动物实验结果显示，在哺乳期雄鼠的膳食中添加肌醇可防止其在成年期出现胰岛素抵抗及高血脂[114]。

（2）母乳中含量数据　母乳中肌醇浓度高于婴儿配方乳粉，母乳喂养婴儿血清肌醇浓度也高于配方粉喂养的婴儿。因此，近年来，肌醇作为潜在有益成分可以添加到婴幼儿配方食品中[114]。肌醇与细胞功能、器官成熟相关。一项临床随机对照双盲实验研究[115]结果显示，对于出生一周、接受肠外营养的呼吸窘迫综合征早产儿，膳食中给予肌醇能增加其生存率，同时不发生支气管、肺发育不良问题，能降低视网膜病的发病率。肌醇还能促进肺泡表面活性物质中多种成分的成熟，参与神经管发育、细胞生长存活的调节过程、生物膜形成过程以及多种信号分子的信息传递过程，肌醇在儿童生长发育过程中较为重要，与儿科发育性疾病密切相关[113]。

2.3.4.7　牛磺酸

婴儿配方乳粉牛磺酸的含量是基于其生理功能，考虑 GB 10765—2021 中要求的含量范围为 0.8 ～ 4.0mg/100kJ，同时参考文献报道的人乳中牛磺酸的含量数据等设计的。

（1）生理功能　牛磺酸又称牛磺胆碱、牛胆素，化学名称为 2-氨基乙磺酸，是一种分布广泛、非蛋白质组成成分的特殊氨基酸，在人体中往往以游离状态存在。牛磺酸对于早产儿和低出生体重婴儿的肠道脂肪吸收、肝功能、听觉和视力具有重要作用[116]。

（2）人乳牛磺酸含量数据　母乳中牛磺酸的检测多采用氨基酸自动分析法、柱前衍生、反向高效液相色谱法（HPLC）和气相色谱法。方法不同，得出的母乳牛磺酸数据差异较大。不同研究报告的母乳中牛磺酸含量如表 2-22 所示。

2.3.4.8　左旋肉碱

婴幼儿配方乳粉左旋肉碱的设计基于其生理功能，考虑 GB 10765—2021 中要求的含量范围为 0.3 ～ N.S. mg/100kJ（N.S. 表示无特别说明），参考文献报道的母乳中左旋肉碱的含量数据，同时考虑了欧洲、FDA 建议值等。

（1）生理功能　左旋肉碱是乙酰基转移酶的辅助因子，在体内脂肪代谢中发

表 2-22　母乳中牛磺酸含量

文献	地区	泌乳阶段	含量	单位
翁梅倩等[117]，1999	上海	初乳	356 ±122.6	μmol/L
		过渡乳	308.1±104.9	μmol/L
		成熟乳	176.5± 96.4	μmol/L
Kim 等[118]，1998	首尔	15d	358.9±125.3	nmol/mL
		30d	304.4±93.8	nmol/mL
张兰威等[119]，1997	哈尔滨	3d	14.43±1.36	mg/100mL
		4d	9.7±0.93	mg/100mL
		5d	4.04±0.13	mg/100mL
		1m	5.94±0.24	mg/100mL
		2m	5.74±0.25	mg/100mL
刘家浩等[120]，1991	南京	初乳	412.8±15.5 (278.5 ～ 630.2)	μmol/L
		过渡乳	377.3±15.6 (212.5 ～ 538.6)	μmol/L
		成熟乳	318.0±20.3 (109.9 ～ 571.6)	μmol/L
Rana 等[121]，1986	伦敦	成熟乳	24 ～ 85	mg/L

挥重要作用。左旋肉碱可以促进线粒体内长链脂肪酸的转运与利用，为机体供能，可能参与支链氨基酸的代谢[1]。同时，左旋肉碱参与体内生酮过程，酮体的产生和利用在新生儿的能量代谢中占有很重要的地位，尤其在脑组织中，酮体是重要的供能基质。此外，左旋肉碱在维持细胞膜稳定，清除体内自由基方面也发挥一定作用。婴儿期缺乏左旋肉碱可导致全身性肉碱缺乏症、肌无力、肌纤维广泛性脂肪沉积、喂养困难、智力低下等症状[1,122]。此外，左旋肉碱对脂溶性维生素及钙、磷的吸收也有一定作用[123]。

新生儿生长发育速度快，合成代谢旺盛，对肉碱需要量高。然而，新生儿体内合成左旋肉碱的能力约相当于成人的 10% ～ 30%，难以满足自身对左旋肉碱的需求，如果外源性肉碱摄入量不足，易发生左旋肉碱缺乏症[1]。因此婴幼儿配方乳粉中补充适量的左旋肉碱是必要的[124]。

（2）母乳中左旋肉碱含量　母乳是婴儿左旋肉碱的重要来源，母乳中左旋肉碱含量随乳母膳食变化较大，素食者乳汁中的左旋肉碱含量较低。产后第一周母乳中左旋肉碱浓度最高，约为 80 ～ 100μmol/L，之后降低至 60μmol/L。产后 21 天内母乳中左旋肉碱平均含量为 62.9μmol/L，随后下降至 35.2μmol/L，左旋肉碱的含量不受泌乳量的影响。母乳中左旋肉碱含量存在较大的个体差异，变化范围为 17 ~ 148μmol/L[1]。其他研究结果显示，母乳中左旋肉碱含量范围为 28 ~ 72μmol/L，即 0.5 ~ 1.2mg/100mL[124]。

（3）左旋肉碱的安全性　左旋肉碱的安全性很高，动物实验的半数致死量（LD$_{50}$）为 8.9g/kg。婴幼儿和成人服用左旋肉碱后副作用很小。一项纳入 4000 名成人、为期一年的左旋肉碱安全性临床研究中，发现仅有 6% 的人胃部不适、5% 的人发生呕吐和 2% 的人发生腹泻。婴儿对左旋肉碱的耐受性很好，很少有毒性报告[122]。

2.3.4.9　叶黄素

婴幼儿配方乳粉叶黄素的设计，基于其生理功能，考虑 GB 14880—2012 中要求的添加量范围为 300 ~ 2000μg/kg，同时参考文献报道的母乳中叶黄素含量数据等。

（1）生理功能　叶黄素在婴幼儿体内具有重要功能，包括抗氧化作用和视力保护作用。它对婴幼儿视网膜起到抗氧化作用[125]。叶黄素被发现大量存在于视网膜中，它能通过暂时转变成三重态氧而使单线态氧变回基态氧，从而对视网膜起到抗氧化作用。另一方面，叶黄素还能降低人体的氧化应激反应[126]。氧化应激被认为是导致疾病的一个重要因素，如围产期炎症[127]。叶黄素对视力的保护作用，主要是基于：a. 它在视网膜中起到抗氧化作用[125]；b. 它选择性地聚集于视网膜黄斑区域，形成蓝光过滤器，能有效过滤蓝光[128]；c. 氧化应激反应是早产儿视网膜病变（ROP）的致病因素之一，而叶黄素能降低氧化应激性[126, 129]。

（2）母乳中叶黄素含量数据　根据全球 9 个城市的母乳研究，发现母乳中叶黄素平均含量为 25μg/L。而报道的中国母乳中叶黄素的含量约为 43μg/L，几乎高于所有其他调查国家[125, 130] 的含量水平。这可能是由于中国乳母膳食摄入较多的果蔬导致其乳汁中类胡萝卜素的水平高于其他国家。

2.3.4.10　核苷酸

婴幼儿配方乳粉中核苷酸的设计，基于其生理功能，考虑 GB 14880—2012 中要求的含量范围为 0.12 ~ 0.58g/kg，同时参考文献报道的人乳中的含量数据等。

（1）生理功能　核苷酸是生物体内一种重要的低分子化合物，是核糖核酸和脱氧核糖核酸结构中不可缺少的成分，具有许多重要的生理功能。核苷酸参与许多基本的生命过程，如生长发育、繁殖和遗传等，许多单核苷酸还具有多种重要的生物学功能[131]。

膳食核苷酸已被证明对肠道的生长发育和成熟有重要影响，在免疫功能方面发挥多样化的调节作用[131-133]，膳食摄入补充核苷酸可增强健康婴儿和营养不良婴儿的免疫反应，降低其感染性疾病的发病率。与没有补充核苷酸的配方乳粉喂养的婴儿相比，长期补充核苷酸可显著降低婴儿腹泻发生率，增加 IgA 浓度[132, 133]。由于婴儿处于快速发育阶段，人工喂养婴儿的核苷酸摄入量难以满足其系统生理功能达到最佳状态的需求量[131]，对于快速发育的器官和系统，膳食补充核苷酸非常必要[134-136]。

（2）母乳核苷酸含量数据　母乳中含有丰富的各种核苷酸及其衍生物，母乳中总游离核苷和核苷酸浓度为 114 ～ 4645mol/L（约 38.4 ～ 152.2mg/L）。母乳中潜在可利用的核苷酸的含量范围为 169 ～ 222μmol/L（约 57.7 ～ 75.8mg/L）。不同作者报道的母乳中核苷酸含量汇总于表 2-23。

表 2-23　母乳中核苷酸含量

文献	地区	泌乳阶段	含量	单位
Leach 等，1995[137]	意大利、法国、德国	初乳	169（83 ～ 253）	μmol/L
		过渡乳	214（88 ～ 378）	μmol/L
		早期成熟乳	215（126 ～ 357）	μmol/L
		后期成熟乳	171（90 ～ 325）	μmol/L
Tressler 等，2003[138]	亚洲	产后 2 ～ 94 天	203	μmol/L
		产后 2 ～ 94 天	69.4	mg/L
		初乳	171.9	μmol/L
		过渡乳	208.1	μmol/L
		早期成熟乳	221.6	μmol/L
		后期成熟乳	210.6	μmol/L
方芳等，2017[139]	—	初乳	0.441	mg/g（粉）
		成熟乳	0.494	mg/g（粉）

母乳是婴儿核苷酸和核苷的重要来源，但是母乳中多种核苷酸的浓度随哺乳进程呈现逐渐降低的趋势。牛乳中的核苷酸及其衍生物含量较低。因此，乳基婴幼儿配方食品中添加核苷酸有助于改善婴幼儿的胃肠道发育。

2.2.4.11　可选择性成分主要原料及影响设计的因素

可用于婴幼儿配方乳粉中的可选择成分，往往由其他原料带入的可能性较低，如 DHA、ARA、OPO、乳铁蛋白等，因此在设计婴幼儿配方食品的配方时，需要全面考虑可选择性成分的原料来源以及加工过程对可选择性成分的影响。

（1）DHA　婴幼儿配方乳粉中添加的二十二碳六烯酸油脂（金枪鱼油）或

二十二碳六烯酸油脂（发酵法）可为产品提供 DHA，或以二十二碳六烯酸油脂为原料，添加其他食品原料和食品添加剂等辅料加工而成的二十二碳六烯酸油脂粉。目前在婴幼儿配方乳粉产品中应用较多的是以金枪鱼油为原料、添加其他食品原料和食品添加剂等辅料加工而成的微胶囊化油脂粉，有效含量因生产企业不同而存在差异。

（2）ARA　婴幼儿配方乳粉中添加的可提供 ARA 的主要原料是由经过生物发酵法获得的花生四烯酸油脂，添加其他食品原料和食品添加剂等辅料加工而成的微胶囊化油脂粉。

（3）OPO　食品营养强化剂 1,3-二油酸-2-棕榈酸甘油三酯是提供 OPO 的主要原料。OPO 在婴幼儿配方乳粉中的应用主要是以单一结构脂形式或与其他植物油混合而成食用植物调和油的形式参与加工生产。这种结构脂是以食用植物油和油酸（来源于食用植物油脂）为原料，经食品工业用脂肪酶催化酯交换获得。该原料的生产企业通过优化制备工艺，不断提升其以 C52 计的 OPO 含量，以更好地支持添加 OPO 的婴幼儿配方乳粉向母乳脂肪结构靠近。

（4）乳铁蛋白　婴幼儿配方乳粉中乳铁蛋白主要来自于食品营养强化剂乳铁蛋白。乳铁蛋白原料是以乳及乳制品为原料，经分离、杀菌、提取、精制、干燥制得的。通常牛初乳的乳铁蛋白含量高于常乳，且乳铁蛋白存在于乳清蛋白中。生产企业一般采用离子交换技术获取高纯度的乳铁蛋白。

（5）影响设计的因素　通常 OPO 结构脂需要经过湿法工艺均匀地添加到产品中。DHA 和 ARA 的主要原料如果经过湿法工艺的热处理、均质等工序，易破坏其包裹在油脂外层的包衣，破坏胶囊化结构，易对产品的滋气味产生影响，所以，干法添加是较优选择。乳铁蛋白的生物活性在干法工艺中能更有效保留，所以，一般也在干法工艺添加。

在设计婴幼儿配方乳粉的 OPO、DHA 等含量时，需要考虑的因素有生产过程损失、货架期损失及检测偏差。其中，OPO 的结构稳定，生产过程中工艺损失较小，在湿法过程中的热、剪切作用下仍较为稳定，货架期内的衰减也较小，有试验研究（37℃±2℃、RH 75%±5% 条件下）表明，充氮、马口铁听包装的婴幼儿配方乳粉样品，试验结束时 OPO 的损失率为 6.29%[108]，检测偏差一般在 10% 以内。干法工艺下 DHA、ARA 及乳铁蛋白的生产工艺损失也能有效降低。有加速试验（37℃、6 个月）研究结果显示，充氮、听装乳粉 DHA 的货架期损失率约为 12.3%，ARA 的损失约为 2.58%[109]。两种脂肪酸的检测偏差约在 10%～15%。乳铁蛋白通过干法添加，能有效避免生产过程的损失，货架期内室温下储存损失率约为 8.12%±3.04%[110]。

（肖竞舟，李玉珍，李星）

参考文献

[1] 荫士安. 人乳成分——存在形式、含量、功能、检测方法. 北京：化学工业出版社，2016: 7-8, 89-90.

[2] 戴智勇，张岩春，高玉妹，等. 中国婴幼儿食品研究最新进展. 农产品加工，2014 (12): 78-81.

[3] 张兰威，付春梅，张艳杰. 婴儿配方奶粉研究进展及设计原则. 食品工业，2001 (1): 19-20.

[4] EFSA NDA Panel, EFSA panel on dietetic products, nutrition and allergies. scientific opinion on the essential composition of infant and follow-on formulae. EFSA J, 2014, 12(7): 3760.

[5] 董学艳，姜铁民，刘继超，等. 母乳和不同婴儿配方乳粉中蛋白质消化性研究. 食品工业科技，2017, 17: 28-32.

[6] Hamosh M, Bitman J, Wood L, et al. Lipids in milk and the first steps their digestion. Pediatrics，1985, 75(1 Pt2): 146-150.

[7] Lopez' C, Cauty C, Guyomarc'h F. Organization of lipids in milks, infant milk formulas and various dairy products: role of technological processes and potential impacts. Dairy Sci & Technol, 2015, 95(6): 863-893.

[8] Domellöf M, Lönnerdal B, Abrams S A, et al. Iron absorption in breast-fed infants: effects of age, iron status, iron supplements, and complementary foods. Am J Clin Nutr, 2002, 76(1): 198-204.

[9] 杨月欣，葛可佑. 中国营养科学全书（上册）. 2 版. 北京：人民卫生出版社，2019.

[10] 中华预防医学会儿童保健分会. 婴幼儿喂养与营养指南. 中国妇幼健康研究，2019, 30(4): 392-417.

[11] 王玉珍. 婴儿食品的营养补充与卫生. 中外食品工业，2014, 10: 53-54.

[12] EFSA NDA Panel, EFSA Panel on Dietetic Products, Nutrition and Allergies. Scientific opinion on nutrient requirements and dietary intakes of infants and young children in the European Union. EFSA J, 2013, 11(10): 3408, 103.

[13] Michaelsen K F, Larsen P S, Thomsen B L, et al. The copenhagen cohort study on infant nutrition and growth: breast-milk intake, human milk macro nutrient content, and influencing factors. American Journal of Clinical Nutrition, 1994, 59(3): 600-611.

[14] 中国营养学会. 中国居民膳食营养素参考摄入量（2023 版）. 北京：科学出版社，2023.

[15] 董颖，杨柳. 婴儿期的营养素需求. 中国实用乡村医生杂志，2014 (1): 10-12.

[16] Coppa G V, Gabrielli O, Pierani P, et al. Characterization of carbohydrates in commercial infant formulae. Acta Paediatr Suppl, 1994, 402: 31-36.

[17] 夏芸，杨军，赵庆兰. 婴幼儿生长发育特点及营养需求. 中国保健，2008, 16(18): 916-917.

[18] 王文蕾，林绚晖，郭艳萍，等. 我国婴儿辅食添加现状及影响因素. 中国妇幼保健，2012, 27(10): 1589-1592.

[19] Uyer G, Bertan M, Biliker A, et al. Panel discussion: child health and immunization. Turk Hemsire Derg, 1986, 36(2): 21-30.

[20] 陈莉，姚平波，彭丽君. 儿童膳食营养素的比例与正常需要量. 中国临床康复，2004, 8(15): 2956.

[21] 崔雅学. 婴幼儿膳食营养素摄入与锌钙铁水平的关系. 世界最新医学信息文摘（连续型电子期刊），2014, 14(30): 344-345.

[22] Butte NF, Wong WW, Hopkinson JM. Energy requirements of lactating women derived from doubly labeled water and milk energy output. J Nutr, 2001, 131(1): 53-58.

[23] Cooper A R, Barnett D, Gentles E, et al. Macro nutrient content of donor human breast milk. Arch Dis Child Fetal Neonatal Ed. 2013, 98(6): F539-541.

[24] De Halleux V, Rigo J. Variability in human milk composition: benefit of individualized fortification in very-low-birth-weight infants. Am J Clin Nutr, 2013, 98(2): 529S-535S.

[25] 许晓英，杨琳，杨得花，等. 兰州城区母乳供能物质与部分矿物质成分研究. 中华临床营养杂志，

2019, 27(1): 62-64.

[26] 王宝珍, 孙永静, 张慧. 母乳成分调查及影响因素分析. 宁夏医学杂志, 2016, 38(8): 193-194.

[27] 何必子, 孙秀静, 全美盈, 等. 早产母乳营养成分的分析. 中国当代儿科杂志, 2014, 16(7): 679-683.

[28] Gidrewicz D A, Fenton T R. A systematic review and meta-analysis of the nutrient content of preterm and term breast milk. BMC Pediatrics, 2014, 14:216-230.

[29] Stam J, Sauer PJ, Boehm G. Can we define an infant's need from the composition of human milk. Am J Clin Nutr, 2013, 98(2): 521S-528S.

[30] EFSA NDA Panel, EFSA Panel on Dietetic Products Nutrition and Allergies. Scientific opinion on dietary referencev values for manganese. EFSA J, 2013, 11: 3419.

[31] Noble S, Emmett P. Differences in weaning practice, food and nutrient intake between breast- and formula-fed 4-month-old infants in England. J Hum Nutr Diet, 2006, 19(4): 303-313.

[32] Nielsen S B, Reilly J J, Fewtrell M S, et al. Adequacy of milk intake during exclusive breastfeeding: a longitudinal study. Pediatrics, 2011, 128: e907-914.

[33] Lennox A, Sommerville J, Ong K, et al. Diet and nutrition survey of infants and young children. Food Standards Agency and the Department of Health. 2011.

[34] Fantino, M, Gourmet E. Nutrient intakes in 2005 by non-breast fed French children of less than 36 months. Arch Pediatr. 2008, 15(4): 446-455.

[35] Koletzko B, von Kries R, Monasterolo R C, et al. Infant feeding and later obesity risk. Adv Exp Med Biol. 2009, 646: 15-29.

[36] Hörnell A, Lagström H, Lande B, et al. Protein intake from 0 to 18 years of age and its relation to health: a systematic literature review for the 5th Nordic Nutrition Recommendations. Food Nutr Res, 2013, 57(1): 21083.

[37] Baird J, Fisher D, Lucas P, et al. Being big or growing fast: systematic review of size and growth in infancy and later obesity. Br Med J, 2005, 331(7522): 929-931.

[38] Monteiro P O, Victora C G. Rapid growth in infancy and childhood and obesity in later life–a systematic review. Obes Rev, 2005, 6(2): 143-54.

[39] Liu B, Wang T, Wang H, et al. Real-time energy economy optimization eased on nonlinear MPC for Hybrid Electrical Buses. Jop Cont Ser: EFS, 2019, 252(3): 032100.

[40] 黄丽丽, 熊菲, 杨凡. 母乳成分与纯母乳喂养婴儿体重增长速率的关系. 中国当代儿科杂志, 2016, 18(10): 943-946.

[41] 江蕙芸, 陈红慧, 王艳华, 等. 南宁市乳母乳汁中营养素含量分析. 广西医科大学学报, 2005, 22(5): 690-692.

[42] 张兰威, 周晓红, 肖玲, 等. 人乳营养成分及其变化. 营养学报, 1997, 19(3): 366-369.

[43] 刘建. 石家庄市乳母的乳成分动态变化与婴儿生长发育的影响因素研究. 河北医科大学, 2013.

[44] 陈红慧, 江蕙芸, 杨万清, 等. 广西三江县侗族、南宁市汉族乳母膳食与乳汁中营养素含量调查分析. 广西医科大学学报, 2007, 24(4): 644-647.

[45] Raiha N C R, Fazzolari-Nesci A, Cajozzo C, et al. Whey predominant, whey modified infant formula with protein/energy ratio of 1.8g/100kcal: adequate and safe for term infants from birth to four months. J Pediatr Gastroenterol Nutr. 2002: 35(3): 275-281.

[46] Turck D, Grillon C, Lachambre E, et al. Adequacy and safety of an infant formula with a protein/energy ratio of 1.8g/100kcal and enhanced protein efficiency for term infants during the first 4 months of life. J Pediatr Gastroenterol Nutr, 2006, 43(3): 364-371.

[47] Fox PF. 高级乳品化学—乳蛋白. 科克：科克大学 (UCC). 2003.

[48] Greenberg R, Groves M L, Dower H J. Human beta-casein. Amino acid sequence and identification of phosphorylation sites. J Biol Chem. 1984, 259(8): 5132-5138.

[49] Fleddermann M, Demmelmair H, Grote V, et al. Infant formula composition affects energetic efficiency for growth: The BeMIM study, a randomized controlled trial. Clin Nutr, 2014, 33(4): 588-595.

[50] Rozé J C, Barbarot S, Butel M J, et al. An α-lactalbumin-enriched and symbiotic -supplemented v. a standard infant formula: a multicentre, double-blind, randomised trial. Br J Nutr, 2012, 107(11): 1616-22.

[51] Lien E L, Davis A M, Euler A R. Growth and safety in term infants fed reduced-protein formula with added bovine alpha-lactalbumin. J Pediatr Gastroenterol Nutr, 2004, 38(2): 170-176.

[52] Natale M, Bisson C, Monti G, et al. Cow's milk allergens identification by two-dimensional immunoblotting and mass spectrometry. Mol Nutr Food Res, 2004, 48(5): 363-369.

[53] Monaci L, Tregoat V, Hengel A J V, et al. Milk allergens, their characteristics and their detection in food: A review. Eur Food Res Technol, 2006, 223(2): 149-179.

[54] Sharma S, Kumar P, Betzel C, et al. Structure and function of proteins involved in milk allergies. J Chromatogr B Biomed Sci Appl, 2001, 756(1-2): 183-187.

[55] Cederlund A, Kai-Larsen Y, Printz G, et al. Lactose in human breast milk an inducer of innate immunity with implications for a role in intestinal homeostasis. PloS one, 2013, 8(1): e 53876.

[56] 钱继红, 吴圣楣, 张伟利, 等. 上海地区母乳成分调查. 上海医学, 2002, 25(7): 396-398.

[57] Maas Y G, Gerritsen J, Hart AA, et al. Development of macronutrient composition of very preterm human milk. Br J Nutr, 1998, 80(1): 35-40.

[58] 王文广, 殷太安, 李丽祥, 等. 北京市城乡乳母的营养状况、乳成分、乳量及婴儿生长发育关系的研究 I. 乳母营养状况、乳量及乳中营养素含量的调查. 营养学报, 1987, 9(4): 338-343.

[59] SCF (Scientific Committee on Food). The revision of essential requirements of infant formulae and follow-on formulae. S C F, 2003.

[60] Dawodu A, Tsang R C. Maternal vitamin D status: effect on milk vitamin D content and vitamin D status of breastfeeding infants. Adv Nutr, 2012, 3(3): 353-361.

[61] Olafsdottir A S, Wagner K H, Thorsdottir I, et al. Fat-soluble vitamins in the maternal diet, influence of cod liver oil supplementation and impact of the maternal diet on human milk composition. Ann Nutr Metab, 2001, 45(6): 265-272.

[62] Specker B L, Tsang R C, Hollis BW. Effect of race and diet on human-milk vitamin D and 25-hydroxyvitamin D. Arch Pediatr Adolesc Med, 1985, 139(11): 1134-1134.

[63] Specker B L, Ho M L, Oestreich A, et al. Prospective study of vitamin D supplementation and rickets in China. J pediatr, 1992, 120(5): 733-739.

[64] Wagner C L, Taylor S N, Johnson D D. Et al. The role of vitamin D in pregnancy and lactation: emerging concepts. Women's Health, 2012, 8(3): 323-340.

[65] SCF (Scientific Committee for Food), Nutrient and energy intakes for the European Community. European Commission, 1993.

[66] 荫士安. 维生素 D 与人体健康关系. 医学动物防制, 2014, 30(10): 1104-1111.

[67] 张天博, 杨凯, 李朝旭. 货架期内婴幼儿配方乳粉维生素损失率的研究. 中国乳业, 2018 (194): 64-67.

[68] 陈建行, 贾晓江, 刘建光, 等. 我国婴儿配方奶粉脂溶性维生素的科学设计范围研究. 中国食品学报, 2021, 21(12): 181-193.

[69] 郤文政，袁则．人乳的组成及其功能．国外医学妇幼保健分册，2002, 13(6): 243-245.

[70] Lildballe D L, Hardlei T F, Allen L H, et al. High concentrations of haptocorrin interfere with routine measurement of cobalamins in human serum and milk. A problem and its solution. Clin Chem Lab Med, 2009, 47(2): 182-187.

[71] Hambraeus, L. Proprietary milk versus human breast milk in infant feeding. A critical appraisal from the nutritional point of view. Pediatr Clin North Am, 1977, 24(1): 17-36.

[72] Samson R R, Mcclelland D B. Vitamin B$_{12}$ in human colostrum and milk Quantitation of the vitamin and its binder and the uptake of bound vitamin B$_{12}$ by intestinal bacteria. Acta Paediatr Scand, 1980, 69(1): 93-99.

[73] Ford J E, Zechalko A, Murphy J, et al. Comparison of the B vitamin composition of milk from mothers of preterm and term babies. Arch Dis Child, 1983, 58(5): 367-372.

[74] 刘宾，孔小宇，苏曼，等．婴儿配方奶粉保质期内营养素损失的研究．中国乳品工业，2017, 45(7): 33-36.

[75] 陈建行，周晓婷，刘园园，等．婴儿配方奶粉维生素 B$_6$ 和 B$_{12}$ 的科学设计范围研究．中国乳品工业，2021, 49(11): 30-36.

[76] Hicks P D, Hawthorne K M, Berseth C L, et al. Total calcium absorption is similar from infant formulas with and without prebiotics and exceeds that in human milk-fed infants. BMC pediatrics. 2012, 12(1): 1-6.

[77] Olausson H, Goldberg G R, Laskey M A, et al. Calcium economy in human pregnancy and lactation. Nutr Res Rev, 2012, 25(01): 40-67.

[78] 刘静，张开屏，郭奇慧．呼和浩特市母乳中蛋白质与脂肪酸含量的研究．食品研究与开发，2016, 37(17): 48-51.

[79] 李瑞园，齐辰，姜杰，等．深圳市母乳营养水平及影响因素的评估．卫生研究，2014, 43(4): 550-561.

[80] Zhao A, Ning Y, Zhang Y, et al. Mineral compositions in breast milk of healthy Chinese lactating women in urban areas and its associated factors. Chin Med J (Engl), 2014, 127(14): 2643-2648.

[81] 邓波，张慧敏，颜春荣，等．深圳市母乳中矿物质含量及重金属负荷水平研究．卫生研究，2009, 38(03): 293-295.

[82] Haschke F, Ziegler E E, Edwards B B, et al. Effect of iron fortification of infant formula on trace mineral absorption. J Pediatr Gastroenterol Nutr, 1986, 5(5): 768-773.

[83] Chierici R, Saccomandi D, Vigi V. Dietary supplements for the lactating mother: influence on the trace element content of milk. Acta Paediatr Suppl, 1999, 88(430): 7-13.

[84] FAO/WHO. Human Vitamin and Mineral Requirements. Bangkok: Food and Nutrition Division, FAO Rome, 2001.

[85] 中华人民共和国国家卫生健康委员会．全国生活饮用水水碘含量调查报告．北京：国家卫生健康委，2019.

[86] EFSA Panel on Dietetic Products, Nutrition, and Allergies (NDA). Scientific opinion on dietary reference values for fats, including saturated fatty acids, polyunsaturated fatty acids, monounsaturated fatty acids, trans fatty acids, and cholesterol. EFSA J, 2010, 8(3): 1461.

[87] Jiang J, Wu K, Yu Z, et al. Changes in fatty acid composition of human milk over lactation stages and relationship with dietary intake in Chinese women. Food Funct, 2016, 7(7): 3154-3162.

[88] Liu M J, Li H T, Yu L X, et al. A correlation study of DHA dietary intake and plasma, erythrocyte and breast milk DHA concentrations in lactating women from coastland, lakeland, and inland areas of China. Nutrients, 2016, 8(5): 312.

[89] Yuhas R, Pramuk K, Lien E L. Human milk fatty acid composition from nine countries varies most in

DHA. Lipids, 2006, 41(9): 851-858.

[90] Deng L, Zou Q, Liu B, et al. Fatty acid positional distribution in colostrum and mature milk of women living in Inner Mongolia, North Jiangsu and Guangxi of China. Food Funct, 2018, 9(8): 4234-4245.

[91] Giuffrida F, Cruz-Hernandez C, Bertschy E, et al. Temporal changes of human breast milk lipids of Chinese mothers. Nutrients, 2016, 8(11): 715.

[92] Brenna J T , Varamini B, Jensen R G, et al. Docosahexaenoic and arachidonic acid concentrations in human breast milk worldwide. Am J Clin Nutr, 2007, 85(6): 1457-1464.

[93] 高颐雄，张坚，王春荣 . 中国两内陆地区孕妇孕晚期膳食与过渡乳中脂肪酸含量的关系 . 卫生研究，2015, 44(3): 376-381.

[94] Dodge M L, Wander RC, Xia Y, et al. Glutathione peroxidase activity modulates fatty acid profiles of plasma and breast milk in Chinese women. J Trace Elem Med Biol, 1999, 12(4): 221-230.

[95] Xiang M, Lei S, Li T, et al. Composition of long chain polyunsaturated fatty acids in human milk and growth of young infants in rural areas of northern China. Acta paediatrica, 1999, 88(2): 126-131.

[96] Bar-Yoseph F, Lifshitz Y Cohen T. Review of Sn-2 palmitate oil implications for infant health. Prostaglandins Leukot Essent Fatty Acids, 2013, 89(4): 139-143.

[97] 吕金昌，李永进，徐彦等 . 北京市顺义区 341 例乳母基本状况及乳汁成分分析 . 首都公共卫生，2015, 9(3): 134-136.

[98] Pons S M, Bargalló A C, Folgoso C C, et al. Triacylglycerol composition in colostrum, transitional and mature human milk. Eur J Clin Nutr, 2000, 54(12): 878-882.

[99] Zou X Q, Huang J H, Jin Q Z, et al. Model for human milk fat substitute evaluation based on triacylglycerol composition profile. J Agric Food Chem. 2013, 61(1): 167-175.

[100] Zhao P, Zhang S, Liu L, et al. Differences in the triacylglycerol and fatty acid compositions of human colostrum and mature milk. J Agric Food Chem , 2018, 66(5): 4571-4579.

[101] Yuan T, Qi C, Dai X, et al. Triacylglycerol composition of breast milk during different lactation stages. J Agric Food Chem , 2019, 67(8): 2272-2278.

[102] 克雷曼，申昆玲 . 儿童营养学 . 人民军医出版社，2015.

[103] Carnielli V P, Luijendijk I H, van Goudoever J B, et al. Feeding premature newborn infants palmitic acid in amounts and stereoisomeric position similar to that of human milk: effects on fat and mineral balance. Am J Clin Nutr, 1995, 61(5): 1037-1042.

[104] 封丽，邓大平 . 乳铁蛋白的生理功能及研究进展 . 中国辐射卫生，2012, 21(1): 121-124.

[105] Adlerova L, Bartoskova A, Faldyna M. Lactoferrin: a review. Veterinarni Medicina, 2008, 53: 457-468.

[106] Rai D, Adelman A S, Zhuang W, et al. Longitudinal changes in lactoferrin concentrations in human milk: A global systematic review. Crit Rev Food Sci Nutr, 2014, 54(12): 1539-1547.

[107] Steijns J M, van Hooijdonk A C. Occurrence, structure, biochemical properties and technological characteristics of lactoferrin. Br J Nutr, 2000, 84(S1): 11-17.

[108] 刘宝华，徐庆利，孙欣瑶，等 . 婴儿配方乳粉营养素的稳定性研究 . 中国乳业，2022, 3: 85-92, 97.

[109] 戴智勇，樊垚，汪家琦，等 . 婴配奶粉气调工艺惰性气体组成对产品货架期稳定性影响的研究 . 中国乳品工业，2020, 48(8): 24-28.

[110] 马雯，林加建，华家才，等 . 婴儿配方乳粉加速实验和常温实验营养素衰减率对照分析 . 中国食品添加剂，2019, 30(10): 73-78.

[111] Nutrition and Allergies (NDA) EFSA Panel on Dietetic Products. Scientific opinion on dietary reference values for choline. EFSA J, 2016, 14-90.

[112] Jensen R G, Hagerty M M, McMahon K E. Lipids of human milk and infant formulas: a review. Am J Clin Nutr, 1978, 31(6): 990-1016.

[113] 岳慧轩，牛勃，王建华. 营养素肌醇与儿科发育性疾病的关系及研究进展. 中华实用儿科临床杂志，2017, 32(16): 1278-1280.

[114] Castillo P, Palou M, Otero D, et al. Sex-Specific Effects of myo-inositol ingested during lactation in the improvement of metabolic health in adult rats. Mol Nutr Food Res, 2021, 65(11): 2000965.

[115] Hallman M, Bry K, Hoppu K, et al. Inositol supplementation in premature infants with respiratory distress syndrome. N Engl J Med, 1992, 326(19): 1233-1239.

[116] Verner A M, Craig S, Mcguire W. Effect of taurine supplementation on growth and development in preterm or low birth weight infants. Cochrane Database Syst Rev (Online), 2007, 4(4): CD006072.

[117] 翁梅倩，田小琳，吴圣楣，等. 足月儿和早产儿母乳中游离和构成蛋白质的氨基酸含量动态比较. 上海医学，1999, 22(4): 25-30.

[118] Kim E S, Kim J S, Cho K H, et al. Quantitation of taurine and selenium levels in human Milk and Estimated Intake of Taurine by Breast-Fed Infants during the early Periods of Lactation. Advances in Experimental Medicine & Biology, 1998, 442: 477.

[119] 张兰威，周晓红. 人乳早期乳汁中蛋白质、氨基酸组成与牛乳的对比分析. 中国乳品工业，1997, 25(3): 39-41.

[120] 刘家浩，李玉珍，叶永军，等. 人乳游离氨基酸的含量及动态变化. 南京铁道医学院学报，1991, 10(1): 42-45.

[121] Rana S K, Sanders T A. Taurine concentrations in the diet, plasma, urine and breast milk of vegans compared with omnivores. Br J Nutr, 1986, 56(1): 17-27.

[122] 孙建琴. L-肉碱对儿童营养和健康作用的研究. 中国儿童保健杂志，2002, 10(6): 406-409.

[123] 何玉芳. UPLC-MS/MS 法测定婴幼儿乳粉中左旋肉碱含量的研究. 华南农业大学，2016.

[124] 刘瑛，唐延彬，秦虹. 婴儿配方奶粉中左旋肉碱添加量的研究进展. 母婴世界，2019, 10: 292.

[125] Zimmer J P, Hammond B R. Possible influences of lutein and zeaxanthin on the developing retina. Clin Ophthalmol (Auckland, N.Z.), 2007, 1(1): 25-35.

[126] Perrone S, Longini M, Marzocchi B, et al. Effects of lutein on oxidative stress in the term newborn: a pilot study. Neonatology, 2012, 97(1): 36-40.

[127] Rubin L P, Chan G M, Barrett-Reis B M, et al. Effect of carotenoid supplementation on plasma carotenoids, inflammation and visual development in preterm infants. J Perinatol, 2012, 32(6): 418-424.

[128] Landrum J T, Bone R A. Lutein, zeaxanthin, and the macular pigment. Arch Biochem Biophys. 2001, 385(1): 28-40.

[129] Dani C, Lori I, Favelli F, et al. Lutein and zeaxanthin supplementation in preterm infants to prevent retinopathy of prematurity: a randomized controlled study. J Matern Fetal Neonatal Med, 2012, 25(5): 523-527.

[130] Canfield L M, Clandinin M T, Davies D P, et al. Multinational study of major breast milk carotenoids of healthy mothers. Eur J Nutr, 2003, 42(3): 133-141.

[131] Hess J R, Greenberg N A. The role of nucleotides in the immune and gastrointestinal systems: potential clinical applications. Nutr Clin Pract, 2012, 27(2): 281-294.

[132] Yau K I T, Huang C B, Chen W, et al. Effect of nucleotides on diarrhea and immune responses in healthy term infants in Taiwan. J Pediatr Gastroenterol Nutr, 2003, 36(1): 37-43.

[133] Pickering L K, Granoff D M, Erickson J R, et al. Modulation of the immune system by human milk and

infant formula containing nucleotides. Pediatrics, 1998, 101(2): 242-249.

[134] Carver J D. Advances in nutritional modifications of infant formulas. Am J Clin Nutr, 2003, 77(6): 1550S-1554S.

[135] Gutiérrez-Castrellón P, Mora-Magaa I, Díaz-García L, et al. Immune response to nucleotide-supplemented infant formulae: Systematic review and meta-analysis. Br J Nutr, 2007, 98(Suppl 1): S64-67.

[136] Schaller J P, Buck R H, Rueda R. Ribonucleotides: Conditionally essential nutrients shown to enhance immune function and reduce diarrheal disease in infants. Semin Fetal Neonatal Med, 2007, 12(1): 35-44.

[137] Leach J L, Baxter J H, Molitor B E, et al. Total potentially available nucleosides of human milk by stage of lactation. Am J Clin Nutr, 1995, 61(6): 1224-1230.

[138] Tressler R L, Ramstack M B, White N R, et al. Determination of total potentially available nucleosides in human milk from Asian women. Nutrition, 2003, 19(1): 16-20.

[139] 方芳，李婷，司徒文佑，等．母乳中核酸类物质的质量分数研究．中国乳品工业，2017, 45(4): 11-13.

第 3 章

婴幼儿配方食品原料的评价与选择

　　用于生产婴幼儿配方食品的原料众多，如蛋白质、脂肪、碳水化合物、矿物质和维生素等，成分非常复杂。随着对母乳成分及组成研究的深入，近年来越来越多新的食品配料开始应用于婴幼儿配方食品，如水解乳清蛋白、水解酪蛋白、结构脂和植物脂肪粉、母乳低聚糖等。因此，如何全面评价和选择适合于婴幼儿配方食品生产的原料，将会影响终产品的质量、营养成分的货架期稳定性和临床喂养效果。

3.1 可用于婴幼儿配方食品原料的来源与主要特征

根据《食品安全国家标准 婴儿配方食品》（GB 10765—2021）、《食品安全国家标准 较大婴儿配方食品》（GB 10766—2021）及《食品安全国家标准 幼儿配方食品》（GB 10767—2021）[1-3]中"术语和定义"描述，根据蛋白质原料来源，婴幼儿配方食品（GB 10765—2021 和 GB 10766—2021）可分为乳基和豆基两类；而幼儿配方食品（GB 10767—2021）又包括乳基豆基混合类别。本章重点介绍婴幼儿配方食品的原料情况。

3.1.1 乳基婴幼儿配方食品主要蛋白质原料来源

乳基婴幼儿配方乳粉是以乳类及乳制品为主要蛋白质来源，加入适量的维生素、矿物质和（或）其他原料，仅用物理方法生产加工制成的产品。牛乳营养价值丰富，来源广泛，目前婴幼儿配方乳粉乳源使用最多的是牛乳。随着对羊乳研究的不断深入，发现羊乳也非常适合作为婴幼儿配方乳粉的蛋白质原料。近年来的研究不仅关注牛乳、羊乳（如山羊乳和绵羊乳），还对骆驼乳、马乳等也开展了相关研究。从 2018 年我国开始实施婴幼儿配方乳粉配方注册制以来，截止到 2021 年 3 月，约有 1310 个配方通过注册审批，其中，79% 是牛乳粉配方（包括 6 个牦牛乳配方），21% 为羊乳粉配方[4]，目前婴幼儿配方乳粉中还未实现骆驼乳和马乳的产业化应用。

虽然不同动物来源乳的主要营养成分有相似性，但某些营养素含量和比例甚至结构有一定差异，而这些差异使得它们具有不同的营养特征，并发挥独特的生物学功能。

3.1.1.1 不同原料乳基本营养成分比较

牛乳、山羊乳、绵羊乳、牦牛乳和人乳都是由蛋白质、脂肪、乳糖、矿物质、维生素及水分组成的混合溶液体系，但都有各自的特点，基本营养成分组成见表 3-1[5-9]。

3.1.1.2 不同原料乳蛋白质的组分及含量比较

乳中的蛋白质主要分为酪蛋白和乳清蛋白。从酪蛋白与乳清蛋白的含量比例来看，酪蛋白与乳清蛋白的比例牛乳为 80：20，羊乳和牦牛乳也接近 80：20，与

表 3-1　不同原料乳和人乳的基本营养成分组成

成分	人乳	牛乳	山羊乳	绵羊乳	牦牛乳
总固体 /%	14.87	12.56	11.53	17.99 ～ 19.90	18.52
蛋白质 /%	1.2 ～ 1.42	3.24	3.02	5.25	4.84
脂肪 /%	2.8	3.6	5.95	4.15	4.57
乳糖 /%	6.3	4.65	4.21	4.91	5.00

人乳的 40：60 存在一定差异。因此无论使用何种原料乳，在婴幼儿配方乳粉生产中都需要调整酪蛋白与乳清蛋白的比例至 40：60，与人乳保持一致。

酪蛋白主要由 αs1-酪蛋白、αs2-酪蛋白、β-酪蛋白、κ-酪蛋白组成，牛乳与山羊乳酪蛋白总含量接近，从表 3-2 酪蛋白的组成上看，人乳以 β-酪蛋白为主，几乎不含 αs1-酪蛋白，牛乳和羊乳以 β-酪蛋白和 αs-酪蛋白为主。人乳和牛乳 β-酪蛋白的氨基酸序列相似度约为 53.8%[10]。其中，两者有 60% 脯氨酸残基位于相同位置，并且两者的电荷分布和疏水基团分布也基本相同，这些共同点使得牛乳 β-酪蛋白同人乳 β-酪蛋白一样具有舒展的二级结构和较高的消化性，能满足婴幼儿的营养需要。β-酪蛋白具有抗菌、调节免疫、促进矿物质吸收等作用[11, 12]，所以在婴幼儿配方乳粉中可以强化 β-酪蛋白以提升配方中 β-酪蛋白含量至人乳水平。大量研究表明，αs-酪蛋白在胃中易形成凝块，不利于消化吸收，也已被证实是婴幼儿牛乳蛋白质过敏的主要过敏原之一。而山羊乳中 αs-酪蛋白含量明显低于牛乳和绵羊乳，因此山羊乳可有效降低人体对乳蛋白的过敏。不同原料乳和人乳的蛋白质组成及含量见表 3-2[6, 8, 10,13]。

表 3-2　不同原料乳和人乳的蛋白质组成及含量　　　　　　　单位：g/100mL

蛋白质	人乳	牛乳	山羊乳	绵羊乳	牦牛乳
酪蛋白	0.40	2.7	2.11	4.41	4.928
αs1-酪蛋白	—	1.03	0.12	2.29	0.88 ～ 1.43
αs2-酪蛋白	—	0.32	0.41	0.22	0.34 ～ 0.57
β- 酪蛋白	0.26	0.97	1.15	1.41	0.80 ～ 1.76
κ-酪蛋白	0.03	0.38	0.43	0.49	0.46 ～ 0.72
乳清蛋白	0.70	0.60	0.60	1.00	0.70 ～ 1.20
α-乳白蛋白	0.30	0.11	0.11	0.038	0.140
β-乳球蛋白	—	0.40	0.28	0.153	0.130
血清白蛋白	0.125	0.04	0.11	0.022	0.040

乳清蛋白由 α-乳白蛋白、β-乳球蛋白、血清白蛋白、乳铁蛋白、骨桥蛋白、免疫球蛋白等组成。从表 3-2 可以看出，人乳以 α-乳白蛋白为主，牛羊乳的 α-乳白蛋白含量相似。牛乳与人乳的 α-乳白蛋白氨基酸组成有 80% 是相同的，有 5%是相近的 [14]。且牛乳和人乳 α-乳白蛋白的水解和消化途径相似。这些特征说明，鉴于牛乳 α-乳白蛋白的氨基酸组成、结构以及功能与人乳 α-乳白蛋白的相似性，可以添加到婴幼儿配方乳粉中以模仿人乳。

牛乳和羊乳的 β-乳球蛋白含量高于 α-乳白蛋白，而人乳几乎不含 β-乳球蛋白。β-乳球蛋白是引起婴幼儿过敏的主要过敏原。山羊乳的 β-乳球蛋白含量略低于牛乳，致敏性较低

3.1.1.3 不同原料乳脂肪酸组成比较

不同来源乳的脂肪酸组成有明显差异 [6-9,13]。牛乳、羊乳及牦牛乳以饱和脂肪酸为主，而人乳中饱和脂肪酸含量低于不饱和脂肪酸，或接近于不饱和脂肪酸，不同原料乳中脂肪酸组成与人乳的比较如表 3-3 所示。

表 3-3　不同原料乳和人乳的脂肪酸组成及含量　　　　　单位：%

脂肪酸	人乳	牛乳	山羊乳	绵羊乳	牦牛乳
饱和脂肪酸	42.9	66.8	68.7	50.31	60.00 ~ 65.00
C4：0	—	3.7	3.8	3.51	—
C6：0	—	2.4	2.9	2.90	1.67
C8：0	—	1.5	3.4	3.14	1.37
C10：0	1.1	3.2	8.5	8.44	2.43
C12：0	4.8	3.6	4.9	6.33	1.69
C14：0	6.7	11.1	10.06	10.33	8.7
C15：0	0.12	1.18	1.02	—	2.13
C16：0	21.8	28.3	21.5	23.65	37.58
C18：0	7.5	11.8	9.4	—	14.79
C20：0	0.11	0.07	0.05	1.9	0.53
C22：0	0.06	0.06	0.08	—	0.38
单不饱和脂肪酸	36.8	25.5	24.2	22.13	18.00 ~ 27.90
C14：1	0.3	0.9	2.1	9.03	0.49
C16：1	2.7	1.6	1.3	1.95	2.4
C18：1	33.0	23.0	20.1	15.29	24.92
C20：1	0.6	—	—	—	0.09

脂肪酸	人乳	牛乳	山羊乳	绵羊乳	牦牛乳
多不饱和脂肪酸	13.8	3.4	4.7	4.01	2.48～6.20
C18：2	10.7	2.5	3.1	2.7	1.58
C18：3	1.2	0.9	1.0	1.87	0.71
C20：2	0.43	0.12	0.08	—	0.12
C20：3	0.35	0.16	—	—	0.07

（1）饱和脂肪酸 牛乳的饱和脂肪酸含量较高，占总脂肪酸的66%～75%，与山羊乳含量基本相当，略高于绵羊乳和牦牛乳；而对于中短链脂肪酸（C4～C12）而言（占总脂肪酸%），牛乳为14.4%、山羊乳为23.5%、绵羊乳为24.3%、牦牛乳为7.16%。与长链脂肪酸相比，中短链脂肪酸更易消化吸收。牛乳的长链饱和脂肪酸以棕榈酸C16：0含量最高，为28.3%。

（2）不饱和脂肪酸 牛乳单不饱和脂肪酸占总脂肪酸的17.8%～27.4%，其中以油酸C18：1含量最多，可达23%；多不饱和脂肪酸含量为2.9%～4.1%，其中以亚油酸C18：2含量最高，为2.5%；山羊乳的单不饱和脂肪酸和多不饱和脂肪酸含量与牛乳接近，分别为23%～26%和2.5%～4.1%。

（3）甘油三酯构型 从甘油三酯构型来看，牛乳中棕榈酸的含量占总脂肪酸的26%～35%，牛乳中Sn-2位棕榈酸含量占牛乳棕榈酸总量的32%～40%；山羊乳中棕榈酸含量为23%～35%，而35%的棕榈酸位于Sn-2位[15]；人乳中Sn-2位棕榈酸的含量占棕榈酸总量的60%～80%。

（4）脂肪球直径 牛乳脂肪球直径为0.1～20μm，平均直径为3～4μm；山羊乳脂肪球直径为0.73～8.58μm，平均直径为2.76μm，绵羊乳脂肪球平均直径为5.0μm[16]；人乳脂肪球平均直径为3.5～5.0μm。

综上所述，从脂肪酸组成来看，牛乳、羊乳的饱和脂肪酸显著高于人乳，而单不饱和脂肪酸与多不饱和脂肪酸的含量明显低于人乳，油酸和亚油酸含量也明显偏低；从甘油三酯结构来看，牛乳、羊乳与人乳均存在很大差异。因此使用牛乳、羊乳来制备婴幼儿配方乳粉时，应通过添加其他油脂原料来调整婴幼儿配方乳粉中的脂肪酸组成及甘油三酯构型，以更好地满足婴幼儿对脂肪的营养需求。

3.1.1.4 不同原料乳维生素和矿物质含量

乳中含有多种维生素和矿物质，但受到动物品种、泌乳期、季节、饲料等多种因素影响，不同原料乳的维生素和矿物质含量也会有一定差别。过高的矿物质会增加婴幼儿的肾脏负担，因此，需要调整婴幼儿配方乳粉中的矿物质含量；牛乳、羊乳是 B 族维生素的良好来源，特别是维生素 B_2，但山羊乳中的维生素 B_{12} 和叶酸含量低于牛乳，同时考虑到一些"热敏性"维生素在生产过程中的损失，因此在婴幼儿配方乳粉生产过程中需要额外添加一些维生素。不同原料乳和人乳中维生素及矿物质含量 [7, 8, 10, 13, 17] 如表 3-4 和表 3-5 所示。

表 3-4　不同原料乳和人乳中维生素含量

维生素	人乳	牛乳	山羊乳	绵羊乳	牦牛乳
维生素 A/（μg/100mL）	53.1	34.8	185IU/100g	146IU/100g	44.46
维生素 B_1/（μg/100mL）	16	42	640	8	34.71
维生素 B_2/（μg/100mL）	42.6	157	184	37.6	179.96
叶酸 /（μg/100mL）	0.18	0.23	0.24	—	4.82
维生素 D/（IU/kg）	1.4	2.0	2.3	7.2	3.1
维生素 E/（mg/100g）	2.9	2.1	—	—	1
维生素 C/（μg/100mL）	4300	1600	1500	4160	3446

注："—"，没有数据。

表 3-5　不同原料乳和人乳中矿物质含量

矿物质	母乳	牛乳	山羊乳	绵羊乳	牦牛乳
磷 /（mg/100g）	13.0	84	97.7 ~ 121	158	106
钙 /（mg/100g）	20.3	113	132 ~ 134	193	129
钾 /（mg/100g）	53.9	132	152 ~ 181	136	95
钠 /（mg/100g）	17.6	43	41 ~ 59.4	44	29
镁 /（mg/100g）	2.3	10	15.8 ~ 16	18	10
铁 /（μg/100g）	34.1	30	7 ~ 60	80	570
锌 /（μg/100g）	150	400	56 ~ 370	570	900

3.1.2　水解乳蛋白原料

　　部分婴幼儿在摄入牛乳及羊乳基婴幼儿配方乳粉后可能发生过敏反应，其中一部分诊断为乳蛋白过敏，主要过敏蛋白是 β-乳球蛋白和 αs1-酪蛋白。水解乳蛋白原料是指将乳清蛋白、乳酪蛋白进行水解获得的蛋白质产物，根据蛋白质来源分为水解乳清蛋白和水解酪蛋白，又可依据水解程度分为部分（或适度）水解乳蛋白和深度水解乳蛋白。在蛋白质水解过程中通常因采用的蛋白酶及水解条件的不同，而产生不同的水解产物。水解乳蛋白的指标主要包括蛋白质的水解度、肽段分子量分布或 α-氨基氮与总氮比值。目前尚未对深度水解蛋白和部分水解蛋白肽段的分子量大小形成明确的定义或共识。通常商业化的深度水解蛋白中超过90%的肽段分子量小于3kDa，部分水解乳清蛋白中约有18%的肽段分子量大于6kDa[18]。

目前美国、欧盟成员国、澳新等国家的法规允许将水解乳蛋白作为普通婴幼儿配方乳粉的原料，将深度水解乳蛋白作为特殊医学用途配方食品原料。在我国水解乳蛋白可以作为婴幼儿配方乳粉的原料。在2016年欧洲儿科胃肠病学、肝病学和营养学会（ESPGHAN）专家共识中显示，水解乳清蛋白可以预防过敏高风险婴幼儿发生过敏，主要是预防特应性湿疹症状。2012年FDA关于部分水解乳清蛋白婴幼儿配方食品与婴幼儿特应性湿疹的共识中指出，100%部分水解乳清蛋白婴幼儿配方食品可一定程度降低过敏高风险婴幼儿发生特应性皮炎的概率。但也有一些研究结果未能支持"水解蛋白婴幼儿配方食品预防过敏性疾病"，因此，部分水解蛋白预防过敏的效果仍存在争议。另外，也有一些研究表明水解乳蛋白婴幼儿配方食品可促进胃排空，可一定程度降低食管反流、降低婴幼儿肠绞痛的发作次数，即水解乳蛋白婴幼儿配方食品可缓解一些胃肠道不适症状，甚至可能缓解功能性胃肠道疾病。而2014年EFSA（欧洲食品安全局）专家共识[19]认为，对于含有水解乳蛋白的配方粉，目前并无充分证据表明其所声称的蛋白质含量对婴儿及较大婴儿是合适的。因此必须通过目标人群的临床评估确定配方粉的安全性和适用性。另外，中国营养学婴幼儿营养与喂养指导专家工作组于2022年6月发布《婴幼儿配方乳粉科学选购专家建议》中明确提出"对于没有功能性胃肠病或乳蛋白过敏的正常婴幼儿，接受完整蛋白更有利于促进消化酶的分泌以及消化系统的进一步发育和成熟"。所以健康足月儿不适宜使用部分水解乳蛋白婴幼儿配方乳粉。

3.1.3 豆基婴幼儿配方食品主要蛋白质原料来源

豆基婴幼儿配方粉是以大豆及大豆制品为主要蛋白质来源，加入适量的维生素、矿物质和（或）其他原料，仅用物理方法生产加工制成的产品。豆基婴幼儿配方粉已被全世界数百万婴儿食用。1998年加拿大婴儿中豆基婴幼儿配方粉的使用率高达20%[20]，美国也有约20%的市场份额。2014年欧洲食品安全局（EFSA）专家工作组[20]提出豆基婴幼儿配方粉适用于一些由于健康、文化或宗教原因而不能食用乳制品的婴儿，如患有乳糖酶缺乏症或半乳糖血症，或素食生活方式的婴儿。

豆基婴幼儿配方粉的蛋白质来源是大豆分离蛋白，EFSA[20]也提出目前对于完整蛋白质配方来说，大豆分离蛋白是安全的、适合的蛋白质来源，也是被允许用于婴幼儿配方食品的唯一植物蛋白。大豆分离蛋白已广泛应用于食品行业中，其蛋白质含量高达 90% 以上，消化率为 97%，含有 8 种人体必需氨基酸[21]，大豆分离蛋白的氨基酸组成与牛乳蛋白质组成相近[22-25]，如表 3-6 所示。

表 3-6　大豆及其制品蛋白质含量及必需氨基酸组成 /（g/100g）[1-4]

	母乳	大豆	大豆分离蛋白	牛乳
蛋白质含量	1.1	36.5	96.0	3.4
异亮氨酸	3.5	4.5	4.9	4.7
亮氨酸	8.6	7.8	7.7	9.5
赖氨酸	5.8	6.4	6.1	7.8
蛋（甲硫）氨酸 + 半胱氨酸	3.2	2.6	2.1	3.3
苯丙氨酸 + 酪氨酸	18.1	8.1	9.1	10.2
苏氨酸	4.0	3.9	3.7	4.4
色氨酸	1.3	1.3	1.4	1.4
缬氨酸	4.6	4.8	4.8	6.4

氨基酸评分（amino acid score, AAS）是一种食物蛋白质营养价值评价方法，大豆分离蛋白的 AAS 是 0.94，低于酪蛋白（1.19）；但 AAS 方法并未考虑蛋白质的消化率，因此 FAO/WHO 在 AAS 基础上提出了蛋白质经消化率校正的氨基酸评分法（protein digestibility corrected amino acids score, PDCAAS），经测定，大豆分离蛋白的 PDCAAS 是 1.00，略高于酪蛋白（0.99）[26]；但考虑到氨基酸主要在回肠被消化，所以 2013 年 FAO 又提出用可消化必需氨基酸评分（digestible indispensable amino acid score, DIAAS）代替 PDCAAS。大豆分离蛋白的第一限制性氨基酸是含硫氨基酸，使用 0～6 月龄婴儿模式，以蛋氨酸和半胱氨酸为限制性氨基酸进行计算，大豆分离蛋白的 DIAAS 和 PDCAAS 分别是 68 和 71，与乳清分离蛋白相近（乳清分离蛋白 DIAAS 和 PDCAAS 分别是 67 和 66）；但在 3 岁以上的模式中，大豆分离蛋白的 DIAAS 和 PDCAAS 分别是 98 和 102，而乳蛋白（如乳清分离蛋白、浓缩乳清蛋白、浓缩牛乳蛋白等）的 DIAAS 和 PDCAAS 均大于100。所以大豆分离蛋白和乳蛋白均是婴幼儿配方食品的蛋白质良好来源[27]。

从豆基婴幼儿配方粉（蛋白质含量＞ 2.25g/100kcal）摄入的最低蛋白质量足以确保喂养儿获得适宜的生长发育，而且有研究表明用豆基婴幼儿配方食品与乳基婴幼儿配方食品喂养的婴儿在蛋白质代谢上没有明显差异。虽然豆基婴幼儿配方食品开发已有 80 多年历史[21]，在国外也有商业化产品，但在食品安全方面的问题仍需关注，如致敏性、所含的大豆异黄酮对健康的长期影响等[28]。豆基婴幼儿配方食品在我国仍未实现产业化，截至2023年4月底，还未有豆基婴幼儿配方食品通过我国婴幼儿配方食品新国标的配方注册审批。

3.2 可用于婴幼儿配方食品原料的消化吸收和营养特性评价

3.2.1 消化吸收评价模型

食物的消化吸收是一个非常复杂的过程。消化是机体通过胃肠道蠕动、消化液和消化酶的酶解作用，将大块的、分子结构复杂的营养物质分解为分子结构简单的小分子化学物质的过程。吸收是营养物质通过消化道黏膜上皮细胞进入淋巴和血液循环的过程。在六大营养素中，除了水、无机盐和部分维生素无需经过消化就能够被人的肠胃直接吸收之外，大部分的碳水化合物、蛋白质和脂肪必须经过消化分解后，才能被人体吸收[29, 30]。

为了研究食物在机体内的消化吸收情况，研究人员开发出了多种评价消化吸收的模型，包括体内模型和体外模型。一般来说，体外模型相对方便，但缺乏准确性，而体内模型操作复杂，但可以真实反映营养物质在体内的消化吸收状态[31, 32]。所以，研究过程中应该根据实际情况，选择适宜的消化吸收模型评价食品质量。

3.2.1.1 消化模型

用于婴幼儿配方食品原料的体内消化模型通常有乳鼠、仔猪等动物模型。通过饲喂动物婴幼儿配方食品原料，定点收集胃、空肠以及回肠的内容物，测定这些样品中的蛋白质、脂质以及碳水化合物等营养物质的表观消化率，以此表征婴幼儿配方食品原料的消化水平。然而，除了生物个体差异大、实验周期长等影响因素外，用于婴幼儿配方食品原料的体内消化模型相比于成年人存在更加严格的伦理要求、法律监管和经济限制。所以利用体内模型评价婴幼儿配方食品原料的消化情况十分困难。

与体内模型相比，体外消化模型具有成本低、易于取样、操作简单等显著优势，可以部分甚至完全替代动物或人体模型，避免伦理限制。因此，使用适当的体外消化模型来评价婴幼儿配方食品原料的消化特性成为优先选择。

体外模型是通过模拟人体或动物胃肠道的消化环境，监测食物在其中消化情况的系统，可分为静态模型和动态模型。静态模型结构简单、成本低廉、操作简便，是目前使用最广泛的体外消化模型。常见的静态模型将消化模拟为三个连续阶段，包括口腔、胃和小肠。每个阶段，在特定的反应时间、反应温度和 pH 条件下，分别用人工唾液、胃液和小肠液对食品进行消化 [33]。在静态模型建立早期，由于缺乏对生理条件的共识，特别是在消化液组成、消化酶浓度和 pH 值等方面存在争议，不同模型获得的结果之间无法进行相互比较。因此，国际食品消化联盟于 2014 年提出了标准化的 Infogest 静态消化模型，定义了消化模型构建的关键参数，并根据相关条件提出了制备模拟唾液、胃液和小肠液的标准方法。然而，婴幼儿胃肠道 pH 值和消化酶活性与成年人存在差异，饭后 2h 成人的胃 pH 值低于 2，而婴幼儿的胃 pH 值保持在 4 ～ 5 之间；除胃脂肪酶和乳糖酶外，在婴幼儿体内的 α-淀粉酶、胃蛋白酶和胰腺甘油三酯脂肪酶等大多数酶活性远低于成人 [31, 33]。因此，静态消化标准模型必须根据婴幼儿的具体情况进行调整，才能适用于评价婴幼儿配方食品原料的消化吸收特性。静态模型的缺陷在于无法模拟消化道的蠕动、pH 的变化、消化液及消化酶的分泌等动态过程，在准确预测消化过程中可获得的营养物质方面存在局限性。为此，研究人员开发了不同的动态模型来模拟人类消化系统的生理状况。

与静态模型相比，动态模型可以连续模拟 pH 值、酶分泌、蠕动力，甚至是微生物发酵的变化。基于模型的结构和组成，动态模型可分为单室（只模拟胃或肠道）和多室（同时模拟胃和肠道）。在这些模型中，多腔室模型 TNO 胃肠道模型（TNO gastro-intestinal model, TIM）被认为是最接近人体胃肠道的体外模型，广泛应用于食品和药理学领域，主要用于研究营养物质和药物成分的释放和吸收行为 [34]。TIM 由模拟胃、小肠（十二指肠、空肠和回肠）和大肠的玻璃单元组成，每个单元包含一个带有柔性内膜的玻璃护套，通过调节玻璃护套中泵入水的压力和温度模拟胃肠道蠕动和体温。各单元之间采用蠕动阀连接，并由计算机控制消化物在不同单元内的流动。但是 TIM 成本高，并且样本处理也非常复杂。

3.2.1.2　吸收模型

常见的吸收评价方法分为体内法和体外法。体内法是指在保证肠道神经、内分泌调节系统完整、血液和淋巴液供应充足的前提下，以整体动物为研究对象直接研究营养物质吸收的方法，常用于研究营养物质的渗透和吸收动力学。体内法主要包括肠灌流法、肠襻法和肠血管插管法等。其中，肠灌流法的应用较为广泛。肠灌流法首先通过剖腹手术将灌流管和引流管分别插入动物的近端和远端肠段；然后用蠕动泵以特定的速率将食物消化液灌入肠腔内，并收集流出物；最后通过测定营养物质的浓度变化计算吸收率。由于在灌流过程中肠道不仅会吸收营养物质，也会吸收或分泌水分，从而带来实验误差，所以需要对灌流液体积和密度进行校正，常用的校正方法有标示物法、重量法 [29]。

体外法是通过剥离出动物肠黏膜、肠段或采用细胞模型，模拟肠道对营养物质的吸收。由于目前没有能够模拟婴幼儿阶段的细胞模型，因此细胞模型不适用于评价婴幼儿配方食品的吸收。常见的用于评价婴幼儿配方食品吸收的体外法包括外翻肠囊法、体外扩散池法等，实验对象通常选用未成年的实验动物。

（1）外翻肠囊法　广泛应用于研究营养物质转运机制及评估食物在人体内的吸收，具有技术简单、流程快、可重复性好和价格低廉等优势。外翻肠囊法是将禁食一段时间的动物在麻醉状态下打开腹腔取出小肠，去除黏附物后用玻璃棒轻轻翻转清洗过的肠道，灌注人工肠液后结扎成肠囊状，置于添加有待测物质的新鲜含氧培养基中，在固定时间内从肠道两侧采集样本，以测量营养物质浓度随时间的变化，可用于反映吸收情况。但是，外翻肠囊法在操作过程中容易导致肠道发生形态学损伤，影响肠道通透性，从而影响营养素吸收评估的准确性，而且肠道会因离体时间过长而失去活性，一般肠道组织代谢活性只能保持约 2h。

（2）尤斯灌流室法（Ussing chamber）　是一种体外扩散池法，最初是由丹麦学者 Hans H. Ussing 为测量 NaCl 在肠道上皮细胞膜中的主动转运而开发的。随着研究人员的不断完善，目前可用于量化肠道组织的活力和完整性，并测定营养物质在人体或动物肠道组织中的表观渗透性。其优势在于可以研究不同肠段的吸收，并且易于分析。Ussing chamber 主要由接收池和扩散池组成，2 个半室中间是一个可嵌合组织样本且可移动的插件。通常将肠膜通过插件安装在 2 个半室中间，用含有待测物质的 37℃缓冲溶液填充 2 个半室，并连续充入 95% O_2 和 5% CO_2 组成的混合气体以保持组织活性。培养一段时间后，测量肠膜两侧营养物质的浓度，以确定营养物质从浆膜侧到黏膜侧的吸收率。Ussing chamber 能够模拟机体生理环境，实时监测营养物质的吸收，但黏膜一旦发生损伤，组织活性便会迅速丧失，并且在实验过程中营养物质的运输量相对较低。

3.2.2　不同类原料的消化吸收和营养特性评价

婴幼儿配方食品原料的选择，应从婴幼儿食用安全、宏量营养素（蛋白质、脂肪和碳水化合物）和微量营养素（维生素和矿物质）以及其他营养成分是否能够充分满足喂养儿营养需要等方面考虑。

婴幼儿食品原料中活性成分的营养特性评价主要包括体外反应、动物实验和人体试验三种方式。体外反应法系通过在离体实验体系中评价营养素的抗氧化能力、抗炎能力和其他生物活性，以反映其对人体的影响。动物实验法是通过用含有不同活性成分的饲料饲养动物，评价其对动物健康和生理效应的影响。人体试验法是通过对人体受试者进行试验，评估活性成分的生理效应，例如观察不同食品原料和膳食补充剂对婴幼儿机体炎症、损伤等的预防和治疗作用。

3.2.2.1 蛋白质类原料

蛋白质的消化起始于胃，胃中主要的消化酶是胃蛋白酶。婴幼儿与成人相比，胃 pH 值较高、胃蛋白酶活性较低，这限制了蛋白质在婴幼儿胃中的消化。婴幼儿的胃 pH 值高于胃蛋白酶活性所需的最佳 pH 值，这导致 3 个月以下婴儿胃中蛋白质水解最少。3 个月龄以上的婴幼儿胃蛋白酶水平与年龄较大的儿童和成人相似，而早产儿的胃蛋白酶水平仅为足月儿的 50%。在胃中，蛋白质被胃蛋白酶消化后，在小肠中被胰蛋白酶进一步水解成肽，肽在肠刷状缘被肽酶进一步分解。胰蛋白酶是最重要的蛋白质消化酶，占胰液中蛋白质的 20%。早产儿和足月儿的胰蛋白酶浓度与成人相似，而凝乳胰蛋白酶和羧肽酶 B 的水平仅为成人的 10% ～ 60%。蛋白质的吸收过程主要发生在小肠，被吸收后的氨基酸进入血液循环[35, 36]。通常用蛋白质消化率对蛋白质的消化进行评价。目前测定蛋白质消化率的方法主要包括体外和体内两种。

（1）体外消化模型　能够较为准确地模拟蛋白质在胃肠道的消化过程，但体外消化率测定结果易受各种因素的干扰，如被测食物的粒径及组成成分、蛋白酶的数量及种类、蛋白质水解物的分析方法等。因此，仅仅依靠体外消化模型来再现消化道内所有复杂的生化和生理过程较为困难。

（2）体内消化模型　是通过动物研究和分析蛋白质的消化率，评价蛋白质质量的方法。目前较为常见的体内蛋白质消化率测定的方法是粪氮平衡实验。但是这种测定方法实验操作复杂耗时，并且对实验环境的要求较高。

（3）蛋白质组学技术　近年来，随着对蛋白质消化特性的深入探究，基于液相色谱-串联质谱联用仪（liquid chromatography tandem mass spectrometry, LC-MS/MS）的蛋白质组学技术被广泛应用于对体内蛋白质营养及消化特性的研究，很好地解决了传统方法的问题。

（4）氨基酸评分　对蛋白质进行营养特性评价通常使用氨基酸评分法。氨基酸评分是一种用于评价蛋白质中各种氨基酸相对含量的方法，将人体内的氨基酸分为必需氨基酸和非必需氨基酸，并据此计算出蛋白质的完整性，从而评价膳食摄入是否能够满足内源性氨基酸的需求。值得注意的是，婴幼儿比成年人多一种必需氨基酸，即组氨酸。

3.2.2.2 脂类原料

婴幼儿和成人在脂质消化和吸收方面的主要差异是每千克体重的脂质摄入量，婴幼儿摄入量比成人高 3 ～ 5 倍；而且脂肪酶的活性和功能在婴幼儿和成人之间也有所不同。胃脂肪酶在较宽的 pH 值范围内（1.5～7.0）都有活性，不需要胆盐作为辅助因子，也不受乳脂球膜的抑制，并且能够水解乳脂球中的甘油三酯。与成人相比，胃脂肪酶在婴幼儿脂质消化中起着更重要作用，能消化婴幼儿膳食中的乳脂。由于脂肪球与水环境之间的界面更好，胃相产生的脂肪酸促进了胰脂肪酶的活性。脂质需要先被胆盐乳化，才能被胰脂肪酶水解。婴幼儿的胰脂肪酶活性和胆盐浓度都非常低，分别约为成人的 5%～10% 和 50%。脂类的吸收场所主要在小肠。小分子脂肪酸和甘油可以被小肠黏膜细胞直接吸收，而大分子脂肪酸2-单酰甘油等被吸收进入肠黏膜细胞后，在内质网重新合成三酰甘油，然后与载脂蛋白、胆固醇等生成乳糜微粒，再进入血液和淋巴循环 [37]。

脂肪的消化吸收情况可以用脂肪消化吸收率表示，常用化学法与物理法进行测定与评价。化学分析法如滴定法和比重法等，其均质化和提取步骤时间长，并且实验过程中会产生异味。随着现代物理学的发展，建立了新的实验方法如光谱法和同位素法，这些方法不仅能准确地反映脂肪的消化吸收情况，而且利用稳定同位素法，还能进一步判断脂肪吸收不良的病因，为研究人体脂肪代谢提供了简捷而有效的手段。

脂类的营养特性评价与必需脂肪酸紧密相关。必需脂肪酸是人体无法自身合成的脂质分子，必须从食物中摄取，对人体健康具有重要意义，例如 ω-3 和 ω-6 必需脂肪酸是影响心血管健康、免疫调节、神经系统和认知方面的关键因素 [37]。因此，对必需脂肪酸的摄入及其营养特性评价具有重要意义，也是对脂类进行营养特性评价的重要一环。

3.2.2.3 碳水化合物原料

在生命早期阶段，从新生儿到儿童，碳水化合物的来源有三个阶段。在生命的第一阶段，母乳或婴幼儿配方食品中的乳糖是碳水化合物的主要来源，不需要添加任何固体食物。第二个阶段引入了多糖，如麦芽糊精、角豆胶、瓜尔胶和黄原胶，这是添加到婴幼儿配方食品中的增稠剂。最后一个阶段以固体食物中的多糖为主。婴幼儿在新生儿时期能够消化来自母乳或婴幼儿配方乳粉的乳糖和蔗糖。多糖则需要一系列酶来完成消化。以淀粉为例，它的消化依赖于唾液淀粉酶、胰淀粉酶、葡萄糖淀粉酶、麦芽糖酶和异麦芽糖酶。碳水化合物的吸收主要发生在小肠，单糖首先进入肠黏膜上皮细胞，再进入小肠壁的毛细血管，并汇入门静脉而进入肝脏，最后进入血液和淋巴循环 [38]。

碳水化合物的消化吸收情况可用消化率进行表征，主要包括体外实验和体内实验两种方法，体外模拟消化实验将样品与淀粉酶等在模拟肠道环境中进行孵育，而体内消化实验则通过测定粪便中葡萄糖、淀粉、不溶性膳食纤维、总氮及尿氮等，分析消化吸收情况。

对碳水化合物进行营养特性评价的关键参数包括消化吸收的速度、影响血糖水平的指标等。其中，升糖指数是一种常用的评价指标。升糖指数是指食品中的碳水化合物在消化吸收后对血糖水平影响的大小，它是一种相对指标，以参考食品（通常为葡萄糖）的升糖效应作为基础，将其他碳水化合物的升糖效应与之进行比较。升糖指数越高，代表食物的血糖波动范围越大，可能对人体健康产生不良影响。除升糖指数外，还有一种衍生指标叫做"血糖负荷"（glycemic load, GL），是对单个食品的血糖升高大小和摄入量的综合评价，但是计算过程相对复杂。需要注意的是，升糖反应会受到多种因素影响，例如食物中的膳食纤维和蛋白质等对碳水化合物吸收具有一定的抑制作用，从而降低升糖指数[39]。因此，仅凭升糖指数这一指标来选择食物、评估膳食的健康性是不全面的，而且也不准确，需要结合其他评价方法进行综合评估。

3.2.2.4 维生素和矿物质

维生素和矿物质是维持生命必不可少的基本营养素，维生素又分为水溶性维生素和脂溶性维生素。水溶性维生素可溶于肠腔，因此可以更直接地被肠道吸收。而脂溶性维生素是疏水性物质，存在于肠腔中的脂肪酶，与脂肪滴表面结合，催化水解去除甘油三酯中的 α-脂肪酸，产物与胆盐结合形成"混合胶束"小颗粒。混合胶束的核心是疏水的，因此可以溶解脂溶性维生素。混合胶束由于其直径小，可以靠近肠黏膜表面，从而促进其内容物扩散到肠细胞的磷脂膜中[40]。矿物质主要通过肠黏膜的被动或主动转运系统被吸收，不同的矿物质通常有特征性的肠道转运蛋白。

评估膳食中维生素和矿物质的营养特性，需要综合考虑吸收过程、膳食中的矿物质种类和含量以及与其他营养元素相互作用的情况。评价营养特性的指标包括维生素和矿物质的总量、摄入量以及血清浓度和骨密度等。相比成年人，处于发育阶段的婴幼儿往往需要更多的维生素和矿物质。此外，也需要考虑膳食中不同营养物质的相互作用以及食物基质是否会影响维生素和矿物质的吸收[40]。

3.2.2.5 其他

抗营养因子是一类对营养物质消化吸收不利的物质，降低了机体对相关食物的营养利用，甚至会引起人体或者动物中毒。如含有草酸盐的食物可以阻碍钙和铁等矿物质的吸收。活性成分是指具有生物活性、对人体有益的其他非营养类物质，如母乳低聚糖、生长因子、免疫球蛋白，能够降低婴幼儿机体内致病菌的活性，有利于共生菌的繁殖。因此，评价婴幼儿配方食品原料的营养特性时，也需要同时考虑抗营养因子和活性成分，并确定其对婴幼儿健康的影响。

婴幼儿食品原料中抗营养因子的特性评价需要考虑其对婴幼儿营养状况的影响和营养素吸收的可利用性。常用的抗营养因子评价方法主要包括体外溶液反应和体内整体反应，利用这两种评价方法计算膳食组分的有效性，是评价和筛选抗营养因子的有效手段。

3.3 婴幼儿配方食品生产主要原料的选择

3.3.1 蛋白质常用原料

3.3.1.1 蛋白质在婴幼儿配方乳粉的营养作用

与牛乳相比，人乳蛋白质含量低，蛋白质总含量近 1%，其中约 70% 为乳清蛋白，不含 β-乳球蛋白和 αs-酪蛋白。人乳与牛乳的总成分、蛋白质组成的比较详见表 3-7。

婴幼儿配方乳粉是专门为满足 0～36 个月婴幼儿各种营养需要而调制的配方食品。科学调配后的配方乳粉帮助不能用母乳喂养的婴幼儿获得较全面的营养，避免营养不良，降低发病率和死亡率。婴幼儿配方粉的配方组成应在最大程度上接近母乳，其喂养效果能否与母乳喂养效果一致是检验婴幼儿配方乳粉的金标准。然而，无论是满足婴幼儿生长发育的基本营养需求，还是精细母乳化，以牛乳为基础的婴幼儿配方乳粉都需要通过添加多种配料来实现配方设计值。

（1）乳清蛋白　乳清蛋白及其衍生物（如多肽），具有调节免疫、促进益生菌生长、促进矿物质吸收等生物活性；而乳铁蛋白和乳过氧化物酶则是良好的抗菌物质，并且是一类能够促进组织自我修复的生长因子。最近几十年的研究成果显示，人们对于乳清蛋白在婴幼儿配方食品中的营养功效越来越感兴趣。通过向牛乳中添加乳铁蛋白，并将牛乳原料中的特定蛋白质分离重组，可使牛乳的蛋白质组成接近母乳。脱盐乳清粉被广泛应用于婴幼儿配方食品中，可用脱盐乳清粉或乳清浓缩蛋白补充到牛乳中的方式生产婴幼儿配方食品。技术关键在于把酪蛋白与乳清蛋白的比例从牛乳中的 80∶20 降低到婴幼儿配方食品中的 40∶60，以使其更接近母乳。乳清蛋白是利用现代生产工艺从牛乳中提取出来的蛋白质，具有纯度高、消化吸收率高、氨基酸组成符合人体需要、含有生物活性多肽等诸多优点。常见的乳清蛋白主要包括四大类，即 α-乳白蛋白、β-乳球蛋白、血清白蛋白和免疫球蛋白，还有少量的乳铁蛋白、骨桥蛋白、乳过氧化

表3-7　人乳和牛乳中的总成分、蛋白质组分和含量

组分		人乳	牛乳
总蛋白质 /%		1	3.4
酪蛋白 /%		0.4	2.72
乳清蛋白 /%		0.6	0.68
酪蛋白：乳清蛋白		40：60	80：20
脂肪 /%		3.8	3.5
乳糖 /%		7	5
总固形物 /%		12.4	12.5
灰分 /%		0.2	0.7
酪蛋白 /%	αs1-酪蛋白	—	40
	αs2-酪蛋白	—	8
	β-酪蛋白	85	38
	κ-酪蛋白	15	12
	胶束大小 /nm	50	150
乳清蛋白 /%	α-乳清蛋白	26	17
	β-乳球蛋白	—	43
	乳铁蛋白	26	微量
	血清白蛋白	10	5
	溶菌酶	10	微量

注：数据引自郭明若（2018）[41]。

酶、生长因子等，这些物质均具有一定的生物活性。乳清蛋白还富含亮氨酸、色氨酸、半胱氨酸和蛋氨酸，对任何年龄的人群而言都是优质的蛋白质来源。对于婴幼儿配方乳粉，乳清蛋白因富含必需氨基酸，近年来已经成为普遍使用的功能性食品配料。

（2）α-乳白蛋白　α-乳白蛋白是乳清蛋白的重要成分，对新生儿具有很高的营养价值，其富含婴幼儿生长所必需的多种氨基酸，其中色氨酸、赖氨酸、亮氨酸、半胱氨酸的含量尤为丰富（表 3-8）[42]。色氨酸是中枢神经递质 5-羟色胺的前体物质，参与神经调节，与睡眠、记忆等功能相关，是食物蛋白质中限制性最强的氨基酸之一 [43]。研究显示，色氨酸是神经发育的重要因子，能够显著改善婴幼儿的睡眠质量 [44]。α-乳白蛋白富含半胱氨酸，半胱氨酸是合成谷胱甘肽的重要氨基酸，谷胱甘肽参与机体的抗氧化反应，是新生儿机体抗氧化系统的重要组成部分 [45, 46]。谷胱甘肽对新生儿的氧化应激性疾病（如新生儿缺血缺氧性脑病、新生儿缺血缺

氧性心肌损伤、新生儿窒息等）的治疗具有积极影响[47-49]。2021年颁布的新修订国标《食品安全国家标准　婴儿配方食品》（GB 10765—2021）中对蛋白质的添加提出了更高的要求，即"量低质高"（降低添加量、提高质量）。α-乳白蛋白作为一种优质婴幼儿配方食品资源，现已越来越多地被添加到婴幼儿配方食品中。基于母乳中的营养素合理比例要求，乳基婴幼儿配方食品中增加 α-乳白蛋白最为理想。目前的研究表明 α-乳白蛋白具有许多生理活性，如调节肠道菌群、促进矿物质的吸收和调节免疫等[50]。此外，α-乳白蛋白也是乳糖合成酶的一部分，在乳腺细胞内参与催化乳糖合成[51]。

表 3-8　不同种属乳汁中 α-乳白蛋白的氨基酸含量比较　　　　单位：%

来源	组氨酸	异亮氨酸	亮氨酸	赖氨酸	蛋氨酸	半胱氨酸	苯丙氨酸	苏氨酸	色氨酸	缬氨酸
人乳	2.0	9.7	11.3	10.9	1.9	5.8	4.2	5.0	4.0	1.4
牛乳	2.9	6.4	10.4	10.9	0.9	5.8	4.2	5.0	5.3	4.2
羊乳	2.5	5.1	10.0	9.6	2.7	0.9	5.0	4.3	1.0	6.4

（3）β-酪蛋白　人初乳和早产儿母亲的乳汁中不含有或酪蛋白含量非常低；随哺乳时间的延长，酪蛋白含量逐渐增加并构成较大部分的人乳蛋白[52]。β-酪蛋白的二级结构柔软、疏松，更容易消化水解。加州大学的研究显示，给3名足月分娩新生儿奶瓶喂养母乳，经胃液消化的胃内容物中，来自β-酪蛋白的多肽达52%[10]。该研究结果提示，母乳多肽的主要来源是β-酪蛋白。β-酪蛋白作为母乳中含量最高的酪蛋白，同样具有很高的营养价值，是乳基婴幼儿配方食品研发中的重要内容。β-酪蛋白来源于人乳腺腺泡的上皮细胞，人乳的很多特性都与β-酪蛋白及其水解产生的肽段有关。比如酪蛋白磷酸肽（casein phosphopeptides，CPPs），充分暴露的磷酸基团可以和钙离子结合，形成胶束状结构，维持钙的稳定性，保证新生儿获得生长发育所需的钙[12, 41, 53-56]。CPPs 还可以与乳汁中的其他微量元素，如锌离子、铁离子、镁离子、铜离子等二价阳离子结合，多项实验结果显示，CPPs 有助于促进钙、锌、铁等吸收[57, 58]。β-酪蛋白分解后产生具有免疫刺激作用的肽段称为免疫刺激肽，这些免疫刺激肽具有刺激巨噬细胞吞噬，从而增强机体抗感染的作用，而且母乳 β-酪蛋白水解产生的抗菌肽具有抗致病菌和防止致病菌定植与生长的特性（图3-1）。研究指出，β-酪蛋白能被母乳中 sIgA 抗体特异性水解，推测其参与婴幼儿肠道免疫反应[65]。β-酪蛋白水解产生参与神经调节的阿片样多肽，可改善婴幼儿的睡眠模式[66]。β-酪蛋白作为母乳中含量最高的酪蛋白，对于指导婴幼儿配方食品的开发意义重大，目前越来越受到营养学界的关注。

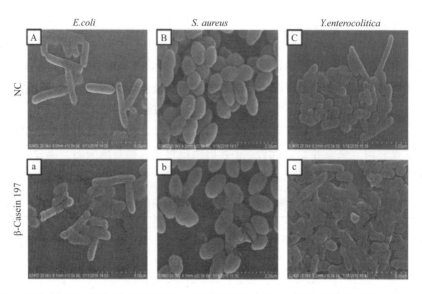

图 3-1　在扫描电镜（SEM）下观察到大肠杆菌（*E.coli*）、金黄色葡萄球菌（*S.Aureus*）和小肠结肠炎耶尔森菌（*Y.enterocolitica*）以及 β-酪蛋白（β-casein）197

A ～ C 表示：正常大肠杆菌、金黄色葡萄球菌和小肠结肠炎杆菌；
a ～ c 表示：β-酪蛋白处理样品。箭头表示破坏位点[59]

（4）乳铁蛋白　又称"乳转铁蛋白"，是可结合铁的糖蛋白质，是母乳中含量丰富的天然成分，而普通婴幼儿配方乳粉几乎不含这种营养成分，因此在婴幼儿配方乳粉中强化乳铁蛋白可能有助于满足婴幼儿营养需求和促进生长发育。有研究结果表明，乳铁蛋白具有多方面功能特性而且安全无副作用。功能特性包括：具有广谱抗菌效果、对铁吸收有调节作用、对人体肠道菌群的改善作用、免疫调节作用、抗氧化作用和抗癌症作用等[60]。King 等[61] 对 52 名 34 周胎龄至出生后 4 周婴幼儿的随机对照试验发现，摄入含 850mg/L 乳铁蛋白的强化配方乳粉的婴幼儿红细胞压积（37.1%）显著高于摄入含 102mg/L 乳铁蛋白强化配方乳粉组的婴幼儿（35.4%，$P<0.05$），在前 6 个月的试验期中，摄入含 850mg/L 乳铁蛋白的强化配方乳粉组与摄入含 102mg/L 乳铁蛋白的强化配方乳粉组相比，婴幼儿增重的趋势更为显著，提示乳铁蛋白有助于促进婴幼儿生长发育。

（5）水解蛋白　水解蛋白指的是水解的乳清蛋白、酪蛋白制品，是通过蛋白酶或肽酶将蛋白质分子降解成小肽和氨基酸。蛋白质的酶解是改善蛋白质特性的一种很好方法。蛋白质经酶解以后降解成不同链长的小分子，不仅改变了其功能特性，降低了抗原性，还生成了肽类、氨基酸等更容易被人体消化、吸收的物质。我国允许其在特殊医学用途婴幼儿配方粉中使用，也可用于较大婴儿及幼儿普通配方粉。

（6）羊乳蛋白　羊乳营养价值丰富，其蛋白质结构、营养成分更接近母乳，消化吸收率高。绵羊乳、山羊乳和牛乳中的主要蛋白质基本相同，羊乳中蛋白质主要是酪蛋白和乳清蛋白，二者比例是 3∶1，牛乳中二者的比例是 4∶1。山羊乳中 αs1-酪蛋白的含量比牛乳低，这也可能是有些研究报道中提到的"饮用山羊乳不会引起过敏反应"的主要原因[62, 63]。蛋白质含量决定婴幼儿的增长率，2013年欧盟批准了羊乳蛋白质可以作为婴幼儿配方食品的蛋白质来源。在我国，一些婴幼儿配方乳粉也采用羊乳蛋白质作为蛋白质来源[64]。羊乳中免疫蛋白含量高，且羊乳蛋白质容易消化吸收。顾浩峰等[65] 以全脂羊乳粉和牛乳婴幼儿配方乳粉为对照，模拟婴幼儿胃肠消化环境对 3 组婴幼儿配方乳粉中的蛋白质进行体外模拟消化，结果表明羊乳婴幼儿配方乳粉中的蛋白质营养价值高，能被有效地消化吸收。

3.3.1.2　常见蛋白质原料特征

（1）乳清蛋白　乳清蛋白是以牛乳为原料生产奶酪过程中沉淀酪蛋白后，存在于上层乳清中的蛋白质成分，经超滤、杀菌、浓缩、喷雾干燥制成（生产工艺流程见图 3-2）。乳清粉是最传统的乳清加工制品，按其特性的不同，乳清粉分为4 大类：甜性乳清粉、酸性乳清粉、脱盐乳清粉、低乳糖乳清粉。乳清中保留了牛乳中绝大多数无机盐，灰分较高，而且制品有涩味，限制了其在儿童食品的应用。脱盐乳清粉采用离子交换树脂法和离子交换膜法的电渗析方式来达到脱盐的目的，克服了上述缺点，从而拓宽了乳清粉的应用。根据脱盐率的不同又有一系列不同产品，一般为 50%、75% 或更高脱盐率的产品，广泛应用于婴幼儿配方粉的是 75% 脱盐率的乳清粉。由于乳清粉的乳糖含量高，极易吸潮，因而限制了它的应用。可通过去除部分乳糖制得低乳糖乳清粉加以改善。

脱盐乳清（或称为低盐乳清）是从巴氏杀菌乳清中去掉一部分矿物质而制得的。通常脱盐率分为 50% 和 75%。干粉中灰分含量不超过 7%。生产脱盐乳清粉采用物理分离技术如沉淀、过滤或渗析。可通过添加安全而适合巴氏杀菌的液态乳清作为中和剂来调节脱盐乳清的酸度。脱盐乳清粉具有矿物质含量低、溶解度高、乳糖丰富等特性。脱盐乳清粉常应用于乳制品、焙烤食品、糖果以及其他食品中，尤其适合于婴幼儿配方食品（1 段、2 段）的生产，满足产品的高乳糖含量和低盐含量的要求。脱盐乳清粉可作为乳固形物浓缩（反渗透和 / 或蒸发）来源；当产品因营养或风味等原因需要低矿物质 / 灰分含量时，可用作甜性乳清粉的替代物；当需要适量的蛋白质以增加或改善功能特性时，可用作乳糖的替代物。

乳清浓缩蛋白（whey protein concentrate, WPC）系列通常有 WPC34、WPC50、WPC60、WPC75、WPC80 几种，其中的数字代表制品中蛋白质的最低含量，其中

WPC34 的理化指标十分接近脱脂乳粉。WPC 采用超滤 / 二次超滤或离子交换色谱法生产。生产 WPC 的原则是将乳清中的非蛋白质组分充分地、选择性地去除，依据去除程度可得到不同蛋白质含量的制品。一般而言，WPC 随着蛋白质浓度的增加，乳糖和灰分含量相应降低，而脂肪含量有所增加。WPC 中脂肪含量随蛋白质浓度的增加而增加，这是因为用于蛋白质浓缩的超滤处理也会截留住脂肪球。乳清分离蛋白（whey protein isolate, WPI）脂肪含量低是因为采用微滤处理，除去脂肪球，或采用色谱法分离，将蛋白质和脂肪球分离。

① 乳清浓缩蛋白 34。WPC34 是指从巴氏杀菌的乳清中尽可能去除非蛋白质成分，最终干燥产品中含有 34% 以上蛋白质的乳清产品（乳清粉）。WPC34 的生产主要通过物理分离技术如沉淀、过滤或渗析来完成，其生产工艺流程见图 3-2，WPC34 常应用于乳制品、焙烤食品、休闲食品、糖果以及其他食品中。

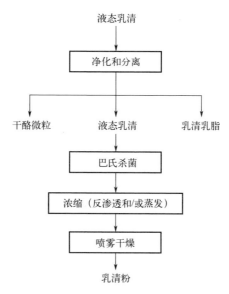

图 3-2　乳清粉的生产工艺流程

② 乳清浓缩蛋白 50。WPC50 是指从巴氏杀菌的乳清中尽可能去除非蛋白质成分，最终干燥产品中含有 50% 以上蛋白质的乳清产品。生产工艺和应用范围同 WPC34。WPC50 可作为经济的乳固形物和高营养、高质量浓缩蛋白质的来源并用于蛋白质的强化。

③ 乳清浓缩蛋白 60。WPC60 是指最终干燥产品中含有 60% 以上蛋白质的乳清产品。

④ 乳清浓缩蛋白 75。WPC75 是指最终干燥产品中含有 75% 以上蛋白质的乳清产品。

⑤ 乳清浓缩蛋白 80。WPC80 是指最终干燥产品中含有 80% 以上蛋白质的乳清产品。

（2）酪蛋白　是在脱脂乳中加入酸或凝乳酶使酪蛋白沉淀，再经过洗涤、脱水、造粒、干燥等工艺而制得的粉末或颗粒状产品。通称的酪蛋白是由不同成分的酪蛋白构成的，主要有四种类型，包括 αs1、αs2、β、κ。

酪蛋白作为两性电解质，等电点 pl=4.6，当加入酸时，酪蛋白中的钙被酸剥夺，渐渐地生成游离的酪蛋白；当达到其等电点时，钙完全被分离，游离酪蛋白凝固沉淀。目前全球 β-酪蛋白的生产商非常少，爱尔兰 KERRY 通过酶解技术从脱脂牛乳中分离酪蛋白，然后通过离子交换技术将 β-酪蛋白与其他酪蛋白分离，再经过杀菌、喷雾干燥，最终生产 β-酪蛋白。

（3）乳铁蛋白　根据乳铁蛋白原料来源不同，大致分为两类，一类是由新鲜脱脂生牛乳直接分离提取所得的，纯度高，铁饱和度很低，品质好，但价格十分昂贵；另一类是从生产奶酪的副产物乳清液里提取的，价格相对较低、纯度不高，工艺流程如图 3-3 所示。乳铁蛋白作为营养强化剂添加到婴幼儿配方食品中，使成分更接近母乳。

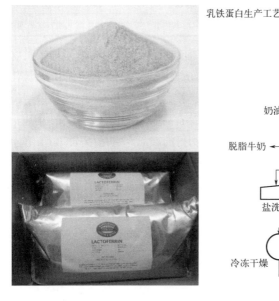
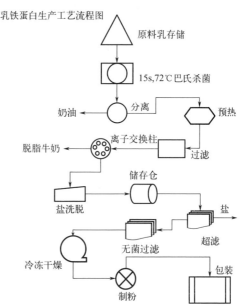

图 3-3　乳铁蛋白产品（彩图）及生产工艺流程

乳铁蛋白的主要产区包括美国、欧洲以及大洋洲。国内目前没有可以生产乳铁蛋白的企业，完全依赖于进口，由于其广阔的市场前景，吸引了多家国际原料供应商投入巨资进行大规模的商业化生产。

3.3.1.3 婴幼儿配方乳粉中蛋白质原料相关法规

婴幼儿配方乳粉需要以母乳营养成分和喂养效果为参考标准，以母乳喂养婴幼儿的营养素摄入量为依据，通过不同蛋白质原料的合理添加来满足婴幼儿生长发育需要。目前我国针对不同蛋白质原料在婴幼儿配方乳粉中的使用规范，制定了对应的法规和标准，如表3-9所示。

表 3-9 婴儿粉蛋白质类原料相关标准、法规

序号	原料名称	标准、法规
1	生乳	GB 19301《食品安全国家标准　生乳》
2	全脂乳粉	GB 19644《食品安全国家标准　乳粉》
3	脱脂乳粉	
4	乳清粉	GB 11674《食品安全国家标准　乳清粉和乳清蛋白粉》
	脱盐乳清粉	
5	乳清蛋白粉	
6	酪蛋白	GB 31638《食品安全国家标准　酪蛋白》
7	乳铁蛋白	GB 1903.17《食品安全国家标准　食品营养强化剂　乳铁蛋白》
8	水解蛋白质	GB 25596—2010《食品安全国家标准　特殊医学用途婴儿配方食品通则》

我国于2010年发布实施《食品安全国家标准　乳清粉和乳清蛋白粉》（GB 11674—2010），其中包括乳清粉和乳清蛋白粉两类产品，是我国第一个关于乳清蛋白粉的产品标准。GB 11674—2010主要规定了乳清蛋白粉的定义、原料要求、污染物限量、真菌毒素限量、微生物限量等涉及食品安全的指标。

酪蛋白原料是经酸法或酶法或膜分离工艺制得的产品，它是由α、β、κ和γ及其亚型组成的混合物。2016年发布GB 31638—2016《食品安全国家标准　酪蛋白》，适用于酸法生产的酪蛋白、酶法生产的酪蛋白和膜分离法生产的酪蛋白。

3.3.2 脂类常用原料

3.3.2.1 脂类的作用

脂类是脂肪和类脂的统称，其中类脂又可分为磷脂、糖脂及固醇类等。脂类在人体中发挥重要功能，它的最基本的功能是提供能量，是构成人体细胞的重要成分，也是合成某些维生素和激素的前体物质；脂类能提供人体无法自行合成的必需脂肪酸，如亚油酸和α-亚麻酸；脂类促进脂溶性维生素的吸收、转运和利用；此外脂类还有保温和保护作用，减少机体散热和保护内脏不受损害[66]。

3.3.2.2　婴幼儿膳食脂肪的推荐范围

脂肪又称甘油酯，是由 1 分子甘油和 1～3 分子脂肪酸所形成的酯。婴幼儿配方乳粉中的脂肪是婴幼儿配方产品中最主要的能量来源。根据《中国居民膳食营养素参考摄入量（2023 版）》[67]，按照 0～6 月龄婴儿每日摄入母乳 750mL 计算，每升母乳提供 630kcal 能量，脂肪含量以 3.4g/100mL 计，脂肪供能比为 48.6%E，依此比例推荐 0～6 月龄婴儿脂肪的 AI 为总能量的 48%E，符合 FAO 推荐的总能量 40%E～60%E 的范围。7～12 月龄婴儿膳食脂肪供能约 36%，考虑到脂肪供能比的过渡，参照 EFSA，我国推荐 7～12 月龄婴儿膳食脂肪 AI 为 40%E。借鉴 2010 年 FAO 及 EFSA 推荐值，我国 1～3 岁幼儿膳食脂肪 AI 定为 35%E。

亚油酸和 α-亚麻酸属于人体必需脂肪酸，体内无法自身合成，在婴幼儿配方粉产品的设计和法规要求中都有明确的添加要求。基于中国人乳成分数据，参考国外权威推荐，我国的 0～6 月龄婴儿的亚油酸的 AI 设定值为 8.0%E，7～12 月龄的亚油酸 AI 值设定为 6.0%E，1～3 岁幼儿的亚油酸 AI 值设定为 4.0%E；0～6 月龄婴儿的亚麻酸 AI 值设定为 0.90%E；7～12 月龄的亚麻酸 AI 值设定为 0.67%E；1～3 岁幼儿的亚麻酸 AI 值设定为 0.60%E。

FAO（2010 年）指出，0～6 月龄婴儿，因为体内自身合成 DHA 的能力有限，把 DHA 作为婴儿的条件性必需营养素，并且推荐 DHA 的范围值占总能量的 0.1%～0.18%（58～104mg/d）。我国的 2023 版 DRIs 中推荐 0～6 月龄婴儿 DHA 的 AI 值为 100mg/d，与 EFSA（2010 年）的推荐意见一致。鉴于 DHA 在婴幼儿视力功能和大脑发育方面的作用重要，FAO 将其 AI 设定为 10～12mg/（kg·d）。EFSA（2010 年）的推荐意见认为，7～24 月龄婴幼儿 DHA 的 AI 值是 100mg/d。我国 2023 DRIs 推荐 7～36 月龄婴幼儿 DHA 的 AI 值也是 100mg/d。

已有很多研究分析了人乳的脂类组成，提示现有婴幼儿配方粉产品中可能缺乏某些功能性脂类物质，而这些物质可能为喂养儿带来特定的健康益处。

（1）磷脂　可以作为乳化剂和稳定剂保持乳脂球膜的正常形态，并可与阳离子结合，与消化道中的酶作用而影响乳脂的消化分解。磷脂可作为细胞内的第二信使库，在体内衍生出三磷酸肌酸、鞘氨醇、神经酰胺等多种生理活性物质。目前对于磷脂替代物已有不少研究，但是尚无权威共识的推荐膳食摄入量[68]。

（2）神经节苷脂　可调节少突胶质细胞的钙离子通道，并影响蛋白激酶 C、生长因子受体等的生理功能。人乳中神经节苷脂的浓度（12μg/L）远高于牛乳（1μg/L），人乳的神经节苷脂具有抑制霍乱菌和大肠杆菌产生肠毒素的作用，推测人乳喂养的婴幼儿腹泻概率更低可能与之有关。

（3）其他功能性脂质成分　人乳中存在某些微量浓度的脂肪酸和特殊脂

酸，也因为其独特的研究功能受到广泛关注[15]。例如，共轭亚油酸可能具有的抗癌作用；某些支链脂肪酸（branched chain fatty acid, BCFA）可能与肠道菌群定植有关。

3.3.2.3　常见的婴幼儿配方粉的脂肪原料

目前，我国婴幼儿配方乳粉以牛乳基和羊乳基为主，在研发设计产品时，往往通过不同油脂配料调配来优化终产品的脂肪酸组成，达成接近人乳脂肪的目标。谭越峰等[69]，总结了我国市售婴幼儿配方乳粉的油脂配料使用及脂肪酸提供情况。研究最终纳入的 269 个婴幼儿配方乳粉，其中进口产品 55 个、国产产品 214 个，共涵盖 99 个国内外品牌，牛乳基配方粉 202 个、羊乳基配方粉 67 个，所有纳入的产品均为国家市场监督管理总局注册产品。在全部已注册的婴幼儿配方乳粉中占比超过 70%，基本覆盖我国市售主流产品，如表 3-10 所示。我国市售婴幼儿配方乳粉脂肪原料的几个应用特点：①全脂乳配方产品中，添加率葵花籽油（88%）＞椰子油（76%）＞核桃油（4%）。②脱脂乳配方粉中，葵花籽油、棕榈油和棕榈仁油的添加率显著高于全脂乳产品。③配料表分析显示，85% 的产品使用了 4 种及以上的油脂配料。

表 3-10　我国 269 款市售婴幼儿配方乳粉脂肪原料的应用特点①

全部种类		添加产品率（n=269）	原料种类分类		乳基来源分类	
			脱脂乳（n=53）	全脂乳（n=216）	牛乳基（n=202）	羊乳基（n=67）
油脂配料添加率 /%	葵花籽油	88	98#	88	86	96*
	椰子油	76	76	77	72	88*
	菜籽油	71	66	75	66	88*
	大豆油	66	49#	71	69	58
	玉米油	58	26#	66	49	84*
	1,3-二油酸 2-棕榈酸甘油三酯	38	34	39	35	46
	奶油	19	8	23	24	4*
	棕榈油	16	32#	13	18	10
	棕榈仁油	11	21#	11	16	4*
	核桃油	4	2	5	3	9
首位油脂配料构成比 /%	玉米油	25	2#	31	17	49*
	葵花籽油	23	49#	17	27	12*

全部种类		添加产品率（n=269）	原料种类分类		乳基来源分类	
			脱脂乳（n=53）	全脂乳（n =216）	牛乳基（n =202）	羊乳基（n =67）
首位油脂配料构成比 /%	1,3-二油酸 2-棕榈酸甘油三酯	16	6#	19	12	27*
	菜籽油	12	2#	14	14	4*
	大豆油	12	11	11	15	3*
	棕榈油	9	25#	6	11	3*
	奶油	2	2	2	2	—
	棕榈仁油	1	4	—	1	1
	椰子油	—	—	—	—	—
	核桃油	—	—	—	—	—
油脂配料组合情况 /%	1 种					
	2 种	2	2	3	2	3
	3 种	13	21	11	15	6
	4 种	39	51	36	45	22
	5 种	26	11	30	20	44
	6 种	14	10	15	12	21
	≥7 种	6	6	5	6	4

① 与全脂乳配方粉比较，#$P<0.05$；与牛乳基配方粉比较，*$P<0.05$。

婴幼儿配方粉的脂类原料分为 3 大类：植物油原料、动物乳脂原料和特殊功能性油脂原料。

（1）植物油原料　房新平和翟红梅[70] 用 GB 5413.27—2010 方法检测了常见植物油原料的脂肪酸组成，油酸、亚油酸、亚油酸与 α-亚麻酸的比值以及饱和脂肪酸的含量等，结果如表 3-11 所示。在脂肪酸组成方面，植物油的脂肪酸大多与人乳有很大差异。例如人乳中含量最高的饱和脂肪酸棕榈酸（C16:0），只有棕榈油原料的含量较高，达到了总脂肪酸含量的 30% 以上。大豆油、玉米油、葵花籽油的主要脂肪酸包括 C16:0、C18:0、C18:1、C18:2、C18:3 以及少量的 C20 ～ C24 脂肪酸，但是 C16:0 的含量较低，为 4.1% ～ 16.5%，这些植物油的组成以不饱和脂肪酸为主，尤其以油酸 C18:1、C18:2 居多，其中加工高油酸葵花籽油采用的是油酸含量极高的葵花籽原料，其 C18:1 含量比普通葵花籽油高出很多。所以单独使用某一种植物油都会与人乳的脂肪酸组成有很大差异，目前大多数婴

表3-11 常见植物油的脂肪酸组成 /%

脂肪酸	玉米油	玉米油样	低反式脂肪酸玉米油样	大豆油	大豆油样	低反式脂肪酸大豆油样	葵花籽油	葵花籽油样	高油酸葵花籽油样	棕榈油	棕榈油样
C4:0		—	—		—	—		—	—	—	—
C6:0		—	—		—	—		—	—	—	—
C8:0	ND~0.3（C11:0、C13:0除外）	—	—	ND~0.1（C11:0、C13:0除外）	—	—	ND~0.1（C11:0、C13:0除外）	0.014	—	—	0.018
C10:0		—	—		—	—		0.015	—	—	0.02
C11:0		—	—		—	—		—	—	—	—
C12:0		—	—		0.014	—		0.086	—	—	0.205
C13:0		—	—		—	—		—	—	—	—
C14:0	ND~0.3	0.065	0.061	ND~0.2	0.103	0.1	ND~0.2	0.094	0.116	0.5~2.0	1.109
C14:1	—	—	—	—	—	—		—	—	—	—
C15:0	—	0.016	0.013	—	0.022	0.022		0.022	0.018	—	0.053
C15:1	—	—	—	—	—	—		—	—	—	—
C16:0	8.6~16.5	14.61	13.353	8.0~13.5	12.284	12.311	5.0~7.6	8.017	4.189	39.3~47.5	40.889
C16:1	ND~0.5	0.126	0.124	ND~0.2	0.104	0.106	ND~0.3	0.1	0.132	ND~0.5	0.217
C17:0	ND~0.1	0.099	0.1	ND~0.1	0.153	0.157	ND~0.2	0.069	0.054	ND~0.2	0.123
C17:1	ND~0.1	—	—	ND~0.1	—	—	ND~0.1	—	—	ND	—
C18:0	ND~3.3	2.272	2.525	2.5~5.4	4.904	4.921	2.7~6.5	5.982	3.399	3.5~6.0	4.529
C18:1n9c	20.0~42.2	31.797	29.127	17.7~28.0	20.278	20.326	14.0~39.4	27.179	85.227	36.0~44.0	42.376
C18:1n9t		0.073	0.031		0.04	0.038		0.061	0.082		0.096

脂肪酸	玉米油	玉米油样	低反式脂肪酸玉米油样	大豆油	大豆油样	低反式脂肪酸大豆油样	葵花籽油	葵花籽油样	高油酸葵花籽油样	棕榈油	棕榈油样
C18:2n6c	34.0～65.6	48.982	52.071	49.8～59.0	48.647	48.771	48.3～74.0	57.364	5.646	5.0～12.0	9.357
C18:2n6t	ND～2.0	0.055	—	—	—	—	—	0.061	—	—	—
C18:3n3	0.3～1.0	0.658	1.571	5.0～11.0	11.223	11.254	ND～0.3	0.141	0.226	ND～0.5	0.192
C18:3n6	0.2～0.6	0.298	0.042	0.1～0.6	0.641	0.641	0.1～0.5	0.056	0.041	ND～1.0	0.065
C20:0	ND～0.1	0.555	0.551	ND～0.5	0.492	0.495	ND～0.3	0.483	0.339	ND～0.4	0.456
C20:1	—	0.251	0.375	ND～0.1	0.862	0.611	—	0.275	0.388	—	0.274
C20:2	—	0.029	0.031	—	0.055	0.055	—	0.014	0.012	—	0.01
C20:3n3	—	0.021	0.024	—	—	0.016	—	—	—	—	—
C20:3n6	—	—	—	—	0.06	0.061	—	—	—	—	—
C20:4n6	—	—	—	—	—	—	—	—	—	—	—
C20:5n3	—	—	—	—	—	—	—	—	—	—	—
C21:0	—	0.094	—	—	0.027	0.02	—	0.082	0.016	—	0.01
C22:0	ND～0.5	—	—	ND～0.7	0.051	0.055	0.3～1.5	—	—	ND～0.2	—
C22:1n9	ND～0.3	—	—	ND～0.3	—	—	ND～0.3	—	—	—	—
C22:2	—	—	—	—	—	—	ND～0.3	—	—	—	—
C22:6n3	—	—	—	—	0.039	0.041	—	—	—	—	—
C23:0	—	—	—	—	—	—	—	—	—	—	—
C24:0	ND～0.5	—	—	ND～0.5	—	—	ND～0.5	—	—	—	—
C24:1	—	—	—	—	—	—	ND	—	—	—	—

注：ND 表示未检出。

幼儿配方乳粉产品都是采用多种植物油混合的策略，使其产品中的脂肪酸组成接近人乳脂肪的脂肪酸组成。

除了上述的脂肪酸组成，体内无法合成的必需脂肪酸也必须通过食物摄取。我国婴幼儿配方食品系列标准规定了亚油酸与 α-亚麻酸的比值范围在 5∶1 ～ 15∶1 之间。因此在设计婴幼儿配方食品的配方时，不同植物油中这两种必需脂肪酸的含量和比值也是需要考量的重要因素（表 3-12）。

表 3-12　常见植物油的必需脂肪酸的特征

类别	分类依据	分类描述	油脂名称	备注
1	亚油酸与 α-亚麻酸比值过高	油酸含量较低，亚油酸含量较高	葵花籽油	高饱和脂肪酸
2	亚油酸与 α-亚麻酸比值较高	油酸含量适中，亚油酸含量较高	玉米油	
		油酸含量适中，亚油酸含量适中	棕榈油	
3	亚油酸与 α-亚麻酸比值适中	油酸含量较高，亚油酸含量较低	高油酸葵花籽油	
		油酸含量较低，亚油酸含量较高	大豆油	

除了上述的常见植物油原料，还有一类植物油，如椰子油、棕榈仁油以及某些公司特制的中链脂肪酸原料，是专门用来调节配方的中链脂肪酸（median chain fatty acid, MCFA）含量而使用的原料（表 3-13）。MCFA 应该包含 6 ～ 12 个碳原子的饱和脂肪酸，即己酸（C6:0）、辛酸（C8:0）、癸酸（C10:0）以及月桂酸（C12:0）。

表 3-13　常见的中链脂肪酸原料的脂肪酸特征（供应商提供资料）

脂肪酸	名称	椰子油 /（%，以总脂肪酸计）	棕榈仁油 /（%，以总脂肪酸计）
C6:0	己酸	ND ～ 0.7	ND ～ 0.6
C8:0	辛酸	4.6 ～ 10.0	2.4 ～ 6.2
C10:0	癸酸	5.0 ～ 8.0	2.6 ～ 5.0
C12:0	月桂酸	45.1 ～ 53.2	245.0 ～ 55.0
C14:0	豆蔻酸	16.8 ～ 21.0	14.0 ～ 18.0
C16:0	棕榈酸	75 ～ 10.2	6.5 ～ 10.0
C18:0	硬脂酸	2.0 ～ 4.0	1.0 ～ 3.0
C18:1	油酸	5.0 ～ 10.0	12.0 ～ 19.0
C18:2(LA)	亚油酸	1.0-2.5	1.0 ～ 3.5
C18:3(α-LA)	α-亚麻酸	ND ～ 0.2	ND ～ 0.2
C20:0	花生酸	ND ～ 0.2	ND ～ 0.2
C20:1	花生烯酸	ND ～ 0.2	ND ～ 0.2

MCFA 与各种溶剂、油脂类、叔丁基甲氧氯苯酚、二丁基羟基甲苯等抗氧化剂以及维生素 A、维生素 E 等维生素类有很好的相溶性，黏度是一般植物油的一半。每克 MCFA 可提供能量 8.3kcal（1kcal=4.1840kJ）。MCFA 是弱电解质，在中性 pH 溶液下即可高度电离，这更增加了其在生物体液内的溶解度。由于较小的分子量以及较高水溶性的特点，MCFA 在所有层级的新陈代谢中发挥重要作用[71]。中链脂肪可以被多种脂肪酶水解，包括胃脂肪酶、胆汁盐依赖性脂肪酶及胰脂肪酶，而且被水解的速度比长链脂肪（LCFA）要快得多。由于不需要进入胶束，因此不需要胆汁盐乳化即可溶于水。因为中链脂肪（酸）的水溶性良好，即使在缺乏胆盐的情况下，MCFA 也能比长链脂肪酸更快地进入肠黏膜上皮细胞。多达 30% 的中链脂肪可以在不被酶解的情况下，完整地、直接进入肠黏膜细胞。进入肠黏膜细胞的 MCFA 不用被再酯化成甘油三酯，因此也不参与组成乳糜微粒，可以直接进入门静脉循环（可能会与白蛋白松散地结合），并在肝脏及其他组织中被利用产生能量。通过门静脉进入肝脏细胞再酯化后的中链脂肪酸的氧化速度更快[72, 73]。

（2）动物乳脂原料 动物乳脂可以通过全脂乳粉带入，也在一些产品的配料表中可以直接看到无水奶油等动物乳脂原料（表 3-14）。

表 3-14 不同动物乳脂的脂肪酸组成（占总脂肪酸，摩尔分数）

脂肪酸	人乳	牛乳	水牛乳	驴乳	绵羊乳	骆驼乳
C4:0	—	8.65±0.78[b]	8.45±0.66[b]	1.06±0.21[a]	6.06±0.6[b]	
C6:0	0.05±0.04[a]	4.79±0.16[c]	4.06±0.27[c]	1.58±0.02[b]	2.35±0.50[b]	
C8:0	0.14±0.07[a]	2.84±0.36[c]	2.09±1.09[b]	1.51±0.06[b]	3.95±0.35	
C10:0	1.71±1.35[a]	4.69±0.44[b]	2.65±0.46[ab]	2.92±0.49[ab]	9.78±1.19	
C12:0	6.74±2.54[b]	3.90±0.29[b]	2.74±0.46[a]	2.89±1.09[a]	4.10±0.57[ab]	1.05±0.07[a]
C14:0	8.54±2.83[ab]	11.76±1.93[ab]	10.84±1.04[ab]	7.52±0.61[a]	9.37±1.19[ab]	11.84±0.29[c]
C14:1 ω-5	0.32±0.15[a]	0.62±0.12[ab]	—	0.75±0.20[b]	0.81±0.16	0.72±0.11[ab]
C16:0	23.83±3.43[a]	30.43±0.80[bcd]	34.64±1.92[d]	31.24±167[cd]	25.351.45[ab]	27.07±0.73[abc]
C16:1ω-7	2.00±0.50[a]	1.88±0.17[a]	359±0.58[b]	1.95±0.87[a]	1.09±0.13[a]	9.74±0.51[g]
C18:0	6.09±1.09[a]	7.50±0.71[ab]	810±0.352[b]	8.31±1.71[ab]	9.64±0.69[ab]	11.85±0.93[b]
C18:1t	—	1.55±0.35[ab]	1.65±0.21[b]		1.25±0.21[ab]	0.95±0.07[a]
C18:1ω-9	33.43±5.18[ab]	17.94±0.71[a]	18.00±0.85[a]	31.77±0.50[b]	21.54±0.76[a]	29.25±1.77[ab]
C18:2t	0.37±0.10[b]	0.10±0.02[a]	0.25±0.07[ab]	0.18±0.04[a]		
C18:2ω-6	10.57±4.96[b]	1.12±0.17[a]	1.52±0.19[a]	5.53±0.81[ab]	2.62±0.27[a]	3.31±0.27[a]
C20:0	0.25±0.13[a]	0.36±0.08[a]	0.25±0.08[a]	0.16±0.05	0.20±0.05[a]	0.62±0.11[a]
C18:3ω-6	0.05±0.04[a]	—	0.09±0.04[b]	0.15±0.02[ab]	0.13±0.0[ab]	0.17±0.05[c]
C20:10-9	0.24±0.15[a]	—	0.34±0.10[a]	0.42±0.15[a]	0.14±0.04[a]	0.14±0.02[a]

脂肪酸	人乳	牛乳	水牛乳	驴乳	绵羊乳	骆驼乳
C18:3ω-3	0.67±0.17[bc]	—	0.13±0.03[a]	0.42±0.13[ab]	0.51±0.48[ab]	1.11±0.29[cd]
C20:2ω-6	0.42±0.24[a]	012±0.04[a]	—	—	—	—
C20:3ω6	0.42±0.19[a]	0.42±0.08[a]	017±0.07[a]	0.23±0.04[a]	—	0.36±0.064
C20:4ω6	0.45±0.13[a]	0.05±0.01[b]	—	—	—	—
C20:5ω-3	0.17±0.04	—	—	—	—	—
C22:0	0.13±0.05[a]	0.07±0.03[a]	0.12±0.01[a]	—	—	—
C22:1ω-9	0.16±0.10[a]	—	—	—	—	—
C22:2ω-6	0.08±0.03[a]	0.03±0.02[a]	—	—	—	—
C24:0	0.09±0.03[ab]	0.05±0.02[a]	0.04±0.02[b]	0.17±0.0[c]	0.17±0.03[c]	—
C24:1ω-9	0.21±0.13[a]	—	—	—	—	—
C22:4ω-6	0.17±0.11[a]	—	—	—	—	—
C22:5ω-6	0.15±0.06[a]	—	—	—	—	—
C22:5ω-3	0.28±0.09	—	—	—	—	—
C22:6ω-3	0.51±0.23[a]	—	—	—	—	—

注：不同上标字母代表有统计学差异，相同上标字母代表没有统计学差异。

Zou 等[74]的研究分析了不同动物乳脂的脂肪酸组成、甘油三酯 Sn-2 位脂肪酸规律以及甘油三酯分子的组成情况。牛乳、水牛乳和绵羊乳脂肪中饱和脂肪酸的含量显著高于人乳（表3-15）。牛乳、水牛乳和绵羊乳因动物反刍行为含有较高的短链脂肪酸（丁酸）和 MCFA，而骆驼虽然也属于反刍动物，但是不含有短链脂肪酸，MCFA 非常低。虽然驴不是反刍动物，但是驴乳中有一些短链脂肪酸。牛、水牛、驴和骆驼的乳脂中，长链脂肪酸含量显著高于人乳，牛乳、水牛乳和驴乳中的 C16:0 更高，骆驼乳的 C14:0 和 C18:0 很高。牛、水牛和绵羊乳脂的单不饱和脂肪酸均低于人乳，驴乳和骆驼乳的乳脂中单不饱和脂肪酸含量与人乳接近。驴乳脂有高的 C18:1，骆驼乳脂中含有高的 C16:1 和 C18:1。对比多不饱和脂肪酸的含量，可以发现这几种动物乳脂中多不饱和脂肪酸的含量都不同于人乳。人乳脂中有 C22:6ω-3、C18:3ω-6 和 C20:4ω-6，而且动物乳脂中几乎都没有检出。

人乳脂的甘油分子结构比较独特，饱和脂肪酸主要分布在 Sn-2 位，不饱和脂肪酸分布在 Sn-1，Sn-3 位。这样的结构更有利于脂肪酸的吸收、消化和代谢。对比不同动物乳脂的 Sn-2 位脂肪酸组成，对于饱和脂肪酸位于 Sn-2 位的占比，牛、水牛和绵羊的乳脂都与人乳相似，而驴乳和骆驼乳则更低。但是牛乳脂、水牛乳脂和绵羊乳脂中，中链饱和脂肪酸占比更高。水牛乳脂的长链饱和脂肪酸占比接近人乳，但是 C18:0 含量更高。相比人乳 Sn-2 位棕榈酸占比数据，牛、水牛、驴、骆驼、绵羊乳脂 *Sn*-2 位棕榈酸占比都比较低。不同动物乳脂中 *Sn*-2 位脂肪酸组成特征，如表 3-15 所示。

表 3-15　不同动物乳脂的 *Sn*-2 位脂肪酸组成特征（占总脂肪酸，摩尔分数）

脂肪酸	人乳	牛乳	水牛乳	驴乳	绵羊乳	骆驼乳
C4:0	—	4.16±0.62	3.28±0.44[a]	—	4.47±0.49[a]	
C6:0	0.07±0.04[a]	3.10±0.23[c]	2.26±0.15[b]	—	2.43±0.53[bc]	—
C8:0	0.20±0.11[a]	2.35±0.23[d]	1.23±0.22[bc]	1.01±0.19[ab]	2.17±0.68[cd]	—
C10:0	0.79±0.68[a]	4.90±0.53[b]	1.86±0.24[a]	4.87±0.35[b]	11.11±1.82[c]	—
C12:0	6.26±3.44[b]	6.52±0.50[b]	3.13±0.34[ab]	4.29±0.48[ab]	5.81±0.06[b]	0.91±0.18[a]
C14:0	13.08±5.04[ab]	20.76±1.72[c]	16.62±0.65[bc]	14.44±0.34[ab]	8.27±1.51[a]	14.38±0.18[ab]
C14:1ω-5	0.44±0.32[a]	1.55±0.29[b]	2.58±0.58[c]	1.30±0.21[ab]	—	—
C16:0	52.66±3.91[d]	32.03±2.95[ab]	39.23±0.71[c]	27.12±2.18[a]	27.60±1.60[a]	35.53±0.48[bc]
C16:1ω-7	1.91±0.85[a]	2.35±0.21[a]	4.13±0.41[b]	1.79±0.08[a]	3.83±0.44[b]	10.72±0.27[c]
C18:0	1.72±0.58[a]	4.30±0.39[bc]	4.97±0.56[c]	4.95±0.16[c]	5.26±0.75[c]	3.02±0.28[ab]
C18:1t	—	1.10±0.13	—	—	—	—
C18:1ω-9	9.99±3.88[a]	13.21±0.55[ab]	15.70±0.78[bc]	30.71±0.18[d]	19.85±2.25[c]	27.63±0.66[d]
C18:2t	—	0.31±0.05[a]	0.08±0.02[b]	—	—	—
C18:2ω-6	6.85±4.20[b]	2.07±1.02[a]	1.98±0.21[a]	7.57±0.12[b]	4.96±0.53[ab]	4.24±0.04[ab]
C20:0	0.40±0.20[b]	—	0.10±0.02[a]	0.11±0.03[ab]	0.33±0.10[ab]	—
C18:3ω-6	0.04±0.02[a]	—	—	—	—	—
C20:1ω-9	0.13±0.03[ab]	0.50±0.09[c]	0.28±0.04[b]	0.04±0.01[a]	0.49±0.11[c]	—
C18:3ω-3	0.50±0.35[ab]	0.14±0.04[a]	0.54±0.07[ab]	0.63±0.08[b]	0.74±0.12[b]	0.61±0.05[b]
C20:2ω-6	0.19±0.05	—	—	—	—	—
C20:3ω-6	0.22±0.15[a]	0.21±0.10[a]	0.09±0.04[a]	0.10±0.03[a]	—	—
C20:4ω-6	0.42±0.39[a]	—	—	—	—	—
C20:5ω-3	0.29±0.20[a]	—	—	—	—	—
C22:0	0.15±0.12[a]	—	—	—	—	—
C22:1ω-9	0.10±0.05[a]	0.06±0.02[a]	—	—	—	—
C22:2ω-6	0.20±0.14[a]	0.04±0.04[a]	—	—	—	—
C24:0	0.09±0.03[a]	0.07±0.01[a]	—	—	—	—
C24:1ω-9	0.42±0.22[a]	—	—	—	—	—
C22:4ω-6	0.21±0.16[a]	—	—	—	—	—
C22:5ω-6	0.37±0.12[a]	—	—	—	—	—

脂肪酸	人乳	牛乳	水牛乳	驴乳	绵羊乳	骆驼乳
C22:5 ω-3	0.47±0.16[a]	—	—	—	—	—
C22:6ω-3	0.65±0.24[a]	—	—	—	—	—
SFA	75.65±7.65[cd]	78.33±3.15[d]	73.73±0.17[ed]	57.45±0.45[ab]	67.45±3.876[c]	54.95±0.29
SC-SFA	—	4.16±0.62[a]	3.28±0.44[c]	—	4.47±0.49[a]	—
MCSFA	7.48±4.94[ab]	16.88±1.76[cd]	8.48±0.65[b]	10.06±1.01[bc]	21.52±3.09[d]	0.91±0.18[a]
LCSFA	68.18±4.53[d]	57.30±1.51[bc]	61.97±0.38[cd]	47.28±1.46[ab]	41.46±7.05[a]	54.04±0.11[bc]
MUFA	13.70±4.03[a]	18.90±1.26[ab]	23.05±0.40[bc]	34.15±0.17[d]	25.92±3.05[c]	38.54±0.36[d]
PUFA	10.64±3.70[c]	3.02±0.32[a]	2.80±0.37[a]	8.29±0.26[bc]	5.89−1.3[ab]	6.27±0.01[abc]

注：平均值±SD，带有相同上标字母的表示没有统计学差异；"—"表示没有报道数据或未检出。

动物乳脂中天然含有磷脂，磷脂是乳脂球膜的主要组分，并且在婴幼儿的发育过程中发挥重要作用。含胆碱的鞘磷脂（SM）和磷脂酰胆碱（PC）对于快速生长和细胞膜的维持尤其重要。表3-16总结了不同动物乳脂中的磷脂特征。从总浓度来看，水牛乳和驴乳的磷脂含量低于人乳含量，但是牛乳和骆驼乳的磷脂总量与人乳接近。从磷脂各组分含量方面，SM在牛、水牛、驴、绵羊和骆驼乳脂中含量明显低于人乳；牛、水牛、绵羊、驴和骆驼乳脂的磷脂酰乙醇胺（PE）都高

表3-16　不同动物乳脂中的磷脂特征

极性脂	人乳	牛乳	水牛乳	驴乳	绵羊乳	骆驼乳
磷脂组分（mg/g，以总脂肪计）						
PE	0.65±0.20[a]	1.45±0.19[bc]	1.03±0.12[ab]	1.54±0.16[c]	1.23±0.17[bc]	1.65±0.18[c]
PI	0.39±0.03[c]	0.47±0.02[d]	0.13±0.01[a]	0.15±0.02[a]	0.17±0.01[a]	0.28±0.02[b]
PS	0.74±0.15[c]	0.35±0.03[b]	0.12±0.01[a]	0.14±0.01[a]	0.16±0.01[a]	0.22±0.03[ab]
PC	1.28±0.22[a]	1.20±0.04[a]	0.96±0.10[a]	1.27±0.15[a]	1.01±0.13[a]	1.19±0.12[a]
SM	2.05±0.28[c]	1.31±0.11[ab]	1.01±0.08[a]	1.19±0.10[ab]	1.44±0.11[b]	1.31±0.16[ab]
合计	5.11±0.72[c]	4.78±0.22[bc]	3.22±0.19[a]	4.30±0.23[bc]	4.01±0.26[b]	4.65±0.31[bc]
极性脂相对比例（%，以总极性脂计）						
PE	12.48±2.93[a]	30.23±2.69[b]	31.10±1.41[b]	35.85±1.77[b]	30.60±2.12[b]	35.50±1.41[b]
PI	7.69±0.75[c]	9.89±0.87[d]	3.95±0.35[a]	3.45±0.64[a]	4.20±0.57[ab]	6.05±0.92[bc]
PS	14.36±2.02[c]	7.32±0.99[b]	3.60±0.42[a]	3.35±0.49[a]	4.00±0.42[a]	4.75±0.21[b]
PC	25.08±3.71[a]	25.20±1.88[a]	29.75±1.34[a]	29.60±1.56[a]	25.25±1.48[a]	25.55±1.91[a]
SM	40.18±1.14[c]	27.36±1.07[a]	31.60±1.98[ab]	27.75±0.92[a]	35.95±2.62[bc]	28.15±1.63[a]

注：表中数据以平均值±SD表示，带有相同上标字母表示没有统计学差异。

于人乳，磷脂酰丝氨酸（PS）的含量以及相对比例都低于人乳；几种乳脂中的 PC 含量相似，仅水牛乳低于其他乳；牛乳的磷脂酰肌醇（PI）高于人乳，而其他动物乳脂 PI 均低于人乳，而骆驼乳脂的 PI 相对比例接近人乳；牛乳脂高于人乳脂，水牛、绵羊和驴乳脂低于人乳。

近年来新兴原料，如乳脂球膜原料，也属于乳脂的一种，富含磷脂[76]，作为创新组分已被应用多个品牌的产品中，分子组成与全脂乳接近。

（3）特殊功能性油脂原料　除了植物油和动物乳脂，鱼油和藻油作为添加多不饱和脂肪酸 DHA 的原料，是婴幼儿配方乳粉中最常见的功能性油脂。深海鱼类如金枪鱼、鲱鱼、鲑鱼、鳕鱼及海贝的脂肪中都含有 DHA，其中秋刀鱼、远东沙丁鱼的脂肪中 DHA 含量均在 10% 以上，比陆地动植物含量高 10 ～ 100 倍。金枪鱼的 DHA 和 EPA 含量非常丰富，且 DHA 含量明显高于 EPA。许多真菌中含有较多 DHA，其中藻状菌类 DHA 尤其丰富。金藻类、甲藻类、硅藻类、红藻类、褐藻类、绿藻类、隐藻类的海藻中含有大量 DHA，其中某些藻类 DHA 含量能达到 30% 以上[75]。

除了上述天然来源经精炼和深加工得到的油脂原料，为了使产品的配方组成更接近人乳的特征，近年来 OPO 结构酯备受关注。2015 年我国批准的食品营养强化剂 OPO，是为模拟人乳脂肪中棕榈酸位于甘油三酯 Sn-2 位而设计开发的结构甘油三酯产品。天然植物油的棕榈酸大多位于甘油三酯的 Sn-1,3 位上，而油酸、亚油酸等不饱和脂肪酸位于 Sn-2 上[76]。已有纳入 16 项随机对照试验，包括 1931 名婴儿的 Meta 分析数据显示，强化 Sn-2 棕榈酸酯能够增加婴儿体重、骨矿物质含量，降低粪便中月桂酸、棕榈酸和总脂肪酸皂的形成，但对婴儿身高、头围、其他脂肪酸皂、粪便成型性和排便次数没有影响。而且 Sn-2 棕榈酸酯强化乳粉喂养的婴幼儿与人乳喂养的婴幼儿，喂养结局无显著差异[77]。

3.3.2.4　可用于婴幼儿食品脂肪原料的法规要求

国家卫生健康委于 2016 年组织开启婴儿配方食品旧国标（2010 年发布）的修订工作，并在 2021 年 2 月 22 日发布《食品安全国家标准　婴儿配方食品》（GB 10765—2021）、《食品安全国家标准　较大婴儿配方食品》（GB 10766—2021）和《食品安全国家标准　幼儿配方食品》（GB 10767—2021）（以下简称"新国标"），替代原来的 GB 10765—2010 和 GB 10767—2010。"新国标"立意更好地适应我国婴幼儿营养健康需求，在保障婴幼儿配方乳粉安全性、营养充足性的同时，着眼加强标准引领，推动产业和产品的创新，细化乳粉生产企业科学生产的指导和规范，深化乳业振兴，提振我国消费者对国产品牌乳粉的信心。不同年龄段婴幼儿配方粉国家标准的变化，如表 3-17 所示。

表 3-17 婴幼儿配方粉国家标准

人群	营养素	指标要求		检测方法	
		2021	2010	2021	2010
婴儿 （0～6 月龄）	脂肪 /g	1.05～1.43	1.05～1.40	GB 5009.6	GB 5413.3
	亚油酸 /g	0.07～0.33	0.07～0.33	GB 5009.168	GB 5413.27
	α-亚麻酸 /mg	12～N.S.	12～N.S		
	亚油酸与 α-亚麻酸比值	5：1～15：1	5：1～15：1		
较大婴儿 （7～12 月龄）	脂肪 /g	0.84～1.43	0.7～1.4	GB 5009.6	GB 5413.3
	亚油酸 /g	0.07～0.33	0.07～N.S.	GB 5009.168	GB 5413.27
	α-亚麻酸 /mg	12～N.S			
	亚油酸与 α-亚麻酸比值	5：1～15：1			
幼儿 （13～36 月龄）	脂肪 /g	0.84～1.43	0.7～1.4	GB 5009.6	GB 5413.3
	亚油酸 /g	0.07～0.33	0.07～N.S	GB 5009.168	GB 5413.27
	α-亚麻酸 /mg	12～N.S			
	亚油酸与 α-亚麻酸比值	5：1～15：1			

3.3.3　碳水化合物

碳水化合物是人体必需宏量营养素之一，是人类主要的膳食能量来源，并参与体内不同生理活动。碳水化合物是一大类有机物，按照结构不同可分为单糖、寡糖和多糖。部分碳水化合物，如蔗糖和乳糖，在消化道被相应消化酶水解，转变为葡萄糖和其他单糖，进而被人体吸收并供能。另一部分则无法被消化酶水解，而是被肠道微生物利用从而供能或参与其他生理活动。婴幼儿配方乳粉中常见的碳水化合物为乳糖，也会添加低聚半乳糖、低聚果糖等特殊营养成分；近年来在美国和欧洲等国家或地区，多种母乳低聚糖已被批准添加到婴幼儿配方食品中。

3.3.3.1　乳糖

（1）乳糖的生理作用　乳糖是婴幼儿和哺乳动物后代的主要碳水化合物来源[78]。乳糖是由哺乳动物乳腺分泌的双糖，是乳汁的主要成分之一。在乳汁中的乳糖呈溶解状态，也是乳汁中特有的糖，动物的其他组织中几乎不存在乳糖[87]。牛乳中碳水化合物含量约为 4.7%，其中 99.8% 以上是乳糖，母乳中含有约 7% 的碳水化合物，其中 90% 为乳糖，其余部分主要是母乳低聚糖。乳糖是母乳中重要的营养成分，也是影响母乳渗透压的主要成分[5]。与蔗糖相比，乳糖具有糖度温和（仅为蔗糖的 1/6 ～ 1/5)、渗透压低、吸收速度慢等特点。

乳糖可被消化道内 β-半乳糖苷酶水解为葡萄糖和半乳糖,为机体提供能量,乳糖是婴儿出生后从乳汁中获得的能量物质之一。除提供能量外,乳糖还可以调节肠道菌群。未被消化酶水解的乳糖可在小肠末端转化成乳酸,降低肠道 pH,从而促进嗜酸杆菌(如乳杆菌、双歧杆菌)的生长,并抑制肠道腐败菌和酸敏感型细菌的生长,维持肠道微生态平衡[26, 79]。

乳糖还可以帮助肠道吸收钙、磷等矿物质。在含有相同量乳糖和葡萄糖的两种膳食中,乳糖可显著提高人体磷和锰的吸收率,加快钙进入骨骼的速度,有助于改善骨骼质量[80, 81]。Abrams 等[82]的研究发现,婴儿对添加乳糖配方乳粉中钙的吸收率比母乳喂养婴儿仅低约 5%,而婴儿对无乳糖配方乳粉钙的吸收率显著低于添加乳糖婴幼儿配方乳粉喂养的婴儿。由此可判断,乳糖具有明显的促进钙吸收的功能。

乳糖以及乳糖水解后产生的半乳糖可降低婴儿感染风险。婴儿的免疫系统尚未发育完全,因此感染的风险增加,更多地依赖于抗菌肽等物质提供的保护,乳糖和半乳糖都可以作为抗菌肽的诱导因子,增加婴儿胃肠道的抗菌肽作用,保护婴儿肠道防止病原体的侵害[83]。

(2)乳糖的组成特征及代谢 乳糖是由一分子葡萄糖和一分子半乳糖通过 β-(1,4)-糖苷键连接,在小肠中通过 β-半乳糖苷酶的作用水解生成葡萄糖和半乳糖。β-半乳糖苷酶又称乳糖酶,这种酶可以催化 β-半乳糖苷化合物的水解,部分乳糖酶还具有转移半乳糖苷合成寡糖的活性。乳糖在肠道中的代谢受诸多因素影响,除消化道内乳糖酶活性外,还受乳糖摄入量、胃排空速率、肠道消化时间、肠道微生物组成以及大肠对肠腔渗透压改变后的代偿能力等影响。

合成或可产生乳糖酶的微生物非常多,不同微生物来源的乳糖酶最适 pH 值和温度也不同。根据最适 pH 值,乳糖酶可分为酸性和中性两大类。酸性乳糖酶多源于黑曲霉和米曲霉等。中性乳糖酶多源于酵母和大肠杆菌等[84]。

(3)乳糖作为婴幼儿配方乳粉原料添加的应用法规、原料风险及供应商情况 关于婴幼儿配方食品中碳水化合物的来源,在《食品安全国家标准 婴儿配方食品》(GB 10765—2021)与《食品安全国家标准 较大婴儿配方食品》(GB 10766—2021)中已明确说明,即"婴儿配方食品与较大婴儿配方食品不应该使用果糖和蔗糖作为碳水化合物的来源,可适当添加葡萄糖聚合物(其中淀粉经糊化后才可加入),对乳基婴幼儿配方食品与乳基较大婴儿配方食品,碳水化合物的来源应首选乳糖(乳糖占碳水化合物含量应≥ 90%)"。并且在《食品安全国家标准 乳糖》(GB 25595—2018)中明确了可添加在食品中的乳糖来源、存在形式及理化等指标[85]。在《食品安全国家标准 食品中果糖、葡萄糖、蔗糖、麦芽糖、乳糖的测定》(GB

5009.8—2023）中明确了婴幼儿食品中乳糖含量的测定方法[86]。现行国家标准实现了对食用乳糖的全方位监管，从原料出发更全面地保障婴幼儿配方食品的营养与安全[78, 87, 88]。

乳糖作为婴幼儿配方粉中的传统添加原料，全球有多家供应商均可生产符合添加到婴幼儿配方食品中标准的乳糖原料，如丹麦的 Alra 公司、美国的 Hilmar Ingredients 公司以及德国的 Wheyco 公司等。

（4）适用于乳糖不耐受婴幼儿的无乳糖配方或低乳糖配方中乳糖的代替原料　由于乳糖酶缺乏或活性不足，婴幼儿会出现乳糖不耐受的症状，如腹胀、腹痛等。此时为缓解或改善婴幼儿的乳糖不耐受症状可以采取膳食回避的方法，如提供无乳糖配方或低乳糖配方食品[89]。

根据《食品安全国家标准　特殊医学用途婴儿配方食品通则》（GB 25596—2010）中的要求，无乳糖配方或低乳糖配方中以其他碳水化合物完全或部分代替乳糖，而常用于替代乳糖的原料有玉米糖浆和麦芽糊精等[90]。玉米糖浆与麦芽糊精分别是以玉米淀粉和淀粉或淀粉质为原料，通过酶法工艺控制淀粉的水解转化生成的。

（5）乳糖的同分异构体——异构化乳糖　异构化乳糖是乳糖的同分异构体，是将乳糖通过化学反应制成的半合成双糖。因其具有促进双歧杆菌生长的作用，近年来已经被用于一些婴幼儿配方食品中[91]。

异构化乳糖在早年被发现有促进双歧杆菌生长的作用，因异构化乳糖中的 β-(1,4) 糖苷键不易被人体中的消化酶及胃酸水解，所以可以到达肠道后被肠道中的菌群选择性利用，从而促进肠道中双歧杆菌与乳酸杆菌增殖，可以作为益生元起到调节肠道菌群的作用[92]。

目前根据我国国标要求，异构化乳糖液可作为食品添加剂添加到食品中，其中包括婴幼儿食品[93]。目前我国已经有部分婴幼儿配方乳粉添加异构化乳糖。

3.3.3.2　母乳低聚糖

母乳低聚糖（HMOs）是人乳中第三大固体成分，其含量仅次于乳糖和脂肪。目前已发现 1000 多种母乳低聚糖，其中已鉴定出结构的母乳低聚糖约 200 多种。母乳低聚糖在成熟乳中含量约为 5 ～ 20g/L，初乳中含量可达 20 ～ 25g/L，其含量受乳母分泌类型（基因型）、泌乳阶段、地理环境等因素影响。目前关于母乳低聚糖检测方法尚无国家标准，常用的方法包括高效液相色谱分析、毛细管电泳、高效液相色谱-质谱联用等检测方法。母乳低聚糖可分为两大类，中性母乳低聚糖和酸性母乳低聚糖（如 3′-唾液酸乳糖），其中中性母乳低聚糖可分为岩藻糖基化聚糖（如 2′-岩藻糖基乳糖）和非岩藻糖基化寡糖（如乳糖-N-新四糖）。母乳低聚糖在调节肠道菌群、增强免疫功能、促进认知与智力发育等多方面发挥积极作用。

未来需要有更多的研究，探索母乳中不同低聚糖的含量与变化规律，及其与喂养儿健康结局的关联性。

（1）母乳低聚糖生理作用　多项临床横断面调查、添加HMOs的婴幼儿配方食品干预试验等研究结果均显示，HMOs可调节婴幼儿肠道菌群、降低新生儿坏死性小肠结肠炎发生率、参与机体的免疫功能和大脑认知功能发育等。

母乳低聚糖虽然不直接为婴幼儿提供能量，但是能促进婴幼儿健康肠道微生态的建立，使有益肠道微生物如双歧杆菌等，成为婴幼儿肠道的优势菌群，这种生理功能已在多个体外研究得到验证。Ruiz-Moyano等[92]从母乳喂养婴儿的粪便中分离出短双歧杆菌，并与母乳低聚糖共培养，发现该短双歧杆菌均可在含有乳糖-N-四糖（LNT）和乳糖-N-新四糖（LNnT）的培养基中生长。多数短双歧杆菌都可一定程度地利用唾液酸酸化低聚糖，尤其是唾液酸-乳糖-N-四糖[94]。Thongaram等[93]开展了对12种乳酸菌和12种双歧杆菌进行HMOs的发酵研究。在测试的24株菌中，只有长双歧杆菌婴儿亚种ATCC15697和双歧杆菌婴儿亚种M-63能发酵3'-唾液酸乳糖（3'-SL）、6'-唾液酸乳糖（6'-SL）、2'-岩藻糖基乳糖（2'-FL）和3-岩藻糖基乳糖（3-FL）。在双歧杆菌中，只有婴儿双歧菌株和短双歧杆菌ATCC15700能发酵LNT；在乳酸杆菌中，只有嗜酸性乳酸杆菌NCFM能利用LNnT。上述研究明确了HMOs与益生菌的共生关系，更有针对性地解释了HMOs调节肠道菌群的能力。分析同一婴儿体内双歧杆菌的不同菌株时，Lawson等[94]发现其利用HMOs如2'-FL和LNnT的能力不同。对能利用HMOs的菌株和不能利用HMOs的菌株进行了交叉培养试验，发现某些不能利用HMOs的肠道细菌能通过"食用"那些可利用HMOs的肠道细菌所产生的代谢产物，如岩藻糖、半乳糖、乙酸、N-乙酰葡糖胺等，促进自身生长。这表明婴儿肠道系统各细菌之间能最大化地利用HMOs及其代谢产物，形成一个高效的微生态系统，使母乳低聚糖在婴儿体内物尽其用。

母乳低聚糖还可以降低新生儿坏死性小肠结肠炎发生率。早产儿临床试验发现，母乳喂养组的坏死性小肠结肠炎发病率是婴幼儿配方乳粉喂养组的1/10～1/6；体外实验、临床前动物实验及临床试验结果均支持母乳低聚糖尤其是双唾液酸乳糖-N-四糖（DSLNT）在降低坏死性小肠结肠炎发病率中的积极作用，说明DSLNT有望用于坏死性小肠结肠炎的临床治疗；而且通过检测母乳中DSLNT水平，也有望将其作为非侵入式的生物标记物来鉴别有发生坏死性小肠结肠炎发病风险的婴儿[95, 96]。而且，DSLNT也可作为捐赠人乳和基于人乳的母乳补充剂的质控指标，以避免给坏死性小肠结肠炎高危婴儿喂养低DSLNT的产品[96]。

HMOs也可调控婴幼儿免疫系统，对于感染、过敏、自身免疫性疾病和炎症等均有显著改善效果。它们可通过与婴幼儿肠道及其他可能部位的免疫系统和表皮细胞上的表面受体相结合，调节或触发机体的免疫反应。HMOs 还可作为可溶性的诱饵受体，阻止不同致病微生物黏附到细胞，降低微生物感染发生风险[97]。母乳低聚糖不仅可作为一系列细菌和病毒的抗黏附因子，还能通过维持炎症反应的平衡，在新生儿生理系统的正常运转过程中发挥积极作用[97]。

母乳低聚糖还具有调控认知和促进智力发育、改善学习认知能力的作用。唾液酸类低聚糖是唾液酸最丰富的来源，而大脑发育依赖于神经节苷脂、糖蛋白和唾液酸等基本物质。另一种母乳低聚糖 2′-FL 也可影响小鼠的认知与学习能力。Vazquez 等[98] 以 2′-FL 喂饲雄性成年大鼠和雄性成年小鼠，对受试动物的运动与认知、空间学习、对一定比率条件刺激的应答等智能测试试验和操作条件反射等行为学进行测试。结果显示，饲喂 2′-FL 的动物表现更优，且在长期摄入 2′-FL 的大鼠中，与新获得记忆相关的分子表达量更高，说明 2′-FL 能影响大鼠认知域并改善其学习和记忆能力。乳猪的饲料中加入 3′-唾液酸乳糖和 6′-唾液酸乳糖可提升胼胝体和小脑中神经节苷脂附着的唾液酸数量[99]。

近年来，关于母乳低聚糖的研究发现，它们不仅参与肠道免疫与大脑认知功能，而且也影响机体代谢和骨骼健康。将发育迟缓的 6 个月婴儿粪便移植到无菌鼠中，进而用 HMOs 进行干预，发现唾液酸类低聚糖能影响骨骼生理的各项指标[100]。此外，有研究发现，在生命早期给非肥胖但患有糖尿病小鼠喂饲 HMOs，能延缓并抑制后期 1 型糖尿病的发展，并减轻胰腺炎的病症进程[101]。

（2）母乳低聚糖组成特征及代谢　母乳低聚糖通常由 3 ～ 20 个单糖组成，母乳中 HMOs 的种类丰富且含量高。HMOs 主要由以下五种单糖组成：葡萄糖、半乳糖、N-乙酰葡糖胺、岩藻糖和唾液酸。而 N-乙酰神经氨酸（Neu5Ac）是唾液酸的主要组成部分。这些不同结构的低聚糖合成过程是在母亲乳腺中进行的，通常以半乳糖和葡萄糖为原料，在 β-半乳糖苷转移酶催化、α-乳白蛋白存在的情况下进行合成。几乎所有 HMOs 的结构均在还原端具有乳糖结构，并可被两种不同的二糖以 1-3 键或 1-6 键的形式延长[102, 103]。两个二糖之间以 1-6 键形式连接形成支链，支链通常被表示为 iso-HMO，而直链则表示为 para-HMO。通常可将 HMOs 分为以下几类：基础结构类低聚糖，由葡萄糖、半乳糖和葡糖胺组成，是形成更复杂分子的基础结构；岩藻糖基类低聚糖，由基础结构加上岩藻糖基组成；唾液酸基类低聚糖，在基础结构类或岩藻糖基类低聚糖的糖链加上乙酰神经氨酸组成[96, 104]。

HMOs 进入胃肠道后，首先在胃、小肠、大肠等部位发挥作用，防止致病菌黏附在肠道细胞表面；同时，HMOs 还可作用于肠道表皮细胞，促进小肠成熟和表面糖基化；在大肠部位，HMOs 与肠道菌群相互作用，作为益生元影响菌群组成。部分 HMOs 能通过肠道细胞进入体内，并可能分布于身体组织器官，如大脑。进入体内后，HMOs 也可发挥抗炎和抗感染等多种功能。

在体内代谢过程中，部分 HMOs 能完整地通过消化道，随粪便排出体外，剩下一部分 HMOs 经过微生物群酵解后的降解产物能通过大肠细胞，被吸收并经尿排出[105]。HMOs 的代谢途径如图 3-4 所示。

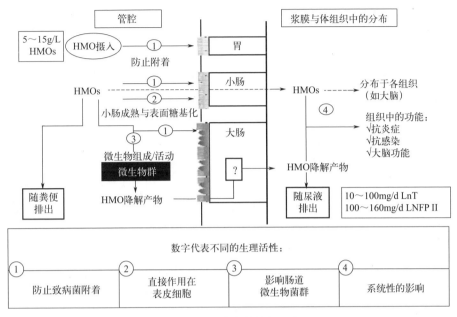

图 3-4　HMO 的代谢途径示意图

（3）母乳低聚糖作为婴幼儿配方乳粉原料添加的法规、风险及供应商情况　商品化的母乳低聚糖最早在美国获批，2015 年 9 月，美国 FDA 通过 GRAS 法规程序批准了 Glycom 公司化学法制备的 2′-FL 和 LNnT 原料，这开启了 HMOs 原料在欧美法规批准的序幕，随后 Jennewein 和 Glycom 两家公司通过生物发酵法生产制备的 HMOs 原料也先后在 2016 年间，通过美国 GRAS 程序和欧盟法规获批。在 2016 年率先提交新食品原料申请的公司如 Glycom 等，已在近一两年间陆续向欧盟提交了多种 HMOs 单体的法规申请，并获得批准；后续的公司，如果物质本身能够证明其与之前申请获批的产品实质等同，那么也可以同样获得欧盟审批并在欧洲市场售卖。澳新食品安全局（FSANZ）虽然在审批过程中对 Glycom 公司提出的在婴幼儿配方粉中添加 HMOs 的申请进行过复议，但 FSANZ 在 2020 年 10 月确定允许 2′-FL 单独或与 LNnT 组合在婴幼儿配方乳粉中的使用。目前澳新已批准 2′-FL 单独或与 LNnT 一起，在 1 段和 2 段婴幼儿配方乳粉产品中添加，但 3 段尚未获批。由于美国 FDA 和欧盟对于全球其他国家和地区的法规都有较大影响，目前全球包括东南亚、南美等均有多个国家地区批准了 HMOs 原料在婴幼儿配方乳粉的应用。迄今，已经有 LNT、3′-SL、6′-SL、DFL 等多种 HMOs 原料先后在欧盟成员国和美国等国家获批。

目前母乳低聚糖的主要供应商有位于丹麦的帝斯曼旗下 Glycom 公司以及位于德国科汉森旗下 Jennewein 公司，还有一些其他的供应商公司如杜邦、巴斯夫、菲仕兰等。针对 HMOs 的生产，目前国内多所高校、研究机构和初创公司等都初步具备酶法生产制备技术，或微生物发酵生产 HMOs（如生产 2'-FL 等的技术）。供应商、高校、研究机构等要实现母乳低聚糖的商业化和法规的突破，仍然面临原料安全性和毒理实验数据、原料批次生产稳定性、细胞和动物功效实验数据、生产助剂（如酶）等的合规性和安全性、生产技术合规性等问题和挑战。

（4）母乳低聚糖研究进展 尽管大多数动物实验和临床喂养试验的结果均支持 HMOs 在婴幼儿的营养和健康以及免疫功能方面发挥重要作用，然而还需要开展更多的研究，获得更多的科学证据。

首先，需要建立和完善检测母乳低聚糖的方法，由于人乳中存在数百种不同结构的母乳低聚糖，目前尚没有标准或公认的检测方法可用来分析母乳中低聚糖的存在形式和含量，因此，建立精度更高、辨识程度更好的检测方法仍是研究的重点之一。此外，已知人乳 HMOs 受到乳母路易斯分泌型基因型、采样泌乳期等诸多因素的影响，导致测得母乳低聚糖的数据往往也有一定程度的差异，这限制了对母乳中各个低聚糖含量与变化趋势的认识。因此还需要研究和分析有哪些因素影响 HMOs 组分和含量，以及母乳中 HMOs 组成是否有可能个性化地匹配了母婴二人的基因与环境等因素[106]。

Bode 等[95] 比较了酶法化学合成技术、微生物代谢工程技术和从人乳或牛乳乳清中分离等技术，虽然从人乳中能分离出"真正的"母乳低聚糖，但是不可能实现商业化生产；从牛乳乳清中能分离出几种与母乳低聚糖结构相似的低聚糖，但低聚糖的量比人乳含量低得多，此外，牛乳中还含有几种人乳中不含有的低聚糖，故其安全性和对婴幼儿的必需性也有待证实[107]。用酶法化学合成技术能确保产生特定结构的 HMOs，然而难以工业化生产。目前用生物工程菌大规模生产某些 HMOs 的技术已取得突破，能达到商业化量产规模，但是一次只能生产有限的母乳低聚糖混合物，且需要用到转基因微生物。

目前关于 HMOs 的研究，在体外和动物实验方面已获得很多数据，但临床试验受原料和法规的限制，开展的数量有限。在通过相关安全评价基础上，需要设计完善的随机双盲安慰剂对照临床试验，以证明婴幼儿配方食品添加 HMOs 的必要性。

3.3.3.3 低聚果糖与低聚半乳糖

（1）低聚果糖与低聚半乳糖生理作用 低聚果糖和低聚半乳糖属于低聚糖类，

低聚果糖（fructo-oligosaccharide, FOS）存在于植物中[108]，可以从龙舌兰、香蕉、洋葱、芦笋等植物以及水果和蔬菜中提取。FOS 作为甜味剂已经在日本、韩国等国家广泛使用，FOS 可以促进钙在肠道中的吸收，肠道中的微生物可以发酵 FOS，从而降低了 pH，使钙更容易从食物中析出进入血液，低聚果糖还是一种低能量的膳食纤维，具有帮助消化等作用[109]。

低聚半乳糖（galacto-oligosaccharide, GOS）通常微量存在于动物乳汁中。低聚半乳糖可以通过促进肠道有益菌群的生长，调节肠道菌群组成，促进肠道发育，增加矿物质吸收，改善肠道功能[110]。

低聚果糖和低聚半乳糖及其组合物目前已被广泛添加到婴幼儿配方产品中，以弥补牛乳中低聚糖缺乏的问题，发挥益生元的健康效应[111]。现有较多婴幼儿配方产品以一定比例添加 GOS 和 FOS 的组合物，两者结合可在婴幼儿发育中发挥更好的作用。GOS 与 FOS 可以降低大肠中的 pH 值，为有益菌群提供和营造适宜的生态环境，促进其生长繁殖。通过改善肠道通透性，发挥作用。GOS 和 FOS 也可促进维生素和矿物质的吸收。肠道内 GOS 和 FOS 发酵后，可加快肠蠕动，增加婴幼儿粪便的含水量，软化粪便[112]。

（2）低聚果糖与低聚半乳糖组成特征及代谢　低聚果糖（FOS）是以蔗糖、菊苣、菊芋等植物为原料，通过酶解或膜分离等方法制得的混合物[113]。按照结构可分为蔗-果型（GF_n）低聚果糖和果-果型（F_n）低聚果糖。FOS 是由一个蔗糖分子（葡萄糖-果糖二糖，GF_1）连接一个（GF_2）或两个（GF_3）或三个（GF_4）果糖单体，通过 β-(2,1)-糖苷键与蔗糖的果糖单位相连，从而形成蔗果三糖（GF_2）、蔗果四糖（GF_3）和蔗果五糖（GF_4）等短链低聚物。国家标准《食品安全国家标准　食品营养强化剂　低聚果糖》（GB 1903.40—2022）中对于符合国家标准的低聚果糖范围有明确说明："食品营养强化剂低聚果糖是以菊苣（或菊芋）为原料，经部分酶水解或膜分离、提纯、干燥等工艺制得的蔗果三糖（GF_2）至蔗果八糖（GF_7）以及果果二糖（F_2）至果果八糖（F_8）的混合物，或以蔗糖为原料经来源于黑曲霉或米曲霉的 β-果糖基转移酶作用，经提纯、干燥等工艺制得的蔗果三糖（GF_2）至蔗果六糖（GF_5）的混合物[114]。"

低聚半乳糖（GOS）在自然界中的豆类、海藻类食物以及牛乳中都含量较少，从天然物质中提取低聚半乳糖的可行性较低。目前针对低聚半乳糖的合成研究以酶法合成为主，通过 β-半乳糖苷酶催化乳糖中的糖苷键水解，并催化低聚半乳糖化合物的合成[115]。低聚半乳糖的结构是在半乳糖或乳糖末端再结合一个半乳糖分子，酶和反应时间都会影响生成低聚半乳糖的结构和产量[116]。

低聚果糖和低聚半乳糖作为膳食纤维，在人体的口腔以及胃中不易被消化分解，可以直接到达直肠内，被肠道中的双歧杆菌与乳酸菌属选择性利用，调节婴幼儿肠道菌群组成，帮助有益菌在婴幼儿肠道定植[116]。低聚果糖与低聚半乳糖被乳酸菌代谢的过程如图 3-5 和图 3-6 所示。

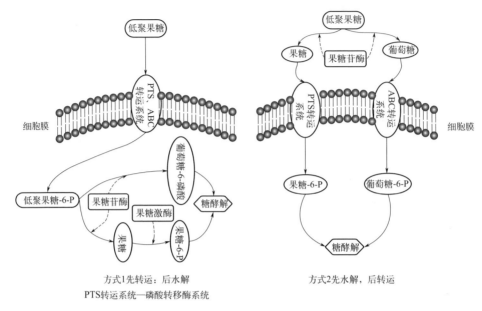

图 3-5　低聚果糖的代谢途径示意图[116]

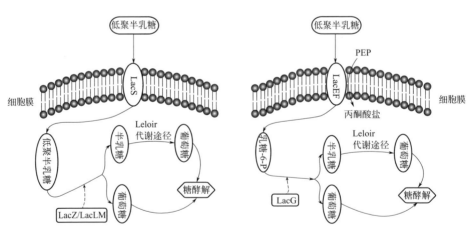

LacS—乳糖渗透酶；LacEF—磷酸转移酶；LacZ/LacM/LacG—β-半乳糖苷酶；PEP—磷酸烯醇式丙酮酸

图 3-6　低聚半乳糖的代谢途径示意图[116]

（3）婴幼儿配方乳粉中添加低聚果糖与低聚半乳糖原料的法规和风险及供应商情况　在现行的《食品安全国家标准　婴儿配方食品》（GB 10765—2021）与《食品安全国家标准　较大婴儿配方食品》（GB 10766—2021）中，没有规定关于低聚果糖与低聚半乳糖的添加，但针对低聚果糖，在国家标准中《低聚糖质量要求　第2部分：低聚果糖》（GB/T 23528.2—2021）规定了低聚果糖的质量[117]。为更好地对婴幼儿配方产品中添加的低聚果糖与低聚半乳糖进行规定，我国在2022年6月30日发布了《食品安全国家标准　食品营养强化剂　低聚半乳糖》（GB 1903.27—2022）与《食品安全国家标准　食品营养强化剂　低聚果糖》（GB 1903.40—2022）[118, 119]。在这两项国家标准中，对作为营养强化剂添加到食品中的低聚半乳糖与低聚乳糖原料的标准适用范围、感官要求、理化指标、微生物限量等进行说明，两项标准自2022年12月30日起实施。此外，在《食品安全国家标准　食品营养强化剂　低聚半乳糖》（GB 1903.27—2022）中规定了低聚半乳糖、乳糖等检验方法，对于添加到食品中的原料进行更加详细说明[119]。

目前低聚半乳糖和低聚果糖的供应商分布较广，包含国内外的公司，例如江门量子高科生物工程有限公司、保龄宝生物股份有限公司、新金山生物科技股份有限公司以及菲仕兰原料公司等。多数生产低聚果糖以及低聚半乳糖的供应商主要从事低聚糖等生物制品的研发、生产，并且供应商除生产普通的低聚半乳糖及低聚果糖外，还生产有机低聚糖原料，有些国内供应商生产的有机原料还得到美国、欧盟等国际有机认证，也代表了我国低聚糖生产企业的研发及生产能力。

（4）低聚果糖以及低聚半乳糖研究进展　对于低聚果糖以及低聚半乳糖的益生元作用已通过较多研究得到证明。Liu等[120]研究发现，低聚果糖以及低聚半乳糖增加了双歧杆菌在肠道中的定植，减少了产生丁酸盐的微生物，影响体内葡萄糖代谢从而影响血糖。乳酸菌对低聚果糖及低聚半乳糖的代谢有多种调控机制，但其中具体的作用机制尚未明晰，需进一步研究肠道菌群对低聚果糖及低聚半乳糖的利用机制，从而使低聚果糖与低聚半乳糖的益生元作用得到更好的应用[121]。除益生元作用外，低聚果糖与低聚半乳糖的其他功能性作用，如在改善脂质代谢、降胆固醇和降血糖等方面还需深入研究和验证，以更全面地了解低聚果糖与低聚半乳糖的功效[113]。

现阶段基于商业酶法生产的低聚果糖与低聚半乳糖都是含有不同结构的混合物，还需要研究由蔗糖、菊苣和乳糖酶解生产的低聚果糖以及低聚半乳糖不同构型的分离与鉴定方法，研究不同结构的低聚果糖与低聚半乳糖的特性以及生物活性，指导生产高经济价值、高活性、高稳定性的低聚糖原料。

3.3.4　维生素及矿物质类

《食品安全国家标准　婴儿配方食品》（GB 10765—2021）、《食品安全国家标准　较大婴儿配方食品》（GB 10766—2021）以及《食品安全国家标准　幼儿配方食品》（GB 10767—2021）中规定了配方乳粉中必需成分和可选择成分中维生素与矿物质的种类及含量，其中婴儿和较大婴儿配方食品必需成分包含有 14 项维生素和 12 项矿物质元素，幼儿配方食品则分别为 13 项和 10 项 [1-3]。维生素类包括维生素 A、维生素 D、维生素 E、维生素 K_1、维生素 B_1、维生素 B_2、维生素 B_6、维生素 B_{12}、烟酸（烟酰胺）、叶酸、泛酸、维生素 C、生物素、胆碱；矿物质类包括钠、钾、铜、镁、铁、锌、锰、钙、磷、碘、氯、硒。

3.3.4.1　维生素及矿物质元素功能作用

① 维生素 A 是一种必需营养素，在母乳中的主要存在形式是视黄醇酯，其他的形式还有视黄酸等。维生素 A 具有很多重要的功能，包括在视力发育、免疫功能、生长发育和生殖方面的作用。缺乏维生素 A 会导致新生儿生长迟缓，影响视力、免疫和生殖等多种功能 [122-124]。严重缺乏维生素 A 的最具体临床后果是干眼症和缺乏黑暗适应能力（夜盲症）。

② 维生素 D 是一组具有抗佝偻病活性的脂溶性化合物，是一种具有类固醇结构的激素前体，包括维生素 D_2 和维生素 D_3 两种。维生素 D 在钙和磷酸盐代谢中起着关键作用，对骨骼和牙齿的健康至关重要。

③ 维生素 E 又名生育酚，母乳中的维生素 E 主要以 α-生育酚形式存在。α-生育酚的主要生物学作用是抗氧化活性，保护细胞膜免受过氧化损伤。维生素 E 的抗氧化性可适当延长婴幼儿配方乳粉的保质期。

④ 维生素 K 是一族 2-甲基-1,4-萘醌及其衍生物的总称。母乳中维生素 K 的主要存在形式是叶绿醌，也就是维生素 K_1。维生素 K_1 主要作用是维持机体的正常凝血功能，参与凝血过程。维生素 K_1 缺乏多见于新生儿和婴儿，缺乏维生素 K_1 的婴儿存在严重出血的风险 [125]，而适当补充维生素 K 可以防止维生素 K 缺乏性缺血的发生。

⑤ 维生素 B_1 又称硫胺素，母乳中维生素 B_1 主要以硫胺素盐酸盐的形式存在，在体内主要参与碳水化合物的代谢 [126]。膳食中维生素 B_1 摄入不足会导致婴幼儿生长受限、反复感染和猝死。

⑥ 维生素 B_2 又称核黄素，在人体代谢中起着辅酶作用。人乳中维生素 B_2 以原型（维生素 B_2）和黄素腺嘌呤二核苷酸的形式存在。维生素 B_2 缺乏会影响婴幼儿的生长发育和生殖功能 [126]。

⑦ 维生素 B_6 在母乳中以吡哆醇、吡哆醛和吡哆胺的形式存在。维生素 B_6 是多种酶的辅酶，参与糖及氨基酸等的代谢。婴幼儿维生素 B_6 缺乏与皮炎、贫血、癫痫、免疫功能下降等有关 [127, 128]。

⑧ 维生素 B_{12} 又称钴胺素，是一种有机金属络合物，参与 DNA 核苷酸合成相

关的代谢反应。维生素 B_{12} 缺乏可引起婴幼儿神经系统损害、生长发育迟缓及营养性贫血等。

⑨ 烟酸又称维生素 PP，母乳中的烟酸以尼克酸和尼克酰胺的形式存在。烟酸参与了能量代谢、蛋白质等物质的转化和调节葡萄糖代谢过程。烟酸缺乏可造成糙皮病（或癞皮病），临床症状主要表现为皮肤、胃肠道和神经系统症状。

⑩ 叶酸在体内经叶酸还原酶作用下还原成具有生理活性的四氢叶酸。四氢叶酸是一碳单位转移酶系的辅酶，起着一碳单位传递体的作用。叶酸在体内参与核酸和蛋白质合成、DNA 甲基化和同型半胱氨酸代谢（与维生素 B_6 和维生素 B_{12} 共同作用）。婴幼儿长期严重缺乏叶酸会发生巨幼红细胞性贫血和认知发育迟缓等。

⑪ 泛酸是辅酶 A（CoA）和酰基载体蛋白（ACP）的重要前体物质，在碳水化合物、脂肪酸、蛋白质和能量代谢中起着重要作用。人类泛酸缺乏的报道很少见。

⑫ 维生素 C 又名抗坏血酸，是人体内重要的水溶性抗氧化营养素之一，具有防治坏血病的生理功能。它参与体内重要的羟化反应，是体内多种重要物质代谢的关键过程。维生素 C 缺乏也会导致婴幼儿出现生长发育迟缓、烦躁等症状。

⑬ 生物素是乙酰辅酶 A 羧化酶、丙酰辅酶 A 羧化酶和丙酮酸羧化酶的辅酶因子，这些酶在脂肪酸的合成、支链氨基酸的分解和糖异生等过程中起着至关重要的作用。生物素缺乏可使婴幼儿出现皮肤病及食欲不振。

⑭ 胆碱是一种有机碱，目前归类为水溶性维生素。胆碱是磷脂、血小板活化因子、甜菜碱和神经递质乙酰胆碱的前体，参与脂类的代谢。胆碱对婴幼儿大脑和肝脏的发育至关重要[129]。婴幼儿期的胆碱全部来源于膳食（母乳、婴幼儿配方食品等）。

⑮ 钠、钾的主要生理功能是调节细胞外液、内液的容量与渗透压，维持酸碱平衡。细胞内的钾离子能与细胞外的钠离子联合作用，产生膜电位，激活肌肉纤维收缩并引起突触释放神经递质[130]。

⑯ 铜是人体必需的微量元素。它参与铜蛋白和多种酶的构成，在人体内发挥重要的生理功能。在婴幼儿体内，铜参与维持正常的造血功能，参与铁的代谢和红细胞生成。婴幼儿铜缺乏会引起贫血，严重的会引起中枢神经系统的广泛损害[131]。

⑰ 镁在人体细胞内，是仅次于钠的第二大含量丰富的阳离子，镁也是几种酶促反应的关键辅助因子，参与体内多种酶促反应。镁也是婴幼儿骨骼的重要组成成分，促进和维持骨骼的生长。严重的镁缺乏很少见。

⑱ 铁是细胞必需的微量元素，为构成血红蛋白、肌红蛋白、细胞色素及某些

呼吸酶的组成成分，参与体内氧的运送和组织呼吸过程。铁对于早期儿童中枢神经系统的发育具有至关重要的作用。铁缺乏症和缺铁性贫血可对婴幼儿和儿童的健康产生严重影响。

⑲ 锌是人体的必需营养素，参与多种激素、蛋白质和酶的组成，在人体发育、认知行为、味觉和免疫调节等方面发挥重要作用。缺锌易导致儿童食欲不佳、异食癖、腹泻等症状，低出生体重儿比正常新生儿更容易出现锌缺乏[132]。

⑳ 锰是哺乳动物必需的微量元素，锰在人体内参与骨形成，是超氧化物歧化酶、精氨酸酶、丙酮酸羧化酶等金属酶的组成部分，在氨基酸、胆固醇和碳水化合物代谢，维持脑功能等诸多方面发挥重要作用。

㉑ 钙是组成骨骼和牙齿的主要成分，同时还具有多种生物学功能，如钙与钾、钠和镁离子的平衡共同调节神经肌肉的兴奋性，还参与调节生物膜的完整性和通透性，对细胞功能的维持、酶的激活等都起着重要作用。儿童缺钙会导致生长迟缓，严重者还会出现佝偻病。

㉒ 磷在骨骼和牙齿中以无定形的磷酸钙和结晶的羟基磷灰石形式存在。磷直接参与能量的储存和释放，参与脂质代谢及调节酸碱平衡，同时也是细胞膜及酶的重要组成部分。

㉓ 碘是人体必需的微量元素之一，也是合成甲状腺素的必需成分。碘的主要生理功能是通过甲状腺素完成的，在促进生长和调节新陈代谢方面有重要作用，能够促进发育期儿童的身高、体重的增加，促进骨骼和肌肉的生长和性发育。婴幼儿期碘缺乏会导致智力发育障碍。碘摄入过量则会引起甲状腺功能亢进症、甲状腺功能减退症等。

㉔ 氯作为体内主要的阴离子，在维持细胞内外的渗透压、酸碱平衡方面有重要作用。氯离子是细胞外液中最多的阴离子，与钠离子一起约占维持渗透压总离子数 80%，可调节细胞外液容量和维持渗透压[67]。

㉕ 硒是谷胱甘肽过氧化物酶 / 还原酶的辅助因子，人体内的硒绝大部分与蛋白质结合，具有抗氧化、调节免疫以及调节甲状腺激素等功能。儿童缺硒会导致生长发育迟缓、免疫力下降、营养吸收不良、心脏等其他脏器病变[133-135]。

3.3.4.2 维生素和矿物质化合物来源

婴幼儿配方乳粉中使用的维生素和矿物质要符合《食品安全国家标准　食品营养强化剂使用标准》（GB 14880—2012）[136]，标准中附录 C 表 C.1 "允许用于特殊膳食用食品的营养强化剂及化合物来源"规定了可用于婴幼儿配方乳粉中维生素及矿物质的化合物来源。婴幼儿配方乳粉中使用的维生素和矿物质的化合物来源见表 3-18。

表 3-18 婴幼儿配方乳粉中维生素和矿物质常用化合物来源

营养强化剂	化合物来源
维生素 A	醋酸视黄酯（醋酸维生素 A）
	棕榈酸视黄酯（棕榈酸维生素 A）
	β-胡萝卜素
	全反式视黄醇
维生素 D	麦角钙化醇（维生素 D_2）
	胆钙化醇（维生素 D_3）
维生素 E	d-α-生育酚
	dl-α-生育酚
	d-α-醋酸生育酚
	dl-α-醋酸生育酚
	混合生育酚浓缩物
	d-α-琥珀酸生育酚
	dl-α-琥珀酸生育酚
维生素 K	植物甲萘醌
维生素 B_1	盐酸硫胺素
	硝酸硫胺素
维生素 B_2	核黄素
	核黄素-5'-磷酸钠
维生素 B_6	盐酸吡哆醇
	5'-磷酸吡哆醛
维生素 B_{12}	氰钴胺
	盐酸氰钴胺
	羟钴胺
维生素 C	L-抗坏血酸
	L-抗坏血酸钠
	L-抗坏血酸钙
	L-抗坏血酸钾
	抗坏血酸-6-棕榈酸盐（抗坏血酸棕榈酸酯）
烟酸	烟酸
	烟酰胺

营养强化剂	化合物来源
叶酸	叶酸（蝶酰谷氨酸）
泛酸	D-泛酸钙
	D-泛酸钠
生物素	D-生物素
胆碱	氯化胆碱
	酒石酸氢胆碱
钠	碳酸氢钠
	磷酸二氢钠
	柠檬酸钠
	氧化钠
	磷酸氢二钠
钾	葡萄糖酸钾
	柠檬酸钾
	磷酸二氢钾
	磷酸氢二钾
	氯化钾
铜	硫酸铜
	葡萄糖酸铜
	柠檬酸铜
	硫酸铜
镁	硫酸镁
	氯化镁
	氧化镁
	碳酸镁
	磷酸氢镁
	葡萄糖酸镁
铁	硫酸亚铁
	葡萄糖酸亚铁
	柠檬酸铁铵
	富马酸亚铁
	柠檬酸铁
	焦磷酸铁

营养强化剂	化合物来源
锌	硫酸锌
	葡萄糖酸锌
	氧化锌
	乳酸锌
	柠檬酸锌
	氯化锌
	乙酸锌
锰	硫酸锰
	氧化锰
	碳酸锰
	柠檬酸锰
	葡萄糖酸锰
钙	碳酸钙
	葡萄糖酸钙
	柠檬酸钙
	L-乳酸钙
	磷酸氢钙
	氯化钙
	磷酸三钙
	甘油磷酸钙
	氧化钙
	硫酸钙
磷	磷酸三钙
	磷酸氢钙
碘	碘酸钾
	碘化钾
	碘化钠
硒	硒酸钠
	亚硒酸钠

3.3.4.3 维生素和矿物质类原料

以牛羊乳或其制品生产的婴幼儿配方乳粉需要强化维生素和矿物质以满足婴

幼儿的生长发育需求。在婴幼儿配方乳粉生产中，维生素和矿物质大部分是以复配营养强化剂预混料的形式添加的，可以分为维生素复配营养强化剂预混料、矿物质复配营养强化剂预混料，若考虑营养素间的相互影响，也可将某一两种营养素单独添加。这种方式技术成本低，添加相对容易，且营养强化剂预混的方式能够保证产品中营养素分布更均匀。

3.4 婴幼儿配方食品生产其他类原料

《食品安全国家标准　婴儿配方食品》（GB 10765—2021）、《食品安全国家标准　较大婴儿配方食品》（GB 10766—2021）以及《食品安全国家标准　幼儿配方食品》（GB 10767—2021）中规定了配方乳粉中强化的必需成分与可选择成分，其中可选择成分包含 DHA、ARA、牛磺酸、肌醇、左旋肉碱。此外，配方乳粉常见的生物活性成分还有酪蛋白磷酸肽、乳铁蛋白、乳脂肪球膜、核苷酸和酵母 β-葡聚糖等。各活性成分原料及化合物来源见表 3-19。

表 3-19　各活性成分原料及化合物来源

活性成分	原料及化合物来源
牛磺酸	牛磺酸（氨基乙基磺酸）
二十二碳六烯酸（DHA）	二十二碳六烯酸油脂，来源：裂壶藻、吴肯氏壶藻、寇氏隐甲藻、金枪鱼油
二十碳四烯酸（ARA）	花生四烯酸油脂，来源：高山被孢霉
肌醇	—
左旋肉碱	左旋肉碱（L-肉碱） 左旋肉碱酒石酸盐（L-肉碱酒石酸盐）
酵母 β-葡聚糖	—
核苷酸	5′-单磷酸胞苷（5′-CMP） 5′-单磷酸尿苷（5′-UMP） 5′-单磷酸腺苷（5′-AMP） 5′-肌苷酸二钠 5′-胞苷酸二钠 5′-鸟苷酸二钠 5′-尿苷酸二钠
酪蛋白磷酸肽	—
乳铁蛋白	—
乳脂肪球膜	乳清粉

3.4.1 二十二碳六烯酸与花生四烯酸

婴幼儿膳食中必需脂肪酸的组成能够影响婴幼儿的物质代谢和发育。α-亚麻酸（α-linolenic acid, ALA，18:3 n-3）和亚油酸（linoleic acid, LA，18:3 n-6）是长链多不饱和脂肪酸的前体物质。其中 ALA 可以转化成二十碳五烯酸（eicosapentaenoic acid, EPA，20:5 n-3），随后进一步转换为二十二碳六烯酸（docosahexaenoic acid, DHA，22:6 n-3）；而 LA 可以转化为花生四烯酸（arachidonic acid, ARA，20:4 n-6）。人体自身能够合成饱和脂肪酸和单不饱和脂肪酸，但是对于早产儿和/或低出生体重儿，由 ALA 和 LA 通过碳链延长和去饱和作用合成的长链多不饱和脂肪酸可能难以满足机体需要，也有研究认为即使是出生体重正常的人工喂养婴幼儿，其体内由 ALA 和 LA 合成的长链多不饱和脂肪酸也不能满足需要，因此所需的长链多不饱和脂肪酸（如 DHA 和 ARA）主要依赖于外源性补充。人乳中 DHA 和 ARA 的含量分别约占总脂肪酸的 0.32% 和 0.47%，这两种主要的长链多不饱和脂肪酸在婴幼儿早期的生长和发育过程中发挥重要作用。

3.4.1.1 DHA 和 ARA 对婴幼儿生长发育的影响

DHA 和 ARA 约占大脑总脂肪酸的 25%，对于婴幼儿大脑和神经的生长发育是必不可少的 [137]。其中，DHA 是大脑和视网膜细胞膜的主要组成成分，约占不饱和脂肪酸的 40% ～ 50%；ARA 同样是细胞膜的组成成分，并且是许多信号分子的前体物质 [138, 139]。DHA 和 ARA 在大脑和神经细胞组成中所占的比重决定了其在婴幼儿大脑和神经发育过程中的重要作用。

临床研究表明，与 DHA 和 ARA 强化配方乳粉喂养的婴幼儿相比，没有强化多不饱和脂肪酸配方乳粉喂养的婴幼儿血清和红细胞中 DHA 和 ARA 的含量较低，并且大脑皮质层 DHA 的聚积减少 [140]。类似地，Thompkinson 等 [141] 的研究发现，母乳喂养和 DHA 强化配方乳粉喂养的婴幼儿血清、红细胞膜和大脑中 DHA 含量显著高于不含长链多不饱和脂肪酸配方乳粉喂养的婴幼儿。Qawasmi 等 [142] 的荟萃分析结果表明，在婴幼儿配方乳粉中添加长链多不饱和脂肪酸不仅能够提高婴幼儿的注意力和记忆力，促进婴幼儿早期认知功能发育，还会影响婴幼儿的视觉敏锐度 [143]。此外，新生儿大脑、视网膜和其他神经元的多不饱和脂肪酸积累主要发生在出生后的前两年。因此在婴幼儿配方乳粉中添加适量的 DHA 和 ARA 等多不饱和脂肪酸对于无法进行母乳喂养的婴幼儿的大脑和神经发育至关重要。

3.4.1.2 DHA 和 ARA 缓解肠道炎症、改善新生儿肠道健康

临床研究发现，将 67 名早产儿分成对照组和 DHA 干预组，DHA 干预组早产

儿每天补充 100mg DHA，14 天后 DHA 干预组早产儿坏死性结肠炎的发病率较低，在重症监护室的住院时间较对照组明显缩短，并且 IL-1β 的水平显著降低，说明 DHA 能够通过免疫调节降低早产儿坏死性结肠炎的发病率[144]。Younge 等[145] 的研究发现，多不饱和脂肪酸（如鱼油和红花籽油）干预能够增加早产儿肠道菌群的多样性，降低梭菌属和链球菌属等致病菌的相对丰度，改善早产儿的肠道健康。体外实验结果表明，DHA 能够降低胎儿小肠和坏死性结肠炎患儿小肠上皮细胞中 IL-8 和 IL-6 的表达，降低 IL-1 受体和 NF-κB 的 mRNA 表达；同时 ARA 干预胎儿小肠上皮细胞也表现出较强的抗炎活性，提示 DHA 和 ARA 能够降低早产儿坏死性结肠炎婴幼儿的炎症反应，改善肠道健康[146]。

3.4.1.3　DHA 和 ARA 在婴幼儿配方食品中的添加量

目前，DHA 和 ALA 是婴幼儿配方食品中可选择添加的成分，但是在添加时需注意添加量以及 DHA 和 ARA 的比例。一些专家认为 DHA ∶ ARA>1 ∶ 1 时，与较好的认知发育结局相关。Hoffman 等[140] 认为婴幼儿 DHA 的补充量应至少占总脂肪酸的 0.3%，并且 ARA 的水平应等于或大于 DHA 水平。Birch 等[147] 认为婴幼儿配方乳粉中添加 DHA 的含量占脂肪酸 0.32% 时可提高婴幼儿视力，且这一添加量与母乳 DHA 水平相似。当 DHA 和 ARA 添加过量时不仅不会产生有益作用，反而会带来不利影响。有文献指出，婴幼儿配方乳粉中 ARA 的添加量不得超过总脂肪酸的 2%，DHA 的添加量不得超过总脂肪酸的 1%[148]。目前，不同的国际组织对于 DHA 和 ARA 的添加量和比例有不同的推荐，其中 WHO/FAO 推荐 DHA 与 ARA 比例为 1 ∶ 2；欧盟一些国家 DHA 的添加量为 20 ～ 50mg/100mL；据《中国居民膳食营养素参考摄入量（2023 版）》建议，婴儿 DHA 需要（摄入）量为 100mg/d，我国国标规定婴儿配方食品（GB 10765—2021）、较大婴儿配方食品（GB 10766—2021）和幼儿配方食品（GB 10767—2021）中 DHA 的添加量为 15 ～ 40mg/100kcal, ARA 的添加量不超过 80mg/100kcal，并且如果添加了 DHA，至少要添加相同量的 ARA，二十碳五烯酸的量不应超过 DHA。因此，在婴幼儿配方乳粉生产过程中选择合适的 DHA 和 ARA 添加剂量和比例是保证婴幼儿配方食品质量的重要环节。

3.4.2　牛磺酸

牛磺酸是一种含硫的非蛋白质氨基酸，广泛存在于哺乳动物组织和人乳中（3.4 ～ 8.0mg/100mL），参与调节多种生理功能，如维持细胞膜稳定、调节线粒体蛋白转运、抗氧化以及调节细胞内钙离子水平等。通常哺乳动物体内的牛磺酸本身可由甲硫氨酸和半胱氨酸合成，但是婴幼儿体内 γ-胱硫醚酶和半胱亚磺酸脱羧酶活性较低，内源性牛磺酸的合成能力较弱，必须依赖于母亲胎盘（胎儿期）和乳汁（婴儿期）的传递[149]。牛磺酸在婴幼儿体内具有重要的生理功能，对婴幼儿生长发育至关重要，牛磺酸缺乏会导致婴幼儿发育障碍。

3.4.2.1 牛磺酸的生物学功能

（1）促进脂质吸收　牛磺酸在婴幼儿胆汁代谢和脂质吸收方面发挥重要作用。胆汁在脂肪消化中扮演着"乳化剂"的角色，它能将脂肪乳化成脂肪液滴，并降低脂肪球的表面张力。胆汁从胆囊分泌之前会先跟牛磺酸或甘氨酸发生共轭反应。与牛磺酸共轭的胆汁亲水性更强，能够更迅速有效地附着到脂肪液滴上[150]。Okamoto 等[151]研究了补充牛磺酸对早产婴儿十二指肠胆汁浓度、尿液牛磺酸排泄水平和尿液胆固醇水平的影响，发现牛磺酸强化配方（3.1mg/100mL）喂养的婴儿十二指肠胆汁浓度显著高于对照组婴儿，并且该浓度与牛磺酸摄入量呈正相关；牛磺酸补充组婴儿的尿排泄胆固醇较低，说明胆固醇被更大程度地转化为胆汁。Wasserhess 等[152]的研究发现与对照组相比，补充牛磺酸（6mg/100mL）的早产儿其胆固醇水平更低，胆汁分泌更多，脂肪酸吸收更好。类似地，Galeano 等[153]同样发现牛磺酸强化配方喂养的早产儿在脂肪吸收方面表现更好，并且其脂肪吸收系数更接近母乳组。此外，牛磺酸对低体重儿的体重、头围和血清牛磺酸水平无显著影响，但是显著增加了婴儿体内总脂肪酸、总饱和脂肪酸和多不饱和脂肪酸的水平[154]。因此，在婴幼儿配方乳粉中添加牛磺酸能够促进婴儿胆汁的合成，有助于脂肪吸收。

（2）牛磺酸对视觉和听觉等神经发育的作用　牛磺酸是神经组织中最丰富的游离氨基酸之一，在中枢神经系统的发育过程中发挥重要作用。体外实验结果表明，牛磺酸能够促进神经细胞的增殖和分化，提高神经细胞的存活率[155]。牛磺酸缺乏的母亲，其子代体液和组织中牛磺酸的含量显著降低，并且出现神经发育障碍[156]。刚出生的恒河猴饲喂不含牛磺酸的豆基配方粉 3 个月后，其视敏度降低[157,158]；类似地，Neuringer 等[157]发现，食用未强化牛磺酸配方乳粉的恒河猴在视力上出现退化，主要表现为感光器外部微观结构的变化（包括肿胀、定向障碍、碎裂等）。

Geggel 等[159]发现，对于长期（平均 27 个月）接受全肠外营养的儿童来说，牛磺酸是条件性必需氨基酸，缺乏牛磺酸补充的儿童血液中牛磺酸水平显著降低，其视网膜电图结果异常。除了对视力造成了不良影响，Tyson 等[160]还发现牛磺酸缺乏可能会造成婴儿听觉发育异常。与对照组（牛磺酸添加量 <5mg/L）相比，牛磺酸补充配方组（牛磺酸添加量为 45mg/L）的婴儿血液牛磺酸水平更高，其脑干

听觉诱发反应更成熟。以上证据表明，牛磺酸缺乏会导致婴幼儿的视觉、听觉等神经发育障碍，提示婴幼儿配方乳粉中添加牛磺酸对喂养儿的生长发育至关重要。

3.4.2.2 牛磺酸在婴幼儿配方食品中的添加量

牛乳中牛磺酸含量较低，约为0.5mg/100mL，因此通常在婴幼儿配方乳粉中添加人工合成的牛磺酸[161]。羊乳中牛磺酸的含量与人乳相似，是人工合成牛磺酸的潜在替代源[162, 163]。足月儿母亲乳汁牛磺酸的浓度约为4.7mg/100kcal[163]。美国生命科学研究所建议足月儿配方乳粉中牛磺酸的添加量的最大值为12mg/100kcal，早产儿配方食品中的添加量为5～12mg/100kcal。在我国食品安全国家标准（GB 10765—2021、GB 10766—2021 和 GB 10767—2021）中，均规定婴幼儿配方食品中牛磺酸的添加量为3.5～16.7mg/100kcal。

3.4.3 肌醇

肌醇又称环己六醇，有九种六羟基环己烷立体异构体，普遍存在于哺乳动物体内，具有介导跨膜信号转导、激活细胞表面酶和受体、促进脂肪合成等多种功能，是维持机体正常生理功能不可或缺的营养物质。在人体内，肌醇可由脑、肝脏、睾丸和肾脏等组织合成，其中肾脏是肌醇合成的主要部位。血清中肌醇的水平主要由肌醇生物合成能力、膳食摄入量、肾脏清除率以及机体分解代谢所决定。尽管机体能够内源性地合成肌醇，但是组织中肌醇的浓度受膳食摄入肌醇的影响而出现较大波动。研究表明，新生儿血液中的肌醇水平较高，约是正常成人的3～6倍，这表明肌醇在早期发育中起重要作用[164]。

3.4.3.1 肌醇的生物学功能

新生儿血清肌醇的含量较高，随后逐渐下降，约在8周龄时下降至成年人水平[182]。此外，胎儿和早产儿血清肌醇的含量显著高于足月儿[165]，早产儿脐带血肌醇水平是足月儿的2倍，是母亲肌醇水平的3倍[166]。生命早期肌醇水平较高主要与肾脏的清除能力低以及生物合成率高有关[164]。Hallman 等[167] 发现一些早产儿血清肌醇含量低与肌醇摄入不足以及肾脏消耗过大有关，从而造成机体肌醇负平衡。因此，补充肌醇可能对婴幼儿（特别是早产儿）的健康有益。

（1）促进婴幼儿肺发育，改善呼吸窘迫综合征　补充肌醇能够促进肺表面活性剂的合成和新生儿的肺发育[168]。肌醇能够增强糖皮质激素对肺表面活性剂生成的促进作用，能够影响新生儿肺表面活性剂代谢[169]。Hallman 等[170] 的研究发现，给早产儿补充肌醇能够增加气道吸出物中饱和磷脂酰胆碱 / 鞘磷脂的比例[167]，降低对呼吸机的需求。早产儿静脉注射肌醇能够降低呼吸窘迫综合征早产儿的平均吸气需氧量和平均气道压，增加其生存率[171]。

（2）降低早产儿视网膜病变的发生率　目前，关于肌醇对新生儿视网膜发育的作用尚不明确，但是有研究表明补充肌醇可预防早产儿视网膜病变的发生。Hallman 等[170] 的研究发现，给早产儿静脉注射肌醇能够降低视网膜病变的发生率。Friedman 等[172] 给低出生体重的婴儿分别补充 2500pmol/L、710pmol/L 和 242pmol/L 的肌醇，高剂量肌醇补充组婴儿血清肌醇的浓度较高，并且发生视网膜病变的概率较低。因此，在配方乳粉中添加肌醇能够预防早产儿视网膜病变的发生。

3.4.3.2　肌醇在婴幼儿配方食品中的添加量

母乳中肌醇的含量为 1500 ～ 4000μmol/L，而大多数婴幼儿配方乳粉中肌醇的含量 <400μmol/L，全肠外营养液中肌醇的含量则 <100μmol/L。美国生命科学研究所建议足月儿配方乳粉中肌醇的添加量为 4 ～ 40mg/100kcal，而早产儿配方乳粉中肌醇的添加量不得超过 44mg/100kcal。我国食品安全国家标准（GB 10765—2021）、（GB 10766—2021）和（GB 10767—2021）中均规定肌醇的添加量为 4 ～ 40mg/100kcal。

3.4.4　左旋肉碱

左旋肉碱是在肝脏和肾脏中由赖氨酸和蛋氨酸合成的一种季铵化合物，在脂肪酸氧化过程中发挥重要作用，能够协助长链脂肪酸穿过线粒体膜进行 β-氧化和能量生成。因此，左旋肉碱是一种条件必需营养素，左旋肉碱缺乏与多种代谢紊乱有关，通过膳食补充左旋肉碱对婴幼儿的生长发育至关重要。

3.4.4.1　左旋肉碱对婴幼儿生长发育的影响

（1）左旋肉碱缺乏不利于婴幼儿生长发育　由于左旋肉碱最主要的功能是将长链脂肪酸转运至线粒体内进行 β-氧化，因此当左旋肉碱缺乏时会导致长链脂肪酸在细胞质中蓄积，脂肪酸β-氧化作用下降，造成甘油三酯浓度升高、体重下降[173-175]，并且会导致酮类物质的产生和能量合成下降。酮类物质是大脑和神经系统发育重要的能量来源，因此左旋肉碱缺乏引起的酮类物质和能量合成下降会对婴幼儿发育和机体代谢产生不良影响[176]。左旋肉碱缺乏还会导致肌肉张力减退、肌无力、高胆红素血症、肝功能不全、高血氨症、复发性感染、代谢性酸中毒和心脏功能异常等多种疾病[174, 176, 177]。

（2）补充左旋肉碱对婴幼儿脂肪酸氧化和营养状况指标的影响　给新生儿补

充左旋肉碱有利于提高婴幼儿的脂肪酸代谢。与不添加左旋肉碱的豆基配方粉喂养的足月儿相比，添加左旋肉碱的配方粉喂养的婴幼儿血清游离脂肪酸的含量更低，尿液二羧酸的排泄量减少[178]。补充左旋肉碱还有助于增加新生儿体重[179, 180]，增强机体氮平衡和肠外营养新生儿对静脉注射脂肪乳剂的耐受性[179]。然而，新生儿每天补充 48mg/kg 的左旋肉碱可导致脂肪和蛋白质的代谢增加，不利于机体氮平衡和体重增加，提示高剂量的左旋肉碱不利于婴幼儿的健康和发育[181]。因此，在婴幼儿配方乳粉中添加适量的左旋肉碱有助于增强婴幼儿的脂肪酸代谢、改善婴幼儿营养和健康状况。

（3）补充左旋肉碱对婴幼儿呼吸系统和胃食管的影响　给婴幼儿补充左旋肉碱能够改善新生儿的呼吸道和胃食管症状。对于发育迟缓并且血清左旋肉碱水平较低的儿童，给予添加左旋肉碱的膳食 2 周后，婴幼儿胃肠运动障碍和外周性肌病得到明显改善，并且语言能力得到提高[182]。另一项研究对象为一对血清左旋肉碱水平异常的双胞胎，并且其母亲也存在左旋肉碱缺乏，其中一个婴幼儿用豆基配方粉喂养，另一个用母乳喂养，二者均出现了窒息和胃食管反流，补充左旋肉碱后所有的呼吸道异常症状均得到改善[183]。因此，在婴幼儿配方食品中添加左旋肉碱有利于改善婴幼儿的呼吸系统和胃食管健康。

3.4.4.2　左旋肉碱在婴幼儿配方食品中的添加量

母乳中左旋肉碱的含量约 60 ～ 70nmol/L，是婴幼儿左旋肉碱的良好来源。在婴幼儿配方食品中添加左旋肉碱对于早产儿和无法进行全母乳喂养的婴幼儿生长发育至关重要。目前，在我国国家食品安全标准（GB 10765—2021、GB 10766—2021、GB 10767—2021）中，均规定婴幼儿配方食品中左旋肉碱的添加量不得低于 1.3mg/100kcal。

3.4.5　酪蛋白磷酸肽

酪蛋白磷酸肽 (casein phosphopeptide, CPP) 是一种富含磷酸丝氨酸的多肽，具有二价金属离子结合活性，可通过酶解 α-酪蛋白、β-酪蛋白和 κ-酪蛋白产生。CPP 最常见的酸性基序列是 3 个磷酸化丝氨酸连接 2 个谷氨酸（-Serp-Serp-Serp-Glu-Glu-)，该序列是钙离子等二价金属离子的结合位点，在促进钙离子等金属离子的吸收、提高其生物利用率等方面发挥重要作用。

3.4.5.1　促进钙吸收、提高钙的生物利用率

一般无机盐必须在小肠内呈可溶状态方能被吸收，因小肠上部的 pH 较低，

此时的钙呈溶解状态，而小肠下部为中性与弱碱性，使钙、磷呈不溶性盐类状态，导致吸收利用率降低。CPP 中含有丰富的磷酸丝氨酸残基。当 CPP 进入小肠后，CPP 结构中的磷可与小肠内的钙结合使钙保持可溶状态，从而增强钙的吸收和生物利用率，同样 CPP 也能够在一定程度上促进小肠对铁、锌等金属元素的吸收[184]。

3.4.5.2 提高成骨细胞功能

钙是骨骼生长发育必不可少的元素，CPP 能与钙离子螯合、促进钙吸收的功能赋予其对骨骼生长和健康的有益作用。CPP 通过增加机体对钙的吸收，提高成骨细胞外钙离子的浓度，从而促进成骨细胞外基质矿化[185]。此外，CPP 还能通过 G 蛋白偶联的细胞外钙离子敏感受体促进前成骨细胞增殖[186]。Tulipano 等[187] 发现 β-酪蛋白和 αs2-酪蛋白的磷酸化序列能够促进 MC3T3-E1 前成骨细胞的增殖和分化；并且疏水性较低的 CPP 能够改善成骨细胞的矿化。CPP 能够促进人原代成骨样细胞对钙的摄取，从而提高细胞成骨分化能力[188]。因此，CPP 能够增强成骨细胞功能、促进骨骼矿化，对骨骼生长和骨骼健康发挥有益作用。

3.4.5.3 免疫调节功能

新生儿可通过母乳喂养获得被动免疫抵抗细菌和病毒的感染[189]。研究发现，乳汁在消化过程中释放的酪蛋白肽可以增强淋巴细胞的增殖和抗体的合成，在调节新生儿的免疫系统中发挥重要作用[190]。αs2-酪蛋白和 β-酪蛋白来源的两种酪蛋白磷酸肽能够在胃肠消化道中刺激免疫反应，并且该作用主要与其含有的磷酸丝氨酸序列[191] 以及末端的精氨酸残基有关。因此，在婴幼儿配方食品中添加 CPP 能够在一定程度上增强婴幼儿的免疫功能。

3.4.6 乳铁蛋白

乳铁蛋白是一种由上皮细胞分泌的铁离子结合糖蛋白，存在于乳汁、唾液和眼泪等多种分泌物中。乳汁中乳铁蛋白的浓度因哺乳期和物种的不同而有很大差异。人初乳中乳铁蛋白的含量约 5g/L，而成熟母乳中乳铁蛋白的含量约 2 ~ 3g/L。牛初乳中乳铁蛋白含量约 0.8g/L，而成熟乳的乳铁蛋白含量仅为 0.03 ~ 0.49g/L。乳铁蛋白分子质量约 78kDa，人乳和牛乳乳铁蛋白的氨基酸数量分别为 691 和 696 个，主要由赖氨酸和精氨酸构成[192]，并且二者的序列同源性约为 70%[148]。乳铁蛋白多肽链首先通过无规则卷曲和 α-螺旋形成二级结构，在二级结构基础上折叠成包含两个球形的三级结构，每个结构域内均含有一个铁离子结合位点。

3.4.6.1 促进肠道发育，改善肠道功能

大量研究表明，乳铁蛋白在促进肠道发育、降低肠道通透性方面发挥重要作用。Buccigrossi 等[193]利用 Caco-2 细胞模型证明牛乳铁蛋白和人乳铁蛋白均能够促进肠道细胞增殖和分化，提示乳铁蛋白具有降低肠道通透性、减少肠道有害病原菌进入血液循环的潜能[194]。新生乳鼠饲喂含有牛乳铁蛋白的配方粉 14 天后，小肠的隐窝深度、隐窝面积和肠上皮细胞增殖率均显著增加，说明乳铁蛋白可促进新生乳猪的肠道发育[195]；而且乳铁蛋白还具有调节婴幼儿肠道菌群的功能。通过比较出生后 3 天的足月婴儿和早产婴儿粪便乳铁蛋白含量和肠道菌群组成，婴儿粪便中双歧杆菌和乳酸杆菌的丰度与粪便乳铁蛋白的含量呈现显著相关性，说明乳铁蛋白在新生儿肠道菌群的形成和发育过程中发挥重要作用[196]。

3.4.6.2 免疫调节功能

乳铁蛋白通过调节天然免疫（巨噬细胞、中性粒细胞、嗜酸性粒细胞、肥大细胞和 NK 细胞）和适应性免疫（树突状细胞、T 细胞和 B 细胞）来发挥其免疫调节功能。乳铁蛋白通过与 CD14 的结合，激活 TLR-4 介导的途径来刺激免疫系统，从而降低促炎细胞因子肿瘤坏死因子 α、白介素 1 和白介素 6 的水平。乳铁蛋白还能提高巨噬细胞的吞噬活性和自然杀伤细胞的杀伤活性[165]。乳铁蛋白还可以通过活化抗原呈递细胞树突状细胞功能，调控 T 细胞分化，诱导适应性免疫[197]。乳铁蛋白可促进人类免疫缺陷病毒（HIV）感染儿童 CD8+T 淋巴细胞的成熟分化、CD13+ 吞噬细胞的吞噬和杀灭作用、Toll 样受体 2 的表达，并提高了白细胞介素-12 和白细胞介素-10 的比值，说明乳铁蛋白对 HIV 感染发挥一定的防御作用[198]。另有一项临床研究证实，乳铁蛋白还具有减缓婴幼儿呼吸道感染的作用[61]。在对婴儿进行长达 12 个月的配方乳粉喂养后，牛乳乳铁蛋白强化配方组婴儿（850mg/L）的下呼吸道疾病（尤其是原发性喘息）的发生率明显低于普通配方组。给儿童补充乳铁蛋白（100mg/d）能显著降低腹泻和呕吐的发生频率和持续时间[199]。类似地，在婴儿米粉中强化乳铁蛋白（乳铁蛋白含量 1g/L）能有效缓解幼儿的腹泻[200]。

3.4.6.3 促进骨骼生长

体外实验证明，乳铁蛋白可以促进胚胎成骨细胞前体细胞（MC3T3-E1）的增殖，增强碱性磷酸酶活性，促进钙沉积；相关作用机制研究表明，乳铁蛋白及相关水解物可与表皮生长因子受体的关键结构域发生相互作用，从而启动下游的信号通路[201]。动物实验研究表明，乳铁蛋白干预可促进小鼠颅骨生长，增加骨骼面

积，改善骨生成相关指标[202]；此外，妊娠期和哺乳期乳铁蛋白干预显著增加出生后 17 天乳鼠的骨密度和成骨细胞活性[203]，提示乳铁蛋白可以增强成骨细胞的功能，促进骨骼生长和发育。

3.4.6.4 抗菌和抗病毒

乳铁蛋白能够结合 Fe^{3+}，限制细菌对这类营养物质的利用，从而抑制细菌生长。此外，乳铁蛋白的 N 端阳离子区域可以与细菌表面受体产生静电相互作用，增加细菌细胞膜通透性，破坏细胞壁，进而起到杀菌作用[204]。乳铁蛋白对变形链球菌、表皮链球菌、大肠杆菌等多种病原菌的生长均有抑制作用。除抗菌活性外，许多研究表明乳铁蛋白能够阻断细胞受体，或与病毒颗粒结合[226]，对 DNA 和 RNA 病毒产生抗病毒活性。在感染过程的早期阶段，乳铁蛋白通过抑制病毒与宿主的相互作用发挥其抗病毒活性，包括疱疹病毒和乙型肝炎病毒等。乳铁蛋白还能直接对丙型肝炎病毒和艾滋病病毒等活性产生抑制作用[205]。

牛乳铁蛋白与人乳铁蛋白具有高度的序列同源性以及相似的生物学活性，并且牛乳铁蛋白可以被人肠道乳铁蛋白受体识别，从而发挥生物学功能[206]，因此婴幼儿配方乳粉中添加牛乳铁蛋白可能对喂养儿具有一定程度的有益作用[194]。

3.4.7 乳脂肪球膜

乳脂在乳中以脂滴的形式存在，核心为甘油三酯，表面被一种由脂质双分子层和蛋白质组成的复杂三层膜结构包裹着，厚度约为 10 ～ 50nm，该膜结构即为乳脂肪球膜（MFGM）。与其他生物膜类似，MFGM 含有特异性膜蛋白、极性脂质和胆固醇等。蛋白质占 MFGM 质量的 25% ～ 70%[207]，通过蛋白质组学发现其种类可达上千种[208]。MFGM 的主要蛋白为嗜乳脂蛋白，约占 MFGM 蛋白的 40%，其次是黄嘌呤脱氢酶 / 氧化酶，约占 12% ～ 13%，还存在少量的黏蛋白 1、CD36、乳凝集素等[209]。MFGM 脂质主要由中性脂质和极性脂质组成。中性脂质主要包括甘油三酯、甘油二酯、单甘油酯和胆固醇；极性脂质可分为甘油磷脂和鞘脂两类，其中，甘油磷脂包含磷脂酰胆碱、磷脂酰乙醇胺、磷脂酰肌醇和磷脂酰丝氨酸等；鞘脂包含了鞘磷脂以及微量的葡萄糖神经酰胺、乳糖神经酰胺和神经节苷脂等[210]。

3.4.7.1 促进神经发育

已有许多动物实验和临床试验结果表明，MFGM 能够促进神经发育。2 月龄婴儿分别喂养添加或不添加 MFGM 的标准配方粉至 12 月龄，发现 MFGM 能够提高配方粉喂养婴儿的认知评分，缩小母乳喂养和配方粉喂养婴儿之间的认知发育差距[211]。乳鼠出生后补充MFGM，通过提高其脑磷脂及代谢产物的含量，上调脑源性神经营养因子的表达，促进神经反射行为的成熟，并改善其成年后的认知能力[212, 213]。肥胖母鼠在孕期和哺乳期补充富含极性脂质的MFGM，能够改善其子代的神经发育，并对长期认知功能具有积极影响[214]。

3.4.7.2　调节免疫和肠道健康

婴幼儿补充MFGM可降低急性中耳炎和腹泻的发生风险，减少配方粉喂养婴幼儿使用退热药的概率，并对肺炎球菌具有体液免疫调节作用[215, 216]。后续通过代谢组发现补充MFGM能够增加婴幼儿血液循环中的氨基酸水平，降低微生物代谢产物氧化三甲胺以及促炎细胞因子IL-2的水平[217]，表明补充MFGM有助于调节婴幼儿代谢，增强免疫。MFGM还具有促进肠道发育的作用，MFGM可以调节乳鼠肠道菌群，促进配方粉喂养乳鼠的肠道增殖和分化，增加紧密连接蛋白表达，从而促进肠道黏膜屏障成熟[218]。基于MFGM对婴幼儿生长发育的改善作用，目前MFGM已作为一种功能性配料（以乳清粉的形式）被添加到婴幼儿配方乳粉中。

3.4.8　核苷酸

3.4.8.1　核苷酸的结构和代谢

核苷酸及其代谢物可作为核酸前体、生理介质、辅酶成分和细胞能量来源，在多种生理进程中发挥重要作用。核苷酸由一个含氮碱基、一个戊糖和一个或多个磷酸基团组成。机体可从头合成嘌呤和嘧啶碱基，也可以回收代谢过程中产生的嘌呤和嘧啶碱基，但是这一过程消耗巨大，而利用膳食摄入的核苷酸则更加高效。

食物中的核苷酸主要是以核蛋白的形式存在，这些核蛋白在肠道蛋白酶的作用下被降解成核酸，随后在磷酸二酯酶的作用下降解成核苷酸，核苷酸在肠腔碱性磷酸酶的作用下水解成核苷。核苷是核苷酸吸收的主要形式，并且会进一步在核苷酶的作用下降解成嘌呤和嘧啶。肠和肾脏上皮细胞中的核苷和碱基通过协助扩散和钠依赖性转运穿过质膜。研究表明，膳食摄入的核苷酸一部分会被机体吸收并汇入小肠、肝脏和骨骼肌等组织细胞的核苷酸池，而大多数被吸收的核苷酸会进一步降解，其最终产物随尿液排出[219]。

3.4.8.2　核苷酸的生物学功能

（1）促进胃肠道发育　核苷酸对于肠道正常发育、成熟和修复具有重要作用。

核苷是最容易被肠道细胞吸收的核苷酸形式。Rodriguez-Serrano 等[220]探究外源性核苷对小鼠上皮细胞株6（IEC-6）的作用，发现无论是嘌呤碱基还是嘧啶碱基都能被细胞快速吸收。动物实验表明，膳食补充核苷酸能够提高小鼠黏膜蛋白、DNA 的水平，增加绒毛高度和双糖酶的活性[221]，并且增加大鼠小肠的重量和蛋白质合成[222]。在肠损伤模型中，核苷酸干预能够增加组织 DNA 的含量和双糖酶的活性，促进小肠溃疡的愈合，并且抑制内毒素诱导的细菌转移[223]。在配方乳粉中添加核苷酸能够降低婴幼儿腹泻的发生率[223, 224]。Singhal 等[225]研究了在婴幼儿配方乳粉中补充核苷酸对婴儿肠道菌群组成的影响，发现核苷酸补充组（35mg/L）婴儿粪便中拟杆菌和卟啉单胞菌的相对丰度以及普氏菌/双歧杆菌的比值较低，表明在配方乳粉中添加核苷酸能帮助改善婴儿肠道菌群组成。

（2）影响免疫应答　动物实验结果表明，与不添加核苷酸饲料组相比，添加核苷酸饲料组自然杀伤细胞活性、对病原菌的抵抗能力、巨噬细胞吞噬作用均明显改善，外周血白细胞的数量以及嗜中性粒细胞的数目均明显增加[223, 226, 227]。临床试验结果表明，核苷酸补充组婴幼儿接种流感嗜血杆菌 b 疫苗后抗体应答更强；并且核苷酸能够增强婴幼儿自然杀伤细胞的活性[225]，增加血清 IgM 和 IgA 的水平[228]。因此，核苷酸能够调节机体免疫应答，并且该作用在一定程度上与肠相关的淋巴组织有关。

（3）促进生长发育　核苷酸能促进婴幼儿体重和头围的增长。Singhal 等[229]将刚出生的足月健康儿随机分为核苷酸补充组（31mg/L；n=100）、无核苷酸补充的对照组（n=100）和母乳组（n=101）。结果发现，第 8 周时核苷酸组婴儿体重增长超过对照组；第 8、第 16 和第 20 周时，核苷酸组婴儿头围大于对照组，说明补充核苷酸能够促进婴儿体重和头围的增长，对婴儿生长发育有一定积极作用。

3.4.8.3　核苷酸在婴幼儿配方食品中的添加量

核苷酸是乳汁非蛋白氮的组成部分。在牛乳和未添加核苷酸的配方乳粉中核苷酸的含量较低，而在人乳中核苷酸的含量从 3mg/dL 到 7mg/dL 不等。目前，世界上多个国家将核苷酸作为一种可选择性成分添加在婴幼儿配方食品中，但是添加量受到严格控制。在美国，配方乳粉中核苷酸及其前体的最大添加量不得超过 16mg/100kcal，并且不能超过总非蛋白氮的 20%。欧盟规定核苷酸的添加量不得超过 5mg/100kcal，并且规定了每一种核苷酸的最大添加量，其中胞苷一磷酸不得超过 2.5mg/100kcal，鸟苷酸不得超过 1.75mg/100kcal，单磷酸腺苷不得超过 1.5mg/100kcal，鸟苷酸不得超过 0.5mg/100kcal，肌苷酸不得超过 1.0mg/100kcal。目前我国国标中对于核苷酸的添加量没有明确要求，可根据 GB 14880—2012 的规定添加。

3.4.9 酵母 *β*-葡聚糖

β-葡聚糖是由 D 葡萄糖单体由（1 → 3）、（1 → 4）或（1 → 6）糖苷键连接而成的多糖。不同来源的 *β*-葡聚糖糖苷键的类型不同。酵母 *β*-葡聚糖是从酿酒酵母（*Saccharomyces cerevisiae*）细胞壁中分离得到的多糖，含有一个线性 *β*-(1,3)-葡聚糖主链和一个由 30 个残基组成的线性侧链（侧链通过 *β*-1,6 糖苷键连接在主链上），具有多种生物活性。

3.4.9.1 免疫调节功能

动物实验结果表明，酵母 *β*-葡聚糖能够增强大鼠粒细胞和单核细胞的吞噬能力，增加吞噬细胞和非特异性体液免疫溶菌酶的比例，增加血浆铜蓝蛋白和血清中 *γ*-球蛋白的含量[230]。当用脂多糖刺激时，*β*-葡聚糖干预组的淋巴细胞增殖率显著高于对照组。临床试验结果显示，*β*-葡聚糖能够增强机体对病原菌的抵抗能力。Auinger 等[231] 的一项双盲、安慰剂对照随机临床试验发现，健康成年人以 900mg/d 的剂量补充酵母 *β*-葡聚糖 16 周后，出现感冒症状的患者较安慰剂组低 25%。另一项临床试验也同样证明酵母 *β*-葡聚糖能够降低感冒的发生概率[232]。因此，补充酵母 *β*-葡聚糖能够在一定程度上增强机体免疫力，发挥免疫调节功能。

3.4.9.2 改善上呼吸道感染

Dharsono 等[233] 的研究表明，酵母 *β*-葡聚糖能够降低发病第 1 周机体出现的上呼吸道感染症状。在一项双盲随机对照前瞻性试验中，3 ～ 4 岁儿童随机分为对照组和试验组，其中试验组儿童每天摄入含有 25mg DHA、1.2g 聚葡萄糖 / 低聚半乳糖和 8.7mg 酵母 *β*-葡聚糖的配方乳粉，对照组则给予普通牛乳基饮品。28 周后，试验组儿童出现上呼吸道感染的概率更低，发病时间更短，抗生素的用量更少[234]。

（叶文慧、祁璇婧、李婧、石羽杰、闫雅璐）

参考文献

[1] 中华人民共和国国家卫生健康委员会，国家市场监督管理总局 . 食品安全国家标准 婴儿配方食品：GB 10765—2021. 北京：中国标准出版社，2021.

[2] 中华人民共和国国家卫生健康委员会，国家市场监督管理总局 . 食品安全国家标准 较大婴儿配方食品：GB 10766—2021. 北京：中国标准出版社，2021.

[3] 中华人民共和国国家卫生健康委员会，国家市场监督管理总局 . 食品安全国家标准 幼儿配方食品：GB 10767—2021. 北京：中国标准出版社，2021.

[4] 余妙灵，包斌 . 中国婴幼儿配方乳粉产品标准与配方发展趋势 . 食品与发酵工业，2022,48(4): 314-320.

[5] 荫士安. 人乳成分 - 存在形式、含量、功能、检测方法（第二版）. 北京：化学工业出版社，2022.

[6] 李亚茹，郝力壮，刘书杰，等. 牦牛乳与其他哺乳动物乳常规营养成分的比较分析. 食品工业科技，2016, 37(2): 379-383/388.

[7] 温佩佩，肖彬彬，褚楚，等. 常见动物乳与人乳的营养成分比较分析. 中国乳业，2023, 1: 96-102.

[8] 代安娜，杨具田，丁波，等. 牦牛乳组分及功能特性研究进展. 动物营养学报，2022, 34(6): 3443-3453.

[9] 李龙柱，张富新，贾润芳，等. 不同哺乳动物乳中主要营养成分比较的研究进展. 食品工业科技，2012, 33(19): 396-400.

[10] Perinelli D R, Bonacucina G, Cespi M, et al. A comparison among beta-caseins purified from milk of different species: Self-assembling behaviour and immunogenicity potential. Colloids Surf B Biointerfaces, 2019, 173: 210-216.

[11] 张玉梅，石羽杰，张健，等. 母乳 α-乳清蛋白、β-酪蛋白与婴幼儿健康的研究进展. 营养学报，2020, 42(1): 78-82.

[12] 周鹏，张玉梅，刘彪，等. 乳类食物中 β-酪蛋白的结构及营养功能. 中国食物与营养，2020, 26(4): 52-56.

[13] 揭良，苏米亚. 小品种特色乳营养成分研究进展. 乳业科学与技术，2021, 44(6): 58-62.

[14] Fox P F, McSweeney PLH. (Eds). Proteins (parts A and B). New York, USA: Kluwer Academic/Plenum Publishers, 2003.

[15] 王兴国. 人乳脂及人乳替代脂. 北京：科学出版社，2018.

[16] H. 罗金斯基等. 乳品科学百科全书. 北京：科学出版社，2009.

[17] 解庆刚，赵鑫，董长春，等. 山羊乳作为婴幼儿配方粉乳原料的营养优势评估. 中国乳品工业，2015, 43(9): 26-29.

[18] 张玉梅，毛帅，谭圣杰，等. 水解乳蛋白与婴幼儿健康的研究进展. 中国食品卫生杂志，2022, 34(2): 189-195.

[19] EFSA NDA Panel EFSA Panel on Dietetic Products NaA. Scientific Opinion on the essential composition of infant and follow-on formulae. EFSA J, 2014, 12(7): 3760-3866.

[20] Boland M, Critch J, Kim J H, et al. Concerns for the use of soy-based formulas in infant nutrition. Paediatr Child Health, 2009, 14(2): 109-118.

[21] 范玲慧，郭顺堂. 婴儿豆基粉的发展与存在的问题. 大豆科技，2015, 3: 8-13.

[22] 张瑞岩，李晓东. 豆基婴儿配方粉氨基酸的母乳化研究. 中国食品添加剂，2009, 6: 72-75/58.

[23] 逄金柱，刘正冬，贾妮，等. 我国南北城市 0 ~ 12 月不同泌乳阶段母乳蛋白质和氨基酸构成的纵向研究. 食品科学，2019, 40(5): 167-174.

[24] 任乐乐，逄金柱，米丽娟，等. 中国母亲母乳氨基酸模式的构建. 食品科学，2022, 43(23): 1-9.

[25] 罗薇，李晓东，张福军，等. 大豆分离蛋白在乳制品中的应用. 中国乳品工业，2007, 35(6): 62-64.

[26] 杨月欣，葛可佑. 中国营养科学全书. 北京：人民卫生出版社，2019.

[27] Mathai J K, Liu Y, Stein H H. Values for digestible indispensable amino acid scores (DIAAS) for some dairy and plant proteins may better describe protein quality than values calculated using the concept for protein digestibility-corrected amino acid scores (PDCAAS). Br J Nutr, 2017, 117(4): 490-499.

[28] 李慧静，周惠明，朱科学，等. 豆基婴幼儿配方粉的研究进展. 大豆科学，2013, 32(2): 267-270.

[29] 杨振，秦环龙. Ussing chamber 在肠道屏障功能研究中的进展. 肠外与肠内营养，2006, 13(4): 233-236.

[30] Kolch M, Ludolph A G, Plener P L, et al. Safeguarding children's rights in psychopharmacological

research: ethical and legal issues. Curr Pharm Des, 2010, 16(22): 2398-2406.

[31] Li C, Yu W, Wu P, et al. Current in vitro digestion systems for understanding food digestion in human upper gastrointestinal tract. Trends Food Sci Tech, 2020, 96(C): 114-126.

[32] Wu P, Chen X D. On designing biomimic in vitro human and animal digestion track models: ideas, current and future devices. Curr Opin Food Sci, 2020, 35:10-19.

[33] Dupont D, Alric M, Blanquet-Diot S, et al. Can dynamic in vitro digestion systems mimic the physiological reality? Crit Rev Food Sci Nutr, 2019, 59(10): 1546-1562.

[34] Liu W, Pan H, Zhang C, et al. Developments in methods for measuring the intestinal absorption of nanoparticle-bound drugs. Int J Mol Sci, 2016, 17(7): 1171.

[35] 孙敏杰，木泰华. 蛋白质消化率测定方法的研究进展. 食品工业科技，2011, 32(2): 382-385.

[36] Pandey A, Mann M. Proteomics to study genes and genomes. Nature, 2000, 405(6788): 837-846.

[37] 茅旭，刘恩波. 脂肪消化吸收测定方法的进展. 解放军医学杂志，1993, 6(46): 480-482.

[38] Englyst H N, Kingman S M, Cummings J H. Classification and measurement of nutritionally important starch fractions. Eur J Clin Nutr, 1992, 46 Suppl 2: S33-50.

[39] 洪雁，顾娟，顾正彪. 体内外实验测定荞麦淀粉消化特性. 食品科学，2010, 31(5): 293-297.

[40] Basu T K, Donaldson D. Intestinal absorption in health and disease: micronutrients. Best Pract Res Clin Gastroenterol, 2003, 17(6): 957-979.

[41] 郭明若. 人乳生物化学与婴儿配方乳粉工艺学. 北京：中国轻工业出版社，2018.

[42] Permyakov E A, Berliner L J. alpha-Lactalbumin: structure and function. FEBS Lett, 2000, 473(3): 269-274.

[43] Cubero J, Valero V, Sanchez J, et al. The circadian rhythm of tryptophan in breast milk affects the rhythms of 6-sulfatoxymelatonin and sleep in newborn. Neuro Endocrinol Lett, 2005, 26(6): 657-661.

[44] 徐秀，郭志平，罗先琼，等. 富含 α-乳清蛋白及 AA/DHA 配方奶粉对足月婴儿体格生长及耐受性的影响. 中国儿童保健杂志，2006, 14(3): 223-225.

[45] Wu G, Fang Y Z, Yang S, et al. Glutathione metabolism and its implications for health. J Nutr, 2004, 134(3): 489-492.

[46] Muller D P. Free radical problems of the newborn. Proc Nutr Soc, 1987, 46(1): 69-75.

[47] 夏世文，王惠，张漪. 还原型谷胱甘肽治疗新生儿缺氧缺血性心肌损害的疗效观察. 中国当代儿科杂志，2006, 8(4): 341-342.

[48] 陈琪玮，陈琪玮. 谷胱甘肽治疗中度妊高征对机体抗氧化系统及新生儿窒息影响的研究. 中国优生与遗传杂志，2006, 14(2): 40-41.

[49] 赵庭鉴，张佩林，韦定敏. 神经节苷脂联合还原型谷胱甘肽治疗新生儿缺氧缺血性脑病疗效观察. 儿科药学杂志，2016, 22(1): 17-19.

[50] Lonnerdal B. Nutritional and physiologic significance of human milk proteins. Am J Clin Nutr, 2003, 77(6): 1537S-1543S.

[51] McSweeney P L H, Fox P F. Chemistry of the casein. In Advanced Dairy Chemistry. New York: Springer Science Business Media, 2013.

[52] Kunz C, Lonnerdal B. Re-evaluation of the whey protein/casein ratio of human milk. Acta Paediatr, 1992, 81(2): 107-112.

[53] 文峰，王稳航. 乳酪蛋白胶束结构及其凝胶形成机制概述. 食品研究与开发，2004, 25(2): 29-32.

[54] 郭本恒. 乳业科学与技术丛书. 北京：化学工业出版社，2016.

[55] 唐春艳. 酪蛋白磷酸肽在动物钙营养中的研究进展. 饲料与畜牧，2006 (2): 21-23.

[56] Fuquay J W, Fox P F, McSweeney P L H. Encyclopedia of dairy sciences. London: Cambridge: Academic

Press, 2011.

[57] Hansen M, Sandstrom B, Jensen M, et al. Casein phosphopeptides improve zinc and calcium absorption from rice-based but not from whole-grain infant cereal. J Pediatr Gastroenterol Nutr, 1997, 24(1): 56-62.

[58] Kibangou I B, Bouhallab S, Henry G, et al. Milk proteins and iron absorption: contrasting effects of different caseinophosphopeptides. Pediatr Res, 2005, 58(4): 731-734.

[59] Fu Y, Ji C, Chen X, et al. Investigation into the antimicrobial action and mechanism of a novel endogenous peptide beta-casein 197 from human milk. AMB Express, 2017, 7(1): 119-127.

[60] Li W, Liu B, Lin Y, et al. The application of lactoferrin in infant formula: The past, present and future. Crit Rev Food Sci Nutr, 2022, 12(19): 1-20.

[61] King J C, Jr., Cummings G E, Guo N, et al. A double-blind, placebo-controlled, pilot study of bovine lactoferrin supplementation in bottle-fed infants. J Pediatr Gastroenterol Nutr, 2007, 44(2): 245-251.

[62] 舒国伟，陈合，吕嘉栖，等．绵羊奶和山羊奶理化性质的比较．食品工业科技，2008 (11)：280-284.

[63] 陈合，雷张腾，舒国伟．婴幼儿配方羊奶粉研究进展．农产品加工，2016 (1)：60-62/66.

[64] 王颂萍，任发政，罗洁，等．婴幼儿配方奶粉研究进展．农业机械学报，2015 (4)：200-210.

[65] 顾浩峰，张富新，张怡．羊奶婴幼儿配方奶粉中蛋白质体外模拟消化研究．食品科学，2013，34(19)：302-305.

[66] 中华预防医学会儿童保健分会．婴幼儿喂养与营养指南．中国妇幼健康研究，2019，30(4)：392-417.

[67] 中国营养学会．中国居民膳食营养素参考摄入量（2023 版）．北京：人民卫生出版社，2023.

[68] 张波，苏宜香，杨玉凤．乳脂球膜与婴幼儿脑发育及健康的研究进展．中国儿童保健杂志，2016，24(1)：43-47.

[69] 谭越峰，梁栋，韩军花，等．我国市售婴儿配方乳粉油脂配料使用情况分析．中国食物与营养，2020，26(1)：9-13.

[70] 房新平，翟红梅．几种常用植物油在婴儿配方乳粉中的应用研究．食品研究与开发，2015，36(11)：29-32.

[71] Bach A C, Babayan V K. Medium-chain triglycerides: an update. Am J Clin Nutr, 1982, 36(5): 950-962.

[72] Hamosh M, Bitman J, Wood L, et al. Lipids in milk and the first steps in their digestion. Pediatrics, 1985, 75(1 Pt 2): 146-150.

[73] Ruppin D C, Middleton W R. Clinical use of medium chain triglycerides. Drugs, 1980, 20(3): 216-224.

[74] Zou X, Huang J, Jin Q, et al. Lipid composition analysis of milk fats from different mammalian species: potential for use as human milk fat substitutes. J Agric Food Chem, 2013, 61(29): 7070-7080.

[75] 杨月欣，李宁．营养功能成分应用指南．北京：北京大学医学出版社，2010.

[76] 张星河，韦伟，李菊芳，等．母乳中 1,3-二不饱和脂肪酸-2-棕榈酸甘油三酯的组成及其功能特性研究进展．中国油脂，2022，47(9)：114-121.

[77] Zhang Z, Wang Y, Li Y, et al. Effects of Sn-2-palmitate-enriched formula feeding on infants' growth, stool characteristics, stool fatty acid soap contents and bone mineral content: A systematic review and meta-analysis of randomized controlled trials. Crit Rev Food Sci Nutr, 2022, 63(30): 10256-10266.

[78] Gutiérrez-Méndez N. Lactose and lactose derivatives. London: BoD-Books on Demand, 2020.

[79] 张丽娜，周鹏．浅论乳糖功能研发应用．中国乳业，2020 (4)：84-88.

[80] 吴海霖．乳糖不耐受与钙摄取和骨健康研究进展．中国儿童保健杂志，2019，27(11)：1201-1203.

[81] Ziegler E E, Fomon S J. Lactose enhances mineral absorption in infancy. J Pediatr Gastroenterol Nutr, 1983, 2(2): 288-294.

[82] Abrams S A, Griffin I J, Davila P M. Calcium and zinc absorption from lactose-containing and lactose-free

infant formulas. Am J Clin Nutr, 2002, 76(2): 442-446.

[83] Cederlund A, Kai-Larsen Y, Printz G, et al. Lactose in human breast milk an inducer of innate immunity with implications for a role in intestinal homeostasis. PLoS One, 2013, 8(1): e53876.

[84] 贺璐, 龙承星, 刘又嘉, 等. 微生物乳糖酶研究进展. 食品与发酵工业, 2017, 43(6): 268-273.

[85] 中华人民共和国国家卫生健康委员会, 国家市场监督管理总局. 食品安全国家标准乳糖: GB 25595—2018. 北京: 中国标准出版社, 2018.

[86] 中华人民共和国卫生部, 食品安全国家标准 食品中果糖、葡萄糖、蔗糖、麦芽糖、乳糖的测定: GB 5009.8—2023. 北京: 中国标准出版社, 2023.

[87] 姜毅. 新生儿乳糖不耐受. 中国新生儿科杂志, 2014, 29(6): 414-417.

[88] 中华人民共和国卫生部, 食品安全国家标准 特殊医学用途婴儿配方 食品通则: GB 25596—2010. 北京: 中国标准出版社, 2010.

[89] 董学艳, 姜铁民, 刘继超, 等. 母乳和不同婴儿配方乳粉中蛋白质消化性研究. 食品工业科技, 2017, 38(17): 28-32.

[90] 钟无限, 石羽杰, 刘彪, 等. 异构化乳糖与婴幼儿健康关系的研究进展. 中国食物与营养, 2020, 26(6): 9-12.

[91] 中华人民共和国国家卫生和计划生育委员会, 食品安全国家标准 食品添加剂异构化乳糖液: GB 1886.176—2016. 北京: 中国标准出版社, 2016.

[92] Ruiz-Moyano S, Totten S M, Garrido D A, et al. Variation in consumption of human milk oligosaccharides by infant gut-associated strains of Bifidobacterium breve. Appl Environ Microbiol, 2013, 79(19): 6040-6049.

[93] Thongaram T, Hoeflinger J L, Chow J, et al. Human milk oligosaccharide consumption by probiotic and human-associated bifidobacteria and lactobacilli. J Dairy Sci, 2017, 100(10): 7825-7833.

[94] Lawson M A E, O'Neill I J, Kujawska M, et al. Breast milk-derived human milk oligosaccharides promote Bifidobacterium interactions within a single ecosystem. ISME J, 2020, 14(2): 635-648.

[95] Bode L. Human milk oligosaccharides in the prevention of necrotizing enterocolitis: a journey from in vitro and in vivo models to mother-infant cohort studies. Front Pediatr, 2018, 6: 385.

[96] Triantis V, Bode L, van Neerven RJJ. Immunological effects of human milk oligosaccharides. Front Pediatr, 2018, 6:190-203.

[97] Kunz C, Rudloff S, Baier W, et al. Oligosaccharides in human milk: structural, functional, and metabolic aspects. Annu Rev Nutr, 2000, 20: 699-722.

[98] Vazquez E, Barranco A, Ramirez M, et al. Effects of a human milk oligosaccharide, 2′-fucosyllactose, on hippocampal long-term potentiation and learning capabilities in rodents. J Nutr Biochem, 2015, 26(5): 455-465.

[99] Jacobi SK, Yatsunenko T, Li D, et al. Dietary isomers of sialyllactose increase ganglioside sialic acid concentrations in the corpus callosum and cerebellum and modulate the colonic microbiota of formula-fed piglets. J Nutr, 2016, 146(2): 200-208.

[100] Cowardin C A, Ahern P P, Kung V L, et al. Mechanisms by which sialylated milk oligosaccharides impact bone biology in a gnotobiotic mouse model of infant undernutrition. Proc Natl Acad Sci U S A, 2019, 116(24): 11988-11996.

[101] Xiao L, Van't Land B, Engen P A, et al. Human milk oligosaccharides protect against the development of autoimmune diabetes in NOD-mice. Sci Rep, 2018, 8(1): 3829-3844.

[102] Gabrielli O, Zampini L, Galeazzi T, et al. Preterm milk oligosaccharides during the first month of lactation. Pediatrics, 2011, 128(6): e1520-1531.

[103] Kobata A, Horowitz M, Pigman W. The glycoconjugates. Pittsburgh: Academic Press, 1997.

[104] Kunz C, Rudloff S. Compositional analysis and metabolism of human milk oligosaccharides in infants. Nestle Nutr Inst Workshop Ser, 2017, 88: 137-147.

[105] Bode L, Contractor N, Barile D, et al. Overcoming the limited availability of human milk oligosaccharides: challenges and opportunities for research and application. Nutr Rev, 2016, 74(10): 635-644.

[106] Campbell J M, Bauer L L, Fahey G C, et al. Selected fructooligosaccharide (1-kestose, nystose, and 1F-β-fructofuranosylnystose) composition of foods and feeds. J Agric Food Chem, 1997, 45(8): 3076-3082.

[107] Zafar T A, Weaver C M, Zhao Y, et al. Nondigestible oligosaccharides increase calcium absorption and suppress bone resorption in ovariectomized rats. J Nutr, 2004, 134(2): 399-402.

[108] 李艳莉, 李倩, 霍贵成. 低聚果糖和低聚半乳糖的肠道益生功能研究. 食品工业科技, 2012, 33(8): 73-76.

[109] Tonon K M, Tome T M, Mosquera E M B, et al. The effect of infant formulas with 4 or 8g/L GOS/FOS on growth, gastrointestinal symptoms, and behavioral patterns: a prospective cohort study. Glob Pediatr Health, 2021, 8: 2333794X211044115.

[110] 吴江, 蒋永江, 柴灵莺, 等. 含低聚半乳糖 + 低聚果糖配方奶对婴儿粪便性状及有益菌水平的影响. 临床儿科杂志, 2017, 35(11): 826-831.

[111] 滕超, 查沛娜, 曲玲玉, 等. 功能性寡糖研究及其在食品中的应用进展. 食品安全质量检测学报, 2014, 5(1): 123-130.

[112] Ganaie M A, Lateef A, Gupta U S. Enzymatic trends of fructooligosaccharides production by microorganisms. Appl Biochem Biotechnol, 2014, 172(4): 2143-2159.

[113] 陈又铭, 李宁, 袁卫涛, 等. 低聚果糖的功能性质及其在食品中的应用. 中国食品添加剂, 2022, 33(01): 11-15.

[114] 陶飞, 徐春祥, 张金秋, 等. 不同构型低聚半乳糖研究进展. 食品安全质量检测学报, 2019, 10(10): 2836-2842.

[115] 赖鲸慧, 祝元婷, 陈媛, 等. 乳酸菌代谢低聚果糖 / 菊粉途径及机理的研究进展. 食品科学, 2022, 43(09): 364-372.

[116] 陈臣, 卢艳青, 于海燕, 等. 乳酸菌代谢低聚糖机理的研究进展. 中国食品学报, 2019, 19(6): 274-283.

[117] 国家市场监督管理总局, 国家标准化管理委员会, 低聚糖质量要求 第 2 部分: 低聚果糖: GB/T 23528.2—2021. 北京: 中国标准出版社, 2021.

[118] 中华人民共和国国家卫生健康委员会, 国家市场监督管理总局, 食品安全国家标准 食品营养强化剂低聚半乳糖: GB 1903.27—2022. 北京: 中国标准出版社, 2022.

[119] 中华人民共和国国家卫生健康委会, 国家市场监督管理总局, 食品安全国家标准 食品营养强化剂低聚果糖: GB 1903.40—2022. 北京: 中国标准出版社, 2022.

[120] Liu F, Li P, Chen M, et al. Fructooligosaccharide (FOS) and galactooligosaccharide (GOS) increase bifidobacterium but reduce butyrate producing bacteria with adverse glycemic metabolism in healthy young population. Sci Rep, 2017, 7(1): 11789-11801.

[121] Chen C, Zhao G, Chen W, et al. Metabolism of fructooligosaccharides in lactobacillus plantarum st-Ⅲ via differential gene transcription and alteration of cell membrane fluidity. Appl Environ Microbiol, 2015, 81(22): 7697-7707.

[122] 陶恩福, 袁天明. 维生素 A 水平与早产儿疾病. 中国当代儿科杂志, 2016, 18(2): 177-182.

[123] 谢维波, 谢俊波, 鄞晓峰, 等. 潮州地区 0～3 岁婴幼儿维生素 A 和维生素 D 营养状况调查分析.

中国临床新医学，2020, 13(7): 675-679.

[124] 李赢，王冬梅，曲艳杰. 维生素 A、D 水平与小儿疾病. 医学综述，2017, 23(19): 3898-3902.

[125] 李茂军，吴青，阳倩，等. 新生儿及小婴儿维生素 K 缺乏性出血的预防和管理——欧洲儿科胃肠病肝病和营养学协会意见书简介. 实用医院临床杂志，2017, 14(1): 29-31.

[126] 欧洲儿科胃肠肝病和营养学会 (ESPGHAN), 欧洲儿科研究学会 (ESPEN), 欧洲肠外肠内营养学会 (ESPR), et al. 小儿肠外营养指南：维生素. 临床儿科杂志，2021, 39(8): 605-620.

[127] 罗蓉，潘涵，安迪. 维生素 B6 相关性癫痫进展. 中风与神经疾病杂志，2021, 38(4): 182-185.

[128] 王少珍，廖联明. 维生素 B6 的应用和不良反应. 中华卫生应急电子杂志，2017, 3(5): 298-304.

[129] 冯宇隆，尚以顺. 胆碱的生物学功能及其抗氧化应激的研究进展. 中国饲料，2017, 13: 7-12.

[130] 章沙沙，刘素纯，刘仲华，等. 部分维生素和矿物质调节机体免疫系统的作用机制研究进展. 中国食物与营养，2009 (7): 50-53.

[131] 向思佳，刘扬中. 微量元素铜与人体生理功能和疾病. 大学化学，2022, 37(3): 1-7.

[132] 魏淑丽，姚跃英，黄雪玲. 微量元素在低出生体质量儿生长发育过程中的状况研究. 川北医学院学报，2019, 34(5): 589-592.

[133] 刘梦霞，于景华. 牛奶、婴儿配方奶粉中硒元素的形态研究进展. 中国乳品工业，2017, 45(12): 27-29/42.

[134] 郝淑贤. 硒缺乏对儿童生长发育的影响. 中国伤残医学，2012, 20(3): 63-64.

[135] 董颖，时景璞. 儿童硒缺乏的流行病学特征及与健康关系. 中国妇幼保健，2006, 21(20): 2894-2896.

[136] 中华人民共和国卫生部，食品安全国家标准 食品营养强化剂使用标准：GB 14880—2012，北京：中国标准出版社，2012.

[137] Hadley K B, Ryan A S, Forsyth S, et al. The essentiality of arachidonic acid in infant development. Nutrients, 2016, 8(4): 216.

[138] George A D, Gay M C L, Trengove R D, et al. Human milk lipidomics: current techniques and methodologies. Nutrients, 2018, 10(9): 1169.

[139] Weiser M J, Butt C M, Mohajeri M H. Docosahexaenoic acid and cognition throughout the lifespan. Nutrients, 2016, 8(2): 99.

[140] Hoffman D R, Boettcher J A, Diersen-Schade DA. Toward optimizing vision and cognition in term infants by dietary docosahexaenoic and arachidonic acid supplementation: a review of randomized controlled trials. Prostag Leukotr Ess Fatty Acids, 2009, 81(2-3): 151-158.

[141] Thompkinson D K, Kharb S. Aspects of infant food formulation. Compr Rev Food Sci Food Saf, 2007, 6(4): 79-102.

[142] Qawasmi A, Landeros-Weisenberger A, Leckman J F, et al. Meta-analysis of long-chain polyunsaturated fatty acid supplementation of formula and infant cognition. Pediatrics, 2012, 129(6): 1141-1149.

[143] Qawasmi A, Landeros-Weisenberger A, Bloch M H. Meta-analysis of LCPUFA supplementation of infant formula and visual acuity. Pediatrics, 2013, 131(1): e262-272.

[144] Abou El Fadl D K, Ahmed M A, Aly Y A, et al. Impact of docosahexaenoic acid supplementation on proinflammatory cytokines release and the development of Necrotizing enterocolitis in preterm Neonates: A randomized controlled study. Saudi Pharm J, 2021, 29(11): 1314-1322.

[145] Younge N, Yang Q, Seed P C. Enteral high fat-polyunsaturated fatty acid blend alters the pathogen composition of the intestinal microbiome in premature infants with an enterostomy. J Pediatr, 2017, 181(93-101): e106.

[146] Wijendran V, Brenna J T, Wang D H, et al. Long-chain polyunsaturated fatty acids attenuate the IL-1beta-induced proinflammatory response in human fetal intestinal epithelial cells. Pediatr Res, 2015, 78(6): 626-633.

[147] Birch E E, Carlson S E, Hoffman D R, et al. The DIAMOND (DHA intake and measurement of neural development) study: a double-masked, randomized controlled clinical trial of the maturation of infant visual acuity as a function of the dietary level of docosahexaenoic acid. Am J Clin Nutr, 2010, 91(4): 848-859.

[148] Almeida C C, Mendonca Pereira B F, Leandro K C, et al. Bioactive compounds in infant formula and their effects on infant nutrition and health: a systematic literature review. Int J Food Sci, 2021, 2021: 8850080.

[149] Tochitani S. Taurine: a maternally derived nutrient linking mother and offspring. Metabolites, 2022, 12(3)：228-240.

[150] Gaull G E. Taurine in pediatric nutrition: review and update. Pediatrics, 1989, 83(3): 433-442.

[151] Okamoto E, Rassin D K, Zucker C L, et al. Role of taurine in feeding the low-birth-weight infant. J Pediatr, 1984, 104(6): 936-940.

[152] Wasserhess P, Becker M, Staab D. Effect of taurine on synthesis of neutral and acidic sterols and fat absorption in preterm and full-term infants. Am J Clin Nutr, 1993, 58(3): 349-353.

[153] Galeano N F, Darling P, Lepage G, et al. Taurine supplementation of a premature formula improves fat absorption in preterm infants. Pediatr Res, 1987, 22(1): 67-71.

[154] Cao S L, Jiang H, Niu S P, et al. Effects of taurine supplementation on growth in low birth weight infants: a systematic review and meta-analysis. Indian J Pediatr, 2018, 85(10): 855-860.

[155] Lima L, Obregon F, Cubillos S, et al. Taurine as a micronutrient in development and regeneration of the central nervous system. Nutr Neurosci, 2001, 4(6): 439-443.

[156] Sturman J A, Gargano A D, Messing J M, et al. Feline maternal taurine deficiency: effect on mother and offspring. J Nutr, 1986, 116(4): 655-667.

[157] Neuringer M, Imaki H, Sturman J A, et al. Abnormal visual acuity and retinal morphology in rhesus monkeys fed a taurine-free diet during the first three postnatal months. Adv Exp Med Biol, 1987, 217: 125-134.

[158] Neuringer M, Sturman J. Visual acuity loss in rhesus monkey infants fed a taurine-free human infant formula. J Neurosci Res, 1987, 18(4): 597-601.

[159] Geggel H S, Ament M E, Heckenlively J R, et al. Nutritional requirement for taurine in patients receiving long-term parenteral nutrition. N Engl J Med, 1985, 312(3): 142-146.

[160] Tyson J E, Lasky R, Flood D, et al. Randomized trial of taurine supplementation for infants less than or equal to 1,300-gram birth weight: effect on auditory brainstem-evoked responses. Pediatrics, 1989, 83(3): 406-415.

[161] Ripps H, Shen W. Review: taurine: a "very essential" amino acid. Mol Vis, 2012, 18: 2673-2686.

[162] Manzi P, Pizzoferrato L. Taurine in milk and yoghurt marketed in Italy. Int J Food Sci Nutr, 2013, 64(1): 112-116.

[163] Zhang Z, Adelman A S, Rai D, et al. Amino acid profiles in term and preterm human milk through lactation: a systematic review. Nutrients, 2013, 5(12): 4800-4821.

[164] Lewin L M, Melmed S, Passwell J H, et al. Myoinositol in human neonates: serum concentrations and renal handling. Pediatr Res, 1978, 12(1): 3-6.

[165] Pereira G R, Baker L, Egler J, et al. Serum myoinositol concentrations in premature infants fed human milk, formula for infants, and parenteral nutrition. Am J Clin Nutr, 1990, 51(4): 589-593.

[166] Carver J D, Stromquist C I, Benford V J, et al. Postnatal inositol levels in preterm infants. J Perinatol, 1997, 17(5): 389-392.

[167] Hallman M, Arjomaa P, Hoppu K. Inositol supplementation in respiratory distress syndrome: relationship between serum concentration, renal excretion, and lung effluent phospholipids. J Pediatr, 1987, 110(4): 604-610.

[168] Howlett A, Ohlsson A, Plakkal N. Inositol for respiratory distress syndrome in preterm infants. Cochrane Database Syst Rev, 2012, 3: CD000366.

[169] Hallman M, Slivka S, Wozniak P, et al. Perinatal development of myoinositol uptake into lung cells: surfactant phosphatidylglycerol and phosphatidylinositol synthesis in the rabbit. Pediatr Res, 1986, 20(2): 179-185.

[170] Hallman M, Jarvenpaa AL, Pohjavuori M. Respiratory distress syndrome and inositol supplementation in preterm infants. Arch Dis Child, 1986, 61(11): 1076-1083.

[171] Howlett A, Ohlsson A, Plakkal N. Inositol in preterm infants at risk for or having respiratory distress syndrome. Cochrane Database Syst Rev, 2015, 2: CD000366.

[172] Friedman C A, McVey J, Borne M J, et al. Relationship between serum inositol concentration and development of retinopathy of prematurity: a prospective study. J Pediatr Ophthalmol Strabismus, 2000, 37(2): 79-86.

[173] Borum P R. Carnitine in neonatal nutrition. J Child Neurol, 1995, 10(Suppl 2): S25-31.

[174] Kendler B S. Carnitine: an overview of its role in preventive medicine. Prev Med, 1986, 15(4): 373-390.

[175] Tao RC, Yoshimura NN. Carnitine metabolism and its application in parenteral nutrition. JPEN J Parenter Enteral Nutr, 1980, 4(5): 469-486.

[176] Giovannini M, Agostoni C, Salari P C. Is carnitine essential in children? J Int Med Res, 1991, 19(2): 88-102.

[177] Siliprandi N, Sartorelli L, Ciman M, et al. Carnitine: metabolism and clinical chemistry. Clin Chim Acta, 1989, 183(1): 3-11.

[178] Olson A L, Nelson S E, Rebouche C J. Low carnitine intake and altered lipid metabolism in infants. Am J Clin Nutr, 1989, 49(4): 624-628.

[179] Melegh B. Carnitine supplementation in the premature. Biol Neonate, 1990, 58(Suppl 1): 93-106.

[180] Helms R A, Mauer E C, Hay W W, Jr., et al. Effect of intravenous L-carnitine on growth parameters and fat metabolism during parenteral nutrition in neonates. JPEN J Parenter Enteral Nutr, 1990, 14(5): 448-453.

[181] Sulkers E J, Lafeber H N, Degenhart H J, et al. Effects of high carnitine supplementation on substrate utilization in low-birth-weight infants receiving total parenteral nutrition. Am J Clin Nutr, 1990, 52(5): 889-894.

[182] Weaver L T, Rosenthal S R, Gladstone W, et al. Carnitine deficiency: a possible cause of gastrointestinal dysmotility. Acta Paediatr, 1992, 81(1): 79-81.

[183] Iafolla A K, Browning I B, 3rd, Roe C R. Familial infantile apnea and immature beta oxidation. Pediatr Pulmonol, 1995, 20(3): 167-171.

[184] Liu G, Guo B, Luo M, et al. A comprehensive review on preparation, structure-activities relationship, and calcium bioavailability of casein phosphopeptides. Crit Rev Food Sci Nutr, 2024, 64(4): 996-1014.

[185] Gerber H W, Jost R. Casein phosphopeptides: their effect on calcification of in vitro cultured embryonic rat bone. Calcif Tissue Int, 1986, 38(6): 350-357.

[186] Dvorak-Ewell M M, Chen T H, Liang N, et al. Osteoblast extracellular Ca^{2+}-sensing receptor regulates bone development, mineralization, and turnover. J Bone Miner Res, 2011, 26(12): 2935-2947.

[187] Tulipano G, Bulgari O, Chessa S, et al. Direct effects of casein phosphopeptides on growth and differentiation of in vitro cultured osteoblastic cells (MC3T3-E1). Regul Pept, 2010, 160(1-3): 168-174.

[188] Donida B M, Mrak E, Gravaghi C, et al. Casein phosphopeptides promote calcium uptake and modulate the differentiation pathway in human primary osteoblast-like cells. Peptides, 2009, 30(12): 2233-2241.

[189] Jolles P, Parker F, Floc'h F, et al. Immunostimulating substances from human casein. J Immunopharmacol, 1981, 3(3-4): 363-369.

[190] Minkiewicz P, Slangen C J, Dziuba J, et al. Identification of peptides obtained via hydrolysis of bovine casein by chymosin using HPLC and mass spectrometry. Milchwiss Milk Sci Int, 2000, 55(1): 14-17.

[191] Hata I, Uede J, Otani H. Immunostimulatory action of a commercially available casein phosphopeptide preparation, CPP-III, in cell cultures. Milchwiss Milk Sci Int, 1999, 54(1): 3-7.

[192] Wang B, Timilsena Y P, Blanch E, et al. Lactoferrin: Structure, function, denaturation and digestion. Crit Rev Food Sci Nutr, 2019, 59(4): 580-596.

[193] Buccigrossi V, de Marco G, Bruzzese E, et al. Lactoferrin induces concentration-dependent functional modulation of intestinal proliferation and differentiation. Pediatr Res, 2007, 61(4): 410-414.

[194] Manzoni P. Clinical Benefits of Lactoferrin for Infants and Children. J Pediatr, 2016, 173(Suppl): S43-52.

[195] Reznikov E A, Comstock S S, Yi C, et al. Dietary bovine lactoferrin increases intestinal cell proliferation in neonatal piglets. J Nutr, 2014, 144(9): 1401-1408.

[196] Mastromarino P, Capobianco D, Campagna G, et al. Correlation between lactoferrin and beneficial microbiota in breast milk and infant's feces. Biometals, 2014, 27(5): 1077-1086.

[197] Perdijk O, van Neerven R J J, van den Brink E, et al. Bovine lactoferrin modulates dendritic cell differentiation and function. Nutrients, 2018, 10(7): 848.

[198] Zuccotti G V, Vigano A, Borelli M, et al. Modulation of innate and adaptive immunity by lactoferrin in human immunodeficiency virus (HIV)-infected, antiretroviral therapy-naive children. Int J Antimicrob Agents, 2007, 29(3): 353-355.

[199] Egashira M, Takayanagi T, Moriuchi M, et al. Does daily intake of bovine lactoferrin-containing products ameliorate rotaviral gastroenteritis? Acta Paediatr, 2007, 96(8): 1242-1244.

[200] Zavaleta N, Figueroa D, Rivera J, et al. Efficacy of rice-based oral rehydration solution containing recombinant human lactoferrin and lysozyme in Peruvian children with acute diarrhea. J Pediatr Gastroenterol Nutr, 2007, 44(2): 258-264.

[201] Shi P, Fan F, Chen H, et al. A bovine lactoferrin-derived peptide induced osteogenesis via regulation of osteoblast proliferation and differentiation. J Dairy Sci, 2020, 103(5): 3950-3960.

[202] Cornish J. Lactoferrin promotes bone growth. Biometals, 2004, 17(3): 331-335.

[203] Blais A, Lan A, Boluktas A, et al. Lactoferrin supplementation during gestation and lactation is efficient for boosting rat pup development. Nutrients, 2022, 14(14): 2814.

[204] 王淑晨, 于景华, 刘晓辉, 等. 乳铁蛋白铁饱和度对其耐热性、抑菌作用及抗氧化性的影响. 中国乳品工业, 2019, 47(10): 29-33.

[205] 肖红艳, 兰欣怡, 张佩华. 乳铁蛋白生物学功能研究进展. 中国奶牛, 2021, 4: 46-50.

[206] Lonnerdal B, Jiang R, Du X. Bovine lactoferrin can be taken up by the human intestinal lactoferrin receptor and exert bioactivities. J Pediatr Gastroenterol Nutr, 2011, 53(6): 606-614.

[207] Lu J, Argov-Argaman N, Anggrek J, et al. The protein and lipid composition of the membrane of milk fat

globules depends on their size. J Dairy Sci, 2016, 99(6): 4726-4738.

[208] Ma Y, Zhang L, Wu Y, et al. Changes in milk fat globule membrane proteome after pasteurization in human, bovine and caprine species. Food Chem, 2019, 279: 209-215.

[209] VL. S. Invited review: bovine milk fat globule membrane as a potential nutraceutical. J Dairy Sci, 2005, 88(7): 2289-2294.

[210] 张雪, 杨洁, 韦伟, 等. 乳脂肪球膜的组成、营养及制备研究进展. 食品科学, 2019, 40(1): 292-302.

[211] Timby N, Domellof E, Hernell O, et al. Neurodevelopment, nutrition, and growth until 12 mo of age in infants fed a low-energy, low-protein formula supplemented with bovine milk fat globule membranes: a randomized controlled trial. Am J Clin Nutr, 2014, 99(4): 860-868.

[212] Brink L R, Lonnerdal B. The role of milk fat globule membranes in behavior and cognitive function using a suckling rat pup supplementation model. J Nutr Biochem, 2018, 58: 131-137.

[213] Moukarzel S, Dyer R A, Garcia C, et al. Milk fat globule membrane supplementation in formula-fed rat pups improves reflex development and may alter brain lipid composition. Sci Rep, 2018, 8(1): 15277.

[214] Yuan Q C, Gong H, Du M, et al. Supplementation of milk polar lipids to obese dams improves neurodevelopment and cognitive function in male offspring. FASEB J, 2021, 35(4): e21454.

[215] Zavaleta N, Kvistgaard A S, Graverholt G, et al. Efficacy of an MFGM-enriched complementary food in diarrhea, anemia, and micronutrient status in infants. J Pediatr Gastroenterol Nutr, 2011, 53(5): 561-568.

[216] Timby N, Hernell O, Vaarala O, et al. Infections in infants fed formula supplemented with bovine milk fat globule membranes. J Pediatr Gastroenterol Nutr, 2015, 60(3): 384-389.

[217] Lee H, Zavaleta N, Chen S Y, et al. Effect of bovine milk fat globule membranes as a complementary food on the serum metabolome and immune markers of 6-11-month-old Peruvian infants. NPJ Sci Food, 2018, 2: 6-14.

[218] Gong H, Yuan Q, Pang J, et al. Dietary milk fat globule membrane restores decreased intestinal mucosal barrier development and alterations of intestinal flora in infant-formula-fed rat pups. Mol Nutr Food Res, 2020, 64(21): e2000232.

[219] Hess J R, Greenberg N A. The role of nucleotides in the immune and gastrointestinal systems: potential clinical applications. Nutr Clin Pract, 2012, 27(2): 281-294.

[220] Rodriguez-Serrano F, Marchal J A, Rios A, et al. Exogenous nucleosides modulate proliferation of rat intestinal epithelial IEC-6 cells. J Nutr, 2007, 137(4): 879-884.

[221] Uauy R, Stringel G, Thomas R, et al. Effect of dietary nucleosides on growth and maturation of the developing gut in the rat. J Pediatr Gastroenterol Nutr, 1990, 10(4): 497-503.

[222] Lopez-Navarro A T, Ortega M A, Peragon J, et al. Deprivation of dietary nucleotides decreases protein synthesis in the liver and small intestine in rats. Gastroenterology, 1996, 110(6): 1760-1769.

[223] Carver J D. Dietary nucleotides: effects on the immune and gastrointestinal systems. Acta Paediatr Suppl, 1999, 88(430): 83-88.

[224] Yau K I, Huang C B, Chen W, et al. Effect of nucleotides on diarrhea and immune responses in healthy term infants in Taiwan. J Pediatr Gastroenterol Nutr, 2003, 36(1): 37-43.

[225] Singhal A, Macfarlane G, Macfarlane S, et al. Dietary nucleotides and fecal microbiota in formula-fed infants: a randomized controlled trial. Am J Clin Nutr, 2008, 87(6): 1785-1792.

[226] Pickering L K, Granoff D M, Erickson J R, et al. Modulation of the immune system by human milk and infant formula containing nucleotides. Pediatrics, 1998, 101(2): 242-249.

[227] Rudolph F B. The biochemistry and physiology of nucleotides. J Nutr, 1994, 124(1 Suppl): 124S-127S.

[228] Navarro J, Maldonado J, Narbona E, et al. Influence of dietary nucleotides on plasma immunoglobulin levels and lymphocyte subsets of preterm infants. Biofactors, 1999, 10(1): 67-76.

[229] Singhal A, Kennedy K, Lanigan J, et al. Dietary nucleotides and early growth in formula-fed infants: a randomized controlled trial. Pediatrics, 2010, 126(4): e946-953.

[230] Wojcik R. Effect of Biolex Beta-HP on phagocytic activity and oxidative metabolism of peripheral blood granulocytes and monocytes in rats intoxicated by cyclophosphamide. Pol J Vet Sci, 2010, 13(1): 181-188.

[231] Auinger A, Riede L, Bothe G, et al. Yeast (1,3)-(1,6)-beta-glucan helps to maintain the body's defence against pathogens: a double-blind, randomized, placebo-controlled, multicentric study in healthy subjects. Eur J Nutr, 2013, 52(8): 1913-1918.

[232] H G, R B, H S, et al. A double-blind, randomized, placebo-controlled nutritional study using an insoluble yeast beta-glucan to improve the immune defense system. Food Nutr Sci, 2012, 3(6): 738-746.

[233] Dharsono T, Rudnicka K, Wilhelm M, et al. Effects of yeast (1,3)-(1,6)-beta-glucan on severity of upper respiratory tract infections: a double-blind, randomized, placebo-controlled study in healthy subjects. J Am Coll Nutr, 2019, 38(1): 40-50.

[234] Li F, Jin X, Liu B, et al. Follow-up formula consumption in 3- to 4-year-olds and respiratory infections: an RCT. Pediatrics, 2014, 133(6): e1533-1540.

生命早期
1000天
营养改善
与
应用前沿

Frontiers in Nutrition Improvement and
Application During the First 1000 Days of Life

婴幼儿配方食品品质创新与实践

Quality Innovation and Practice of Infants and Young Children Formulas

第 **4** 章

婴幼儿配方食品生产工艺及关键设备

食品法典委员会（Codex Alimentarius Commission）将婴幼儿配方食品定义为"一种专门制造的母乳替代品，用于满足婴幼儿出生后头几个月的营养需求，直至添加适当的辅食喂养"[1, 2]。欧盟委员会关于婴幼儿配方食品的定义为"婴儿出生后的最初几个月内用于特定营养用途的食品，并在导入适当辅食喂养之前能满足这些婴儿的营养需求"。这些定义都强调了婴幼儿配方食品的主要目的是满足婴儿营养需求。在 20 世纪初，婴幼儿配方食品主要由改良的牛乳组成。随着对婴幼儿营养、发育与儿童保健学以及母乳组成和成分认知的不断深入，以及加工设备和技术的发展进步，现代的婴幼儿配方食品组成成分与母乳的相似程度越来越高，对婴幼儿健康水平提高发挥重要作用，婴幼儿配方食品的配方有望在宏量营养素（脂肪、碳水化合物和蛋白质）和微量营养素（维生素和矿物质）等方面模仿母乳。

目前市场上最主流的婴幼儿配方食品是粉状配方乳粉，不仅保质期更长，且易于运输和储存。婴幼儿配方食品也有即食液体形式，即液态配方乳。根据婴幼儿年龄和生长所需的营养需求，这两类婴幼儿配方食品均被分为不同的阶段。婴幼儿配方乳粉最主要的原料来源是牛乳。需要注意的是，母乳是为满足婴幼儿营养需求而量身定制的，而牛乳则旨在支持乳牛的生长发育。因此，牛乳和母乳之间存在着一定的营养素与活性成分的差异，这反映了不同物种的特定营养需求。这些差异不仅表现在宏量营养素的含量上，还体现在微量营养素的存在形式等方面，此外在活性成分的含量上差异也较大。为了使牛乳更适合于人类婴幼儿食用，在婴幼儿配方乳粉的加工生产时，需要提高乳清蛋白含量来改变牛乳蛋白的比例，此外还需要添加碳水化合物、脂肪和维生素等成分 [3]。婴幼儿配方食品所用成分的质量和比例以及加工条件决定了婴幼儿配方食品的整体质量 [4]。

在设计婴幼儿配方食品时，应保证终产品和货架期的产品在成分、物理稳定性和功能特性方面保持一致 [5]。与其他食品相比，婴幼儿配方食品的物理化学性质受产品组成、加工参数（加热、均质、蒸发和喷雾干燥）、运输和储存条件［相对湿度（RH）和温度］的影响更大。因为婴幼儿配方食品的成分复杂，在储存过程中对环境变化的反应和环境因素影响下各成分间的相互作用高度敏感，因此婴幼儿配方食品的制造、处理和储存都更具挑战性。乳液和粉末的不稳定性可能会导致婴幼儿配方食品易出现质量问题，例如乳糖结晶、游离脂肪的生成、美拉德反应诱导的褐变、表面性质的不良变化和溶解度降低 [6]。

要解决上述问题，需要设计者对婴幼儿配方食品的产品配方、加工和储存期间发生的过程有全面系统的了解并能理解实际生产中遇到的相关问题。

4.1 粉状婴幼儿配方食品生产工艺及关键设备

4.1.1 粉状婴幼儿配方食品的主要生产工艺

一般来说，乳粉可以使用"干混"（dry mixing 或者 dry blending）或"湿混"（wet mixing）工艺生产以及干湿法复合工艺进行生产。干湿复合工艺就是在湿混工艺的基础上结合干混工艺，是目前国内乳幼儿配方食品最主要的生产工艺。其中，干混和湿混这两种工艺有其特定的优点和缺点，如表 4-1 所示。

湿混工艺是干湿法复合工艺的基础工艺，包括湿法混合、乳化、蒸发浓缩和喷雾干燥等生产工艺。在湿混工艺中引入高压均质技术可将油料以恰当的比例混入蛋白质基料中。在干燥前对乳基进行充分热处理则可确保各种质量指标（即微

表 4-1　干混法和湿混法的优缺点对比

项目	干混法	湿混法
优点	投资少，能耗低，设备简单，占用场地少； 生产时间更短； 不涉及湿法处理，可避免环境细菌污染	热处理可起到杀菌作用； 可以添加脂质组分； 终产品物理性质佳，均一度高
缺点	终产品的微生物和物理特性较难控制； 不能添加脂质组分； 均一度较低，运输和储存过程中可能发生成分析出或分离	生产成本高，占用场地大； 生产时间长； 设备维护复杂且成本高

生物、物理和化学性质）都可以得到有效控制[7]，有助于获得质量更高的婴幼儿配方食品。相应地，湿混工艺的投资以及生产成本都高于干混法。

由于干湿法复合工艺可以弥补单纯的干法或湿法工艺中的缺陷，目前国内婴幼儿配方食品企业主要通过干湿法复合工艺进行生产。根据已公布的新国标注册的婴幼儿配方乳粉产品名单（截至 2023 年 5 月 9 日，52 家婴幼儿配方食品企业已获产品批件超 220 个），其中 60% 左右的产品使用了干湿法复合工艺。首先，将部分成分使用湿法混合进行加工，以生产基础粉末，然后其余热敏成分（例如维生素、微量元素、低聚糖和益生菌等）使用干法混合添加到其中，此时应特别注意这些成分的微生物指标。本节以干（混）法、湿（混）法和干湿法复合工艺为基础，对现今婴幼儿配方粉工艺及设备进行了梳理[8]。需要注意的是，在现代工厂中配方和生产方法正在不断开发和改进。因此，每个婴幼儿配方食品加工厂都必须进行工艺和设备的专门设计。

4.1.2　湿法工艺及关键设备

湿法工艺或"湿混法"的目的是通过均质将液体和粉末混合成稳定的乳液，并通过热处理灭活所有病原微生物。根据产品、原材料和工厂设计的不同，生产线会有很多变化[9]。依据《婴幼儿配方乳粉生产许可审查细则》（2022 版）中对湿法工艺流程的描述，应包括"生乳→净乳→杀菌→冷藏→标准化配料（添加全脂或脱脂乳粉）→均质→杀菌→浓缩→喷雾干燥→流化床二次干燥→包装"等步骤。本节中将依据细则中的规定，详述"湿混"工艺的典型生产线（图 4-1）。其中，常见的工艺设备如图 4-2 所示。

湿混法作为婴幼儿配方食品制造的常用加工方法，其中干料在进一步加工之前需要先溶解或悬浮在水或其他液体中。以下是婴幼儿配方食品生产中湿法混合加工关键控制点（critical control point, CCP）的一些示例：

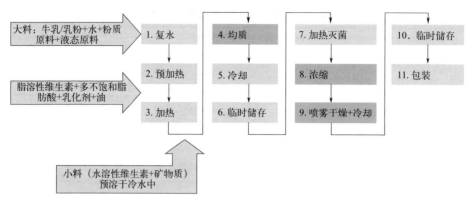

图 4-1　湿混法的常见工艺流程

灰色方框表示工艺步骤，深灰色方框表示关键工艺，⟹箭头表示添加的原料

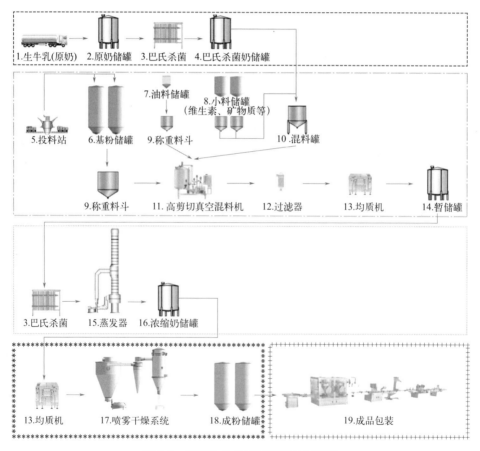

图 4-2　湿混法的常见工艺设备示意图

虚线框（----）中为原乳的预处理过程，虚线框（——）中为配料和混料过程，
虚线框（——）中为浓缩过程，虚线框（***）中为干燥过程，虚线框（+++）中为包装过程

① 原材料检验：在将原材料添加到湿混罐之前对其进行检验是第一个关键控制点。包括检查是否存在异物或污染物，验证成分是否符合必要的规格，并确保原料得到妥善储存。

② 水处理：水处理是湿法混合工艺中的关键控制点，因为水可能是潜在污染源。控制措施包括使用可确保水得到净化并符合必要质量标准的设备。

③ 混合过程：混合过程是湿混的关键控制点，在湿法混合加工中，为了使干成分溶解或悬浮在水或其他液体中，需要使用专门的设备，精确控制混合时间、速度和温度，以确保所有成分均匀分散。控制措施包括使用确保成分彻底混合的设备，使用精确测量和称重系统以确保添加每种成分的准确数量，以及使用质量控制测试来验证混合液体的特性。湿法混合过程对于实现均匀混合物至关重要。加工厂需要确保所有成分均匀分布在液体中，保证每份配方食品的一致性。

④ 包装：包装过程是湿法混合中的另一个关键控制点，将混合后的液体婴幼儿配方食品转移到容器中进行储存和运输。控制措施包括使用确保将准确数量的婴幼儿配方食品包装到每个容器中的设备，使用适合婴幼儿配方食品的包装材料，以及验证包装容器是否正确密封以防止污染。

⑤ 清洁和卫生：设备和设施的清洁和卫生也是湿混加工的关键控制点。控制措施包括使用特定的清洁剂，使用易于拆卸和清洁的设备，以及使用程序来验证清洁和卫生是否已正确执行。湿混需要严格遵守卫生规程，以防止产品受到污染。制造商必须使用无菌设备和设施，以最大限度地降低细菌滋生的风险。

总的来说，湿混是一个复杂的工艺过程，需要进行严格的监控。通过关注湿混的关键控制点，并进行严格的质量控制，婴幼儿配方食品加工厂必须进行各种测试，包括 pH 测量、黏度测试和感官评价，以确保最终产品符合标准。通过在每个 CCP 设计和实施控制措施，制造商可以防止或最大限度地减少婴幼儿配方食品在湿法混合加工中的潜在危害，并确保最终产品的安全和质量稳定。

4.1.2.1 原乳的预处理

（1）生牛乳的标准　原乳（即生牛乳）的质量是婴幼儿配方食品的基石，从奶厂或奶农处收集的原乳，其质量需符合《食品安全国家标准——生乳》（GB 19301—2010）[10]，即满足该标准中生乳的感官要求、理化指标、污染物限量、真菌毒素限量、微生物限量及农、兽药残留限量。其中酸度是一项重要的理化指标，应在 12～18°T 之间，酸度过高会使蛋白质的稳定性降低，影响乳粉的溶解度。其他的重要指标还包括：

① 不得含有肉眼可见杂质；

② 牛乳的色泽应为乳白色或微带黄色，不得有红色和绿色或其他异色；

③ 牛乳应为均匀的，无沉淀的流体，呈浓厚黏性者不得收集；

④ 牛乳脂肪含量不低于 3.1%；

⑤ 蛋白质含量不低于 2.95%；

⑥ 非脂乳固体不低于 8.1%。

（2）粗过滤和过滤器　验收合格的原乳经过粗过滤，去除较大的固体杂质。粗过滤通常使用 1mm 孔径的滤网，以得到无机械杂质的原乳。常用的粗过滤设备包括袋式过滤器、过滤网、双联过滤器等。过滤介质也各不相同，如帆布、尼龙布、不锈钢。图 4-3 是常见的金属滤网过滤器，其中原乳从进料端流入，压力将奶液压过金属过滤网至套筒内层出口处，得到过滤后的原乳。

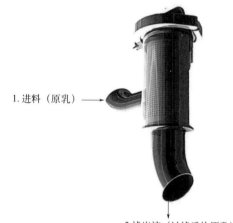

1.进料（原乳）

2.滤出液（过滤后的原乳）

图 4-3　金属滤网过滤器

（3）脱气和真空脱气缸　通常生牛乳中气体含量较高，新挤出来的牛乳约含有 6%（体积分数）的空气。在农场处理、从农场到乳品厂的运输和乳品厂的加工过程中均会混入更多的空气，约能达到 10% 或更多，由此导致的不良影响包括：降低分离机的脱脂效率、在杀菌设备表面易结垢（fouling）、降低杀菌效果以及引起脂肪氧化等。此时，使用真空脱气缸（degassing tank/deaerator）对粗过滤后的生牛乳进行脱气处理（图 4-4）。其原理是利用脱气缸的真空泵产生的负压，使牛乳在低压条件下提前沸腾，沸腾产生的气泡破裂并克服牛乳的表面张力，使得混入其中的气体从牛乳中排出。真空脱气缸不仅可以去除牛乳中溶解的氧气，也可以去除产生异味的其他气体。乳品生产过程中最常用的两种脱气条件分别为 65℃、-0.08MPa 或者 70℃、-0.06MPa。

（4）净乳脱脂和离心式分离机　脱气后的原乳经过离心式分离机，利用高速旋转的离心机所产生的离心力把牛乳中的杂质甩向离心机碟片的周壁，将杂质排

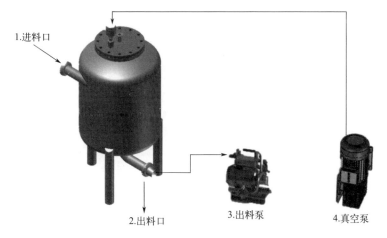

图 4-4 常见真空脱气缸的主要结构

出从而达到净乳的目的。同时，强大的离心力会把稀奶油从牛乳中分离出来，从而达到脱脂的目的。常见的离心式分离机外部结构如图 4-5 所示。其中主要部件包括转鼓和电机，电机提供动力，在转鼓中实现分离。其内部结构如图 4-6 所示，在转鼓中有一组碟片（又称"分离钵"），把转鼓内分成许多薄层分离空间。原乳通过位于顶部的轴向进口管进入转鼓，被加速到碟片的旋转速度，然后上行进入碟片之间的薄层分离空间，离心力将原乳向外甩并在碟片上形成环状的圆柱形液面。由于此过程和常压空气接触，因此，液面上原乳的压力与大气压相似，但压力随着距旋转轴的距离的增加而逐渐增加，到碟片边缘时达到最高值。此时较重

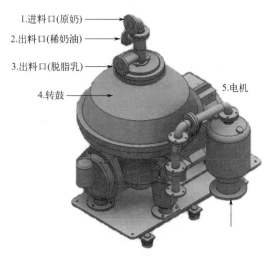

图 4-5 常见离心式分离机的外部主要结构

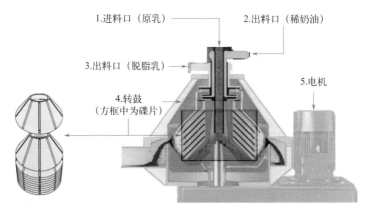

1.进料口（原乳）
2.出料口（稀奶油）
3.出料口（脱脂乳）
4.转鼓（方框中为碟片）
5.电机

图 4-6　常见离心式分离机的主要内部结构（彩图）

的固体杂质被分离出来，并沉积在转鼓底部的沉降空间内；稀奶油向转轴方向移动，向上通过稀奶油的出料口排出；脱脂乳从碟片组的外边缘离开，穿过最上层碟片与转鼓顶罩之间的通道，向上通过脱脂乳的出料口排出。由此脱脂乳、稀奶油和杂质在离心力的作用下分别被分离出来。

（5）巴氏杀菌和换热器　由于牛乳营养成分高，且源自农场的生牛乳会接触到不同的环境微生物，在适宜温度下很容易造成微生物的过度繁殖，导致原料腐败变质或者微生物超标。因此需要通过加热杀菌降低微生物至安全限量范围，并且在加热之后迅速冷却，减缓微生物的生长增殖。热处理是保证生乳微生物安全的有效手段，随着巴氏杀菌技术的日益普及和加工设备的改进，高温短时杀菌（HTST）巴氏杀菌已成为乳制品生产中应用最广泛的热处理方法之一。目前，商业 HTST 通常是指在 72℃和 75℃之间持续 15 ～ 20s 的热处理[11]，它可以大幅降低病原菌的数量（减少 5log 以上），例如大肠杆菌、沙门氏菌等，使其达到可接受的数量（即减少 5log 以上）以保证生乳的食品安全[12, 13]。

在乳粉加工过程中，巴氏杀菌和快速冷却通常是通过换热器实现的。常用的换热器分为列管式换热器（tubular heat exchanger, THE）和板式换热器（plate heat exchanger, PHE）。其基本原理是冷热两种换热介质分别流入各自流道，形成逆流或并流通过每个换热管或换热板同时进行热量交换，完成低温介质的加热或者高温介质的冷却。在图 4-7 中，待加热的冷牛乳（大约 4℃）首先进入加热单元，被高温介质（通常是热水或者低压蒸汽）加热使温度升高到巴氏杀菌所需的温度，之后进入换热通道并保持足够的加热时间，加热后的牛乳随后进入冷却单元被冷水（或其他冷却介质如冰水、盐水溶液或醇溶液）快速冷却至 5℃或以下。在实际的换热设备中，通常会串联多个加热 / 冷却单元，通过增加换热通道的长度，实现在较短时间内连续快速地预热或冷却大量液体。

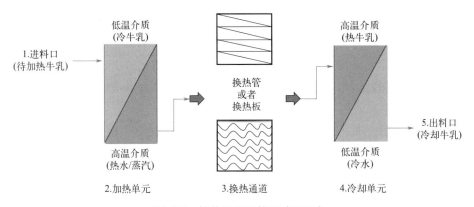

低温介质
(冷牛乳)

1.进料口
(待加热牛乳)

高温介质
(热水/蒸汽)

2.加热单元

换热管
或者
换热板

3.换热通道

高温介质
(热牛乳)

5.出料口
(冷却牛乳)

低温介质
(冷水)

4.冷却单元

图 4-7　换热器原理简图（彩图）

图 4-8 中展示了列管式换热器的结构和液体流向。冷牛乳从低温介质进料口进入换热器中，流过内部密集排列的上部管道，在换热器另一端折返进入下部列管，从低温介质出料口流出；热水或蒸汽则从高温介质进料口进入换热器的壳体，被用于固定列管的隔板阻挡后，在壳体中呈 S 形流动，于壳体另一端的出口流出。其间，高温介质在列管外部，可以加热列管中的冷牛乳，实现热量的交换。

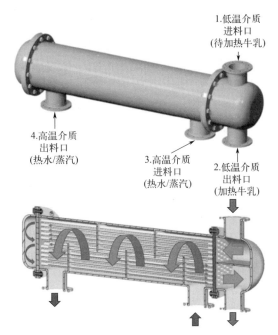

1.低温介质
进料口
(待加热牛乳)

4.高温介质
出料口
(热水/蒸汽)

3.高温介质
进料口
(热水/蒸汽)

2.低温介质
出料口
(加热牛乳)

图 4-8　常见列管式换热器结构和液体流向示意图（彩图）

另一种常用的换热器为板式换热器，如图 4-9 所示，其主要结构是换热板。换热板按一定的间隔，通过橡胶垫片压紧组成可拆卸的换热板组。一个板式换热器框架上包含几个单独的板组以在其中进行不同的处理阶段，例如预热、最终加热和冷却。板片交替排列，板上的支撑点将板片分开，从而在它们之间形成细通道。板片之间用黏合剂把橡胶密封板条固定好，其作用是防止流体泄漏并使两板片之间形成狭窄的网形流道。换热板片压成各种波纹形，以增加换热板片面积和刚性，并能使流体在低流速下形成湍流，以达到强化传热的效果。以牛乳的巴氏杀菌为例，待加热的冷牛乳通过板角左下方的孔进入第一块换热板表面的通道，向上流动至左上方板角，汇入低温介质的孔状通道流出；高温介质从右上方的孔进入换热板，沿孔的方向进入第二块换热板表面的通道，向下流动至右下方板角，汇入高温介质的孔状通道流出。后面的换热板以同样的方式交替流过冷热液体，由于橡胶垫圈和封条的存在，冷热液体只进入间隔的相应换热板，并在其表面形成冷热液膜，而后在相应的孔状通道中汇合流出，实现热量的交换。

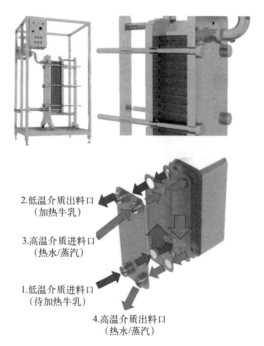

2.低温介质出料口
（加热牛乳）

3.高温介质进料口
（热水/蒸汽）

1.低温介质进料口
（待加热牛乳）

4.高温介质出料口
（热水/蒸汽）

图 4-9　常见板式换热器结构和液体流向示意图（彩图）

在很多情况下，产品必须先加热然后再冷却，其间产生的热量交换可以回收利用。例如牛乳的巴氏杀菌，达到巴氏杀菌温度的牛乳的热量可用于加热冷牛乳。进入换热器的冷牛乳可由输出的热牛乳预热，同时可将热牛乳预冷，这大大节省了加热和制冷过程的能源消耗。该过程在热交换器中进行，称为再生热交换或热回收。巴氏杀菌牛乳中多达 94% ～ 95% 的热量可以被回收利用。

（6）储存和储藏罐　冷却后的原料乳经换热器冷却到5℃以下，储存在巴氏乳储藏罐中，以备后续使用。储存的目的是保持生产的连续性，工厂通常对原料乳有一定的储存量，储存量按工厂的具体条件确定。

婴幼儿配方食品加工厂通常使用304不锈钢储藏罐储存牛乳，储藏罐如图4-10所示，包括：搅拌浆、通气孔、人孔、液位指示（低液位指示、高液位指示）和一个双向阀的进/出料口。为了便于完全排出所存液体，储藏罐底部向下倾斜，朝向出料口倾斜约6%。储藏罐通常可装配各种类型的搅拌器和监控设备，用于保持奶液的均一性和控制奶液的温度等。图中所示的搅拌浆位于罐体中央，也可以安装在罐体一侧或底部。罐体通常由双层外壳和中间填充的隔热材料构成，体积从数百升至数十万升不等。

储藏罐在婴幼儿配方食品的生产中有很多应用，比如储存、混合、加工和平衡缓存等。由图4-2可发现，储藏罐也可用于两个工艺过程之间的过渡。在沿线生产中临时储存的这些储藏罐又称为暂存罐或者缓冲罐，经过上一加工工艺的牛乳被泵送至罐中，等待进入下一个加工过程。对于连续生产来说，缓冲罐需能承载约1.5h正常运行时的牛乳储量，以备下游工艺突然中断时，可以储存更多牛乳直至恢复运行。

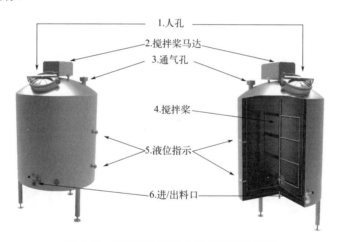

图4-10　常见储存罐的内外部结构示意图

至此，原乳的预处理过程结束，经过粗过滤、脱气、净乳脱脂和巴氏杀菌的牛乳被储存起来，进入配料和混料过程。

4.1.2.2　配料和混料过程

婴幼儿配方食品在湿混工艺中，所需的各种原料和营养素均需要溶解混合后再进入下一步加工工序，婴幼儿配方食品所涉及的原料种类繁多，物理形态各异，包括基粉类（乳清粉、蛋白粉、脱脂乳粉、全脂乳粉等）、油脂类（植物油、鱼油、无水奶油等）、糖类（低聚糖、麦芽糊精等），以及多种维生素和矿物质。每种原料的添加量、溶解度和热稳定性以及不同原料之间的相互作用对于形成均一稳定的混合液体都存在重要影响[14]。如何实现原料的精准添加和高效混合是配料和混料过程中需解决的关键问题。

（1）基粉的添加和粉料处理系统　对于乳基粉类原料，通常采用外层为牛皮纸袋并内衬 PE（聚乙烯）袋的双重包装，每包重量约 25kg（俗称"大包粉"）。这些基粉原料为了在运输过程节约空间，在木制垛盘上码放成垛，并用塑料薄膜缠紧以防滚落。在乳粉加工时，需要采用人工或机械等方式将袋装物料从垛盘上抓取并放至传送带或拆包台上，这一过程称为拆垛。在过去，拆垛主要依靠人工完成。随着乳粉加工工艺的机械化和智能化，现代化的工厂中自动导引小车（automated guided vehicles, AGVs）可以完成料垛的搬运任务，机械手臂则可将搬运到位的粉料进行及时拆垛，显著减少了人力投入，如图 4-11 所示。被单独码放在传送带上的粉包在除去外层牛皮纸袋后进入风淋紫外线（UV）杀菌系统，首先使用压缩空气吹扫袋子表面的灰尘，然后进入紫外线杀菌隧道。经过外包装杀菌的粉包进入投料站（bag dump station/bag emptying station），打开 PE 内袋，将粉料通过风送系统运输至粉仓收集起来，等待下一步混合。投料站可分为手动投料站、半自动投料站和全自动投料站。手动投料站中配有金属滤网和除尘风机，需要手动打开内包装 PE 袋；在半自动投料站中配有割刀，可以实现自动割包，但需人工抖空袋子；全自动投料站则在此基础上，可以自动抖袋并配备废袋收集设备。

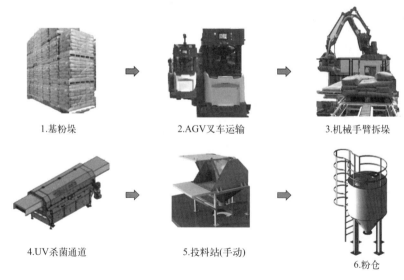

1.基粉垛　　　　　2.AGV叉车运输　　　　　3.机械手臂拆垛

4.UV杀菌通道　　　　5.投料站(手动)　　　　6.粉仓

图 4-11　常见的粉料处理设备

由风送系统运输粉末，真空泵产生负压，通过管路将物料从投料站抽至真空粉仓内。通过换向阀，投料站可连接多个真空罐。在粉料的处理过程中，应控制空气湿度，用转轮除湿机去除空气中多余的水分，以防粉料吸湿后结块。此外，还需要及时回收空气中的粉末，以防出现粉尘爆炸事故。

（2）维生素、矿物质和其他辅料的添加与称重料斗　虽然维生素、矿物质和其他辅料如低聚糖、葡萄糖等同为粉类原料，但相较于乳基粉末，这些原料的用量更少，种类更多，在配料时需要更精准的配比。在传统工厂中，配料时通常是人工对各种粉料进行称量，易出现误差或引入微生物污染。在现代化工厂中，通过全自动在线称重系统，可以在密闭条件下实现营养素"微克级"的精准添加。全自动在线称重系统的核心是传感器和失重式称量料斗（loss in weight hopper/gravimetric hopper）。如图 4-12 所示，粉仓中的原料经过进料器进入称重站的过渡料斗，其下方连接着配备螺旋机的称重料斗。失重式称量料斗是指粉仓下方的供料器先迅速将料斗填满至最高水平，之后测量从料斗中排出物料重量的称重方式。称重料斗可以通过设定螺旋机的旋转速度来控制出料量的恒定性和准确性。称重传感器可以检测流出物料的重量与设定速度是否一致，如不一致，可通过自动控制系统调节上游粉仓的供料器。当称重料斗中的粉量达到最低水平时，必须重新填充失重料斗。

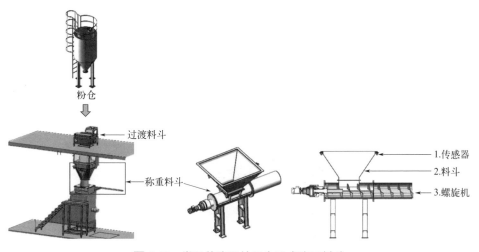

图 4-12 常见的称重站和失重式称量料斗

在现代化的乳粉生产中，《婴幼儿配方乳粉生产许可审查细则》（2022 版）规定企业应采用产品数字化信息系统实现配料、混合自动化控制，可以不进行人工复核，但系统应有防错设计。全封闭的自动化称重系统通常由若干大型储料罐、中小型储料罐、料斗和运输系统组成。原料粉经金属检测或 X 射线异物检测后进入生产线，为了避免原料混淆，各个原料粉都标有条形码，条形码扫描并确认后，原料通过气动真空运输系统运输至相应的缓冲料斗中。运输空气经干燥器制备后，可保证原料不会受到空气中的水分影响。每种原料会配备单独的料斗秤，以符合规定的精准度。一旦所有成分按照配方中指定的确切数量放在秤上，整批产品就会被排放到混料机中。自动化称重系统在满足良好生产规范相关要求的同时，还可以实现加工过程透明度最大化、连续批次可追溯性、产品质量的一致性，在高度自动化的生产过程提高加工工艺的稳定性和可靠性。

（3）油脂的添加和封氮油罐　在婴幼儿配方乳粉的生产中，油脂是在湿混工艺中形成稳定"乳液"时不可或缺的原料。通过添加未氢化植物油（通常以混合物形式提供）和卵磷脂以改善最终产品的乳液稳定性，也可同时添加脂溶性维生素。脂溶性维生素通常单独溶解，然后添加到油混合罐中。婴幼儿配方粉中常见的油脂原料包括植物油、鱼油、无水奶油等，这些油脂原料可以是液体（如大豆油、玉米油等）或者包埋形成的固体粉末（如DHA干粉）。为防止脂溶性原料凝固，油脂需要预热达到一定温度，预热的油通常在线添加到已预热产品的混合物中，然后进行均质和冷却处理。多不饱和脂肪酸等易氧化的特种油脂原料需要特殊处理，在均质之前必须在惰性气体（如氮气）的持续保护下添加到油混合物中，以尽可能长时间地保护油脂。在处理液态的油料时，需要有带氮封系统的储藏罐，如图4-13所示。氮封可以在液面上形成气体保护层，利用高纯度惰性且完全干燥的氮气取代上层空间的潮湿空气，是一种安全可靠的方法。相较于储藏

图4-13　常见粉料处理封氮油罐示意图

罐，封氮油罐顶部有两个气阀，氮气从封氮阀进入罐体，将罐中的空气从通气阀排出，从而降低油脂氧化的速度。罐体和封氮装置上均连有气压计，用于监控罐体内气压状况，当氮气过高时，需通过专门的泄氮阀将氮气排出。同时在封氮装置附近应安装氮气报警装置，以降低氮气逸出造成人员窒息的风险。相比于，水溶性液体油脂原料黏度更高，在温度较低时会凝固。因此，油罐的保温性能更高，同时罐体应配备加热和搅拌装置。在添加脂质原料前，先将脂质加热至约60℃，以确保所有成分完全熔化。高温还有助于降低混合物的黏度，从而促进其掺入蛋白质基质中。

婴幼儿配方乳粉通常使用不止一种液体油原料，油液从各自的储藏罐流入油混合罐中。需要添加脂溶性维生素（维生素A、维生素D、维生素E、维生素K等）时，首先需将其溶解在油中，然后添加到油混合罐中。如果脂溶性维生素是以包埋干燥后形成的固体粉末方式提供的，则应在干燥之前将它们预混合或与喷雾干燥后的粉末混合并添加到最终储存罐中。

（4）液体原料的添加和混料系统　基粉、辅料、油脂等经过各自称量系统准确称重后，确保符合配方要求。核对原辅料有关信息无误后，使用高剪切真空混料罐等配料设备进行混合，确保原辅料溶解并混合均匀。在混合过程中，需要添加液体原料将各种组分混合溶解以获得最终的无颗粒乳液。在乳粉加工过程中，可以使用水或者经过巴氏杀菌的牛乳，或者二者的混合物溶解粉状物料。粉质和液态原料在牛乳或水中混合并预热的混合物，被加热至适当的温度（55～80℃）后进行高压均质（30MPa左右）后并冷却。对于不同的婴幼儿配方食品产品，需要根据配方以适当的比例混合原料成分来制备湿混合物，这一步骤通常是通过使用称重装置和/或流量计来实现的。在使用水混合原料时，应注意使用的水必须符合国家饮用水相关卫生标准的规定。水中过多的矿物质含量会损害混合液的盐平衡和热稳定性，进而导致巴氏杀菌或超高温瞬时杀菌（UHT）中出现结垢问题。此外，水中过多的铜或铁可能会导致脂肪氧化并产生异味。

混合装置分为"批次混合"和"连续混合"[15]。连续混合系统需要连续按比例测量所有成分，关键是防止泡沫的形成，如果留有泡沫，会在后续加工阶段引起问题并导致产品损失，为了防止泡沫形成，混合装置在真空下运行，然后将混合物储存在大罐中以确保完全水合，必要时可以调整总固体量。水溶性矿物质分别溶解在热水中并添加到混合物中。通过添加碱或柠檬酸溶液来调节混合物的pH值。无论是使用批次混合还是连续混合，管道和储罐都应该用压缩空气冲洗，并且混合管线应该每天至少进行一次"原位清洗"（cleaning in place, CIP）。

批次混合机通常用于混合相对大量的原料。在乳粉加工中，为节省能源，多采用批次配料的方式，通过高剪切真空混料机进行混料。其工作原理是：将液体泵入真空混合罐内，通过罐体的开口或管道，将粉末和液体原料连续地吸入或排出；高速旋转的叶轮，使罐内液体形成漩涡，此时投下的物料顺势而下，进入刀头的叶轮和剪切网中；在离心力的作用下，物料和液体的混合物高速穿过剪切网而被剪碎、混匀、溶解。所有这些过程都通过叶轮产生的剪切力驱动并在混合罐中进行。图 4-14 中展示了批次式真空混合罐的常见结构。其罐体类似图 4-4 描述的真空脱气缸，但原料的进出流向更为复杂。真空产生吸力将配料（粉末和液体）吸入罐中，并且真空脱气后的混合液更均一稳定。液体原料可以从混料罐顶部或底部的进料口添加，或从喷嘴处喷入罐体，在添加油脂时则在混料罐底部的进料口进入罐体。对于粉质原料，罐底部的粉末进料口可连接进料斗或者粉仓，罐内真空有助于将其从粉末进料口通过板式阀吸入罐。通常，粉末是从液面下进入混合罐时的，这有助于粉末的脱气和快速浸湿。在所有干燥的物料溶解后，将混合物储存在水合罐中，让所有干燥成分完全水合。此时，可以向混合物中添加水溶性矿物质，如有需要，可以通过添加碱（KOH 或 NaOH）或柠檬酸溶液来调节混合物的 pH 值。高剪切混合刀头高速旋转并且在液体中形成漩涡，在罐体中心处，物料沿漩涡方向自上而下，接触底部后沿罐壁向上循环。当各种原料形成均一稳定的乳液后，经混料液出口排出。

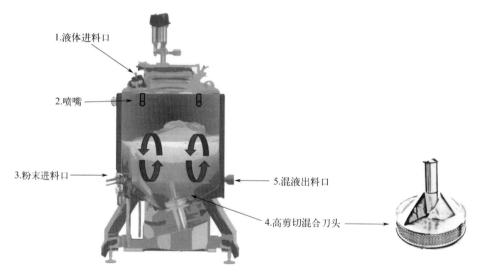

1.液体进料口

2.喷嘴

3.粉末进料口

5.混液出料口

4.高剪切混合刀头

图 4-14 常见批次式高剪切真空混料机罐体结构（彩图）

这种类型的高剪切混合器十分高效并且有不同尺寸，适合快速处理大量物料。由于尺寸较大，需将其放在相对宽敞的环境中。当这种大型设备用于混合黏性溶液时，很可能会在罐内表面产生原料残留。手动清理需要拆卸或组装，因此工作量巨大。对于全自动混合机来说，原位清洗则可以自动完成。此外，这种类型的高剪切混合器容易操作，不需要太多的技术支持，从而减少了操作人员的培训成本。

相对于批次式高剪切混料机，另一种适用于连续混合的高剪切混料器称为在线高剪切混合器。其原理是液体泵入混合机泵腔形成的真空，把干粉从料斗中吸下与液体混合，在叶轮的旋转作用下，将混合料泵出。这有助于快速地混合各种成分，包括粉末和液体成分。图4-15中所示的在线高剪切混合器主要部件为高剪切刀头和外壳，刀头中的叶轮和剪切网在外壳内，外壳的两端都有入口和出口。刀头和外壳中间是密封的混合腔（图4-15）。液体沿轴向进入刀头内部，被离心力甩出至混合腔。粉末原料通过外壳上的进料口进入混合腔，在液体和干物料到达桨叶孔隙之前，通过使用分散管保证其互不接触，直至到达混合腔时，粉末才与不断流动的液体连续混合。与批次式高混机相比，在线高剪切混合器占用的空间相对较少。通过更换不同的剪切刀头，可实现混合、溶解和分散固体成分。

图4-15 常见连续式在线高剪切混合器（彩图）

在选择混料设备时，通常根据原料的特性和混合的效果进行选择。对于脂肪含量较高的产品，在线高剪切混合器可实现产品的在线乳化和稳定剂在线分散，适用于干物料含量和黏度均中等，即干物质小于60%左右和黏度小于2000cP❶的情况。如需实现干湿法分离的原料添加和产品在线循环乳化、混合、溶解时，可使用在线混合器和高混机的结合系统，该系统适用的物料黏度和干物料含量均较

---

❶ 1cP=10^{-3}Pa·s。

低，即黏度小于 500cP 且干物质小于 40% 左右。完全离线的批次式高混机可处理的物料黏度和干物料含量最高，即黏度小于 50000cP 且干物质小于 80% 左右。利乐公司研发的 Scanima 混料技术已被广泛应用于现代乳粉的加工，其特点是可实现：①干湿法原料的高性能混合，乳化粒径低至 1μm；②柔性加工及同样适合植物基产品，适用黏度在 0～100000cP；③通过真空混合技术降低产品中空气含量 80%；④原位清洗的卫生型设计，保障食品安全；⑤提高混合效率与性能，降低综合成本。

尽管在混料机中可以对多种不同物理性状的原料进行混合，包括水、牛乳、粉末、油脂等，但是对于婴幼儿配方食品来说，混合料中的脂肪多以大小不一的脂肪球的形式存在，这种脂肪球结构无法在混料时得到有效的机械处理。因此需要专门的工艺及设备处理脂肪，使脂肪球变小，均匀地分布在牛乳中，使乳的质量更加均匀，同时改善口感，防止脂肪上浮。均质过程主要导致平均直径为 10μm 以下的脂肪球分裂成平均直径为 1μm 以下的小脂肪球，并使蛋白质（酪蛋白和乳清蛋白）吸附在新形成的脂肪球表面上以稳定乳液。蛋白质分子的疏水和亲水区域吸附后分别朝向脂肪相和水相，从而稳定乳液，使得乳液中的物料均匀分布。为了做到这一点，根据斯托克斯定律：脂肪上浮的速度与脂肪球直径的平方成正比，脂肪球的直径平均缩小到原来的 1/10，脂肪球的数目比未均质的牛乳增大超过 1000 倍。由于脂肪球和酪蛋白的吸附，增大了脂肪的密度，上浮速度变慢，防止了脂肪上浮。均质使得脂肪球表面积增大，增加了脂肪球的稳定性。此外，经过均质产品的脂肪聚集缓慢，显著提高了混合料液的加工稳定性。

在婴幼儿配方食品加工的湿混工艺中，通过高压均质机实现均质。高压均质机可以理解成是带有均质装置的泵。混合物进入泵体，由液压活塞泵加压。所达到的压力取决于活塞和阀座之间的距离。高压均质机主要通过对物料的挤压撞击、剪切和空穴作用，达到颗粒减小、分散均匀的目的。其均质原理为均质机通过电机带动柱塞，将物料泵送到均质阀处，在通过均质头和均质环的狭窄缝隙时，均质头在液压传动装置的作用下在缝隙处强力挤压物料，将物料剪切，撞击和通过缝隙瞬间压力的变化产生空穴现象，从而打碎脂肪球，达到增强稳定性、提高黏度、改进口感和颜色的作用。具体来说，剪切作用，即当高压物料在缝隙间流过时，在缝隙中心流速最大，而在缝隙避面处液体流速最小，促使了速度梯度的产生，液滴之间相互挤压、剪切，达到乳化均质；挤压撞击，即由于三柱塞往复泵的高压作用，液滴与均质阀发生高速撞击，从而导致液滴破裂变小，起到均质作用；空穴作用，则是在高压作用下，液料高频振动，导致液料交替压缩与膨胀，引起空穴小泡的产生，这些小泡破裂时会在流体中释放出很强的冲击波，如果这种冲击波发生在大液滴的附近，就会造成液滴的破裂，乳液得到进一步细化。

高压均质机的常见内外部构造如图4-16所示，主要由柱塞泵体和均质阀、电动机、传动系统与机架几个部分组成。传动部分是由电动机、皮带轮、齿轮箱、曲轴、连杆、柱塞等组成的。电动机产生的强大动力经皮带传送系统带动曲轴箱的连杆传动装置，从而将电动机的旋转运动转换成活塞的往复运动。活塞带动柱塞，在泵体内往复运动，在单向阀配合下，完成吸料、加压过程，然后进入集流管。柱塞泵为活塞泵的一种，只能通过改变电机转速或改变皮带轮尺寸来调节其容量。为了产生更高的压力，高压均质机安装了直径较小的活塞，但这将降低最大容量。均质机的柱塞泵通常有3～5个活塞，在高压气缸中运行。在婴幼儿配方乳粉生产中常用三柱塞式往复泵，它由共用一根轴的三个作用泵组成，三个单作用泵的曲柄互相错开120°，其吸液泵和排液泵也是三个泵共用。这样，在曲轴旋转一周的周期里，各泵的吸液或排液依次相差1/3周期，显著提高排液泵流量的均匀性。泵由高抗性材料制成并配有活塞密封座，同时需要安装管道防爆的安全装置。水被供应到密封座之间的空间以润滑活塞。

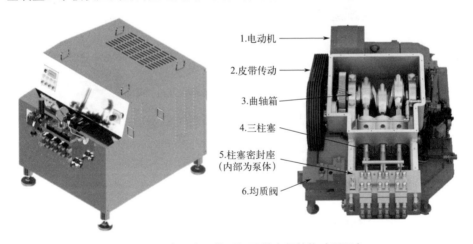

1.电动机
2.皮带传动
3.曲轴箱
4.三柱塞
5.柱塞密封座（内部为泵体）
6.均质阀

图4-16　常见高压均质机及其内部结构（彩图）

高压均质机的核心部件为均质阀，均质阀安装在高压泵的排出口处，由均质头、均质环（冲击环）、阀座、液压传动的阀杆组成（图4-17）。由于需要承受较大的冲击力，这些部件多采用钨钴铬合金（用于牛乳均质）或硬质合金（腐蚀性强的液料）等制成，阀中接触料液的材质必须无毒、无污染、耐磨、耐冲击、耐酸、耐碱、耐腐蚀。

图4-18中展示了一级、二级均质阀的结构示意。一级均质主要应用于低脂乳制品、高黏度产品。二级均质主要应用于脂肪含量较高、干物质含量较高、均匀化程度要求较高的产品。最常用的二段阀式均质机，第一段和第二段压力分别为

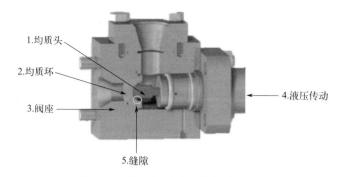

图 4-17　均质阀的主要结构（彩图）

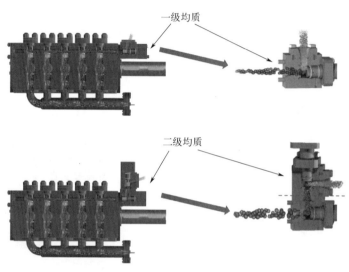

图 4-18　一级均质和二级均质阀（彩图）

约 13.8MPa 和约 3.5MPa[8, 9]。对于一级均质阀，柱塞泵将混合料液的压力从入口时的 300kPa（3bar❶）根据产品种类提高到均质压力 10 ～ 25MPa。料液以较高的压力被送入阀座与均质头之间的空间，间隙的宽度大约是 0.1mm 或是均质乳中脂肪球尺寸的 100 倍。均质头在均质环内，而液体与之对向流入，并以极高的速度通过均质头和均质环之间窄小的环隙。此时所有柱塞泵传过来的压力能都转换成了动能。经过均质后，一部分能量又转回为压力能，另一部分能量作为热量散失。在均质装置中每降低 40bar 压力会使料液温度升高 1℃，用于均质的能量不足 1%。尽管如此，高压均质还是目前分散脂肪最有效的方法。对于二级均质阀，第二级均质阀可为第一级提供恒定可控的背压，优化一级均质的条件。在经过一级均质阀后，小脂肪球在高速流动的液体中可能发生碰撞并再次聚集，二级均质阀可以

❶ 1bar=100kPa。

有效打散一级均质之后形成的小脂肪球簇，有效保证均质的效果。均质压力可以设定并在设备外壳的高压表上显示。

均质的主要目的是将较大粒径的脂肪颗粒打散成均一的小脂肪球，以改善料液（牛乳）中脂肪分布的均一性。除了在混料过程中的应用，均质机也可安装于原乳处理时离心分离和巴氏杀菌步骤之间，或在干燥过程之前对浓缩乳的处理。然而均质也可能对终产品产生一些负面影响，如脂肪颗粒表面积增加可能导致脂肪和蛋白质分解得更快、更容易，并影响最终产品的品质[16]。有研究表明，产品的高压均质化与蛋白质-脂质再分布以及钙和锌的再分布有关。此外，均质过程可能重构牛乳蛋白的网状结构并导致产品产生凝乳现象，从而缩短产品的保质期。由于均质加工步骤中酪蛋白-乳清蛋白的相互作用，高压均质化是造成婴幼儿配方食品微观结构和成分相互作用变化的原因[14]。

UHT 加热处理后，可以减少后续的热加工（包括浓缩和喷雾干燥）对粉状婴幼儿配方食品物理化学性质和功能特性的影响。可以通过使用直接热处理（加热介质和产品之间直接接触，例如蒸汽注入或蒸汽喷射）或间接热处理（使用管式或板式热交换器）来实现加热。使用管式换热器的间接加热主要用于加热湿混合物。蒸汽喷射加热方法可用于高固形物含量的湿混料，可以省去制造中的浓缩步骤。

在连续加工的情况下，经热处理并冷却的混合物（5℃）被泵送到临时储存罐，并向该罐中添加水溶性维生素。现代生产中越来越多地使用包埋的微囊化脂溶性维生素，在这种情况下，所有维生素都可通过冷水溶解预混物的形式添加。这种维生素预混物可以溶解在冷水中并在干燥前添加到临时储存罐中，或者以预混物粉末的方式添加（干法工艺）。

所有用于混合、水合和储存的设备以及排放管线应每天至少进行一次原位清洗（CIP），而热交换器应每 8h 进行一次 CIP 清洗，以控制微生物。在此阶段，应通过化学和微生物检测监控混合物的质量，以确定其是否符合所有产品质量要求，然后再将此混合物用于蒸发和干燥。

在乳基粉料、辅料、油脂和液体原料添加之后，所有原料经过混合和均质，储存在暂存罐中等待进入蒸发浓缩工艺过程。

4.1.2.3 蒸发浓缩过程

在婴幼儿配方食品加工中，需要将液体的混合乳干燥脱水成为粉末状固体，其中需要蒸发掉大量的水分。蒸发浓缩是指从溶液中蒸发掉水分，从而提高混合物的固形物含量[10]。须控制喷雾干燥前混合物的固形物含量的最优值。如果直接对干物质含量 20% 左右的混合乳进行干燥，设备不能得到充分利用，所需的时间和能源成本高，并且直接进行干燥会对最终粉末的质量产生不利影响。而浓缩后的奶液经喷雾干燥制成的乳粉保质期更长，粉末颗粒更大，所含空气更少。因此在实际生产中，混合乳在被泵送到干燥机之前，首先会经过蒸发浓缩，脱去一部分水分，使总固形物含量从初始的20%左右提高到最终的40%～50%，得到浓缩乳。蒸发过程中混合料液的最大允许浓度取决于后续的干燥技术。

（1）混合乳的预处理和闪蒸罐　当进入蒸发浓缩过程时，混合乳从暂储罐输送至平衡罐内，混合乳的温度为5℃左右，为了降低能耗和蒸汽的使用量，需要对混料奶进行预热，经过预热的混合乳升温至50℃左右，进入闪蒸罐，快速脱除部分水分。

闪蒸罐的结构如图4-19所示。其原理是一定温度的混合液体从高压环境注入相对低压环境的容器中，部分水汽化为蒸汽。高温高压的混合液从进料口进入低温低压的闪蒸罐，迅速蒸发部分液体并冷却至与闪蒸罐内相同的温度，经闪蒸初步浓缩的混合乳从闪蒸罐下方的出口流出，水蒸气则上行从顶端出口与液体分离。

图 4-19　常见闪蒸罐的结构

经过闪蒸之后的混合乳需要经过巴氏杀菌，以抑制微生物的生长。婴幼儿配方食品的微生物控制，需满足 GB 10765—2021 中的菌落总数要求 [17]。混合乳的杀菌，除了可以采用间接式换热器以外，还可以使用直接蒸汽喷射式杀菌器。间接加热方式，料液不会与加热或冷却介质接触，但其处理时间较长，易结垢，甚至产生焦煳 [18]。

图4-20展示了常见的直接蒸汽喷射式杀菌器，未经加热的混合乳从上端进料口进入，上端进料口通入高温蒸汽，沿切线方向在杀菌器内与料液直接接触，形成涡流，使牛乳温度瞬间达到设定值，然后进入保温管保温，完成杀菌过程。

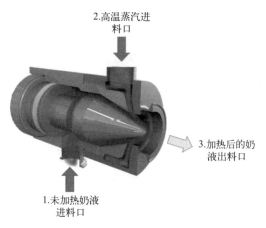

图4-20　常见的直接蒸汽喷射式杀菌器（彩图）

（2）浓缩与蒸发器　蒸发是干燥前去除水分的必要工艺步骤，比喷雾干燥需要更少的能量[14]。为了尽可能减少热损耗，浓缩通常在真空条件下进行，以降低蒸发所需的温度。蒸发浓缩过程中保持一定程度的真空可以降低湿混合物的沸点，在压力为16000～32000Pa的真空下，此时水的沸点仅为55～70℃，从而保护热敏成分免受热损失[19]。婴幼儿配方食品的湿混合物通常在50～70℃之间的温度下浓缩，有时可低至40℃。乳清蛋白在此温度下的变性程度也是最小的[11]。真空浓缩不仅减少了营养成分的损失，还有利于提高乳粉的质量，也可以极大地减少混合乳液中空气含量，这有利于乳粉保存时避免发生脂肪氧化。沸点降低，加大了加热介质和牛乳间的温度差，提高了传热量，提高了生产能力并为多效蒸发及配置热压泵创造了条件，从而节约了热能（蒸汽）和冷却水消耗量。

与喷雾干燥相比，通过蒸发浓缩去除水分更为经济，因此通常在最终干燥之前使用蒸发器对混合物进行浓缩。这一过程具有以下优势：①浓缩前的混合物黏性较低（即含有较低的固体成分），可实现在更高温度下有效地对混合物进行热处理，并且有助于减少设备的结垢问题；②由于浓缩物的固体含量较高，每公斤粉末需要蒸发的水更少，从而提高了后续干燥步骤的效率，更加经济环保；③浓缩物的脱气有助于减少粉末中夹杂的空气含量；④使用较高总固形物含量的浓缩物可通过减少粉末颗粒的聚集结块来改善干燥产品的粉末特性，并获得更长的保质期。

常用的蒸发器有降膜蒸发器（falling film evaporator, FFE）、升膜蒸发器（rising film evaporator, RFE）和强制循环蒸发器（forced circulation evaporator, FCE）等。其中降膜蒸发器（是薄膜蒸发器的一种）适用于温和蒸发热敏产品，应用最为广泛。

降膜蒸发器是一种立式管壳式换热器（图4-21），底部装有汽液分离器（vapor-liquid separator, VLS）。待浓缩的液体被循环泵送入降膜蒸发器加热室上管箱（加

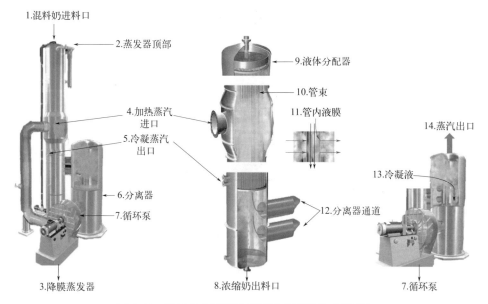

图 4-21　常见的降膜蒸发器及其主要结构（彩图）

热管的顶部），通过顶部的液体分配器及成膜装置确保各换热管内的液体负载均匀，并沿换热管内壁呈均匀膜状流下。降膜蒸发器的管子直径为 4 ～ 5cm，最长可达 600cm。在流下过程中，液膜中的液体被壳程中的加热蒸汽汽化，蒸汽的阻力增加了湍流并提高了传热性能，产生的蒸汽与浓缩液向下流过管束并共同进入蒸发器底部的分离室。浓缩乳从蒸发器底端流出，蒸汽则被风送进汽液分离器（VLS）。分离器将汽相与液相分离，蒸汽离开分离器进入冷凝器冷凝或进入下一效蒸发器作为加热介质，从而实现多效操作，液相则循环至蒸发器底部的分离室。

　　在上述过程中，液膜中的液体被充斥在外壳空间（壳程）中的加热蒸汽汽化，这部分气体被称作二次蒸汽，即指从溶液中溶剂汽化的那一部分气体。在加热条件下牛乳中的水分汽化形成蒸汽。相对于二次蒸汽，锅炉产生的饱和加热蒸汽称为生蒸汽或叫一次蒸汽。

　　二次蒸汽的处理对于蒸发过程非常重要。如果二次蒸汽不及时排除，沸腾液面上水蒸气增多，压力增大，逐渐达到饱和，使蒸发无法进行。因此使用分离器分离二次蒸汽和物料，减少物料损失，提高二次蒸汽洁净度，同时防止污染管道和蒸发器的加热面。带有液滴的二次蒸汽沿分离器的壳壁成切线的方向进入，使气流产生回转运动，液滴在离心力作用下被甩到分离器的内壁，并沿分离器内壁流下，流回蒸发室内，二次蒸汽由顶部出口管排出。二次蒸汽由分离室顶部离开，被继续利用。

　　离开分离器的二次蒸汽，需经过冷凝器被冷却水冷凝形成液体，以减轻形成真空系统的负担。真空状态下的二次蒸汽进入冷凝器外壳空间（壳程），在冷凝器内被冷凝成水，未凝结的不凝性气体在上部被真空泵抽出，冷却水通过泵排出。冷凝器采用循环冷却水管式换热冷却法。冷凝器的基本结构如图 4-22 所示。

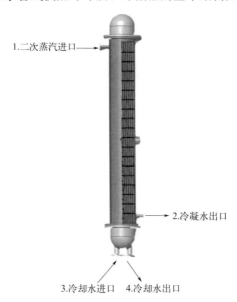

1.二次蒸汽进口

2.冷凝水出口

3.冷却水进口　4.冷却水出口

图 4-22　常见的冷凝器的主要结构

降膜蒸发器有以下优点：传热系数高、导热快、液体在加热管表面的停留时间短（热损小）、可用于最小蒸发量、所需空间小、高蒸发率、适合在高真空下操作。其操作灵活度较高，不仅可以满足良好生产规范（GMP）的要求，也可以单程或再循环，可处理并流或逆流的蒸汽和液体，并可在一个设备中配备多个蒸发器。由于这些优点，降膜蒸发器特别适用于对温度敏感、低黏度、结垢倾向低的产品以及多组分混合物的分离，因此已被广泛应用于婴幼儿配方食品的生产。但降膜蒸发器的应用同样有些局限，包括管子因结垢而堵塞，管子清洗困难；设备对蒸汽压力波动高度敏感；真空突然失效会导致大量的夹带损失（即物料受压力影响形成鼓泡引起雾沫而被蒸汽带走造成物料流失）和管子结垢；需要注意保持所有接头无渗漏以保持所需的真空状态。

升膜蒸发器（图 4-23）通常用于蒸发浓缩中度热敏液体。升膜蒸发器是一种可实现适度蒸发的薄膜蒸发器，适用于高黏度和热敏性物料。升膜蒸发器也是垂直管壳式换热器，顶部安装有汽液分离器（VLS）。升膜蒸发器根据管内液体/液体-蒸汽混合物的密度差进行操作。待浓缩的液体在加热管束的底部进料。当液体进料接收热量时，产生的蒸汽将携液体上升。蒸汽和饱和平衡液体在分离器（VLS）中分离。

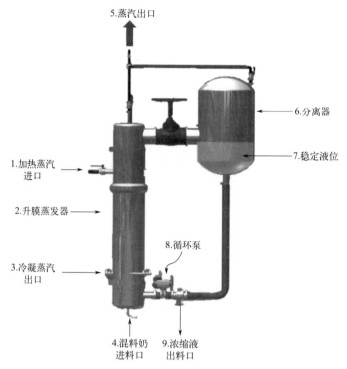

5.蒸汽出口

6.分离器

1.加热蒸汽
进口

7.稳定液位

2.升膜蒸发器

8.循环泵

3.冷凝蒸汽
出口

4.混料奶   9.浓缩液
进料口   出料口

图 4-23　常见的升膜蒸发器及其主要结构

乳制品行业通常使用多效蒸发器（multiple-effect evaporators, MEE）以达到蒸发的目的。它由蒸发器和一个或两个加热系统构成，可以最大限度地提高蒸汽经济性，因为一个效产生的蒸汽可用于加热另一个效。在大规模的工业生产中，往往需要蒸发大量的水分，这需要大量的能量来加热水以产生蒸汽。乳粉加工厂通常使用连续的多效管式蒸发器。为了最大限度地降低能源成本，现代蒸发器可能具有六效或七效装置，配有热蒸汽再压缩（thermal vapor recompression, TVR），或一至两个机械蒸汽再压缩（mechanical vapor recompression, MVR）装置。第一效蒸发的水在第二效热交换器中冷凝，为第二效的蒸发提供能量（以此类推）。表 4-2 比较了不同效数蒸发器的蒸汽经济性，可以看出效数越高，蒸汽经济性越高。

表 4-2　蒸发器蒸汽经济性比较

蒸发器类型	蒸汽效益，（1kg 水蒸发得到蒸汽的量 /kg）
单效	0.90 ～ 0.98
双效	1.7 ～ 2.0
三效	2.4 ～ 2.8
三效带 TVR	4 ～ 8

蒸发的主要经济性是通过蒸汽的连续再利用获得的。在连续利用蒸汽时，可以通过热蒸汽再压缩（TVR）和机械蒸汽再压缩（MVR）两种方式进行再压缩。热蒸汽再压缩（TVR）可提供与增加一效蒸发器同等的节约蒸汽和节能效果。TVR 采用蒸汽喷射器（图 4-24）回收二次蒸汽，降低系统对一次蒸汽的需求，达到节能效果。来自第一效蒸发器的一部分二次蒸汽在蒸汽喷射器中循环和再压缩，以提高蒸汽的温度和压力。蒸汽喷射器把高压（一次）蒸汽的势能通过极细的喷嘴转化高速动能，带动吸引低压（二次）蒸汽在喷射器混合段充分混合，降速，升压，供生产之需。产生的混合蒸汽（一次蒸汽加上二次蒸汽）用于预热第一蒸发阶段，从而降低系统对一次蒸汽的需求，实现节能。在通常条件下 1kg 的一次蒸汽可将 1kg 70℃ 的二次蒸汽加热到 84℃，使其重新作为加热热源供生产之需。使用热压缩机从第二效抽气时，必须选择正确的热压缩机温度以达到比第一效的沸点至少高 5℃ 的温度。热压机的性能受排管内传热率、吸气压力、排气压力和动力蒸汽压力的影响。

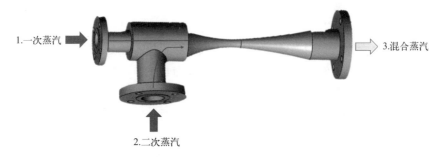

1.一次蒸汽　　　　2.二次蒸汽　　　　3.混合蒸汽

图 4-24　常见的蒸汽喷射器的外部结构和物料流向

热蒸汽再压缩（TVR）有以下优点：没有活动部件，因此不会磨损；高度运行可靠性；TVR 的一次性设备投资远低于 MVR；几乎不消耗一次蒸汽和冷却水；在相同的蒸发率下，带 TVR 系统的蒸发器比直接蒸汽蒸发器使用更少的蒸汽和水；配备 TVR 的蒸发器比未配备 TVR 的蒸发系统使用的换热面积更少，设计简单有效。

相较于 TVR，机械蒸汽再压缩（MVR）需要通过鼓风机或压缩机等机械驱动设备实现蒸汽压缩，通过增加二次蒸汽的热量并再利用其加热原料，回收二次蒸汽的潜热。MVR 蒸发器产生的二次蒸汽被离心式鼓风机或离心式压缩机压缩，从而提高其压力，之后被送入热交换器的加热室，对原料进行加热实现二次蒸汽潜热的回收利用。

随着能源成本的增加，带 MVR 的蒸发器与带 TVR 的多效蒸发器的竞争越来越激烈。相比于 TVR，MVR 还有其他优势，例如蒸发量高达 0.5 ～ 100t/h；在稳定运行期间几乎不需要额外的蒸汽和冷却水，每吨水的蒸发能耗为 15kW·h 至

100kW·h；可与任何类型的蒸发器配合使用。具有能耗低，性能系数高，冷却塔负载轻的优点。简化了蒸发过程，从而简化了操作，结构紧凑，占地面积小。然而驱动 MVR 所需的能量可能比蒸汽更昂贵。因此，实际节省的费用取决于运行 MVR 所使用的蒸汽和其他形式的能源价格。MVR 还有一些潜在的优点：①可将第一效的最高蒸发温度降低到产品热损最小的程度；②使最后一效的蒸发温度可以足够高，从而降低浓缩液的黏度，便于浓缩液的后续加工处理，可以省略干燥前浓缩物的预热步骤或使用更温和的预热处理；③最终效中较高的温度也会降低排管中的阻塞。因此，设备可以运行更长时间。MVR 的主要缺点是设备支出、维护成本和噪声问题较大，MVR 的投资回收期约为 2～2.5 年。

对于多效蒸发过程，使用两个或多个串联的蒸发器并逐渐降低温度可减少对混合乳的热损失，特别是当不断浓缩的产品接近最终密度时变得更黏稠，加工难度更大时。因此，最后阶段在 70℃、57℃和 44℃下运行的三效蒸发器可提供理想的产品质量、浓度水平和工厂经济性。这种设计使得来自前一效的蒸汽可被下一效再利用，从而实现更大的经济性以及更温和的热处理。多效蒸发器的浓缩过程主要分为以下四个步骤：

① 先将混合物从平衡罐通过泵送至巴氏杀菌机进行热处理，从 5℃间接加热到 80℃，略高于第一效蒸发器的沸点温度（约为 60℃），高压蒸汽注入热压缩机（如热蒸汽再压缩或机械蒸汽再压缩）增加了第一效蒸汽的压力，然后使用一次蒸汽 / 蒸汽混合物加热第一效 [20]。

② 湿混合物进入第一效蒸发器，向下通过内部蒸发器管，经蒸汽喷射器加热至 90～120℃，保持 5～30s，水分蒸发形成薄膜，然后快速冷却到 78℃。

③ 混合乳和加热介质（蒸汽）通过换热管相互隔离，水则通过间接加热蒸发，蒸汽冷凝过程中释放的热量通过换热管传递给湿混合物。来自蒸发器的二次蒸汽和来自闪蒸处理系统的热量用于将湿混合物预热（即再生）。

④ 浓缩液在加热管底部和蒸汽分离器中与蒸汽分离，并被泵送到第二级。这一级的真空度更高，对应的沸点约为 50℃。在第二级中进一步蒸发后，浓缩物再次在加热管底部和蒸汽分离器中与蒸汽分离，并泵出系统用于下一步处理。

还有一些其他因素会影响蒸发浓缩过程的效率和设备选择，包括：

① 浓度：应考虑溶液中溶质的初始和最终浓度。随着浓度的增加，沸点升高。

② 起泡：当混合液具有起泡倾向时，会显著降低热传递，并且难以控制液位，最终会增加夹带损失。

③ 热敏感性：与许多其他食品一样，混合乳对高温很敏感。受热接触时间越长，乳蛋白破坏就越严重。

④ 结垢：这是固体在换热器表面沉积的常见现象。保持合理的温差和采用相

对清洁光滑的传热表面，可以显著减少结垢的形成。混合液的流速对结垢也有明显影响。当结垢出现时，传热率会降低，清洁也变得更困难。

⑤ 设备材料：不锈钢是乳制品和食品行业蒸发器最常见的金属材料。如要选择其他金属，应考虑其强度、韧性、可焊性、无毒、表面光洁度、成本等因素。

⑥ 比热：随溶液浓度而变化，在高比热容下需要提供更多热量。

⑦ 黏度：在蒸发过程中溶液的黏度会增加，这将会增加受热接触时间，从而增加产品热损的概率。

⑧ 容量：表示为每小时蒸发的水量。它取决于传热的表面积、温差和总传热系数。

⑨ 经济性：基于每千克蒸汽所蒸发的水量。它随着效数的增加而增加。

通过观察黏度或总固形物浓度来确定蒸发的终点，喷雾干燥之前固体含量通常在 50% ~ 60% 比较合适。送入喷雾干燥器的浓缩湿混合物的黏度通常会成为喷干过程的限制因素。尽管黏度由剪切力决定，但为了在喷雾干燥过程中有效雾化湿混浓缩物，黏度不应高于 60mPa·s。蛋白质的预处理也会影响湿混合物的黏度和体积分数。湿混合物的乳清蛋白/酪蛋白的比例也影响浓缩物的黏度。例如，观察到黏度随乳清蛋白/酪蛋白比例的降低而降低。这可能是因为湿混合物中更高的乳清蛋白含量会增加加热过程中变性乳清蛋白的量，最终会增加浓缩湿混合物的黏度。加入高分子量麦芽糊精也会增加湿混浓缩物的黏度，并且湿混合物的黏度随麦芽糊精浓度的增加而增加 [20, 21]。

当浓缩乳从蒸发器流出时，标志着蒸发过程结束，此时浓缩乳会被收集在暂存罐中等待下一步的加工工序——喷雾干燥。

4.1.2.4 喷雾干燥过程

为了达到婴幼儿配方食品终产品中含水量小于 5% 的要求，还需要对上一过程中的浓缩奶进一步进行喷雾干燥 [9]。

喷雾干燥是指使用热空气在喷雾干燥器中对浓缩混合物进行的干燥过程，用以获得具有良好润湿性、溶解性、味道和营养品质的粉末 [22]。喷雾干燥的原理是将混料液通过喷嘴或旋转阀盘雾化器以极小液滴的形式喷入充满循环热空气流的干燥室中。乳滴被干燥，因此干物质以粉末颗粒的形式保留下来，并从腔室底部连续落下。极小的液滴显著增加了表面积并可以实现快速传质（水分）和传热。

喷雾干燥是颗粒形成和干燥最常用的生产工艺，可以保存有价值的营养成分 [23]。该方法适用于高含水量和高黏度或略带糊状特性的流体，是适合干燥乳制品（如牛乳、乳清和婴幼儿配方食品）的连续生产工艺。喷雾干燥过程非常迅速，物料所受温度低，时间短。干燥过程是在完全密闭状态下进行的，干燥塔内有一定的负压，这样保证了生产中的卫生条件，避免了粉尘飞扬。

在生产婴幼儿配方食品时，由于原料成分复杂并应尽可能保证均一性，需要对浓缩奶进行再次均质。此外，喷雾干燥通常是婴幼儿配方食品制造过程的最后阶段，需要灵活的喷雾干燥器来满足不同的产品配方的需求，这同时也是湿混法生产的最后一个关键工艺。

传统的喷雾干燥器由以下主要部件组成：干燥室、热风系统、粉末分离系统、进料系统、雾化装置、风送和冷却系统、流化床等，分别对应空气、浓缩奶和粉末三种物料流的处理过程。喷雾干燥阶段所涉及的主要设备如图 4-25 所示，基本步骤如下：

① 干燥空气的加热：带有风扇的空气加热器、空气过滤器和送风管道；

② 料液雾化形成小液滴：带有泵和储罐以及料液预处理的供料系统和雾化器（雾化喷嘴）；

③ 空气和喷雾的接触以及喷雾的干燥：通过将液滴置于干燥室的加热气流中蒸发液体，从而产生部分干燥的固体粉末；

④ 干燥粉末的分离和空气的净化：粉末产品的收集系统（排放、运输和包装）

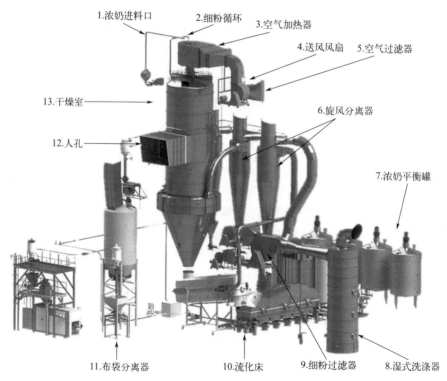

图 4-25　常见的喷雾干燥系统（彩图）

以及通过带风扇的排气系统、湿式洗涤器从气流中分离颗粒。

此外，喷雾干燥设备依据其复杂程度不同，也可分为单级喷雾干燥设备和多级喷雾干燥设备。单级喷雾干燥设备是用于生产粉末的最简单装置。整个干燥过程发生在一个单元，即干燥室中。这种类型的装置被称为单级干燥器，包括带有雾化系统的干燥室、空气加热器、用于从干燥空气中收集成品粉末的系统以及必要的空气输送系统。由于粉末仅在干燥室中干燥，难以形成聚集度较高的粉末，通常用于生产小粒径和高细粉含量的粉末。而多级喷雾干燥设备即单级干燥系统串联一个或多个流化床干燥器进行扩展。附加的流化床可以是静态/充分混合型床或振动/摇动型（活塞流）床或两者的组合，后者通常称为三级干燥。在能源消耗方面，多级干燥器比单级干燥器更好，并且能够在较低的空气出口温度下工作，还可以提高产品质量，具有更好的热效率和操作效率以及更好地满足环境可持续性的需求。

喷雾干燥过程中的主要设备——喷雾干燥机可以按照雾化方式（压力雾化、离心雾化、气动雾化）、加热空气的方式（蒸汽、燃料、电）、干燥室位置摆放（垂直或水平）、物料流与气流相对方向（逆流、并流、混合流）、干燥器中的压力（大气压或真空）、腔体底部形状（平底或锥形）等诸多因素进行分类组合。乳粉生产工厂会依照实际需求和原料特征进行调整。下面介绍喷雾干燥的核心工艺流程及关键设备。

（1）浓缩奶的预处理及供料系统　浓缩奶从储罐中泵出后，须经预处理方可进入核心的喷雾干燥阶段。预处理是通过进料系统完成的，进料系统是蒸发器和喷雾干燥器之间的纽带，包括浓奶罐、预热系统、过滤器、高压均质机和相应的泵送管线。

对于浓缩奶的储存罐，通常配备2个罐体，并至少每小时切换一次。这是由于操作温度为40～45℃的食物中存在细菌生长的风险。因此，当一个罐正在使用时，另一个应当及时进行清洗。每个罐的大小应该对应下游喷雾干燥机15～30min的流量，并配备盖子和用于CIP清洗的喷嘴，以避免污染并利于清洗。

由于雾化需要比来自蒸发器的浓缩奶更高的进料温度，在预热器中，浓缩奶被热水预热至75℃，因此，必须使用间接或直接预热器对浓缩奶进行加热。由于此时的浓缩奶固体成分含量较高，并且需要尽可能长的连续作业时间。最好有两个可互换的加热器，一个在使用时，另一个可轮换进行清洁。来自蒸发器第一效的蒸汽、温水或冷凝水可用作加热介质。预热不仅可以有效控制微生物的生长，还可以降低奶液的黏度，并且增加浓缩奶进入干燥器时的体积，使其至少增加4%，并提高所生产粉末的溶解度。

此外，进料系统中始终包含一个在线过滤器，以避免结块等进入雾化装置。

通常均质机和进料泵组合在一个单元中。如果使用喷嘴雾化，则需要更高的压力并选择组合均质器／高压泵。经均质后的料液通过雾化器进入干燥室。

（2）浓缩液雾化及雾化器（高压喷嘴或旋转雾化器）　雾化的主要目的是极大地增加水分蒸发的表面积。浓缩奶雾化越细，其比表面积越大，干燥效果越好。1L 球形容器中牛乳的表面积约为 0.05m²。如果等量的牛乳在喷雾干燥器中雾化，每个小液滴的表面积将为 0.05 ～ 0.15mm²，即雾化使比表面积增加约 700 倍。

两种最常见的雾化系统是：转盘式（离心旋转）雾化器和喷嘴雾化器（图 4-26）。离心旋转雾化器的原理是通过电机驱动旋转具有多个水平通道的圆盘，产品被送入圆盘的中间，并在离心力的作用下高速通过通道，分散为小液滴。离心雾化的粒径为 40 ～ 150μm。通过喷嘴雾化可以获得更大的粒径，约为 150 ～ 300μm。然而，离心雾化操作简单，对产品黏度和供应量的变化不敏感。

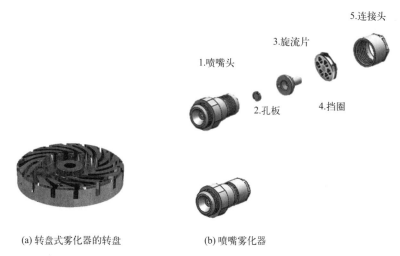

(a) 转盘式雾化器的转盘　　　　　　(b) 喷嘴雾化器

图 4-26　常见的两种雾化器类型——转盘式雾化器和喷嘴雾化器的主要结构

喷嘴雾化器高压喷嘴由喷嘴头、孔板、旋流片、挡圈和连接头组成。高压物料经过喷枪进入喷嘴。根据物料的浓度或物料中的固体颗粒选择挡圈，浓缩奶进入喷嘴后先通过带孔挡圈（压板）。物料通过狭窄的通道进入旋流片入口，形成高速旋转且均匀的浓缩奶锥形液膜（锥膜）。锥膜液面进入与流量匹配的孔板，通过其孔径细微变化对喷雾进行微调。最终物料离开喷孔后还受热风影响被打散，形成由无数颗粒组成的雾粒团物料，与高温热风接触后水分迅速蒸发，在极短的时间内便成为干燥产品。就干燥而言，理想的情况是所有的雾滴大小一致，这即意味着所有雾滴干燥到同样含水量所需要的时间也相同。尽管目前在均一性设计上已经达到了很高水平，但是实际中没有一种雾化装置能够获得大小完全相同的雾滴。就粉末的堆积密度而言，并不希望出现这种单一的雾滴，原因在于这种粉末的堆积密度小，增加了包装材料的用量。因此，现在的雾化装置既会考虑到干燥效果，也应考虑到粉末的堆积密度。

当以与空气流相同的方向喷射牛乳时，喷嘴处的压力决定了颗粒大小。在高达30MPa（300bar）的高压下会形成细且密度高的粉末。在 5 ～ 20MPa（50 ～ 200bar）的低压下，会形成较大的颗粒，而细粉含量会较低。其他影响干粉粒径的因素还包括旋流片和孔板的设计。旋流片的入口大小以及旋流片的深度（决定了可进入旋流片的物料体积）决定了进入旋流片形成一定厚度锥膜的量。喷雾角度和喷雾粒径旋流片规格越小，入口和深度越小，喷雾流量越小，喷雾角度越大，喷雾粒径越小。调整旋流片可以明显调整流量、角度和粒径，以适应不同产品的生产。孔板则会显著影响整体喷雾锥面质量，主要体现在当入口抛光面、孔径的磨损，加之喷嘴通道的内壁磨损增加时，会导致流量的增加、压力的下降、喷雾粒径变粗。喷雾粒径分布的均匀性会受到极大影响。因此，每个生产周期均应检查孔板并及时更换，以保证喷雾锥面、喷雾量以及喷雾粒径大小均匀。

（3）热空气干燥及干燥塔（带加热器和过滤器的供气系统） 浓缩奶通过雾化器进入干燥塔内，其中喷雾干燥室是热空气与被干燥的料液进行热交换的场所，要求具有足够的空间，以保证空气及物料在干燥室内停留的时间，保证制品的含水量达到生产工艺要求，同时，又不致受热过度或产生粘壁等现象。其中，干燥热空气是由通过带有风扇的空气过滤器和空气加热器产生的（如图 4-25）。

供给空气加热系统的空气质量应得到适当控制，以避免干燥器经常受到污染和堵塞。为了实现这一点，外部空气由单独的风扇经过滤器运送至加热室。加热室内部最好有正压，以避免未经过滤的空气进入。过滤器一般放置在风机的吸入侧，以滤去空气中的尘埃、烟灰、飞虫等杂质，防止空气中的杂质进入乳粉造成污染。空气过滤器按喷雾室进风量确定过滤器面积，可由多个不同等级过滤器单体串联而成。其中，初效过滤器可以过滤 5μm 以上的尘埃粒子，包括肉眼可见的各类灰尘、花粉类，对粒径大于等于 5.0μm 的过滤效率为 70% ～ 90%；中效过滤器可过滤 1 ～ 5μm 的颗粒及悬浮物，对此粒径范围的尘埃过滤效率为50% ～ 80%；高效过滤器则过滤 0.5μm 以下的颗粒灰尘及各种悬浮物，包括燃油尘、烟草烟雾、煤灰、病毒等，对粒径 0.5μm 以下的过滤效率达到 99.9%。

在使用空气过滤器时，还应注意以下事项：过滤器应根据工艺要求安装，并定期更换滤材和空气过滤器。乳粉中杂质度增大，原因之一是空气过滤器过滤效果不好。除过滤等级外，过滤器还有常温和高温之分。通常空气过滤器应安装在低温且清洁的地点。因为高温空气的密度降低加上高湿度将使干燥效率降低，这也是夏天较冬天乳粉水分含量较高的原因。因此，需要就近安装除湿装置，以防止干燥能力下降与输送管道内或者储粉箱内的干粉返潮。

新鲜空气经过空气过滤器过滤后，需加热到150～200℃进入喷雾干燥塔。空气加热器可按照前述的换热器类型，分为间接加热（加热介质可以是蒸汽、燃气或热油）和直接加热（燃气或电力）。普遍采用的是蒸汽间接加热的空气加热器。空气加热器由安装在绝缘金属（镀锡）外壳中的成排翅片管（增加传热效果）组成（图4-27）。在钢管的两头分别有集箱钢管被固定于集箱，蒸汽由集箱一端进入管内，空气则在管的空隙间通过，热量由管内蒸汽向空气传递。现代乳粉加工厂的蒸汽加热器是分段的，冷空气首先遇到冷凝水段，然后是蒸汽压力低的一段（通常是最大的一段，以便尽可能多地利用低压蒸汽），空气最终进入高压蒸汽段。散热盘管的排数和每排排管的管数必须有一个适当的选择，以避免有较大的阻力损失。安装时，须使每组排管能方便拆卸检修，同时保证加热空气不发生断路现象。此外进风侧的蒸汽散热排管由于换热量大、冷凝水量较大，必须保证蒸汽散热排管后，水汽分离器有足够的排水能力。加热器在启动之前，为提高设备的使用寿命，必须将管内冷凝水排尽。生产时若开启冷凝水阀并不能明显地提高进风的温度，反而会浪费大量的蒸汽。因此在确保冷凝水正常排出的情况下，应将阀门关闭。

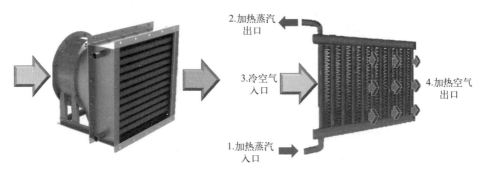

图 4-27　常见的蒸汽间接空气加热器的内外部结构

干燥塔热风的进口处就是压力喷雾的喷头处，为了更好地使热风和雾化后的雾滴群相接触，防止形成偏流（热风将雾滴向一个方向吹）、涡流或逆流，热风的进口处安装有热风分配及气流调节装置（如图4-28）。通常用于食品和乳制品的喷雾干燥机使用两种不同类型的空气分散器，分别为带有可调导向叶片的旋转式空气分散器和活塞式空气分散器。对于旋转式空气分散器，空气切向进入螺旋形分配器外壳，干燥空气从该分配器外壳径向向下通过一组导向叶片，以调节空气旋转。此种空气分散器用于旋转雾化器和喷嘴雾化器，雾化器则安装在空气分散器的中心位置。另一种活塞式空气分散器，空气从一侧径向进入，并通过可调节的空气引导装置分布。

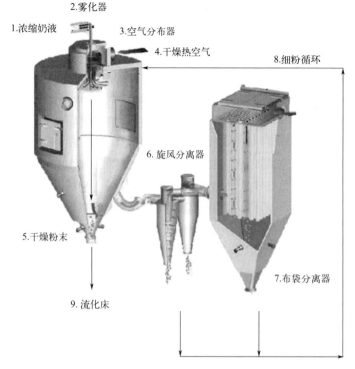

2.雾化器

1.浓缩奶液　　　3.空气分布器

4.干燥热空气

8.细粉循环

6.旋风分离器

5.干燥粉末

7.布袋分离器

9.流化床

图4-28　常见的垂直式干燥器的内部结构（彩图）

乳品行业常用的是垂直式干燥器，其空气分散器位于垂直干燥器的顶部，雾化装置放置在空气分散器的中间，可以确保空气的最佳混合。需要注意的是，空气分散器应能够把空气和雾化液滴引导至正确方向，以避免在干燥室中沉积。

干燥室是喷雾干燥器中对空间要求最高的部分，需要大量投资才能容纳大型干燥室。乳制品行业常使用并流干燥器设计，目标是通过热空气和浓缩液滴的最佳混合以实现快速蒸发。乳粉生产中常见的是底部带有锥体的垂直式干燥室，浓缩奶从顶部进入干燥室，其底部的锥角有利于粉末在腔室底部出口排出。干燥过程包括恒速干燥和降速干燥两个阶段。恒速干燥阶段有以下特点：在此阶段除去物料中的大部分水分；物料表面温度近似等于热空气的湿球温度，即排风温度；恒速干燥阶段的干燥速率只取决于物料表面水分汽化速度，即取决于物料外部的干燥条件（温度），与物料的性质和含水量无关；这个阶段乳滴水分的扩散速度等于蒸发速度。随着干燥的进行，物料含水量降低，干燥速率下降，转入降速干燥阶段。此时物料内部的水分向表面扩散的速率开始低于物料表面的蒸发速率。此阶段结合水也开始汽化，汽化逐渐向内部移动，干燥速率也越来越低。当乳粉颗粒水分含量接近或等于该空气下的平衡水分时，则完成了干燥过程。

最常用的两种干燥室是宽体干燥塔和高体（套筒）干燥塔。如图 4-28 所示，高体干燥塔的空气排放在锥体的顶部。圆柱形部分中的空气以活塞流进行流动并在圆锥形部分中反向。由于气流的反转，粗颗粒通过重力从空气中分离出来并排入流化床。细颗粒被气流夹带并在套筒处离开干燥塔。宽体干燥塔的空气排放在干燥塔顶部。由于腔室中气流的反转，粗颗粒通过重力从空气中分离出来并排放到流化床，细粉被夹带在上行气流中，并在顶部离开干燥塔。

干燥室材质由绝缘塑料涂层和低碳钢板组成，厚度约为 100 ～ 200mm。涂层向下延伸以覆盖干燥室的支撑，向上延伸以覆盖干燥室顶部的轻钢结构以容纳雾化器。所有干燥室都旨在实现乳滴与热空气的完全混合，然后在合理尺寸的空间内尽可能快速地干燥，而不会发生热降解和不必要的壁沉积。产品出料必须是连续的，出料方式有利于干燥产品达到理想形态。干燥室底部可以有不同的设计，用于在底部排出大部分产品或将所有产品与废气一起输送到产品分离和回收单元。

（4）冷却粉末及流化床干燥器　为了提高干燥经济性，干燥分为两个或多个步骤。第一步是在喷雾干燥室中完成，将液体转化为粉末颗粒并蒸发大部分水。随着残余水分含量足够低，从颗粒中蒸发水分将变得更加困难并且需要更多时间。随后的干燥在流化床中进行，将粉末的水分降低到保持产品储存稳定性所需的水平。流化床法不仅用于干燥，还用于冷却任何可以流动的物料。

流化床干燥技术适用于婴幼儿配方食品生产，在流化床中的停留时间长，颗粒中心的水分可以到达蒸发的表面。流化床为冷却含脂肪和易结块产品提供了合适条件。在流化床中（图 4-29），干燥空气通过特殊的孔板引入粉末中。流化床可以是摇动的或静态的。流化床的振动或摇动改善了空气 / 固体的接触，从而改善了产品混合和热效率，使粉末具有均匀的温度和湿度分布。其中物料和空气的流程大致如下：高速流通的空气使原料快速分散在流化床中，防止形成团块，分离的粉末从旋风分离器或袋式过滤器内释放出来，沉积的细粉通过旋转阀返回系统输送线。然后粉末返回流化床或干燥塔。

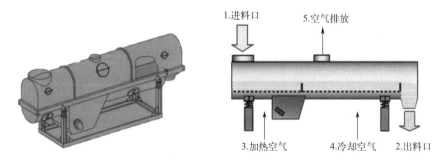

图 4-29　常见的流化床干燥器的内外部结构（彩图）

气体从下往上通入"材料床"，使粉末状产品流过透气孔板，当达到一定速度时，"床"开始膨胀。在更大的速度下，床中的颗粒开始湍流运动。所有颗粒在湍流层中彻底混合，以均匀的速率干燥。进一步增加气流会增加粉末颗粒飘浮的速度，当向上的力等于作用在颗粒上的重力时，会发生粉末飘浮。因此，流化床的通气速度须合适。

振动流化床干燥器是通过振摇对粉末进行混合与传输，是广泛使用的流化床干燥器。其干燥器的主体是振动输送槽，最长可达10m，宽可达1m。干燥器的振动由偏心电机产生，干燥器可以支撑在螺旋弹簧或板簧上。振动的方向可以通过旋转电机调节，振幅可以通过改变偏心距来调节。为确保空气在透气孔板的整个区域内均匀分布，板对气流的阻力应在1000～2000Pa的范围内，具体取决于产品的类型和床的深度。穿孔通常占板面积的1.5%～5%，床的深度可以通过溢流堰调节，通常在50～300mm之间。

（5）空气-粉末分离及旋风分离器与袋式分离器　在喷雾干燥过程中，需要同时处理多种物料，包括空气、浓缩奶料液和干燥粉末。干燥空气离开腔室时含有少量粉末（10%～30%），有必要通过分离粉末颗粒来清洁干燥空气。在干燥过程中，粉末沉降在干燥塔的底部锥体中并从系统中排出，通过气动输送机将粉末输送到筒仓或包装站，热粉末在气动输送机内通过冷空气冷却。然后通过旋风分离器将粉末与输送空气分离。而干燥塔的废气则通过干燥室出口排出，小而轻的粉末可能会被吸出干燥塔，与空气混合，这种粉末部分通常被称为细粉。排出空气中的残留细粉含量非常高，约为100～200mg/m³。用于分离粉末和干燥空气的经典系统是旋风分离器或多个旋风分离器串联或并联的设计。分离的粉末将从旋风分离器或袋式过滤器内的气流中释放出来，沉积的细粉通过旋风分离器或袋式过滤器下方的旋转阀返回系统输送线。引入袋式过滤器可使残留细粉含量降至10mg/m³以下。过滤器中积聚的残留细粉可以回收并返回到流化床或干燥塔中，称为返粉。

在婴幼儿配方食品生产过程中，使用最多的空气-粉末分离器是旋风分离器和袋式过滤器。旋风分离器具有效率高、易于维护、易于清洁等优点。外部结构如图4-30所示。其原理基于涡旋运动。粉末和空气以相等的速度切向进入旋风分离器。粉末和空气以螺旋形式向下旋转到旋风分离器的底部，将粉末分离到旋风壁上。离心力将颗粒甩到壁上，粉末通过控制阀离开旋风分离器底部。清洁空气沿旋风分离器的中心轴线向上盘旋，从顶部排出。

在设计旋风分离器时，应考虑各种关键数据，以获得最高效率。粉末质量越高，粉末行进的距离越短，粉末越靠近壁，效率越高。但是，粉末颗粒移动到旋风器壁需要时间，因此在设计旋风器时应考虑足够的空气停留时间。在可行的条

图 4-30　常见的旋风分离器的外部结构

件下，如果旋风直径与出口管道直径的比例在（3 ～ 10）：1 的范围内，效率更高。考虑到清洁的难度，旋风分离器的尺寸通常会大于理论值，现在常用建造的直径为 2.5 ～ 3m，每个小时处理 25000 ～ 30000kg 空气。另一种了解旋风分离器效率的方法是在旋风分离器后进行简单的粉末损失测量。一小部分流出的空气通过高效的微型旋风分离器或微尘过滤器。收集的粉末量与粉末损失成正比。

　　喷雾干燥时，高效旋风分离器的平均粉末损失通常不超过 0.5%。但是，对于环保要求来说，排出的空气中含粉量 0.5% 依旧过高。为了减轻粉末污染，需要对空气进行最后的清洁，这一过程通常在袋式分离器中完成（如图 4-31）。其外壳的顶端和底端分别各有一个倾斜的通风口，内部由多个垂直安装的管状过滤袋组成，每个袋子接收几乎等量的空气。过滤后清洁的空气从布袋内部进入排气管，并从顶端通气口排出。粉末被从布袋内的压缩空气自动抖落，在分离器底部收集。袋式过滤器的粉末通常可用作动物饲料。通过正确选择过滤材料可以获得很高的回收效率，目前可以达到 1μm 颗粒的回收。对于产量较大的工厂，大量的套管布袋可能安装在一个分离室中。布袋表面连续堆积的灰尘层导致布袋内外的压降增加，从而导致袋内空气容量下降。为避免这种情况，灰尘通过机械或反向空气流连续排出。

　　袋式分离器可实现小尺寸颗粒物质的高收集效率，且在干燥条件下的回收率更高，而且不存在腐蚀和生锈问题。但是该系统的缺点是机组体积大、维护困难且吸湿材料可能堵塞布袋纤维的孔隙。

　　对于喷雾干燥这一过程来说，均匀干燥的成功与否取决于所有相关设备的保

图 4-31 常见的袋式分离器的结构

养和维护。雾化器是喷雾干燥设备的心脏，需定期清洗压力雾化器的喷嘴。输送粉末的进气过滤材料应定期清洗。排粉旋转阀应定期检查，不得堵塞。避免粉末沉积表面上，以免发生火灾爆炸。应使用磁锤或真空避免粉末沉积在喷雾干燥室内壁上；还应在进出风管道设置温控器，当进出风温度超过某一预定值时，发出警报并切断空气加热系统。喷雾干燥器应配备来自出口空气的粉末回收系统（如袋式过滤器、旋风分离器、湿式洗涤器等）以及热回收系统，并且所有旋风分离器和袋式过滤器应定期进行适当清洁。其他部件应进行预防性维护。

对于婴幼儿配方食品的生产制造，至此已经完成湿混工艺的全过程，成粉可进入后续的包装设备或与其他原料进行干混。在包装过程中，无论采取听装、盒装还是袋装，均需对残氧量进行监控，婴幼儿配方食品（0～6 月龄）要求残氧量≤ 3%，较大婴儿及幼儿配方食品要求残氧量≤ 5%。

4.1.3 干法工艺及关键设备

干混法或干法工艺是指所有原辅料成分在干燥状态下经称量、杀菌、混合、包装得到婴幼儿配方乳粉的方法。依据《婴幼儿配方乳粉生产许可审查细则》（2022 版）中对干法工艺流程的描述，应包括"原辅料→备料→进料→配料（预混）→投料→混合→包装"等步骤。其基本原理如下：乳基粉末与婴幼儿配方产品所需的宏量和微量营养素的混合物通过搅拌器或其他大规模混合设备混合均匀。混合后的粉末通过筛子去除块状的粉末聚集体和异物。之后粉末混合物储存在过渡容器中或直接转移到罐装线，充入惰性气体（通常为二氧化碳或氮气）并进行包装，满足最终规格。具体步骤包括成分选择、物料称重和混合、质量控制、包装和储存。

4.1.3.1 干法工艺的具体步骤

① 成分选择：脱脂乳粉、浓缩乳清蛋白、乳糖、植物油、维生素和矿物质等干成分均根据其质量、纯度和营养价值精心挑选。

② 称重计量：将所选配料按照配方设计剂量称重计量，配方中规定了每种配料所需的精确用量。干混过程需要对每种成分进行精确测量，因为即使与所需量的微小偏差也会显著影响最终产品的营养成分和质量。

③ 混合：将称量的成分添加到干混罐或混合器中，使用各种机械设备（例如带状搅拌器或桨式混合器）彻底混合，以确保混合物均匀且没有任何团块或结块。干混过程旨在获得均匀的混合物，其中每种成分的每个颗粒均匀分布在整个混合物中，以确保产品营养成分的一致性。

④ 质量控制：定期对混合物取样并进行质量控制测试，包括颗粒大小、颜色、质地和营养成分含量。

⑤ 包装：混合料经调配和质量检验合格后，装入袋、罐等容器中，密封储存和运输。

⑥ 储存：将包装好的婴幼儿配方食品储存在阴凉、干燥的地方，以保证其稳定性和新鲜度。

由于不需要建设干燥塔等大型设备，干混法的投资成本更低，相应的能耗也更少。由于加工过程中不需要水，干混法的工厂较易维护和清洁，可以连续生产较长时间。生产婴幼儿配方食品的不同配方时，干混法可以方便调整各组分的比例，具有更高的灵活性。

4.1.3.2 关键控制点

干混法中没有加热步骤，更有利于保持热敏原料（如低聚糖和益生菌）的活性，但也同时存在病原菌污染的风险。因此对原料的微生物质量要求很高。由于生产过程主要依赖机械外力的混合搅拌，可能发生批次间差异，确保各组分的均匀分布是干混工艺的关键。不同的成分在运输和存储期间可能由于密度不同产生分离，从而导致到消费者手中的产品呈现不均匀的状态[7]。通过在每个关键控制点（critical control point, CCP）确定和实施控制措施，制造商可以预防或最大限度地减少婴幼儿配方食品干混加工过程中的潜在危害，并确保最终产品的安全和质量。以下是婴幼儿配方食品生产中干混加工中 CCP 的示例：

① 原材料检验。第一个关键控制点是原材料检验，包括检查是否存在异物或

污染物，验证成分是否符合必要的规格，并确保使用前原材料得到妥善储存。

② 混合过程。混合过程本身也是一个关键控制点，控制措施包括使用确保成分彻底混合的设备，使用精确测量和称重系统以确保添加每种成分的准确数量，以及使用质量控制测试来验证混合物的特性。

③ 包装。包装过程是另一个关键控制点，控制措施可包括：使用精准定量包装设备，使用适合婴幼儿配方食品的包装材料，以及验证包装容器是否正确密封以防止污染。

④ 清洁和卫生。设备和设施的清洁和卫生也是关键控制点。控制措施可能包括：使用特定的清洁剂，使用易于拆卸和清洁的设备，以及使用程序来验证清洁和卫生是否已正确执行。

4.1.3.3 设备

在干混过程中，最重要的设备是干式搅拌机。搅拌机应位于工厂的高洁净度区域，并定期对设备进行干洗。婴幼儿配方乳粉干混设备有多种选择，通常由厂房高度决定。水平式干混设备如图 4-32 所示，使用螺旋式输送机或鼓风机将粉末从婴幼儿配方食品干混包装过程的一个步骤输送到下一步。

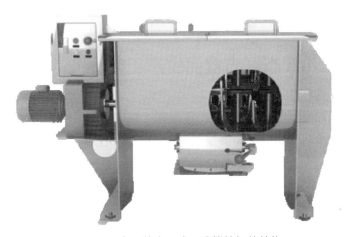

图 4-32　常见的水平式干式搅拌机的结构

总体而言，干混工艺对于生产高品质婴幼儿配方食品至关重要，可确保产品的营养成分、风味和质地保持一致。干混过程需要专门的设备和过程控制，以确保成分充分混合，并且每批次产品的混合过程应保持一致。质量控制是干混过程的一个重要方面，确保最终产品符合营养成分、质地和风味的要求。干混过程需要严格遵守卫生和安全规程，以防产品受到污染，包括保持清洁卫生的环境、使用适当的防护设备、质量控制检测和及时发现任何潜在的污染源。

4.1.4 干湿法复合工艺

依据《婴幼儿配方乳粉生产许可审查细则》（2022 版）中对干湿法复合工艺流程的描述，应包括除终产品包装外的全部湿法工艺流程和相应的干法工艺流程，即：

全脂、脱脂乳粉

↓

生乳→净乳→杀菌→冷藏→标准化配料→均质→

杀菌→浓缩→喷雾干燥→流化床二次干燥

↓

原辅料→备料→进料→配料（预混）→投料→混合→包装

干湿法复合工艺的优点是通过结合湿混和干混工艺，确保产品均匀一致。先通过湿混喷干后形成半成品的基粉，再通过干混向半成品基粉中添加热敏的营养成分，之后包装形成终产品。

通过将湿混和干混相结合，制造商能够生产出满足婴幼儿营养需求的婴幼儿配方食品，同时应确保生产的不同批次产品保持一致的质量、质地和成分。同时，干湿复合工艺应符合湿法工艺、干法工艺中对应的关键点要求。

4.2 婴幼儿液态配方食品生产工艺

除了粉状婴幼儿配方食品以外，婴幼儿液态配方食品在近年来逐渐流行。婴幼儿液态配方食品，也称为即食型（ready-to-feed, RTF）婴幼儿配方乳，是一种已经与水混合，无需任何额外准备即可直接喂给婴幼儿的婴幼儿配方食品。与粉状婴幼儿配方食品相比，液体婴幼儿配方食品具有一些优点，例如更便捷、更容易消化和更低的细菌污染风险。婴幼儿液态配方乳使用与粉状配方食品相同的基本成分制成，通过混合各种成分，如脱脂牛乳、乳糖、植物油和其他必需营养素，经过均质、灭菌和无菌包装，以确保婴幼儿配方食品食用安全。

4.2.1 婴幼儿液态配方乳的特点

婴幼儿液态配方乳的生产工艺与婴幼儿配方乳粉的干法工艺相比更为复杂，但较湿法工艺更为简单，其生产过程包括混合、加热和灭菌灌装。婴幼儿液态配方乳的生产与乳粉生产相比，具有以下特点：①灭菌方式。婴幼儿液态配方乳生产的最终产品必须通过超高温灭菌使其不含可导致疾病的有害细菌和病原体。这需要严格的质量控制措施和成品的定期检测，以确保其产品符合微生物安全标准。②包装过程。婴幼儿液态配方乳通常以无菌方式灌装到容器中，以维持其保质期并防止污染。容器必须具有良好的氧气阻隔性能和较小的顶部空间，以尽量减少变质的风险。③成分。液态配方可能含有添加成分，如乳化剂和稳定剂，以保持其质地和稠度。相比之下，婴幼儿配方乳粉则较少添加此类稳定剂。

4.2.2 工艺流程

4.2.2.1 混料和标准化

与湿法工艺的配料和混料过程类似，在婴幼儿液态配方乳的生产中，液体和粉末原料首先在混合/溶解装置中混合，形成最终的无颗粒溶液。混合设备分为两个主要系统："分批混合"和"连续混合"。连续混合系统需要连续按比例测量所有成分。此加工步骤的关键是防止泡沫的形成，一般在真空下运行。

4.2.2.2 油脂的添加和均质化

为了提高最终产品的乳化稳定性，有时会添加未氢化植物油（通常以混合物形式提供）和卵磷脂。也可同时添加脂溶性维生素。加热脂质原料到55℃左右，以确保所有成分完全熔化，还有助于降低混合物的黏度。高度不饱和的油暴露在空气中容易氧化，需要特殊处理，必须在惰性气体保护下添加，以免受到氧气的影响。

混合的料液需通过预热并经15~25MPa的均质化，在油相和水溶性成分（如蛋白质）之间形成稳定的乳液。预热还有助于降低原料的微生物含量并使磷酸酶、脂肪酶和蛋白酶等失活，并提高均质效率。

4.2.2.3 二次标准化

均质并冷却的产品收集在第二个缓冲罐中。然后添加水溶性维生素、微量元素、矿物盐和氨基酸等。根据需要调整产品的最终成分，即固体、蛋白质、脂肪和主要矿物质的含量。必须限制料液在标准化罐中的储存时间，因为搅拌下的冷却料液会从空气中吸收氧气，从而导致一些维生素（尤其是维生素A和维生素C）的损失。

4.2.2.4 灭菌

为确保商业无菌并防止产品长期储存过程中变质，婴幼儿液态配方乳必须经过灭菌。经过灭菌的婴幼儿液态配方乳可以保存六个月到一年。婴幼儿液态配方乳使用两种主要类型的灭菌处理工艺：①蒸煮灭菌，在产品分配到罐或玻璃瓶后进行灭菌处理。②超高温（ultra-high temperature, UHT）灭菌（直接或间接加热）。

（1）蒸煮灭菌 将装有二次标准化料液的包装容器（金属罐或塑料、玻璃瓶等）密封，然后在蒸煮器中灭菌。杀菌处理时间-温度条件包括：使用加压热水在118～122℃下将装满并密封的容器加热15～20min。蒸煮灭菌可确保液体婴幼儿配方食品的微生物安全，但会引发美拉德反应，从而导致产品颜色变成褐色，蒸煮味更强烈，营养价值降低，也会损失一些维生素。因此，蒸煮灭菌的婴幼儿液态配方乳的市场空间较为局限。

（2）超高温灭菌 超高温灭菌（UHT）可以最大限度地减少维生素损失和碳水化合物（还原糖）与蛋白质赖氨酸之间的褐变反应，从而避免蛋白质质量下降。通常，UHT可以理解为135℃以上持续几秒的加热方式。温度越高，达到无菌所需的时间越短。UHT处理之前可能需要进行较高温度的预热处理。只有细菌总数（尤其是嗜冷菌）低的高质量的生牛乳才能用作液体婴幼儿配方食品的生产。

UHT处理的强度和有效性以特定耐热孢子的小数还原值（D值）来衡量，通常使用嗜热脂肪芽孢杆菌作为参考。直接UHT灭菌系统包括将热交换器中的产品预热至80℃，然后直接注入蒸汽以保持管中温度快速（几秒钟）升高至140～150℃。间接UHT灭菌系统则是将产品预热至80℃，然后使用管/板式热交换器将温度快速升高至135～145℃，在保温管中保持几秒钟，然后在间接热交换器中冷却至20℃左右。直接超高温灭菌系统更适合婴幼儿液态配方乳的生产，因为它们对产品的热负荷较低，并产生较少的结垢和保持更好的产品稳定性。

4.2.2.5 无菌暂存和无菌灌装

中间料液在罐中的无菌储存和终产品的无菌灌装是婴幼儿液态配方乳生产中的关键步骤。无菌并冷却的产品应在无菌条件下储存在罐中以防止污染。灭菌后的产品进入罐体之前，整个罐体应使用热水或蒸汽灭菌，然后使用无菌水或空气冷却。储罐通过维持正压保持无菌，必要时使用惰性气体处理对氧气敏感的产品。

灌装机和包装材料必须经过灭菌处理后才能包装产品。由于机器和包装材料的耐热性有限，因此通常使用化学灭菌，例如使用过氧化氢（H_2O_2）热雾、无菌吹瓶或伽马辐照。在包装材料干燥过程中，H_2O_2分解为H_2O和O_2，并破坏微生物甚至芽孢。

根据所使用的原材料和制造工艺，液体婴幼儿配方食品的保质期在6～12个月之间。通过使用氧气阻隔性好且顶部空间小和/或充气的包装容器，可以实现更长的保质期。无菌灌装的婴幼儿配方食品必须接受严格的成分和无菌测试。从每批中取样，在最适宜的微生物生长温度下孵育。可以根据每个包装上显示的批号打印代码来追溯灌装机器、灌装日期和时间。

4.2.3　关键控制点

婴幼儿液态配方乳的生产涉及多个 CCP，以确保产品安全和质量符合要求。通过识别和控制这些 CCP，婴幼儿配方食品加工厂可以确保婴幼儿液态配方食品的安全和质量，最大限度地降低污染风险并为婴幼儿提供营养丰富的产品。

4.2.3.1　原料乳接收

牛乳应该来自健康的奶牛，布鲁氏菌病、肺结核和乳腺炎等疾病检测呈阴性。在运输过程中，必须保持牛乳处在低温（4℃以下）状态，以防止细菌滋生。应实施抽样计划以检测是否存在沙门氏菌和李斯特菌等有害细菌，并确保细菌数量在可接受的范围内。

4.2.3.2　标准化

牛乳的标准化将牛乳的脂肪和蛋白质含量调整到特定水平，此步骤对于确保最终产品营养成分的一致性至关重要。

4.2.3.3　热处理

牛乳的热处理涉及巴氏杀菌和 / 或超高温灭菌。应监测加热的温度和持续时间，以实现预定的微生物减少程度，同时最大限度地减少营养成分损失和蛋白质变性。过热会导致异味生成、褐变和营养价值下降。

4.2.3.4　配方和混料

配料的配方和混合包括维生素、矿物质和碳水化合物（如乳糖）等。该步骤需要精确控制配料比例、温度和混合时间，以确保产品的营养品质、均质性和稳定性。

4.2.3.5　无菌灌装

将液体婴幼儿配方食品无菌灌装到容器中。灌装过程应在无菌环境中进行，以防止污染。容器、灌装设备和包装材料应彻底灭菌，并监测温度和压力以确保正确灌装和密封。灌装的容器包装应使用适当的材料来提供氧气屏障和使用气体冲洗顶部空间。包装材料应进行完整性测试，成品在上市销售前应经过严格测试以确保无菌和质量。

4.2.4　婴幼儿配方食品工艺特点

婴幼儿液态配方乳和粉状配方食品有其独特的特点、优势和问题。液体婴幼儿配方食品生产涉及使用无菌加工和灌装技术,这需要特殊的设备和设施来保持无菌环境以防止污染,防止细菌滋生。液体配方的优点包括易于使用、方便和更快的准备时间。

婴幼儿配方食品的生产,无论是液体还是粉末,都必须遵循严格的质量控制和安全规程,以确保最终产品安全并符合营养要求。加工厂必须持续监控和改进其生产流程,以确保满足消费者不断变化的需求和偏好,同时保持高标准的安全和质量要求以确保最终产品安全地供婴幼儿食用。

4.3　展望

婴幼儿配方乳粉制造业的未来研究和创新需要专注于对粉末物理化学和营养特性方面的技术优化问题。对产品-工艺-质量之间的相互关系开展系统研究,包括成分选择、产品配方、优化干燥参数、量化乳糖结晶、优化储存/运输温度和相对湿度,这些对于保障婴幼儿配方粉更好的功能特性至关重要。降低生产成本和确保配料的可持续性对于婴幼儿配方食品行业的发展同样重要。

热处理对牛乳中宏量营养素的主要影响是β-酪蛋白功能损失(影响乳中钙和锌的高生物利用率)、α-乳白蛋白失去钙和锌结合能力(降低营养素的生物利用率)、乳铁蛋白失活、短链脂肪酸(C4:0、C6:0和C8:0)的改变、磷脂的分解和美拉德反应的发生等。因此,食品安全和热处理损伤仍然是婴幼儿配方食品生产面临的巨大挑战。因此,有必要基于新的非热技术和膜过滤设计婴幼儿配方食品生产工艺。这些技术能够减少能源消耗和牛乳成分损失,为基于牛乳的婴幼儿配方食品保留或赋予更高的营养价值 [24]。比如可以在婴幼儿配方食品的加工过程中,使用非热加工(如冻干工艺),并在物料的预处理过程中采用更为温和的加工方式,提高干燥效率,降低干燥成本,并提高产品质量 [25]。随着研究的深入,婴幼儿配方食品的市场必将更加广阔,加工工艺也必将更加优化。

(李放)

参考文献

[1] EC. Directive 2006/141/EC on infant formulae and follow-on formulae. European Commission, 2006.

[2] CAC. Standard for Infant Formula and Formulas for Special Medical Purposes Intended for Infants. CODEX

STAN 72-1981. Codex Alimentarius Commission, 1981.

[3] Masum A K M, Chandrapala J, Huppertz T, et al. Production and characterization of infant milk formula powders: A review. Dry Technol, 2021, 39(9): 1492-1512.

[4] Montagne D H, Van Dael P, Skanderby M, et al. Infant formulae-powders and liquids. dairy powders and concentrated products. Blackwell Publishing Ltd, 2009, 9: 294-331.

[5] Happe R P, Gambelli L. In specialty oils and fats in food and nutrition (properties, processing and applications). Woodhead Publishing Series in Food Science, Technology and Nutrition, 2015: 285-315.

[6] McCarthy N A, Kelly A L, O'Mahony J A, et al. Effect of protein content on emulsion stability of a model infant formula. Int Dairy J, 2012, 25(2): 80-86.

[7] Pisecky J, Westergaard V, Refstrup E. Handbook of milk powder manufacture. GEA Process Engineering A/S, 2012.

[8] Guo M. Human milk biochemistry and infant formula manufacturing technology. Cambridge: Woodhead Publishing Limited, 2020.

[9] Zink D. Powdered infant formula: an overview of manufacturing processes. Acedido em Mar, 2003, 4: 2008.

[10] 中华人民共和国卫生部，食品安全国家标准 生乳：GB 19301—2010. 北京：中国标准出版社，2010.

[11] Reich C, Wenning M, Dettling A, et al. Thermal resistance of vegetative thermophilic spore forming bacilli in skim milk isolated from dairy environments. Food control, 2017, 82: 114-120.

[12] Claeys W L, Cardoen S, Daube G, et al. Raw or heated cow milk consumption: review of risks and benefits. Food Control, 2013, 31(1): 251-262.

[13] Juffs H S, Deeth H C. Scientific evaluation of pasteurisation for pathogen reduction in milk and milk products. Food Standards Australia New Zealand, Canberra: FSANZ, 2007, 5:146.

[14] Hendricks G and Guo M. human milk biochemistry and infant formula manufacturing technology. Woodhead Publishing, 2014: 233-245.

[15] Bylund G. Dairy processing handbook. Tetra Pak, 2003.

[16] Pouliot Y, Britten M, Latreille B. Effect of high-pressure homogenization on a sterilized infant formula: Microstructure and age gelation. Food Struct-Neth, 1990, 9(1): 1-8.

[17] 国家市场监督管理总局，国家卫生健康委员会，食品安全国家标准 婴儿配方食品：GB 10765—2021. 北京：中国标准出版社，2021.

[18] Oldfield D J, Taylor M W, Singh H. Effect of preheating and other process parameters on whey protein reactions during skim milk powder manufacture. Int Dairy J, 2005, 15(5): 501-511.

[19] Burke N, Zacharski K A, Southern M, et al. The dairy industry: process, monitoring, standards, and quality. Desc Food Sci, 2008, 162: 33-45.

[20] Pisecky J. Handbook of Milk Powder Manufacture. GEA Process Engineering A/S, Copenhagen, Denmark, 1997.

[21] Masum A K M, Huppertz T, Chandrapala J, et al. Physicochemical properties of spray-dried model infant milk formula powders: Influence of whey protein-to-casein ratio. Int Dairy J, 2020, 100: 104565-104575.

[22] Masum A K M, Chandrajpala J, Adhikari B, et al. Effect of lactose-to-maltodextrin ratio on emulsion stability and physicochemical properties of spray-dried infant milk formula powders. J Food Eng, 2019, 254: 34-41.

[23] Schuck P, Jeantet R, Bhandari B, et al. Recent advances in spray drying relevant to the dairy industry: A comprehensive critical review. Dry Technol, 2016, 34(15): 1773-1790.

[24] Singh S, Dixit D. A review on spray drying: emerging technology in food industry. International Journal of Applied Engineering and Technology, 2014, 4(1): 1-8.

[25] Francisquini J D, Nunes L, Martins E, et al. How the heat treatment affects the constituents of infant formulas: a review. Brazilian Journal of Food Technology, 2020, 23(11): e2019272.

[26] Borad S G, Kumar A, Singh A K. Effect of processing on nutritive values of milk protein. Crit Revi Food Sci Nutr, 2017, 57(17): 3690-3702.

第 **5** 章

婴幼儿配方食品研发过程中的质量控制

质量源于设计（Quality by Design, QbD），顾名思义，质量是设计出来的。本章将从 QbD 的发展历程、关键要素和实施步骤、应用现状几个方面对 QbD 进行概述，并从 QbD 工具及方法、产品研发过程质量及风险控制、应用案例等方面介绍 QbD 在婴幼儿配方食品设计过程中的应用。

5.1 质量源于设计概述

5.1.1 QbD 的发展历程

QbD 最早是 20 世纪 70 年代丰田汽车公司为提高汽车质量而提出，经过航空、通信等领域的应用和发展而形成的科学理念。2000 年初，药品生产的次优状态和过时的审查程序给药品监管带来了一些不良后果，同时制药行业由于制造错误造成的产品浪费量巨大，并且无法预测生产规模扩大后对最终产品的影响，也无法分析或理解制造失败的根本原因。随着全球范围内竞争的加剧和信息技术的影响越来越大，制药行业面临着提高产品整体质量和生产成功率的迫切需求。药品上市时间、产品质量、法规遵从性、成本降低是必须以系统方式解决的主要问题，而 QbD 被视为解决上述问题的主要手段和途径 [1]。

2004 年 9 月，美国食品药品监督管理局（FDA）发布《21 世纪制药行业 GMP：基于风险的方法》（*Pharmaceutical cGMPs for the 21st Century-A Risk-Based Approach*），首次提出基于风险的药品管理方法和 QbD 概念。同年，FDA 发布《过程分析技术（PAT）工业指南（2004 年）》鼓励药企采用科学方法和工程原理来理解制药过程，为质量标准的建立提供科学依据 [2]。2005 年，FDA 以符合 "cGMP（良好操作规范）法规的药品质量体系" 的形式颁布 QbD 质量控制的行业指南。该系统专门针对与化学成分生产和控制（CMC）有关的关键质量属性，以及关键质量属性与药品安全性和有效性的相关性，并强调要求提交科学依据来证明对产品和过程的理解。后来，该系统还应用在整个产品生命周期中，促进了生产工艺的科学创新和不断改进。2005 年 7 月，FDA 组织了一项 CMC 试点计划（Chemical Manufacture and Control Pilot Program），招募了 9 个企业的 11 个项目进行 QbD 注册申报试点，FDA 希望通过试点探索 QbD 在注册申报上的应用及增加社会对 QbD 的认知。在 2018 年，FDA 又启动生物技术产品 QbD 试点 [3]，希望在不同种类药品申报中进行尝试。2005 ～ 2012 年，国际人用药品注册技术协调会（ICH）把基于风险的药品管理方法和 QbD 概念纳入管理体系指导原则（Q8 ～ Q11），其内涵和精髓在此指导原则中得到充分的体现。世界 QbD 发展沿革如图 5-1[4-8] 所示。

ICH Q8（药品研发）将 QbD 定义为一种系统的方法，用于设计具有预定质量的产品及其生产过程，以持续一致地提供最终产品的预期性能。从药品开发研究和生产经验中收集的数据，用于对设计空间进行逻辑理解，并在科学合理和质量风险管理的基础上，对其规范和过程控制进行评估。ICH Q8:(R1) 和 ICH Q8:(R2)

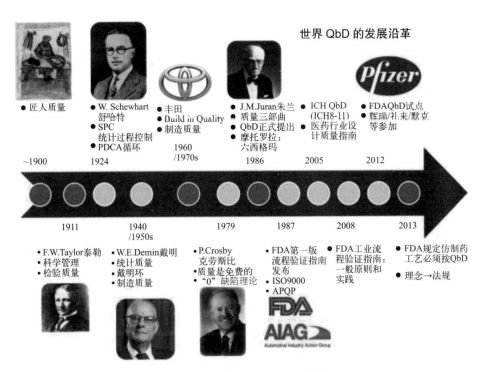

图 5-1　世界 QbD 发展沿革 [4-8]

指南是 ICH Q8 的修订版，是 ICH Q8 的附件，进一步澄清了核心指南的关键概念，并描述了 QbD 的原则。2005 年，在 ICH Q8 的通用技术文件（CTD）中引入了设计空间的概念，这个设计空间是一种专注于区分产品属性和工艺参数的方法，尤其是应该重点关注的关键变量，是通过风险评估确定关键变量。ICH Q9（药品质量风险管理）指南是包括可用于验证风险评估和检查已确定风险的工具。ICH Q10（药品质量体系）指南则阐述了制药质量有效管理体系的综合模式。

　　QbD 有三个主要的利益相关者，包括终端消费者（患者）、制药行业和监管机构，其中终端消费者处于 QbD 三角形的最高位置，制药行业居中，监管机构在最基层。在 QbD 三角形中，患者健康是将 QbD 原则应用到产品开发实践中的最终目标 [9]。QbD 提供超越消费者需求的质量输出，最终促使缺陷产品数量减少到非常低的水平。基于 QbD 理念的药物开发有助于风险的识别和缓解，提高产量，减少开发时间、成本和工作量，减少测试，增强流程验证和批次一致性的信心，缩短了上市时间，同时减少了市场召回和拒绝的数量，从而通过克服药物短缺问题提高了药物的可用性。此外，药品开发的 QbD 方法也为灵活的监管提供了更好的机会，并减少了批准后再次提交的数量 [10]。

　　QbD 已经应用到许多工业环境的思维和实践中。全球的监管机构和制药行业正在努力实施 QbD 模式，以最终提高药品质量，造福于患者。ICH、FDA 和欧洲药品管理局（EMA）不断鼓励制药行业实施 QbD 原则。自 2013 年 1 月，FDA 要求仿制药申报资料必须有 QbD 研发的内容。2016 年，欧洲制药工业协会联合会（EFPIA）、美国 FDA 和日本国家健康科学研究所（NIHS）等相继发布了基于 QbD 进行新药或仿制药开发的示例，供工业界讨论和参考，研究对象涉及速释片剂（Examplain、ACE、Sakura、Acetriptan）、缓释片剂（Z），以及单克隆抗体（A-Mab）和疫苗（A-Vax）等生物制品[11]。2010 年 9 月，我国药品评审中心（CDE）倡导 CTD（ICH 通用技术文件）初步推广与 QbD 相结合；2015 年 7 月 22 日，国家食品药品监督管理总局发布 117 号文，《关于开展药物临床试验数据自查核查的公告》，开始对 1622 个已申报生产或进口的待审药品注册申请开展药物临床试验数据核查，要求进行一致性评价，企业必须深挖现有工艺的产品关键质量属性（CQA），体现了 QbD 的理念与实践。2017 年 6 月 19 日中国正式加入 ICH，此外，全球许多其他监管机构，如 MHRA（英国药监机构）、TGA（澳大利亚药品管理局）、加拿大卫生部等已经批准了 ICH Q8 ～ Q10 指南，使用 QbD 理念进行研发已是大势所趋。

5.1.2　QbD 的关键要素和实施步骤

QbD 是一种系统的开发方法，它始于预定义的目标，强调对产品生产过程的理解，是基于科学和质量风险管理的控制过程[9]。Nasr 等[12] 绘制了 QbD 的环形示意图，也是 FDA 推行 QbD 的模式图，如图 5-2 所示。系统的药学方法开发应该从期望的产品性能（临床效果）开始，然后转向产品设计（产品质量属性），设计的产品属性（给药方式、稳定性等）将驱动工艺设计（工艺参数），通过工艺设计（控制策略等）以确保稳定的工艺性能（工艺控制），继而最终能获得符合预期的产品性能（产品规范），这是一个循环，并且这个系统方法是可以迭代的。这个 QbD 圆可以分为两个主要的半圆，一半是产品知识，对应的是产品规范（预期产品性能）和产品质量属性（产品设计）；一半是工艺理解，对应的是工艺参数（工艺设计）和工艺控制（工艺性能），需要持续的改进来完善。

QbD 主要包括一系列基本要素和步骤，以获得对产品和过程的最终理解。如图 5-3 所示，基本要素主要包括目标产品质量概况（QTPP）、关键质量属性（CQA）、质量风险管理（QRM）、关键控制点（CPP）、关键物料属性（CMA）、设计空间（DS）和控制策略（CS）。首先需要根据药物质量特性的前瞻性确定 QTPP；之后根据平台知识和文献知识收集潜在的 CQA（pCQA），根据对产品理解的加深并结合药物作用机制（MOA）等综合考虑确定 CQA；需要基于风险评估的结果，将 CPP/CMA 和 CQA 联系起来，通过变量的优先级别来确定 CPP 和 CMA；选择因子筛选和实验设计（DoE）优化，确定合适的设计空间；基于对产品和过程的理解，确定一套有计划的、用于确保工艺性能和产品质量的控制策略，并进行持续改进[13-15]。

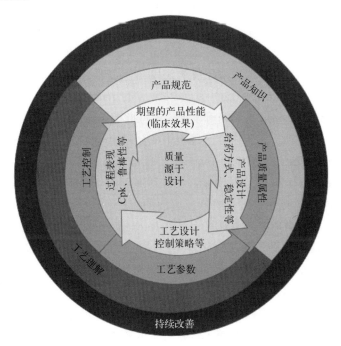

图 5-2　QbD 螺旋上升结构

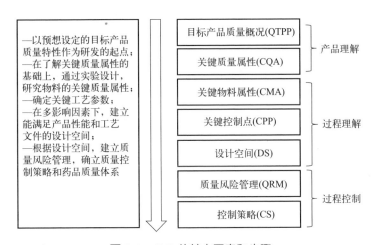

图 5-3　QbD 的基本要素和步骤

5.1.3　QbD 的应用现状

总体上，QbD 理念在制药界的应用尚处于早期阶段，在化学药物领域应用较多，但在抗体药物等生物制药领域的应用才刚刚起步。QbD 不仅仅着眼于药物的开发过程，更是一种在药物全生命周期中实施风险管控的理念。因此，完全依据QbD 理念进行药物开发是非常困难的，最近几年经 FDA 批准上市的单抗产品中大部分还不是按照 QbD 理念开发的。迄今为止，FDA 仅批准 3 个全面基于 QbD 理念开发的治疗性单抗产品上市，分别是 2012 年上市的 Perjeta（Pertuzumab）、2013年上市的 Gazyva（Obinutuzumab）以及 2016 年的 Tencentriq（Atezolizumab），3 个药物都是由 Roche/Genentech 公司开发的，上市批准包括设计空间的要求以及批准后生命周期管理计划。在药物开发过程中部分采用 QbD 理念的有 Kadcyla（ado-trastuzumab emtansine, T DM 1）、Praxbind（Idarucizumab）、Opdivo（Obinutuzumab）等。Roche/Genentech 公司的科学家们发表了多篇关于 QbD 方面的文章[16-20]，描述了 QbD 理念在治疗性单抗药物开发方面的应用，这些文章提出了一套独创的风险评估方法，为全球药物监管机构评估 Roche/Genentech 公司的新产品许可申请提供了标准化的基础，并建立起了生产过程与产品储存、产品质量对患者的影响、商业控制策略之间的透明沟通以及许可后的变更管理。这些文章涵盖了QbD 的所有关键要素，包括建立关键质量属性、定义设计空间、识别关键工艺参数以及描述批准后的生命周期管理等，并全套评估了如何管理产品质量的风险。这些 QbD 工具的应用及改进得益于该公司多年来在生物药物开发中积累的丰富经验，其中包括 9 种商用单克隆抗体的开发经验，以及使用适用的工艺和产品平台的知识。

目前国内生物制药领域中的大多数企业仍然采用传统的研究方法进行药物开发，QbD 的应用尚处于初步摸索阶段，由于受到开发时间和人财物资源方面的限制，尤其是为了加快申请临床试验的速度，工艺开发做得相对粗糙和仓促，有些企业能在工艺开发的部分环节用到一些 QbD 的元素，短时间内实施 QbD 进行全程工艺开发的难度很大。美国 FDA、欧洲 EMA 等国外监管机构都非常鼓励药企在药物的研发、生产、质量管理、注册申报、上市、退市等药品生命周期的各个环节中全部或部分应用 QbD 理念。中国已于 2017 年加入 ICH，因此 QbD 理念会逐渐被国内企业应用到药品研发。对于药物工艺开发而言，QbD 理念需要工艺开发人员深刻理解产品的知识，包括药物靶点、作用机制、潜在的适应证、临床拟用药物剂型等，以临床需求为终点进行开发。基于风险评估的理念，充分理解产品的临床特性和药物质量属性之间的关系，CPP 和 CQA 之间的关系，充分运用DoE、PAT、MVDA 等工具进行工艺开发并确定生产工艺参数的操作空间，这对于将商业化生产的工艺参数控制在设计空间范围内，进而使得所生产的药物质量都能严格控制在设计范围内是非常有帮助的，相比传统工艺开发，能规避或降低后续商业化生产失败的风险。

5.2　QbD 在婴幼儿配方食品设计过程中的应用

5.2.1　QbD 工具及方法

药品 QbD 的基本内容是：以预先设定的 QTPP 作为研发的起点，在确定 CQA 的基础上，基于风险评估和实验研究，确定 CMA 和 CPP，进而建立能满足产品性能且工艺稳定的控制策略，并实施产品和工艺的生命周期管理（包括持续改进）。

QbD 将风险评估、PAT、DoE、模型与模拟、先前知识与知识管理、文件、技术转移、质量体系等重要工具综合应用于产品研发和生产等，其目的不是消除变异，而是建立可以在一定范围内调节变异来保证产品质量稳定的生产工艺[21]。

5.2.1.1　QbD 系列指导原则

QbD 方法的具体应用集中体现在 ICH 质量系列指导原则 Q8 ～ Q11 中，下面讨论的 ICH Q8 的 4 个指导原则合称为 QbD 系列指导原则。

（1）ICH Q8（R2）（药品研发）　现行的 Q8（R2）提出了药品研发的 6 大要素：①确定 QTPP；②确定产品 CQA；③联系物料属性、工艺参数与产品 CQA 的风险评估；④设计空间；⑤控制策略；⑥产品生命周期管理和持续改进。该指导原则首次提出 QbD 概念，期望采用 QbD 方法寻求一种预期的状态，即通过有效的产品和工艺开发来达到保证产品质量和性能的目标。

（2）ICH Q9（药品质量风险管理）　药品质量风险管理就是在药品的整个生命周期内对质量风险进行评估、控制、沟通和审核的系统化程序，提出了药品质量风险管理的两大基本原则：①药品质量风险评估应以科学知识为基础，并最终与保护患者相联系；②药品质量风险管理流程的投入水平、正式程度及文件化程度应与风险水平相对应。该指导原则还特别设计了药品质量风险管理的基本程序，用于协调、推动和改进与药品质量风险有关的基于科学知识的决策。根据 ISO31010 风险管理"风险评估技术"关于风险管理的应用要求，支持采用基于科学知识和实用方法进行决策，指出药品质量风险管理的严格和正式程度应该与所处理问题的复杂性和危害程度以及现有的相关知识相一致。ISO31010 风险管理"风险评估技术"提供了风险管理的主要工具，如失效模式影响分析（FMEA）和危害分析关键控制点（HACCP）等，并指出：没有一种适合于所有情况的工具；特定的具体风险不一定必须采用相同的工具来处理；使用某种工具时，调查应深入细致到何种程度应视具体风险情况而定。某一风险管理工具的选择完全取决于特定的情况和环境，这些例子只是作为解释和说明用，仅是对药品质量风险管理的可能应用提供建议。

总之，该指导原则是一种药品质量改进方法学，是一部简单、灵活和非强制性的指南，它支持基于科学知识的决策。

（3）ICH Q10（药品质量体系）　该指导原则的核心内容是药品质量体系的4个要素：工艺性能和产品质量的监测系统、纠正和预防措施（CAPA）系统、变更管理系统及工艺性能和产品质量的管理审核系统。该指导原则还提出药品质量体系的两个推进器：知识管理和药品质量风险管理。这两个推进器可用于产品生命周期的所有阶段，来支持药品质量体系完成预期产品实现、建立和维持工艺处于受控状态以及推动持续改进这三大目标。

该指导原则的主要特点是：①对现有GMP进行补充。通过详细表述药品质量体系的内容和管理职责来完善GMP，目的是要建立能持续改进和提高的标准化质量体系模式。②范例转换，从分散孤立地符合GMP到综合质量管理体系方法。③通过产品和工艺理解与风险管理，促进持续改进。

总之，为了可靠地达到质量目标，必须有一个综合设计并正确实施的药品质量体系，以整合药品研发、生产（GMP）、质量控制和质量风险管理。

（4）ICH Q11（原料药研发和生产）　该指导原则描述原料药研发与生产，并对Q8、Q9和Q10中提到的有关原料药研发和生产的原则与概念进行进一步阐述。

该指导原则明确了各制药企业可根据实际情况采用传统方法或QbD方法，也可以2种方法结合。核心部分指出原料药研发的目的是要建立一个能够始终如一地生产出预期质量产品的商业化生产工艺，主要工具是风险管理和知识管理。研发方法有传统方法和QbD方法，传统方法需要确定工艺参数的可操作范围及设定点，通过证明工艺的可重复性以及检测产品符合已建立的标准来控制产品质量。QbD方法则是采用风险管理以及更广泛的科学知识，深入理解对原料药CQA有影响的物料属性和工艺参数，以建立整个原料药生命周期中都可应用的控制策略（其中可能包括建立设计空间）。在原料药研发中，应考虑原料药在制剂产品中的用途及其对制剂研发的潜在影响，原料药的质量会直接影响制剂的研发和质量。还明确了原料药研发应包含的5个要素，即：①识别原料药CQA；②选择合适的生产工艺；③确定物料属性和工艺参数与原料药CQA之间的关系；④识别可能影响原料药CQA的物料属性和工艺参数；⑤建立合适的控制策略。对原料药的控制策略主要包括对物料属性的控制、对工艺路线选择的控制、对工艺过程的控制及对成品质量的控制。

（5）ICH Q8 ～ Q11 之间的关系及 QbD 在其中的体现　ICH Q8 ～ Q11 QbD 系列指导原则提供的全新质量范例创立了完整的药品质量体系。该体系强调风险管理与科学知识一体化，并贯穿于整个产品和工艺生命周期，以实现持续改进。

一方面，研发和生产中所获得的信息（ICH Q8、Q10、Q11 和 GMP）是风险评估（ICH Q9）的基础，必须用风险管理工具来评估和控制蕴含着潜在风险的物料属性和工艺参数，从而建立并实施合适的控制策略；另一方面，药品质量体系（ICH Q10）又贯穿于从产品研发到终止的整个生命周期中，整体上控制研发（ICH Q8、Q11）、生产（GMP）和风险管理（ICH Q9）的有效实施。ICH Q8 ～ Q11 QbD 系列指导原则之间的关系及 QbD 在其中的体现可用图 5-4 表示。

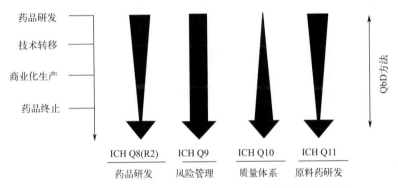

图 5-4　ICH Q8 ～ Q11 之间的关系及 QbD 在其中的体现 [21]

总之，ICH Q8 ～ Q11 QbD 系列指导原则是一个密切相关和不可分割的整体。这 4 大指导原则有机地组合，构成旨在全面提升产品质量和有效降低各类风险的 ICH 完整的药品质量观（图 5-5）。

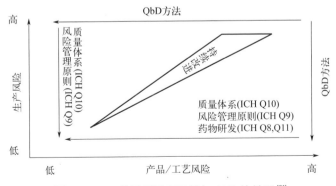

图 5-5　ICH 药品质量观及其与 QbD 的关系 [21]

如上所述，QbD 方法是一种科学知识和风险评估有机结合的全新模式，其深刻内涵和精髓具体体现在 ICH Q8 ～ Q11 QbD 系列指导原则中。其中，生命周期哲学是基本原则。因此，QbD 方法又被称为生命周期方法，对于药品研发领域来说，就是要用 ICH Q8 ～ Q11 指导原则所阐明的 QbD 基本概念与方法构建药品研发系统的质量保证（QA）体系。ICH Q8 ～ Q11 指导原则的发布与实施，加深了人们对 QbD 内涵的理解，也极大地推动了 QbD 方法在药品研发中的创新性应用 [21]。

5.2.1.2　产品研发的 QbD

采用 QbD 方法进行产品开发，指的是在基于可靠的科学和质量风险管理的基础上，预先定义好产品目标，有效解决产品概念和商业化产品一致性的问题，并强调对产品和工艺理解及工艺控制的系统的研发方法，主要包括以下步骤。

（1）产品开发

① 提出目标概念轮廓（TCP），输出技术文字说明，识别、聚焦目标产品轮廓（TPP），形成新产品定义 TPP V1 表，开展预先性风险分析（PHA），识别出风险点及产生风险的研发过程，提出控制风险的措施形成新产品定义 TPP V2 表。

② 结合 TPP，识别目标产品质量概况（QTPP），充分覆盖在研产品的质量属性要求。

③ 通过 QTPP 评估筛选出产品的 CQA，包括理化性质、生物学特性及其他质量相关性质。

④ 风险评估出影响 CQA 的物料和关键物料（CM），通过试验设计保证 CQA 符合设计要求并在稳定的情况下确定 CMA。

⑤ 确定初始解决方案。

（2）工艺开发

① 利用工艺流程分析树（风险分析），确定影响 CQA 的关键工序，再通过风险分析在关键工序中确定影响 CQA 的关键工艺参数（CPP）。

② 通过试验设计确定生产工艺的设计空间。

③ 通过关键物料属性与关键工艺参数相关联，通过试验设计开发出产品生产工艺的设计空间。

（3）控制策略

① 基于对产品和工艺的理解，制定控制要点以确保工艺稳定和产品质量，形成控制策略。

② 产品质量检验计划策划实施。

工艺验证的 QbD 方法，其关键点主要包括：a. 强调预期目标——QTPP；b. 明确产品 CQA；c. 明确能影响产品 CQA 的 CMA 和 CPP；d. 基于已有的知识空间建立设计空间，并建立合适的控制策略；e. 将该方法合并入商业计划，以促进产品质量在其生命周期内不断提高[21]。

5.2.2 应用 QbD 方法及工具控制产品研发过程质量及风险

基于 QbD 的产品研发过程中，针对消费者需求进行风险识别与风险管控、国标和非国标项目五级管控、生产稳定性管控、对各环节产生的风险制定对应管控措施，并通过 QTPP 验证和技术转移，进行风险回顾和消除，上市后进行产品质量目标回顾，使得整个风险管控形成闭环（图 5-6）。

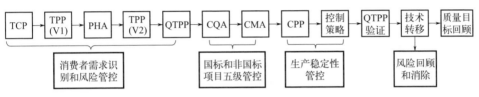

图 5-6　产品风险管控 QbD 路线图

原料和产品风险通过五级风险识别方法进行管控，将识别的指标纳入原料标准或产品标准中管控，必要时输出 CMA 表，保证在产品研发阶段的风险可控。五级风险识别方法具体如下：

Ⅰ级：根据原料、产品执行的国家标准识别相关的已知风险指标，纳入原料标准或产品标准。

Ⅱ级：根据国家卫生部门公告、食品中可能违法添加的非食用物质和易滥用的食品添加剂名单及国家风险监测计划、供应商规格书等识别已知相关风险指标，纳入风险控制标准。

Ⅲ级：对标国际标准，查询国内外风险数据库信息，输出相关风险指标纳入原料风险控制标准中管控，同时产品对标国际标准。

Ⅳ级：未知风险的研究，通过查询各资讯信息、风险报道热点信息、突发报道的相关风险事件等，积累数据。

Ⅴ级：关注跨品类食品的相关风险事件，从中识别潜在风险，积累数据。

通过技术转移方案风险消除计划，对立项前风险、试产风险（中试阶段）、试生产风险、新品评价、投诉等方面的风险进行回顾。从"人、机、料、法、环、测"方面全面识别并回顾风险问题，形成风险闭环管理，有效降低项目变更的次数，缩短开发周期，保障了新品开发质量。为了确保新品在量产后的安全性、有效性、持续性及质量符合设计要求，通过对新品生产过程中质量控制数据，如原辅料、包装材料、生产过程及产品质量情况、检验方法、物料平衡等进行回顾、分析，以持续提升产品品质。

利用 QbD，通过在创新研发伊始充分考虑产品的品质需求，在配方、工艺、物料等各方面进行深入研究，借助数字化优势，结合行业及企业积累的详实数据，深度洞察消费者需求，提前预警食品安全风险，确定最佳的产品配方和生产工艺，从而为消费者提供高品质的健康产品。

通过实施工艺验证的 QbD 方法，能有机会对产品中各物料的影响和生产过程中各参数或指标的制定进行测试并有深刻的理解。如此积累的有用信息有利于法规化风险分析，可减少厂家对已上市产品要求变更的申请，并能真正做到对生产过程的有效质控。

5.2.3 应用案例

2021 年 3 月 18 日，国家卫生健康委员会、国家市场监督管理总局联合发布了婴幼儿配方食品三项新修订／制定的国标，对我国婴幼儿配方食品的配方注册和产品生产提出更高水平、更严格、更高质量的要求。婴幼儿配方食品生产企业在遵循食品安全国家标准的基础上，必须将产品的高质量理念贯穿于产品设计到产品生命周期的全过程。通过 QbD 可以充分识别并规避婴幼儿配方食品产品设计及开发风险。

建立 QbD 研发体系，基于可靠的科学和质量风险管理，预先定义好产品目标，有效解决产品概念和商业化产品一致性的问题，并强调对产品和工艺的理解及工艺控制。在产品全生命周期中引入 QbD 方法论，旨在从概念开发、立项、产品研发、技术转移、首次生产及上市、问题识别及改进等环节基于科学知识和风险管理的方法，设计生产出稳健的满足消费者需求的产品。制定 QbD 研发体系下的管理规范，可以达到如下目标：

① 对婴幼儿配方食品产品统一规划，保证产品规划方向的整体协调。

② 对概念开发、立项、产品研发、技术转移等进行风险管理，提高策划的产品满足消费者需求的程度。

③ 利用 QbD 方法论：TCP/TPP/PHA/QTPP/CQA/CMA/CPP/ 控制策略／技术转移，开发出质量可靠的产品和稳健的生产工艺。

④ 规范从概念开发到中试验证以及技术转移的操作流程和应用的工具方法，提高产品研发的科学性。

⑤ 形成知识管理，为公司的长远发展奠定良好的基础。

⑥ 能提高从事产品策划和研发人员的能力，进行相应的培训。

⑦ 规范产品研发，敏捷裁剪机制。

⑧ 规范技术评审和决策评审机制，降低产品质量风险和投资风险。

QbD 研发体系应用于婴幼儿配方食品的研发，用 QbD 工具方法研发婴幼儿配方食品。为了提高新产品研发质量和研发效率，依据 ICH Q8、Q9 和 Q10 将新产品研发流程划分五个门，即 G1——概念开发决策，G2——产品立项决策，G3——中试决策，G4——QTPP 验证（中试）决策，G5——上市决策，结合技术转移（从研发端到工厂端）、产品质量目标回顾、知识工程，从消费者需求出发，实现研发全生命周期风险管控闭环。

首先根据新品策略提出 TCP，提供新产品定义技术文字说明。依据技术文字说明、新品策略信息等编写产品概念，并根据项目需求组织概念测试。

为了有效地识别、聚焦 TPP，结合概念测试报告，编制新产品定义表（V1 表），并开展 PHA，在研发设计的初始阶段对拟立项的项目根据拟定的维度进行系统性的分析，尽可能地分析出潜在的风险，识别出风险点及产生风险的研发过程，提出控制风险的措施；为项目级决策判断树提供输入。

根据 PHA 报告结果完善和修改新产品定义 TPP 表 V1，形成新产品定义（TPP）表 V2。为准确策划本项目的技术管理，绘制项目级决策判断树，包括项目管理和产品技术路线。产品技术路线的策划包括关键产品属性、关键物料属性、关键工艺参数和产品成本控制等要求。结合项目级决策判断树，形成新产品项目排期，根据新产品定义 TPP 表 V2 等，准备立项报告，经新品委员会签批，完成立项决策。

结合 TPP，识别 QTPP，充分覆盖在研产品的质量属性要求，为准确识别 CQA 提供输入。结合 QTPP 识别的结果，以及项目级决策判断树信息有效控制在研产品质量风险和项目风险，识别产品的 CQA，同时为下一步清晰识别影响其的关键原料和关键属性提供输入。结合产品 CQA 识别的结果，通过比对影响 CQA 的关键物料识别，结合先前的知识和风险评价的结果，精准识别 CMA。

通过对 CQA 及 CMA 的特性分析，针对初步分析的各原料的配比展开空间分析。

① 单变量实验（OFAT）：研究单变量对 CQA 的影响，采用梯度实验确定单变量（关键物料）在配方中的设计空间。

② 双变量实验：研究双变量对 CQA 的影响，采用正交试验设计确定两个变量在配方中的设计空间。

③ 多变量实验：确定多变量对 CQA 的影响，采用 DoE（实验设计）研究在知识空间中输入多个变量和工艺参数的多维组合和交互作用，从而确定设计空间。

④ 空间设计步骤：首先制定空间分析试验计划、测量系统验证、数据收集计划和统计、空间分析、结果确认。单变量分析采用梯度试验、双变量分析采用正交试验、三个及三个以上变量分析采用 DoE 进行分析。

通过对在研产品基础工艺的研究分析（PAT），结合节点工序流程的设备布局和性能要求，比对已确认的 CQA/CMA 的要求，逐一对影响 CQA/CMA 有效控制的工序进行识别，并针对已识别的上述工序汇总，梳理该工序的工艺参数（PP），以便对 CPP 的识别提供输入。

针对识别出的关键控制点 CPP，采用风险评估的方式对关键工序中各工艺参数进行逐一量化评级，并制定针对性的控制措施。对上述识别的关键控制点（CPP）在中试前建立控制策略。控制策略包括不限于各关键控制点（CPP）的控制要求和实验过程中对该 CPP 数据收集计划；同时对各关键控制点有关的 CQA/CMA 在实验前拟定数据收集计划和过程及产品的监视、检测及验证策略。中试前进行风险分析，并出具风险分析报告，对分析出的风险点应出具控制措施和方法，确保中试风险可控。

组织新产品中试，保证中试结果的客观性和准确性。中试后验证 QTPP 是否符合要求。建立项目技术转移方案，技术转移方案围绕新品概念，聚焦技术信息和转移范围。将研发端产品设计的相关标准及要求有效转移，建立技术转移控制计划，明确从中试到量产阶段，聚焦成果与知识的转移，分阶段设立关键交付物及阶段评价规则，实现新品交钥匙工程。

产品上市后，对新品生产过程中质量控制数据进行回顾、分析，持续提升产品品质。

婴幼儿配方食品生产企业引入 QbD，并获得 QbD 符合性认证，意味着可在近乎药品的严格研发管控要求下生产出婴幼儿配方食品。将基于 QbD 原理进行设计开发的符合性证书授予乳粉生产企业，在婴幼儿配方食品行业，乃至整个食品行业都是一个里程碑事件。QbD 应用从市场端、研发端、试生产至量产阶段都为企业带来了巨大收益，包括更准确传递消费者品质需求，使产品研发上下游传递及关键物料质量分析路径更明确，更好地实现研发设计与质量控制需求的联动，以及试生产及量标准的更好验证。婴幼儿配方食品生产企业的 QbD 认证在食品行业的应用具有很好的借鉴意义。

5.2.4 展望

婴幼儿配方食品生产企业获得 QbD 符合性认证，是食品行业的首张 QbD 认证，意味着在医药行业久负盛名的 QbD 认证正式赋能食品领域，也为行业树立了更高的品质标准，开启了推动行业高质量发展的新征程。

目前 QbD 在食品行业的应用仍处于起步阶段，在我国食品研发领域推行 QbD 尚需付出诸多努力。要在国内推行 QbD，应该理念先行并从细节做起，坚持不懈。未来建立食品行业的 QbD 行业标准，指导食品行业新产品开发。只有这样，才能在不久的将来，厚积薄发，真正与国际接轨。

（马聿麟，肖竞舟，喻斌斌）

参考文献

[1] Helena B, Claudia S, Sergio P, et al. Quality by design in pharmaceutical manufacturing: a systematic review of current status, challenges and future perspectives. Eur J Pharm Biopharm, 2020, 147:19-37.

[2] FDA. Guidance for industry: framework for innovative pharmaceutical development, manufacturing, and quality assurance, Rockville: FDA, 2004.

[3] FDA. Submission of quality information for biotechnology production the office of biotechnology production: notice of pilot program. Fed Regist, 2008, 73(128): 37972.

[4] International conference on harmonization of technical requirements for registration of pharmaceuticals for human use (ICH). Pharmaceutical development. Q8. https://www.ich.org/page/ich-guidelines.

[5] International conference on harmonization of technical requirements for registration of pharmaceuticals for human use (ICH). Quality risk management. Q9. https://www.ich.org/page/ich-guidelines.

[6] International conference on harmonization of technical requirements for registration of pharmaceuticals for human use (ICH). Pharmaceutical quality system. Q10. https://www.ich.org/page/ich-guidelines.

[7] International conference on harmonization of technical requirements for registration of pharmaceuticals for human use (ICH). Technical and regulatory considerations for pharmaceutical product life cycle management. Q12. https://www.ich.org/page/ich-guidelines.

[8] International conference on harmonization of technical requirements for registration of pharmaceuticals for human use (ICH). Q8 R2. https://www.ich.org/page/ich-guidelines.

[9] Singh B, Beg S. QbD in Pharma product development life cycle. Chronicle PharmaBiz, 2013, 28: 72-79.

[10] Sangshetti J N, Deshpande M, Zaheer Z, et al. Quality by design approach: Regulatory need. Arabian J Chem, 2017, 10: S3412-53425.

[11] 徐冰，史新元，吴志生，等．论中药质量源于设计．中国中药杂志，2017, 42(6): 1015-1024.

[12] Nasr M. Lecture on "quality by design (QbD): Analytical aspects" at HPLC. Dresden, 2009.

[13] Finkler C, Krummen L. Introduction to the application of QbD principles for the development of monoclonal antibodies. Biologicals, 2016, 44(5): 282-290.

[14] Lionberger R A, Lee S L, Lee L, et al. Quality by design: Concepts for ANDAs. AAPS J, 2008, 10(2): 268-276.

[15] Rouiller Y, Solacroup T, Deparis V, et al. Application of quality by design to the characterization of the cell culture process of an Fc-fusion protein. Eur J Pharm Biopharm, 2012, 81(2): 426-437.

[16] Kelley B D. Quality by design for monoclonal antibodies: Description of an integrated system. Biologicals, 2016, 44: 281.

[17] Hakemeyer C, McNight N, St John R, et al. Process characterization and design space definition. Biologicals, 2016, 44(5): 306-318.

[18] Kepert F, Cromwell M, Engler N, et al. Establishing a control system using QbD principles. Biologicals, 2016, 44: 319-331.

[19] Ohage E, Iverson R, Krummen L, et al. QbD implementation and post approval lifecycle management (PALM). Biologicals, 2016, 44: 332-340.

[20] Kelley B D, Cromwell M, Jerkins J. Integration of QbD risk assessment tools and overall risk management. Biologicals, 2016, 44: 341-351.

[21] 王兴旺. QbD 与药品研发：概念和实例. 北京：知识产权出版社，2014.

第 6 章

婴幼儿配方食品生产过程中的质量控制

食品质量是指食品固有特性满足要求的程度，包括食品的外观特性、保质期、营养成分、口感、规格、数量、重量、包装及标签等。食品存在质量问题通常指产品不符合国家标准、行业标准、地方标准或企业标准规定中的感官描述、理化指标，产品包装标签不符合《食品安全国家标准　预包装食品标签通则》和《食品安全国家标准　预包装特殊膳食用食品标签》，或是产品标签和产品标准不符合相关规定，消费者食用后带来危害身体健康方面的一系列问题。食品安全是指食物不具有有损消费者健康的急性或慢性危害。食品的安全性，就是要求食品应当无毒、无害，是指正常人在正常食用的情况下摄入可食状态的食品，不应对人体造成危害。而非安全食品通常指产品不符合国家标准、行业标准、地方标准或企业标准规定的微生物指标、卫生指标、农药兽药残留及重金属等指标；非法添加使用不属于加工原料或食物成分的物质；非法添加使用标准以外的食品添加剂或营养强化剂；应用非标准规定的工艺过程生产出来的产品和假冒伪劣产品；意外地污染了有害物质和危害人体健康的成分等。

婴幼儿是一个特殊的群体，其消化系统发育不完善，代谢系统不成熟，对营养成分的摄入有特殊需求。婴幼儿配方乳粉是根据不同时期婴幼儿生长发育和营养需要特点设计的产品。婴幼儿配方乳粉作为除母乳之外的婴幼儿的主要膳食营养来源，确保其产品质量安全的意义重大。当前，全社会均非常关注孩子的健康成长，对婴幼儿配方乳粉质量安全的关注度尤为突出。婴幼儿配方乳粉的质量安全风险控制，应从产品研发、原料、半成品、成品检测，生产控制、储存运输全过程做好工作，确保任何一个环节不出问题。企业要建立自主研发机构，拥有专门的研发人员、设备、设施、场地、资金等支持条件，加强母乳成分和产品品质提升研究，提升自主研发能力，确保产品配方的营养充足性、科学性和安全性；同时企业还应针对生产环节建立食品安全管理体系，进行系统的危害性分析，确定潜在的可能影响食品安全的风险因素，建立基于互联网的协作平台，研发乳品安全可追溯系统平台，实现乳品行业安全生产控制及监管。

6.1　原辅料质量控制

婴幼儿配方乳粉是婴幼儿的主要营养品，控制好婴幼儿配方乳粉的质量安全至关重要。影响婴幼儿配方产品质量安全的因素很多，包括原辅料控制、配方和工艺的合理性、储存条件、原料配比以及运输因素等。其中原辅料质量控制是最重要的一环，因为原料的好坏直接影响产品质量，如果原辅料的质量出现问题，即便采取一定的补救措施也无法保证生产的产品合规和食用安全。

完善的质量管理体系是保证原料质量的前提，目前国内常见的质量管理体系有 GMP（良好作业规范）、ISO（国际标准化组织）体系、HACCP（危害分析和关键控制点）体系等。质量管理体系对原料采购、原料准入、原料验收和检验等做出了明确和系统的规定，企业要执行到位，出现原料不合格或资料不齐全等情况时，应及时上报，启动相应的应对程序。同时，应制定合理的原料验收标准，原料验收标准可参考的标准有很多，首先应参考国家标准。如果厂家对原料有特别控制的也必须首先符合国家食品安全标准的要求；婴幼儿配方乳粉成品有特别指标要求的，根据原料属性及配方将需要关注的指标纳入原料标准中管控，并根据配方计算，制定管控限量。婴幼儿配方乳粉主要是通过添加各种原辅料，经湿法、干法或干湿混合工艺生产而成的，因此原辅料的质量对保证配方乳粉的质量十分重要，主要涉及乳及乳制品、植物油脂、食品营养强化剂、食品添加剂、益生菌等原辅料。

6.1.1 原辅料质量指标

6.1.1.1 乳及乳制品

乳及乳制品原料涉及生牛乳/生羊乳、脱盐乳清粉、乳清蛋白粉、α-乳白蛋白粉、乳糖等。

目前市场上的婴幼儿配方食品的蛋白质几乎全部来源于生乳及其制品，通过将生乳、全脂乳粉、脱脂乳粉、乳清蛋白粉进行合理搭配，使得产品的乳清蛋白与酪蛋白比例≥60∶40，以满足产品标准要求。乳清蛋白属于优质蛋白，含有人体必需的8种氨基酸，尤其富含新生儿必需的半胱氨酸和蛋氨酸，蛋白质的生物利用率高，还可减轻肾脏负担；乳清蛋白与酪蛋白比例为60∶40，接近母乳的比例，被认为是有利于婴幼儿生长发育的最佳比例，可以更好地满足婴幼儿健康成长的需要。

6.1.1.2 植物油脂

母乳是最适合婴幼儿的天然食品，其中脂质是母乳中重要的营养物质之一，能够为婴幼儿提供40%～50%的能量。脂肪酸是母乳脂类的组成成分，对婴幼儿生长发育发挥重要作用，其中ω-3和ω-6多不饱和脂肪酸（polyunsaturated fatty acids, PUFA）对正常大脑发育，特别是早期大脑发育非常重要。母乳中的脂肪酸种类繁多，主要分为饱和脂肪酸（saturated fatty acids, SFA）、单不饱和脂肪酸（monounsaturated fatty acids, MUFA）和PUFA。因此，为使得婴幼儿配方乳粉更好地贴近母乳的组成比例，需模拟母乳中的脂肪酸种类及含量。

婴幼儿配方乳粉配方中使用的植物油脂主要有食用植物调和油、大豆油、1,3-二油酸-2-棕榈酸甘油三酯（1,3-dioleoyl-2-palmitoylglycerol, OPO）、玉米油、菜籽油等。OPO结构脂是与母乳脂肪结构一致的脂肪，能够预防喂养儿发生便秘。亚油酸、亚麻酸是人体必需的多不饱和脂肪酸。在保证能量供应充足的同时，还需保证产品中适当的亚油酸和α-亚麻酸的比例。

目前市场上部分婴幼儿配方乳粉添加植物油为婴幼儿的生长发育提供脂肪，尽管普通植物油也能够提供与母乳含量类似的脂肪，但脂肪的结构差别较大，这种差别不仅会导致婴幼儿的脂肪和能量的需求得不到满足，而且还会造成钙的流失，以及便秘现象，因此添加OPO结构脂是优化脂肪的主要措施。严格控制脂质质量至关重要。在进行原料检验时，最好增加过氧化值指标，需要注意的是，当脂肪过度氧化后，过氧化值反而会有降低的现象，因此要严格检查防止不合格产品进入生产流程。

6.1.1.3 碳水化合物

婴幼儿配方食品中含丰富的碳水化合物，可以为婴幼儿提供充足的能量。其中适用于 6 月龄以下的婴儿配方食品中的乳糖应占总碳水化合物的 90% 以上，乳糖作为母乳中天然存在的双糖，分解速率较慢，避免其快速分解而造成婴幼儿消化道内渗透压太高，因此，乳糖是婴幼儿可利用的重要碳水化合物。

6.1.1.4 食品营养强化剂、食品添加剂

婴幼儿配方乳粉中主要的营养强化剂有维生素、微量元素、多种可选择性成分（如低聚果糖、低聚半乳糖等）。

（1）维生素、矿物质　维生素的补充要注意以下几个方面的问题：①维生素 E 的含量与脂肪酸含量相对应，国际法规的标准中规定，婴幼儿配方乳粉中，可以使用抗坏血酸棕榈酸酯，但必须要考虑多种抗氧化剂的复合效果和剂量问题，要选用正规厂家的产品以保证质量安全；②脂溶性维生素被人体吸收后排出较慢，要注意添加过量会导致体内积蓄引起中毒的问题；③对乳品企业而言，必须了解复配维生素的辅料载体的特性，注意载体的安全可控性。

临床医学证明，人体对微量元素的补充剂——无机态化合物的消化吸收能力较差。牛乳中的矿物质含量高于母乳，超过婴幼儿肾脏的排泄能力，因此应尽可能除去婴幼儿配方乳中过多的盐，并将灰分含量控制在婴幼儿配方乳粉标准规定的范围内；而且还要根据婴幼儿微量元素的推荐摄入量或适宜摄入量，注意各元素之间的配比，如钙磷比、钠钾比等，同时要注意复配矿物质所用载体的安全可控性。

（2）可选择性成分　依据婴幼儿营养吸收特点及生理特点，以保护婴幼儿神经细胞，促进婴幼儿大脑发育及提高记忆力为目标，选择性添加二十二碳六烯酸（docosahexaenoic acid, DHA）、花生四烯酸（arachidonic acid, ARA）等可选择性成分，丰富配方的营养特性。这些可选择性成分通常以干法工艺添加，使其营养丰富的同时符合国家的法律法规要求。

6.1.1.5 益生菌

婴幼儿配方乳粉的配方中主要涉及的益生菌有动物双歧杆菌乳亚种 Bb-12、动物双歧杆菌乳亚种 HN019 两种，其生产工艺主要是干法添加。

6.1.2 风险指标的控制

6.1.2.1 乳及乳制品

婴幼儿配方乳粉中乳及乳制品原料涉及生牛乳／生羊乳、脱盐乳清粉、乳清蛋白粉、α-乳白蛋白粉、乳糖等。可能存在的污染或带入风险包括微生物、黄曲霉毒素 M_1、铅、砷、镉、农药和兽药残留、高氯酸盐、氯酸盐等，应是分析和管控的重点。

（1）微生物的管控　乳及乳制品原料中的微生物指标主要有菌落总数、大肠菌群、金黄色葡萄球菌、蜡样芽孢杆菌、阪崎肠杆菌、嗜热需氧芽孢杆菌。其中菌落总数、大肠菌群的数值反映了原料的卫生状况；蜡样芽孢杆菌和嗜热需氧芽孢菌由于其原料加工工艺的不同，且耐热，生产加工过程中很难杀灭；阪崎肠杆菌是条件性致病菌，婴幼儿是主要的易感人群，如果达到 3CFU/100g 即可引起感染的发生，金黄色葡萄球菌和沙门氏菌为食源性致病菌，会引起婴幼儿对该菌的感染或食物中毒。

为保证婴幼儿配方乳粉的原料稳定性，以确保最终婴幼儿配方乳粉的产品安全，在满足国标及国际标准的前提下，企业应制定符合自身要求的标准。到货验收时检测合格后发货，且婴幼儿配方乳粉产品加工过程中有高温杀菌的工序，也会杀灭原料中存在的微生物。为防止婴幼儿配方乳粉中的微生物超标，可从以下几方面采取相应措施：

① 生牛乳采购、运输、储存、加工过程中，应减少污染因素，尽量使原料免受细菌污染，对于喷雾后的乳粉，更应避免二次污染。

② 对乳粉生产人员，应做好消毒工作，如对操作人员的口、手、足、头、鞋、工作服、帽等，都要做好卫生防护工作。

③ 做好防蝇、防蚊工作。

④ 反复试验，确定合理的喷雾时间和温度等参数。

⑤ 尽量缩短生牛乳的储存时间。

⑥ 加强车间空气质量管理，基粉应尽快冷却、包装，不要在空气中暴露太长时间。

⑦ 对生产和包装设备、工器具等，都应定期清洗、消毒，在每次生产结束后，都要做好卫生清洁工作，特别是对喷雾后的送粉管道、集粉器等部位，更应加强清理工作。

⑧ 严格执行各项质量管理规范，定期核验。

（2）三聚氰胺的管控　　三聚氰胺是一种无味、白色的单斜棱晶体。在热水、甲醇中具有较高的溶解性。在常温下其性质稳定，加热之后迅速分解，所以在高温加热下三聚氰胺会产生氰化物，氰化物有剧毒。三聚氰胺事件后，国家陆续出台《中华人民共和国食品安全法》及相关实施条例，对食品安全严格管控，目前国家建立了食品安全监督综合评价体系。生产企业通过自建奶牛养殖牧场来保证生牛乳质量，同时采购其他乳类原料时需满足国家食品安全标准，相关资质材料齐全、质量保证合格后方可进入生产环节，另外生产工厂验收时应批批检验，符合国家卫生行政部门公告要求及生产企业相关内部标准要求方可使用。

（3）黄曲霉毒素 M_1 的管控

① 黄曲霉毒素的来源。黄曲霉毒素（aflatoxin, AF）是霉菌产生的毒性极强的次级代谢产物，主要存在于乳与乳制品和霉变谷物中，研究较多的是黄曲霉毒素 M_1、黄曲霉毒素 B_1、黄曲霉毒素 B_2、黄曲霉毒素 B_3、黄曲霉毒素 G_1、黄曲霉毒素 G_2 等，而黄曲霉毒素 M_1（AFM_1）是一类主要分布于乳制品中的真菌毒素，是一种具有遗传毒性和致癌性的真菌毒素，主要由牛、羊等哺乳动物摄入被黄曲霉毒素 B_1 污染的饲料，在体内经过羟基化代谢而形成。与黄曲霉毒素 B_1 相比，黄曲霉毒素 M_1 毒性较小，但仍然具有较强的遗传毒性和致癌性，国际癌症研究机构（IARC）将其列为一类致癌物 [1]。

相关文献资料显示，黄曲霉毒素吸收的主要部位是肠道，代谢的主要部位在肝脏。奶牛从饲料中摄入的 AFB_1，约有 50% 在十二指肠被吸收，未被吸收的 AFB_1 通过粪便排出体外。吸收后的 AFB_1，主要分布在肝脏，其次是肾脏，少量以游离的 AFB_1 或其水溶性代谢产物形式分布在肠系膜静脉。被吸收的 AFB_1 在肝脏或其他组织的微粒体中转化为 AFM_1，一部分通过牛乳排出，使用这样的牛乳作为原料将存在食品安全隐患。

② 黄曲霉毒素的限量标准。我国于 2011 年发布 GB 2761—2011《食品安全国家标准　食品中真菌毒素限量》，2017 年修订，该标准中规定婴幼儿配方食品，较大婴儿及幼儿配方食品、特殊医学用途婴幼儿配方食品中黄曲霉毒素 B_1 的限量为 0.5μg/kg（以粉状产品计）；乳与乳制品中黄曲霉毒素 M_1 的限量指标为 0.5μg/kg [2]，婴幼儿配方食品、较大婴儿及幼儿配方食品、特殊医学用途婴幼儿配方食品中黄曲霉毒素 M_1 的限量为 0.5μg/kg（以粉状产品计） [3]。

国际食品法典委员会（CAC）发布的 CXS 193—1995《食品和饲料中污染物及毒素限量标准》中规定牛乳中黄曲霉毒素 M_1 的最大残留为 0.5μg/kg，食品中黄曲霉毒素 $(B_1+B_2+G_1+G_2)$ 限量为 15μg/kg [4]。

欧盟一般食品法 No 1881/2006《食品中污染物限量》中规定乳与乳制品中黄曲霉毒素 M_1 限量为 0.05μg/kg，婴幼儿乳粉和牛乳、用于婴儿的特殊医疗用途的膳食食品中黄曲霉毒素 M_1 限量为 0.025μg/kg，婴幼儿和儿童的加工谷类食品以及婴儿食品中黄曲霉毒素 B_1 限量为 0.1μg/kg[5]。

美国食品药品监督管理局（FDA）规定，食品中黄曲霉毒素（$B_1+B_2+G_1+G_2$）的最大残留限量是 15μg/kg，牛乳中黄曲霉毒素 M_1 的最大残留限量是 0.5μg/kg。

③ 控制措施。黄曲霉毒素在反刍动物体内代谢迅速，食入 AFB_1 5min 后 AFM_1 就出现在血液中，12h 后就会出现在乳中，24h 后达到最高浓度，停止摄入 AFB_1 的 4 天后，乳中黄曲霉毒素就会消失[6]。因此乳及乳制品中的黄曲霉毒素 M_1 污染主要来源于饲料中的 AFB_1，因此对饲料严格控制成为控制黄曲霉毒素 M_1 污染的关键。从饲料的准入、到货检测、储存环节、重点月份库存饲料复检等环节进行管控，过程中如有饲料毒素超过预警，则要挑拣不合格饲料，具体详细管控措施如下：

a. 精饲料管控。在饲料原料收获之前，水分、温度、湿度以及各种应激（干旱、虫害、O_2 及 CO_2 浓度）均可影响 AF 污染程度。可根据实施危害分析和关键控制点（HACCP）方案以及科学的栽培技术来预防 AF 的产生[7]。适时适量地使用杀真菌剂也可抑制黄曲霉的生长，进而降低原料 AF 污染风险[8]。饲料原料在收获到脱粒储藏过程中，应避免雨淋，要通风晾晒、保持干燥，防止霉菌的生长繁殖，特别是在温度和湿度较高的梅雨季节更要做到使饲料原料迅速干燥；采购时应选择质量可靠的供应商，检验原料的质量是否合格；对饲料进行分类储存，做好饲料的保存工作，控制仓库的温度和湿度，防止发霉长菌；在南方梅雨季节，饲料不宜储存，在夏、秋季，对于储存的青贮饲料，应注意保存的密封性，以免造成该类饲料腐烂发霉，堆装稻秆类饲料，要做好防雨工作，并定期翻晒；加强饲料监管，使用饲料时要严格按照"先进先出"的原则，并及时清理已被污染的饲料原料。黄曲霉毒素的产生和污染程度受地区、季节以及作物生长、收获、储存等条件影响。试验表明，当温度在 28～32℃，相对湿度在 85% 以上时，AF 的产量最高。因此，粮食作物收获后不能长时间堆放在田间，应及时运到场地上晒干或烘干，使水分达到平衡水分以下，同时要控制温度在 10℃ 以下。在收获、运输、储存过程中，还要注意保持作物的完整性，这样就可有效地防止霉菌的生长与产毒。近年来，开始从生物方面控制防霉。一方面是寻求新的作物品种，希望能找出有抵抗黄曲霉污染的玉米和花生的品种；另一方面是利用微生物相互竞争的原理使黄曲霉不易繁殖。

水分管控。饲料用玉米、小麦、大麦、高粱、大豆、豆粕、菜籽饼、精料补充料等饲料的水分含量应符合国家相关标准，同时需符合企业内部管控要求。收购饲料要检测水分，水分超标的饲料应在入库前晾晒或烘干脱水，直至达到标准要求，凡是不符合要求的一律不应入库。

黄曲霉毒素 B_1 的管控。泌乳期精料补充料中的黄曲霉毒素 B_1 含量应控制在相关要求范围内。对于玉米加工品、植物性饲料、豆粕、浓缩料等饲料中黄曲霉毒素 B_1 含量应符合国家相关标准要求及企业内部管控要求。

储存饲料和成品料应储存在通风、阴凉、干燥、清洁、没有霉积料的仓库中。玉米、大豆等饲粮的储运卫生条件应符合 GB 22508 的要求[9]。同时饲料仓库应定期清理、消毒，出现异常时应及时采取措施。为防止霉变发生，应尽量缩短产品库存时间。

b. 干草粗饲料管控。干草、秸秆等粗饲料的水分和黄曲霉毒素 B_1 含量应符合 NY/T 3314 的要求和企业内部控制要求。干菜等粗饲料应存放在有防雨、通风、防潮、防日晒功能[10]的干草棚中，干草棚应建在地势较高或周边排水条件好的地方，同时棚面地面应高于周边地面，防止雨水进入。

c. 青贮饲料管控。青贮饲料中黄曲霉毒素 B_1 的含量应符合 NY/T 3314 的要求和企业内部控制要求。青贮饲料应现取现用，有结块或霉变的青贮饲料应及时弃掉，不能饲喂奶畜。青贮窖的表面应干净整齐，每天取用青贮饲料 30cm 以上，如果 2 天不取用，应及时盖上青贮窖或扎紧青贮饲料袋口，防止二次污染。

d. 黄曲霉毒素 B_1 的监测。饲料入库前要监测黄曲霉毒素 B_1，合格后入库。同时定期对所用精饲料、干草饲料及青贮饲料、豆粕等进行监测，如超标应立即停止使用，并立即查找原因，去除污染源。

e. 奶畜的饲养管理。奶畜粪便、垫料等污物应及时清扫干净，保持环境卫生，避免污染生乳。严格按照饲养管理规范饲喂，不堆槽，不喂发霉变质的饲料，保证饲料槽清洁卫生。应每天清除料槽剩料，料槽间隙、料槽与颈枷间缝隙等残留区域应每周进行清理。水槽应及时清洁，保持干净，避免饮水变质。

f. 奶户管理。应加强对养殖户的培训。养殖户的养殖技术水平和质量管理意识参差不齐，有些养殖户不了解饲料 AFM_1 污染对人体和动物健康的危害，针对这一情况，畜牧养殖及相关部门应加强对养殖户安全卫生养殖技术的培训，特别是要加深对 AFM_1 污染以及毒害的认识，加强安全生产意识，科学管理，防止 AFM_1 污染原乳。

g. 生乳产品的管控。定期监测生乳黄曲霉毒素 M_1 含量，符合内部控制标准要求后方可使用。各相关部门应加大对牛乳中 AFM_1 污染情况的监测力度，及时采取相应预防措施，除确保生乳质量安全外，还应对原料、饲料严格把关，定期对养殖户库存的饲料原料进行抽检，以免储存时间过长发生霉变。

近年来各国对于黄曲霉毒素的限量标准趋于更加严格，我们应该密切关注黄曲霉毒素限量标准的动态变化，科学地进行评估。我国为保障乳与乳制品的安全，制定了一系列的黄曲霉毒素检测标准，加大了抽检的频率和处罚力度。企业自身也应该提高自检能力，增加风险监测频率，把好产品质量关。产品的质量安全最根本是建立完善的质量安全管理体系和良好生产、卫生规范，这样才能全面有效识别控制风险，避免发生安全事故给企业造成损失，确保食品安全事件零发生。

（4）农兽药的管控。乳及乳制品原料中农药和兽药残留按照 GB 2763、GB 2763.1、GB 31650 及 GB 31650.1 中生乳的相关限量要求进行管控，如检测异常应分析风险原因及进行风险评估，合格后方可使用[11-14]。

（5）氯酸盐的管控。常见的氯酸盐有氯酸钾（$KClO_3$）、氯酸钠（$NaClO_3$）、氯酸镁 $Mg(ClO_3)_2$。氯酸盐主要用于工业生产，氯酸盐是消毒过程中产生的副产品。大量研究结果表明，饮用水、鸡蛋、牛乳和鱼肉都有可能受到该物质污染。氯化盐的洗涤和工艺废水也是这些污染物进入产品的原因；而且挤奶厂和牛乳加工厂中使用的含氯清洁剂也是污染源。乳粉生产过程中使用的以氯消毒的原料水也可能是污染源之一。

国内外标准。欧盟对生牛乳中氯酸盐最大残留限量为 $100\mu g/kg$，国际上对于婴幼儿配方乳粉中氯酸盐并没有专门限量规定。JECFA（联合国粮农组织和世界卫生组织下的食品添加剂联合专家委员会）以及德国联邦风险评估研究所推荐氯酸盐每日允许摄入量（ADI）为 $10\mu g/（kg \cdot d）$，也就是说对于一个体重为 7kg 的婴儿，按平均每日摄入 150g 婴幼儿配方乳粉折算，则婴幼儿配方乳粉中氯酸盐含量不宜超过 $466.7\mu g/kg$。

婴幼儿配方乳粉生产、包装过程中应重点监测食品原料的质量，加大监测生产设备清洗、消毒过程，以预防微生物的繁殖，但作为消毒副产物的氯酸盐极有可能残留在婴幼儿配方乳中，主要是通过原料、生产加工过程、饮用水、消毒剂等环节带入，因此对于婴幼儿配方乳粉中氯酸盐主要从以下方面进行管控：

① 原料管控。目前婴幼儿配方乳粉使用的乳制品原料中除生乳为自建牧场获取外，其余均为采购原料，因此对于采购原料引入时应监测分析所使用原料中的氯酸盐含量，监控氯酸盐指标，积累数据，设定监控标准，同时根据检测值代入配方计算，符合企业内部要求则可使用，如超出企业内部要求则要进行预警，分析原因。同时要求供应商从原料、生产加工过程进行把控，研究科学的控制措施，并定期开展型式检验，查验其检测报告的有效性。

对于自建牧场的生牛乳氯酸盐管控，牧场制定 CIP 清洗和奶车清洗的规范要求，工厂质量部门人员按季度对牧场的规范管理进行评审，针对氯酸盐的引入风险在以下几个方面进行控制：

a. 对牧场 CIP 清洗使用的清洗剂进行检查确认；

b. 对牧场水样进行检查，查看水罐内部状态、采样检测用水风险指标含量；

c. 对牧场 CIP 清洗程序设定合理性进行验证，防止清洗液残留风险。

② 生产用水管控。GB 5749《生活饮用水卫生标准》中氯酸盐的限值规定为 0.7mg/L[15]。1993 年世界卫生组织基于健康的基础上，规定饮水中氯酸盐限量值为 0.2mg/L。2002 年美国环境保护署规定高氯酸盐在饮用水中的限量值分别为：成人 ≤ 1μg/L，儿童 ≤ 0.3μg/L。因原水中含有重金属及氯，为有效控制余氯等污染物通过配料、清洗等方式进入婴幼儿配方乳粉中，需要对生产用水及配料用水进行过滤处理，并定期对设备进行清洗监测，定期更换滤芯，同时生产用水不使用含氯消毒剂，并定期监测清洗用水和配料中氯酸盐的含量。

③ 清洗消毒剂。在设备中尽量不使用或禁止使用含氯酸盐的消毒剂，尽量选用易挥发的 75% 酒精等作为消毒剂，以最大程度减少氯酸盐的残留污染。

④ 终产品管控。结合欧盟（EU）2020/685 号条例及 JECFA（联合国粮农组织和世界卫生组织下的食品添加剂联合专家委员会）以及德国联邦风险评估研究所推荐氯酸盐每日允许摄入量，综合考虑后设定终产品中氯酸盐的限量标准，标准设定后应定期对产品进行监测，依据监测结果进行判定，如超标准，应立即分析原因并开展风险评估，同时对原料、生产过程等进行原因排查，确定主要带入风险来源，必要时应调整配方或 / 更换原料。

（6）高氯酸盐　高氯酸盐是指高氯酸形成的盐类，广泛存在于自然界中，主要用作火箭燃料烟火中的氧化剂和安全气囊中的爆炸物。高氯酸盐具有水溶性高、流动性强、在室温下稳定性好、具有高度的扩散性和持久性等特点，会污染水源、土壤等，是一种持久性的有毒化学物质，在牛乳、蔬菜等食品中均存在高氯酸盐的污染。婴幼儿配方乳粉中高氯酸盐可能来自以下 3 种途径：

a. 原料和饮用水受环境污染带入；

b. 挤奶厂和牛乳加工厂中使用的含氯清洁剂；

c. 动物饲料中残留的高氯酸盐。

2020 年 5 月 25 日，欧盟委员会发布（EU）2020/685 号条例，增加高氯酸盐在部分食品中的最大残留限量，其中即食状态婴幼儿粉中高氯酸盐限量设定为 10μg/kg[16]。中国没有相关标准要求。具体控制措施参见上述氯酸盐的管控。

6.1.2.2　植物油脂

（1）酸价、过氧化值　油脂氧化不仅导致不饱和脂肪酸等营养活性物质含量和营养价值降低，还会产生不良风味甚至有害物质，如过氧化物、丙二醛、茴香胺等。其中，丙二醛（MDA）和茴香胺（anisidine）及对氨基苯甲酸都是脂肪在氧化过程中的主要次级产物，也是世界卫生组织国际癌症研究机构（International Agency for Research on Cancer, IARC）2017 年 10 月 27 日公布的 3 类致癌物质（对人类致癌可疑，尚未有充分人体或动物数据），因此需严格控制上述指标的限量要求。

油脂是人体必需脂肪酸和主要的能量（9kcal/g）来源，如亚油酸（18：2）、亚麻酸（18：3）、EPA（20：5）和DHA（22：6），油脂在储存过程中容易发生自动氧化和光氧化。脂质过氧化的发生主要有酶促方式和非酶促方式，在这两种情况下脂质自由基形成时都会被氧化，而引发非酶促脂质过氧化反应主要是羟基和过氧化物自由基启动的，引发酶促氧化反应主要是由坏氧酶（COX）和脂氧合酶（LOX）引起的。脂质氧化产生的初级过氧化物进一步氧化产生包括4-羟基壬烯醛、茴香胺、丙二醛或丙烯醛等在内的α、β不饱和醛类的次级产物。

检索国内外标准限量要求可知，丙二醛的限量要求为：《食品国家安全标准 食用动物油脂》（GB 10146—2015）中规定食用动物油脂（仅包括食用猪油、牛油、羊油、鸡油和鸭油）中丙二醛的限量值为≤ 2.5mg/kg[17]，2019 年市场监管总局食品安全风险监测参考值中规定了水产制品大类水生动物油脂及制品中丙二醛的安全参考值为 2.5mg/kg。经查询国内外文献，未找到丙二醛的每日允许摄入量（acceptable daily intake, ADI）和每日耐受摄入量（tolerable daily intake, TDI）。茴香胺的限量要求为：EFSA 建议鱼油中茴香胺值的标准限量为低于 20，美国药典（USP34-NF29 版）及欧洲药典（EP 7.5 版）中对 DHA 油的茴香胺值的标准限量为低于 20。GOED（The Global Organization for EPA and DHA，全球 EPA 和 DHA 组织）针对 EPA 和 DHA ω-3 全球产业设置了过氧化值（peroxide value, PV）、茴香胺值（para-anisidine value, PAV）和总氧化值（TOTOX=2PV+PAV）来分别测定鱼油中初级氧化产物过氧化氢、次级氧化产物醛类和总氧化值，其安全值分别为 PV ＜ 5mg/kg、PAV ＜ 20 和 TOTOX ＜ 26，澳大利亚药品管理局设置的安全值为 PV ＜ 10mg/kg，PAV ＜ 30。

综上所述，按照市场监管总局的有关抽检要求，各婴幼儿配方乳粉生产企业应开展针对植物油脂原料中丙二醛、茴香胺值的监测，并要求各原料供应商及企业相关部门加强管控，优化运输、储存条件等（如光照、温度等），以降低相关原料的氧化。

（2）污染物管控　婴幼儿配方乳粉中使用的植物油脂原料主要有大豆油、玉米油、葵花籽油、菜籽油、1,3-二油酸-2-棕榈酸酯及食用植物调和油，随着 GB 10765、GB 10766、GB 10767 婴幼儿配方乳粉新国标的发布实施，大部分生产企业在使用食用植物调和油，从近几年的风险通报信息看，对于植物油脂主要关注的风险物质为多环芳烃、氯丙醇酯、缩水甘油酯等，为保证婴幼儿配方乳粉的安全应主要对原料植物油进行管控[18-20]。

（3）多环芳烃管控

① 来源。多环芳烃（polycyelic aromatic hydrocarbon, PAH），是分子中含有

两个或两个以上苯环的碳氢化合物的总称，多环芳烃可分为轻质和重质两种类型，属于重要的环境和食品污染物质。多环芳烃（PAHs）及其衍生物作为一类环境污染毒物，水、土壤和大气均有广泛分布，并且饮用水、烧烤类食品和食用油脂等食品中也存在不同程度的污染，其最大毒性为致癌性。低蒸气压、更强的疏水性是多环芳烃的显著特点，具有较强的致癌性，且会造成多器官损伤，对人体的危害程度较大。食用植物油生产原料的干燥、大气污染、机械收获、运输以及加工过程，往往是其 PAHs 污染的途径，因其原料和加工工艺的不同，从而导致 PAHs 污染水平的差异。食用油脂本身并不含有或很少含有多环芳烃，但在种植、加工、运输和高温加热过程中，往往会产生多环芳烃。

多环芳烃主要是由油料再加工生产以及精炼时产生的。在进行原料加工时要严格遵守相关程序，控制好温度，不能过高也不能过低。在进行原料挑选时也要严格地按照相关程序，通过检测技术进行原料选择。

② 国内外标准。欧盟（EC）No 1881/2006（EU 2015/1125）规定婴儿配方食品中苯并 [a] 芘的最大限量为 1.0μg/kg；苯并 [a] 芘、苯并 [a] 蒽、苯并 [b] 荧蒽和苯并 [a] 菲（屈）的总量最大限量值为 1.0μg/kg；规定用于人群直接消费和作为食品中添加成分的油脂（可可油和椰子油除外）中苯并 [a] 芘的限量为 2μg/kg，规定油脂（可可油和椰子油除外）中"苯并 [a] 芘、苯并 [a] 蒽、苯并 [b] 荧蒽、屈"（以下简称为 PAH4）四种多环芳烃的限量为 10μg/kg。GB 2762 对油脂及其制品中苯并芘的限量为 10μg/kg[21]。

③ 控制措施

a. 油脂原料管控。对所收取的原料中多环芳烃含量进行检测，宜收取多环芳烃含量较低的原料。采购后的原料应避免与沥青地面接触，并剔除秸秆等残留物。避免原料与热解气、不完全的烟道气接触，防止原料被烟气中的多环芳烃污染。同时不符合多环芳烃相关限量要求的原料不得用于食品加工。

b. 生产过程管控。严格控制生产加工过程的加热、提取、浸出环节的温度和时间，同时严格筛选加工助剂及浸提溶剂，必要时也可以通过优化生产工艺降低其含量。

c. 使用环节的管控。婴幼儿配方食品生产企业在使用环节产生多环芳烃的风险较低，制定植物油脂多环芳烃限量标准，到货验收合格后方可使用。

d. 成品管控。生产企业制定成品多环芳烃的标准限量，并定期进行监测，如检测不合格不能出厂，应排查污染原因。

（4）氯丙醇酯管控

① 来源。氯丙醇酯（MCPD）为氯丙醇类化合物与脂肪酸的酯化产物，主要是食品加工过程形成的污染物，在谷物、咖啡、鱼、肉制品、马铃薯、坚果、精

炼植物油和以植物油为原料的热加工油脂食品中均有检出。在绝大部分食用植物油中均存在氯丙醇酯，其中尤以棕榈油、芝麻油、菜籽油、棉籽油等食用植物油中氯丙醇酯的污染问题较突出，油脂精炼各工序中均可能形成 3-MCPD 酯，但关键在脱臭工序，高温加快了 3-MCPD 酯的生成反应，几乎所有 3-MCPD 酯是在脱臭这一步形成的，其原因可能是油脂在精炼脱臭工序中脱臭温度较高，加快了氯丙醇酯的生成反应，精炼植物油脂是婴幼儿产品中的氯丙醇酯的主要来源。

② 国内外标准。欧盟（EU）2020/1322 中规定了三氯丙醇和三氯丙醇酯之和（以 3-氯-1,2-丙二醇计）限量标准，其中用于生产婴儿食品和加工的婴幼儿谷物食品的植物油和脂肪限量要求为 750μg/kg，粉状婴儿配方食品、较大婴儿配方食品和婴幼儿特殊医学用途食品限量要求为 125μg/kg[22]。

③ 控制措施。对于主要原料，从原料管控、供应链风险评估、加工过程验证、工艺控制、成品放行等整个油脂加工过程制定控制措施，具体如下：

a. 油脂原料管控：将符合相应食品安全国家标准的油料入库，并对油料和果实进行除杂和清洁，去除含氯化合物，避免对油料果实造成伤害。

b. 生产过程管控：制油过程中应控制焙炒、压榨、浸出环节的温度和时间，避免压榨和浸出环节中引入含氯化合物，避免使用从溶剂或其他提取物中回收的残留植物油。同时应检测压榨、浸出后的毛油中氯离子含量，并采取适当措施减少毛油中的含氯化合物。

精炼过程应减少或避免在精炼各步骤中引入氯离子，同时加强对毛油的管控，检测其氯离子含量，并评估毛油前体物质氯丙醇酯的含量，根据原料的质量状况来选择适当的加工方式，必要时采取措施减少毛油中氯离子含量，避免使用从溶剂或其他提取物中回收的残留植物油。

脱胶环节应在更加温和、酸性更弱的条件进行脱胶，减少植物油中氯丙醇酯的产生。采用物理法脱酸应控制脱酸的温度和时间，具体温度和时间依据具体生产过程确定，在生产过程中的清洗应使用酸碱液洗涤毛油，去除含氯化合物。

碱炼环节应根据植物油的品种选择合适的脱酸方法去除前体物质氯丙醇酯，降低游离脂肪酸含量。采用物理法脱酸应控制脱酸的温度和时间，具体温度和时间依据具体生产过程确定。

脱色环节应增加吸附 / 脱色剂的使用量，但应避免使用含有大量含氯化合物的吸附 / 脱色剂。

脱臭环节应严格控制温度和时间，宜在较低温度下进行脱臭。脱臭环节应使用活性炭吸附脱除植物油中的氯丙醇酯，同时监控精炼过程中氯丙醇酯的含量，如含量高应采用吸附剂手段加以控制。

c. 监测计划：对婴幼儿配方乳粉使用的植物油脂氯丙醇酯进行批批检验，合格后方可供货。

d. 终产品管控：根据欧盟（EU）2020/1322 中规定了三氯丙醇和三氯丙醇酯之和（以 3-氯-1,2-丙二醇计）限量标准，设定终产品中氯丙醇酯的限量标准，标准设定后定期对产品开展监测，依据监测结果进行判定，如超标准，应立即分析原因并开展风险评估，同时对原料、生产过程等进行原因排查，确定主要带入风险来源，产品不得上市。

（5）缩水甘油酯管控

① 来源。缩水甘油脂肪酸酯（glycidyl fatty acid esters, GEs）是缩水甘油和脂肪酸的酯化产物，它与氯丙醇酯形成机理相似。在油脂精炼过程中，缩水甘油脂肪酸酯通常会伴随 3-氯丙醇酯一起形成，3-氯丙醇酯含量高，缩水甘油脂肪酸酯含量也高。因为缩水甘油脂肪酸酯是氯丙醇酯（chloropropanol esters）的前体，在油脂精炼过程中缩水甘油脂肪酸酯与氯离子共存并受热作用即形成 3-氯丙醇酯，缩水甘油脂肪酸酯在体内则可能转化成缩水甘油（glycidols），目前关于缩水甘油脂肪酸酯进入人体后的消化代谢及相关毒理学研究仍在进行中，转化率尚不清楚，但其水解产物缩水甘油早在 2000 年就已被国际癌症研究总署（IARC）认定为是"可对人类致癌的物质"，为 2A 级（注：2A 级为对人体致癌的可能性较高的物质或混合物，在动物实验中发现充分的致癌性证据。对人体虽有理论上的致癌性，而实验性的证据有限）。如丙烯酰胺、无机铅化合物及氯霉素等是油脂食品中出现的又一个食品安全问题。

② 国内外法规标准。欧盟（EU）2020/1322 规定了缩水甘油脂肪酸酯限量标准，其中用于生产婴儿食品和加工的婴幼儿谷物食品的植物油、鱼油和其他生物海洋鱼油限量要求为 500μg/kg，粉状婴儿配方食品、较大婴儿配方食品和婴幼儿特殊医学用途食品限量要求为 50μg/kg。我国对缩水甘油脂肪酸酯暂无限量要求。

③ 控制措施。对于主要原料，应从原料选择、供应链风险评估、加工过程验证、工艺控制、成品放行等整个油脂加工过程制定控制措施，具体参见氯丙醇酯的管控。

6.1.2.3 营养强化剂

婴幼儿配方乳粉配方中使用的食品营养强化剂主要有维生素、微量元素、二十二碳六烯酸油脂粉、花生四烯酸油脂粉、乳铁蛋白、核苷酸等，其中为了保证维生素、微量元素含量的稳定，一般生产工序过程中为湿法添加。二十二碳六烯酸油脂粉、花生四烯酸油脂粉、乳铁蛋白、复配核苷酸原料等，通常为干法添加，微生物含量的高低直接影响终产品的质量和食用安全，对矿物质中的重金属，二十二碳六烯酸油脂粉、花生四烯酸油脂粉、乳铁蛋白、复配核苷酸中的重金属、微生物需制定管控措施，有助于控制产品的质量，降低污染风险。

由于在生产过程中添加的干法小料无杀菌工艺，为满足成品的质量安全，需对菌落总数、大肠菌群、蜡样芽孢杆菌、阪崎肠杆菌等风险进行管控，具体管控措施如下：

① 菌落总数、大肠菌群。这些细菌的数值反映了原料的卫生状况，为保证婴幼儿配方乳粉的原料稳定性，以确保最终婴幼儿配方乳粉的产品安全，在原料中规定其限量。由于菌落总数、大肠菌群为常规微生物指标，要求供应商从原料、生产过程及终产品进行严格控制，并按照企业内部要求进行供货，合格后才能发货。生产企业到货后进行验收，满足内部控制标准后方可验收入库、使用。

② 蜡样芽孢杆菌。蜡样芽孢杆菌（*Bacillus cereus*）是一种革兰氏阳性、好氧产孢子的杆形菌，属于条件致病菌。它们广泛存在于土壤、灰尘和水中。*Bacillus cereus* 的最低生长温度约为 $4 \sim 5$℃，最高生长温度约为 $48 \sim 50$℃，允许生长的 pH 值范围为 $4.9 \sim 9.3$。最小水分活度在 $0.912 \sim 0.950$，它们的孢子具有典型的耐热性。蜡样芽孢杆菌往往通过产生腹泻毒素和呕吐毒素导致食物中毒。

2022 年《澳新食品微生物标准纲要》要求婴儿及较大婴儿配方粉蜡样芽孢杆菌限量为 $m=100$CFU/g、$M=1000$CFU/g（$n=5$；$c=1$），2015 年《澳新食品标准法典》中"食品中微生物限量"要求婴儿 $m=100$CFU/g（$n=5$；$c=0$），目前中国无限量要求[23,24]。

依据 GB 4789.1《食品安全国家标准 食品微生物学检验 总则》规定，各字母代表的含义为：n 为同一批次产品应采集的样品件数；c 为最大可允许超出 m 值的样品数；m 为微生物指标可接受水平限量值（三级采样方案）或最高安全限量值（二级采样方案）；M 为微生物指标的最高安全限量值。

控制措施：原料均应由合格供应商提供，制定原料监控计划，定期开展监测验证；使用新引入供应商的原料、供应商的生产条件发生变更时，须再检测、试产合格后投入使用。定期对工厂 CIP 清洗系统进行排查，确认 CIP 清洗设计的符合性及参数的符合性。重点控制日常 CIP 清洗的有效性（温度、浓度、时间、流量）及纠偏措施，严禁跳步执行 CIP 清洗。蜡样芽孢杆菌对酸性消毒剂敏感，尤其过氧乙酸对蜡样芽孢杆菌杀灭效果显著，要求对核心设备建立定期消毒。双联过滤器、集气瓶、喷枪枪头等需手动清洗，生产周期结束后手工强化清洗。闲置设备投入使用及复产前（三天及以上停产），生产前进行全面清洗。制定产品监控计划，定期开展监测、分析验证。如果婴幼儿配方乳粉检测值波动较大时，应立即分析其产生原因，并评估风险。

③ 阪崎肠杆菌

a. 来源：阪崎肠杆菌（*Enterobacter sakazakii*）是条件性致病菌，是影响婴幼儿配方乳粉安全的主要致病菌之一，如果达到3CFU/100g即可引起感染。阪崎肠杆菌能耐受一定程度的渗透压和干燥，因此能在婴幼儿配方乳粉中长期存活。

近期，国外通报婴幼儿配方乳粉受阪崎肠杆菌污染而导致产品召回的事件频频发生，然而在婴幼儿配方乳粉生产工艺条件下可以杀灭阪崎肠杆菌，分析导致阪崎肠杆菌产生的可能原因有以下几点：原料生产、运送过程中受到微生物的污染；加工车间管道及工器具没有定期清洗、前后工序物料交叉污染、空气中的菌落总数偏高等；生产人员进入车间没有对手等部位进行清洗、消毒，所用工器具没有消毒、杀菌，导致产品被污染。

b. 国内外标准：GB 29921《食品安全国家标准 预包装食品中致病菌限量》规定特殊膳食用食品（适用于婴儿）$n=3$，$c=0$，$m=0/100g$[25]。《澳新食品微生物标准纲要》（*Compendium of Microbiological Criteria for Food*）2022版规定婴幼儿配方食品中阪崎肠杆菌限量为$n=30$，$c=0$，$m=0/10g$[23]。

c. 控制措施：采购原料时应选择符合相关国家标准要求和企业内控管控要求的原料，到货检测合格后方可使用。生产人员应做好消毒工作，如对操作人员的口、手、足、头、鞋、工作服、帽等都要做好卫生防护工作。生产车间应做好防蝇、防蚊工作，加强车间空气质量管理，对生产和包装设备、工器具等应定期清洗、消毒，在每批次生产结束后，要及时做好卫生清洁工作。定期对过程及产品采样检测阪崎肠杆菌，如检出则需分析原因，制定改善措施。

6.2 过程检测和终产品检测控制

婴幼儿配方乳粉产品质量安全除了从原料、生产过程等环节控制外，检测是对其验证的最有效方法，《婴幼儿配方乳粉生产许可审查细则》（2022版）中规定企业应当制定检验管理制度，规定原辅料检验、半成品检验、成品出厂检验的管理要求，同时需保证其检测结果的准确性[26]。

6.2.1 原辅料、半成品、成品检测要求

（1）原辅料检验要求 根据生产需求和保证质量安全的需要，制定原辅料检验（或验收）要求，规定原辅料的进货检验（或验收）标准、程序和判定准则。对无法自行检验的项目，可委托具备相应资质的机构进行检验。

（2）半成品检验要求 根据生产过程控制需求，制定监控半成品质量安全的检验管理要求，监控半成品的质量安全情况。

（3）成品检验要求　按照产品执行的食品安全国家标准和／或相关规定的要求，对出厂成品进行逐批全项目自行检验。成品出厂检验应当按照食品安全国家标准和（或）有关规定进行。

6.2.2　过程及产品抽样要求

生产企业应根据自身生产能力对婴幼儿配方乳粉半成品及成品进行批次划分，批批采样检测国家标准要求的质量指标、污染物指标、真菌毒素指标及微生物指标，对于国标要求外的指标应制定检测计划，并按照检测计划要求进行检测。

实际生产过程中，为保证婴幼儿配方乳粉的质量，生产企业会安装自动采样阀，对不同时间段的样品进行采集、检测，并制定过程中微生物监控计划，确保清洁作业区沙门氏菌、克罗诺杆菌属和其他肠杆菌得到有效控制。检测异常时，应进行原因排查分析，制定控制措施。

针对婴幼儿配方乳粉生产过程管控，通过利用国际食品微生物标准委员会（ICMSF）抽样模型建立微生物抽样及检验方案，将检验精度实现量化与科学化，并使其检验效能高于标准要求，下面具体以致病菌代表性抽样举例进行说明。

6.2.2.1　模型建立

致病菌标准模型的应用就是匹配不同抽样方案的检出效力，其核心为致病菌在乳粉中符合泊松-对数正态分布（污染浓度均值、标准差），m：决定了样品中可接受的最高污染浓度；n：决定了该批次产品被判为合格接收的概率。首先，应用中部图表，填入已知的抽样方案参数 n（即一批产品的采样个数）、c（该批次产品结果超过合格菌数限量的最大允许数）、amount（单个样品采集质量）、m（合格菌数限量标准）。设定目标接收概率 Desired 为 5%，针对乳粉基质产品，业内普遍采用 0.80 作为污染浓度标准差 sigma。

6.2.2.2　抽样方案

首先，应用图 6-1，填入已知的抽样方案参数 n、c、amount，设定目标接收概率 Desired 为 5%，针对乳粉基质产品，业内普遍采用 0.80 作为污染浓度标准差 sigma。其次，点击"Find mean that give desired P (accept)"，即可求出已知抽样方案的检出力。当实际（几何）平均污染浓度高于 0.0056 CFU/g 时，即，污染浓度均值（取 log 后）高于 $-2.25\log$ CFU/g 时，将有 95% 的可信度（Preject）检出，并判定拒收该批次产品。其次，应用右侧图表，填入备选抽样方案参数 n 和 c，再点击"For any value of n and c imputed find the m that gives the same P(accept) as

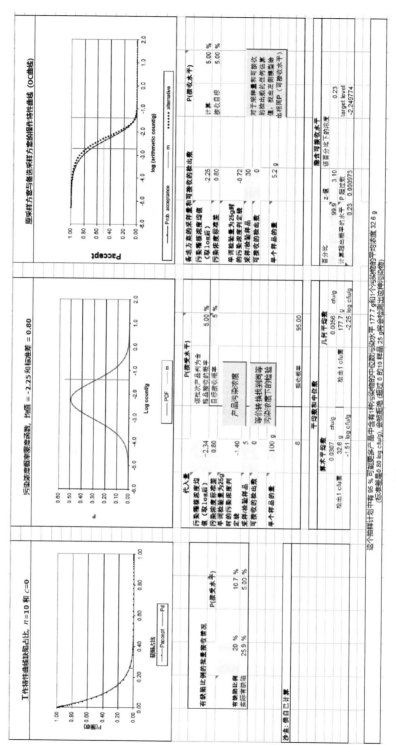

图6-1 匹配2个抽样方案的检出效力

the model on the left"，即可求出备选方案的 amount，使备选方案与原方案具有等效的检出效力。

应用图 6-2，填入已知或假定的污染几何浓度均值（取 log 后）mean，确定的抽样方案参数 c 和 amount。设定目标接收概率 Desired 为 5%，针对乳粉基质产品，业内普遍采用 0.80 作为污染浓度标准差 sigma。再点击"Find n that gives desired P (accept) or better (less)"，即可求出抽样方案参数 n，使求得的抽样方案（n, c, amount）将有 96.29% 的可信度（Preject）检出，并判定拒收该批次产品。

6.2.2.3 模型验证

依据图 6-3、图 6-4、图 6-5 的结果可知，为保证婴幼儿配方乳粉终产品中 SM 批次检验方法与国家食品安全标准要求（n=5，c=0，m=0/25g）一致，同时使得 SM 食品安全标准又符合更为严格的欧盟食品安全标准（n=30，c=0，m=0/25g），运用乳粉致病菌标准模型，推算婴幼儿配方乳粉的采样方案。

① 终产品。按照国标 n=5，c=0，m=0/25g。

② 过程-终产品自动采样阀处。在满足欧盟 n=30、c=0、m=0/25g 的基础上，减去国标的检验量 n=5，剩余过程检验量为 n=25、c=0、m=0/25g，通过模型等效转换，确定过程标准为 n=5、c=0、m=0/100g。基于模型计算标准差 sigma=0.80，抽样数 n=5，拒收数 c=0，样品质量 100g，接收概率 P (accept) Desired=5%，乳粉致病菌污染浓度均值 mean=−2.34log CFU/g，取反对数转换后，得出乳粉致病菌几何污染浓度均值为 0.0046CFU/g。

以上，即意味着，当乳粉致病菌几何污染浓度均值 ≥ 0.0046CFU/g 时，用 n=5、c=0、amount=100g 的抽样 / 检验方案，判定该批次乳粉接收的概率为 5%，拒收概率为 95%，由此建立的婴幼儿配方乳粉的检验标准，其检验精度（低浓度污染检出概率）超越或等同国际最严要求。

采取全自动采样阀的工控机控制 PLC 自控系统连接安装在物料管线上的采样阀，实现了全自动化采样操作。自动运行取样方法取代了传统的人工开包装取样模式，采样次数、采样时间全部由系统自动按照在工控机上设置的采样参数执行，可以实现等间隔、高效均匀的抽取样品，保证了样品采样数量及均匀性，满足了提高样品抽样代表性的需求。同时，自动采样阀的使用使采样过程杜绝了人员开包取样与乳粉的接触，消除了人员采样交叉污染风险，解决了人员污染样品造成的检验误差问题。实施以上的微生物采样标准，过程半成品致病菌沙门氏菌检测效能高于国标 12.55 倍，成品检测效能高于国标 3.24 倍，阪崎肠杆菌基粉检测效能高于国标 34 倍，成品检测效能高于国标 26.5 倍。

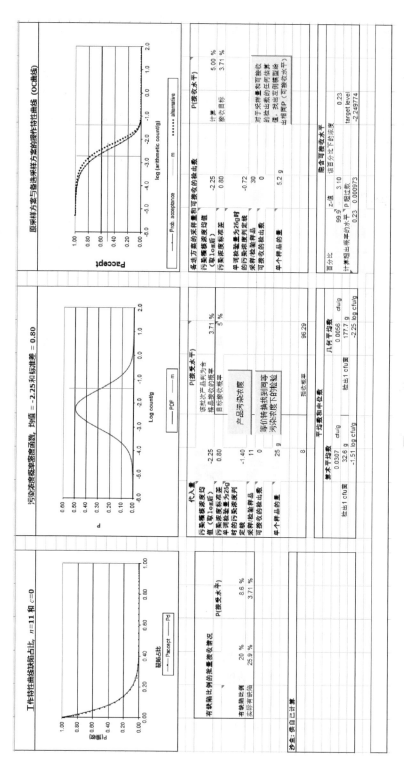

图6-2 寻找最佳方案

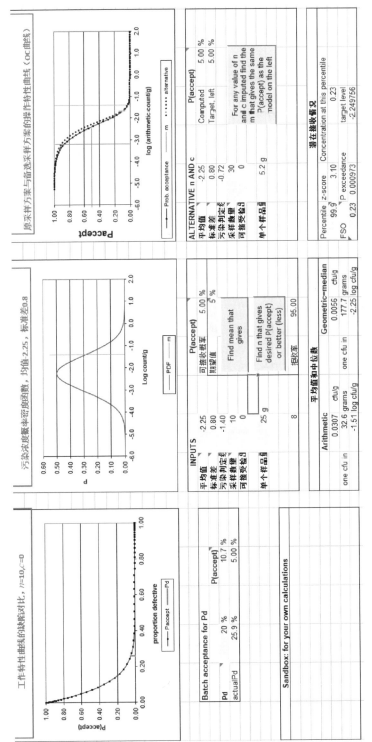

图 6-3　采样量污染水平确认

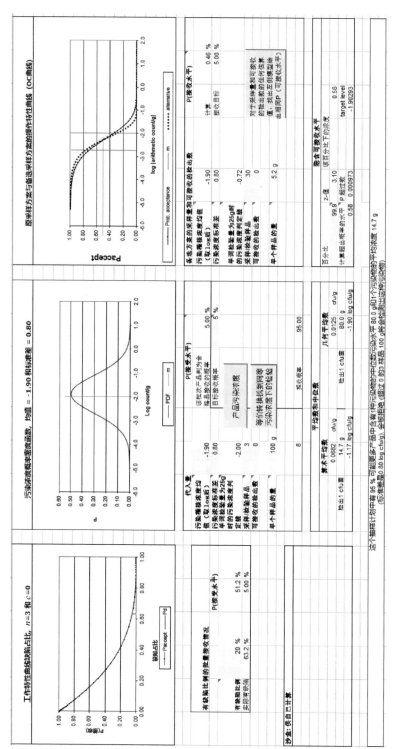

图 6-4 采样量不同的 OC 曲线对比

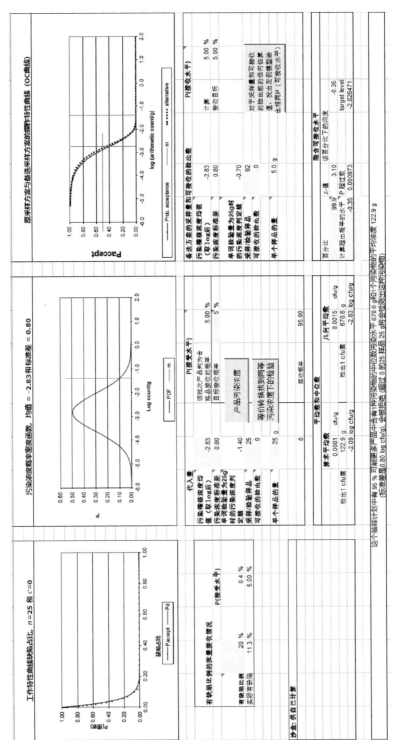

图 6-5 等效采样量转换

6.2.3 检验准确性的保障

对于婴幼儿配方乳粉质量指标和风险指标的检测，首先企业可以使用快速检测方法，但应保持检测结果准确。使用的快速检测方法及设备应定期与食品安全国家标准规定的检验方法进行比对或者验证。检验结果呈阳性时，应使用食品安全国家标准规定的检验方法进行确认。

其次生产企业需具备采用国标方法进行检测的能力，出具的检测值的误差需在国标允许范围内，才能证明其检测的准确性。同时生产企业应对婴幼儿配方乳粉全项目检验能力进行验证，每年至少进行 1 次。使用非国标方法检验有国家标准检测方法的项目时应定期与食品安全国家标准规定的检验方法进行比对或者验证。检验结果不符合规定限值时，应使用食品安全国家标准规定的检验方法进行确认。对于没有标准检验方法的项目，应进行方法确认，并出具方法学验证报告，还需要对实验室的检验能力进行外部与内部的准确性验证后方可在企业内部使用。

生产企业针对检验准确性，需定期对检验结果进行内部实验室和第三方实验室间的比对，同时应定期对检验人员进行相关检测知识的培训，检验设备精度的校正等，保证检测结果的准确性。

6.3 婴幼儿配方乳粉质量和安全状况

6.3.1 婴幼儿配方乳粉危害风险及来源

食品中存在的危害是当今世界上人们所关注的焦点问题之一。食品中存在的危害之一是原辅材料、加工过程控制不良带来的生物性危害。婴幼儿配方乳粉作为食品大类中一种特殊膳食食品，除了存在像普通食品一样的危害来源，其存在的危害还具有特殊性，如阪崎肠杆菌在婴幼儿配方乳粉的生产杀菌后的加工环节存在较高风险，作为条件性致病菌对 0～6 个月的婴儿危害极大。

6.3.1.1 物理危害风险及来源

婴幼儿配方乳粉中的物理危害主要有金属、木刺、塑料颗粒、金属屑等，上述异物被定义为物理危害，在食用的过程中会对人体的咽喉、食管造成伤害或引起窒息。上述物品主要来源于物料储存使用的木制或塑料托盘、铁听包装顶部塑料盖，在使用过程中木刺、塑料颗粒掉入产品中，金属物品主要来源于设备上的小备件（如螺钉）、螺杆与套筒间隙不合格导致刮蹭产生的金属碎屑。加工过程中有发生物理危害的可能性，通过管理及后续 X 射线、基于磁场线圈原理进行检测、剔除，可得到一定的控制。

6.3.1.2　化学危害风险及来源

婴幼儿配方乳粉中的化学危害来源于以下几类：第一类为食品添加剂的过量使用，不符合食品添加剂使用范围或使用量；第二类为原料本底带入，如黄曲霉毒素 M_1[27]、各类农药和兽药残留[28]；第三类为从包装材料中带来或迁移出来的，如塑化剂、溶剂残留；第四类为生产加工过程中使用的辅助性材料，如水处理使用的粒子、膜，车间使用的管道和容器带来的塑化剂、壬基酚等。

6.3.1.3　生物危害风险及来源

原料在种植、生产、加工、储运、销售整个供应链上因微生物残留或因微生物生长繁殖产生的有害物质，对人体健康产生的危害称生物性危害。生物性危害包括有害的细菌、病毒、寄生虫和昆虫。食品中的生物性危害，既可能来源于原辅料，也可能来源于食品的加工过程。婴幼儿配方乳粉中的生物性危害主要包括细菌总数、阪崎肠杆菌、金黄色葡萄球菌、沙门氏菌等。特别是阪崎肠杆菌需要进行重点研究与控制[29]。

婴幼儿配方乳粉经过浓缩干燥工艺后成为粉状产品。婴幼儿配方乳粉的生物危害风险主要分为三类。第一类，在食品安全标准中有要求，如细菌总数作为婴幼儿配方乳粉杀菌效果的评价指标，一般不会对消费者造成安全伤害。第二类，在食品安全标准中有要求，属于选择性致病菌，如阪崎肠杆菌，婴儿（＜6 个月）为特别容易感染阪崎肠杆菌的高风险人群。早产儿、低出生体重儿容易感染阪崎肠杆菌，主要表现是脑炎，已经报道的婴儿感染阪崎肠杆菌的最高死亡率为 50%。阪崎肠杆菌在婴幼儿配方乳粉杀菌后的干燥过程、输送过程、包装过程及包装开启后或乳粉冲调器具卫生控制不当均会造成污染。第三类，没有明确的证据证明受污染配方乳粉是导致婴幼儿患病的原因，如蜡样芽孢杆菌、梭状肉毒杆菌等，但蜡样芽孢杆菌可以作为生产加工过程中 CIP 清洗效果评价的指示菌。

6.3.2　婴幼儿配方乳粉原辅料危害分析及控制

在婴幼儿配方乳粉生产中主要的原材料包括原料乳、全脂乳粉、脱脂乳粉、乳糖、脱盐乳清粉等粉类乳制品以及植物油、食品添加剂及营养强化剂；主要的包装材料包括复合袋、马口铁罐等。生产加工过程中连接会使用到橡胶软管、橡胶软，水处理各类填料、粒子、膜，主加热系统、空调系统使用到空气初效、中效、高效过滤器，上述各环节均有可能带入化学性、生物性或物理性的危害物质。

按照婴幼儿配方乳粉生产工艺，可以使用全脂粉、脱脂粉来组织生产。下面将讨论主要以全脂粉、脱脂粉为原料的生产，分析对主要大类原材料和包装材料分别可能存在的质量安全危害和关键控制环节。

6.3.2.1 全脂乳粉、脱脂乳粉等粉类原料

（1）粉类原料的物理危害控制　在生产过程中，喷雾干燥后包装前金属等异物可能会被带入全脂乳粉、脱脂乳粉中。而在加工婴幼儿乳粉前的投粉环节加装的高磁吸附器，包括加工过程中使用的 80 ～ 120 目的过滤网均可对上述异物进行过滤，物理风险中从原料带来的风险可以不予考虑。

（2）粉类原料的化学危害控制　在奶牛养殖的过程中，对患病的奶牛经常使用抗生素进行治疗，治疗后的奶牛未进行隔离，产出的牛乳未进行分开存放，牛乳中容易残留抗生素，而在将牛乳加工成全脂或脱脂粉的过程中抗生素同样会残留在粉中。

欧盟、新西兰对奶牛患病后允许使用的抗生素有明确规定，牧场设有专门的兽医，整个国家对兽药的管理较规范，到厂的牛乳如果检测出抗生素，则整批牛乳需降级处理，对牧场的损失较大。从近几年海关、企业检测的数据分析，进口乳制品原料整体上抗生素的符合性高。

我国前几年因饲养模式有散户、牧场，在兽药的规范使用和监管方面起步晚，管理、使用不规范。《乳品质量安全监督管理条例》第十四条中规定禁止销售在用药期和休药期内的奶畜产的生鲜乳 [30]。第十五条中规定动物疫病预防控制机构应当对奶畜健康情况进行定期检测；经检测不符合健康标准的，应当立即隔离、治疗或者做无害化处理。近几年，大型牧场通过规范兽药来源控制、用药控制及用药后隔离控制，对牛乳中抗生素的控制水平逐年提高。企业通过建立计价体系、奶牛兽药超市来引导、规范兽药的使用，兽药残留检出率逐年降低。

喂养奶牛中的饲料较常见的是玉米等农作物，玉米秸秆、玉米等农作物在储存过程中很容易受潮发霉产生黄曲霉毒素 B_1，而含有黄曲霉毒素 B_1 的饲料在喂饲奶牛后转化为黄曲霉毒素 M_1。南方地区在 4 ～ 5 月份的梅雨季节最易发生饲料或秸秆发霉的现象。所以在梅雨季节对使用的饲料及秸秆要重点监控。

（3）粉类原料的生物危害控制　全脂乳粉、脱脂乳粉的微生物危害可以分为杀菌残留和后污染两类。粉类产品在加工过程中的前处理工艺会让微生物有增殖的机会，普通的微生物在巴氏杀菌过程中被杀死，但预热温度在 65℃ 左右适合芽

孢和耐热芽孢的繁殖，应尽量避免在此温度下预热。杀菌后的产品进入浓缩奶暂存罐，通过高压泵及高压喷雾管线进入干燥塔，喷雾干燥后的产品在干粉输送、包装各环节中，若对工作人员的卫生控制不良、环境卫生控制不良等均可引起产品中致病菌污染。

6.3.2.2　植物油

婴幼儿配方乳粉中的亚油酸、亚麻酸等不饱和脂肪酸均由食用植物油提供，因植物油中不含有水分[31]，一般不会发生微生物污染的风险，重点需要考虑的是食用植物油中的化学性危害。

食用混合油类化学危害。目前国内使用的菜籽油、玉米油、高油酸葵花毛油多数来自国外，大豆油因其转基因的控制需求多数来自东北地区的种植基地。无论国外或国内的种植基地均会涉及种植区域的土壤污染、水污染或农药污染，这些污染会迁移到植物油中导致农药、重金属超标。加工过程中用到的白土、活性炭等过滤物料可能引入化学性危害。储存条件控制不当会导致玉米等谷类发霉引起黄曲霉毒素超标。

6.3.2.3　食品添加剂及营养强化剂

食品添加剂和营养强化剂在婴幼儿配方粉中有两种添加方式，第一种为湿法添加，将其溶解后添加到料液中混合均匀，终产品中含量相对均一，需要控制大宗原料底物中微量元素的含量和加工过程中的热损失。第二种方式为喷雾干燥后通过干混的形式添加，对干混营养素的颗粒及干混机干混能力的要求较高。一方面是干混不均匀导致过量使用引起致癌、致畸，同时其潜伏期长不易发现；另一方面是因使用量不足，会导致身体得不到应有的补充而出现营养不良。

6.3.2.4　包装材料

（1）包装材料的物理危害　复合包装膜及马口铁罐的物理危害不显著，但要控制铁听成型车间的卫生等级及铁听包装间的纸垫板或塑料垫板中带来的虫害污染或塑料异物颗粒。

（2）包装材料的化学危害　复合包装袋的显著危害是化学危害，从加工过程看具有的化学危害为溶剂残留，因在印刷过程中对油墨、黏合剂的稀释需使用溶剂，但这一类风险在目前整个塑料包装行业的控制已达到比较高的水平。另一类的化学危害来源是增塑剂、壬基酚等化学物质的迁移造成产品中上述物质的污染。

（3）包装材料的生物危害　包装材料的微生物危害不显著，无论复合包装膜或铁听都不具有微生物增殖的条件，同时在复合包装膜及铁听加工过程中有热处理，对马口铁表面及包装膜表面的微生物有消毒的功用 [32]。

6.3.3　婴幼儿配方乳粉生产加工工序危害分析及控制

婴幼儿配方乳粉的加工工艺有三种方式，即湿法工艺、干法工艺及干湿复合工艺。下面我们以湿法工艺和干法工艺为例进行加工过程中的危害分析。

6.3.3.1　婴幼儿配方乳粉湿法工艺危害分析及控制 [33]

（1）湿法工艺　全脂、脱脂乳粉→标准化配料→均质→杀菌→浓缩→喷雾干燥→流化床二次干燥→包装。普遍的观点认为婴幼儿配方乳粉湿法工艺中的显著危害输出的 CCP 在杀菌环节，而从目前婴幼儿配方乳粉浓缩杀菌设备的配置来看，此环节的杀菌温度和时间组合尽管失效后的风险大，但失败的概率很小。基于两个因素，第一个因素是目前的设备配置，杀菌温度时间组合不符合要求时系统可自循环，程序不运行，即不会产生此条件下的产品；另一个因素是婴幼儿配方乳粉的国家标准对细菌总数按照三级采样方案进行，并不是无菌的要求。

（2）婴幼儿配方乳粉湿法工艺营养素添加的危害分析及控制　婴幼儿配方乳粉湿法工艺中的显著危害主要是营养素添加导致的化学危害，料液经杀菌后控制了致病菌污染。而 CIP 清洗作为湿法工艺中的基础管理必须完全符合要求。婴幼儿配方乳粉中维生素、矿物质的种类高达几十种，而终产品中这些维生素、矿物质的含量大多数都在 ppm（mg/kg）或 ppb（μg/kg）级。影响营养素稳定性的因素较多，包括营养素在原料中的含量、均匀性，全脂、脱脂粉等大宗原料本底含量，生产过程中添加、溶解过程的控制，配料及杀菌过程热损失，储存过程中的降解等。所以在营养素的控制上我们必须对不同国家、季节供应的全脂粉、脱脂粉等大宗原料本底中的数据进行检测，建立数据库；具备营养素批次检测的能力；整个添加过程建立防错、程序控制手段；对工厂配料和浓缩杀菌过程中的热损失建立数据模型方可保证终产品营养素含量持续稳定。

（3）婴幼儿配方乳粉湿法工艺洁净区卫生控制危害分析及控制　喷雾干燥后的乳粉在管道中输送、包装时是否会受到致病性微生物的污染，关键的因素是控制人员、包装材料的卫生控制和车间环境的保持 [34]。典型的致病菌阪崎肠杆菌在正常的杀菌温度下（90℃、15～20s）完全被杀灭，即干燥后的粉不含致病菌。进入洁净区的人员穿着一次性工衣按照消毒流程进行消毒后进入车间；进入洁净区的包装膜、铁听均进行消毒；进入洁净区的空气均通过高效过滤器（过滤效率99.9995%）过滤确保婴幼儿配方乳粉中不含致病菌。对洁净区的卫生控制在婴幼儿配方乳粉审核细则中已有严格要求，如表 6-1 所示。

表 6-1 婴幼儿配方乳粉生产洁净区的要求

指标	内容	控制要求
微生物最大允许数	浮游菌	≤ 200CFU/m³
	沉降菌	≤ 100CFU/4h（φ90mm）
	表面微生物	≤ 50CFU/皿（φ55mm）
压差	清洁作业区与非清洁作业区之间	≥ 10Pa
换气次数	通过测定风速验证换气次数	≥ 12 次/h
温度	—	16 ~ 25℃
相对湿度	—	≤ 65%

上述全部条件符合后，喷雾干燥后的婴幼儿配方乳粉才不会受到交叉污染。一旦洁净区卫生条件被破坏，需要使用消毒剂对地面、墙壁等进行重新杀菌；消毒剂的选择至关重要，常见的环境消毒可以选择臭氧消毒、季铵盐类消毒、过氧乙酸类消毒剂消毒、次氯酸盐类消毒剂消毒。使用酒精或偏碱性的消毒剂对阪崎肠杆菌的杀灭效果良好，而使用含酸性的消毒剂对阪崎肠杆菌的杀灭效果不良。所以一旦因为空调系统或车间改造等原因造成洁净区被破坏，需要重新建立洁净区时消毒剂的选择至关重要。

（4）婴幼儿配方乳粉湿法工艺 CIP 清洗及烘干控制　干燥塔的 CIP 清洗和烘干效果是控制阪崎肠杆菌的先决条件，目前各企业为保证婴幼儿配方粉中的糊粉颗粒符合消费者的感官要求，一般在 15 ~ 30 天对干燥塔进行一次洗塔。如果干燥塔清洗效果不良或未充分烘干，生产的产品就可能会被阪崎肠杆菌污染。反之，生产后则不会出现系统性致病菌污染问题，只需要控制偶发的交叉污染。所以干燥塔的星型阀、旋风分离器、振动筛等关键部位必须进行彻底清洗及检查。因为干燥塔防爆的特殊性，每次洗塔前均需验证消防系统是否能够正常开启，消防喷头、清洗喷头的弹簧是否能够正常复位。

6.3.3.2 婴幼儿配方乳粉干法工艺危害分析和控制

干法工艺与湿法工艺的主要区别是没有杀菌的步骤，干法工艺如下：原辅料→备料→进料→配料（预混）→投料→混合→包装。

干法工艺容易发生显著危害的关键点是物料验收、生产环节的卫生控制（包括环境、人员、设施、工具等）及干混的均匀度。物料验收取决于上游供应商基粉生产环节的控制，仅依靠到货验收时对致病性微生物的控制不具有代表性，所以物料本身的符合性靠供应商的过程控制能力，到货只能作为抽样验证。卫生控制及干混均匀度的危害和控制措施应注意以下方面：

（1）干法工艺中生产环节的卫生控制　婴幼儿配方乳粉生产车间的布局一般分为一般作业区、准清洁作业区、清洁作业区，不同的区域的卫生控制标准不同。整体空气流从高到低来设计。清洁作业区的卫生控制同湿法工艺包装区域洁净区控制要求；清洁作业区要避免使用水，如果有地漏则必须进行密封，防止对环境造成污染。清洁作业区内所用的工具设施只能在本区域使用，定期进行清洁消毒。

在物料进入洁净作业区前必须进行脱包并杀菌风淋，防止将外界微生物带入到洁净区。对环境、设备表面及管道内表面建立不同的清洁计划，管道内表面清洁后必须进行消毒，合理的做法是对有弯头的管道定期拆卸后进行水洗，因为这些弯曲的管道处容易存粉产生结块，清洗后的弯头必须进行烘干消毒后才能再次进入洁净区安装。因此生产各区域应根据 GB 23790《食品安全国家标准　粉状婴幼儿配方食品良好生产规范》建立合理的微生物监控计划，避免产品抽样的局限性[35]。

（2）干混原料过程危害分析及控制措施　在婴幼儿配方乳粉中有微量营养物质（DHA、ARA、益生菌等）的添加要求。此环节有两个步骤可能发生风险。第一个步骤是干混前需要将干混物质进行混合放大，微量的物料直接加入到混料步骤，因为微量的物料直接进入大容器内，会发生物料混合不均匀的风险，使得产品的营养配比不准确，危害婴幼儿健康。所以在物料混合前的微量物料需要预先用量大的一些物料混合成含量均匀的基料。第二个步骤是将混合放大的原料添加到干混机进行干混，在配方设计时必须设定混合时间和验证均匀性效果，干混机的选择同样至关重要。此步骤中化学危害与生物危害并存。干混物质称量错误会导致含量或高或低，这一类风险可以通过工控系统解决。从配方下达、小料赋码、扫码添加、称量控制可以最大程度地避免因人为操作带来的误差。混合设备的内部必须没有死角，否则会有物料堆积影响混合均匀性。微生物危害需要通过控制操作人员的操作过程，避免手部接触干混物料带来的交叉污染。

（3）过滤筛网和磁棒工序危害风险和控制措施　包装前的产品必须先经过振动筛去可能从物料中或混合设备中产生的异物，此步骤的关键危害风险是物理危害。对于过滤筛网筛除的物质要及时收集并验证来源。包装前下粉管线上一般安装有金属剔除器，利用电磁场原理剔除金属（一般能够剔除在 0.8mm 以上的金属），设备剐蹭或摩擦产生的金属碎屑需要通过日常设备的维护保养来解决，依靠金属剔除器无法全部剔除这一类物质。

（4）包装封盒工序危害风险和控制措施　物料必须用适当的包装材料包装，包装材料必须具备一定的阻隔光线、水分、氧气的功能，为防止氧化，在充填时需要充填一定量氮气，或氮气和二氧化碳的组合气体，氮气可以保护产品不被空气氧化，二氧化碳因热膨胀系数不一，可以减缓海拔高度变化带来的胀听、胀袋。

此步骤因密封不严可能存在物理、化学和微生物外来污染的危害。

根据 GB 10765 婴幼儿配方食品安全标准对婴幼儿配方乳粉的阪崎肠杆菌[18]采取三个样品进行检测，全部未检出可判定本批产品合格。在实际运行过程中，上述采样方法可以验证批量阪崎肠杆菌不合格的情况，对于偶发性阪崎肠杆菌不合格采用在线高频小量采样的方法，可以提高验证概率，因为阪崎肠杆菌在培养的过程中有扩培的步骤。

6.3.4 风险管理体系的建立

食品中存在的危害问题都是动态变化的。随着经济的发展，食品生产方式和规模的改变，老问题得到解决之后又可能会出现一些新问题。同时，随着检测技术的发展，新问题也随之被发现。因此，对风险项目进行动态研究，建立风险项目识别、评价机制，同时建立和实施国家风险评估、风险预警机制的，对风险项目根据紧急重要程度分类管理；建立风险项目及监控结果的大数据库等都将对未来标准的建立、消费者认识的引导产生积极的推动作用[36]。将来政府监控数据与企业研究会结合起来，将食品安全问题防患于未然。

6.3.5 加工过程保证能力系统

建立有效的危害分析与预防机制，对原料、人员、方法、场地的变化、设备变更识别的控制是维护质量和安全管理体系动态持续改进的重要方面。对每一个改变进行危害分析和关键控制点（HACCP）分析，确定在变化前、中、后步骤的危害风险，明确应该采取的预防控制措施，在变化的各进程中确认这些措施是否得到有效的实施和执行。只有对日常的变化保持警觉的意识和完善的跟进流程，才能保持质量和安全管理体系的动态持续改进，确保最终产品质量和食品安全。

6.4 展望

6.4.1 产品新鲜品质

衡量婴幼儿配方乳粉新鲜度的维度包括奶源采集新鲜、原料新鲜、生产过程新鲜等，即生产供应运输实施"就近原则"，如生牛/羊乳直接从奶源采集地运往最后生产加工地，可显著缩短储存时间和原料供应周期，保留原料天然营养物质和保持原料新鲜。长期以来，由于我国存在乳制品原料结构性短缺，稀奶油、乳清粉、乳蛋白、乳糖基本依赖进口，而进口原料海外运输时间较长。因此，国家在"十四五"规划和2035年远景目标建议中明确要求，要提升产业链供应现代化水平，坚持自主可控、安全高效，分行业做好供应链战略设计和精准施策，推动全产业链优化升级。未来，我国乳制品企业应加大深加工的研究和投入力度，攻克核心生产技术，加强科技创新和研发能力，特别是应加强乳基料产品开发、乳清利用等关键技术以及产业化配套工程技术设计开发等方面的研究，全面掌握水解、膜分离、提纯等核心关键技术，逐步解决脱盐乳清粉、乳糖、浓缩乳清蛋白粉、乳铁蛋白等婴幼儿配方乳粉重要功能性基料的国产化问题。此外，乳制品加工企业应实现湿法工艺的在线添加或开发生乳、脱盐乳清粉、浓缩乳清蛋白（WPC）等液体配料，保证生产工艺过程新鲜，最终保障终产品品质新鲜，实现产品品质提升。

6.4.2 提升产品追溯效率

建立婴幼儿配方乳粉追溯制度、实现其可追溯性，成为确保婴幼儿配方乳粉安全的有效工具，建立消费者对婴幼儿配方乳粉的认可度及信心，也是世界各国的普遍要求。通过建立牧场、生产工厂、检验室、流通渠道到消费者的全链条追溯系统，完全实现产品全周期电子化追溯管理。

进入21世纪以来，随着数据的爆发式增长，计算能力的大幅度提升和人工智能（artificial intelligence, AI）深度的发展和成熟，AI迎来了第三次发展浪潮，AI技术走向了全面应用，在全球范围内掀起了一场新的产业革命。在中国，发展AI已上升为国家战略，并被连续多年写入政府工作报告中。得益于社会经济的持续增长、政策和资本的大力驱动、创新力量的持续沉淀，AI产业正在蓬勃发展，并孕育了数千家AI相关企业。未来，婴幼儿配方乳粉企业应致力于开发与AI技术融合后更先进的追溯系统，确保产品追溯信息准确、及时、便捷，实现产品双向质量可追溯，利用AI技术开展婴幼儿配方乳粉的可视化，与ChatGPT联动，建立智能问答系统，实现自然语言模型AI对话，在线解答消费者的相关问题，以便实现产品质量可有效追溯的同时提升运营效率。

（王洪丽、景智波、徐海青、温红亮、赵琦、韩斌剑）

参考文献

[1] 郭耀东，任嘉瑜，韩晓江，等. 乳制品中黄曲霉毒素M1风险评估研究进展与趋势. 湖北农业科学，2019, 58(20): 9-13.

[2] 赵贞，万鹏，李翠枝，等 . 乳与乳制品中黄曲霉毒素限量标准的研究：中国乳制品工业协会第二十二次年会 . 北京：中国乳制品工业协会，2016.

[3] 国家卫生健康委员会，国家市场监督管理总局 . 食品安全国家标准食品中真菌毒素限量：GB 2761—2017. 北京：中国标准出版社，2017.

[4] European Commission. Codex General standard for contaminants and toxins in food and feed: No 193/1995. EC. 1997.

[5] European Commission. Setting maximum levels for certain contaminants in foodstuffs: No 1881/2006. EC, 2006.

[6] 王赞，吴天佑，王文丹，等 . 奶牛饲料中黄曲霉毒素风险控制的研究进展 . 中国奶牛，2018, 7: 32-36.

[7] World Health Organization. FAO/WHO guidance to governments on the application of HACCP in small and/or lessdeveloped food businesses. Food & Agriculture Organization. 2006.

[8] 熊江林，周华林，王宗俊，等 . 黄曲霉毒素对畜禽的毒性及防控技术研究进展 . 家畜生态学报，2017, 38(2): 77-82.

[9] 中华人民共和国国家卫生和计划生育委员会 . 食品安全国家标准 原粮储运卫生规范：GB 22508—2016. 北京：中国标准出版社，2016.

[10] 中华人民共和国农业行业标准生乳中黄曲霉毒素 M1 控制技术规范（NY/T 3314—2018）.

[11] 国家卫生健康委员会，农业农村部，国家市场监督管理总局 . 食品安全国家标准 食品中农药最大残留限量：GB 2763—2021. 北京：中国标准出版社，2021.

[12] 国家卫生健康委员会，农业农村部，国家市场监督管理总局 . 食品安全国家标准 食品中 2-4-滴丁酸钠盐等 112 种农药最大残留限量：GB 2763.1—2022. 北京：中国标准出版社，2022.

[13] 国家卫生健康委员会，农业农村部，国家市场监督管理总局 .《食品安全国家标准 食品中兽药最大残留限量：GB 31650—2019. 北京：中国标准出版社，2019.

[14] 国家卫生健康委员会，农业农村部，国家市场监督管理总局 . 食品安全国家标准食品中 41 种兽药最大残留限量：GB 31650.1—2022. 北京：中国标准出版社，2022.

[15] 国家标准化管理委员会，国家市场监督管理总局 . 食品安全国家标准生活饮用水卫生标准：GB 5749—2022. 北京：中国标准出版社，2022 .

[16] European Commission. Amending Regulation (EC) as regards maximum levels of perchlorate in certain foods: No 1881/2006. EC, 2020.

[17] 国家标准化管理委员会 食品安全国家标准 食用动物油脂：GB 10146—2015. 北京：中国标准出版社，2015.

[18] 国家卫生健康委员会，国家市场监督管理总局 . 食品安全国家标准婴儿配方食品：GB 10765—2021. 北京：中国标准出版社，2021.

[19] 国家卫生健康委员会，国家市场监督管理总局 . 食品安全国家标准 较大婴儿配方食品：GB 10766—2021. 北京：中国标准出版社，2021.

[20] 国家卫生健康委员会，国家市场监督管理总局 . 食品安全国家标准，幼儿配方食品：GB 10767—2021. 北京：中国标准出版社，2021.

[21] European Commission. Amending Regulation (EC) as regards maximum levels for polycyclic aromatic hydrocarbons in Katsuobushi (dried bonito) and certain smoked Baltic herring: No 1881/2006. EC, 2015.

[22] European Commission. Amending Regulation (EC) as regards maximum levels of 3-monochloropropanediol (3-MCPD), 3-MCPD fatty acid esters and glycidyl fatty acid esters in certain foods: No 1881/2006. EC, 2020.

[23] Food Standards Australia New Zealand. Compendium of microbiological criteria for food. FSANZ，2022.

[24] Food Standards Australia New Zealand. Microbiological limits for food. FSANZ, 2014.

[25] 国家卫生健康委员会，国家市场监督管理总局. 食品安全国家标准 食品中致病菌限量：GB 29921—2021. 北京：中国标准出版社，2021.

[26] 国家市场监督管理总局. 婴幼儿配方乳粉生产许可审查细则（2022 版）. 北京：国家市场监督管理总局，2022.

[27] 耿健强，赵丽，潘红艳，等. LC-MS 法测定婴儿乳粉中 4 种激素和氯霉素残留. 食品工业，2017, 4: 285-289

[28] 孙颖宜，成姗，林琳，等. 国内外乳及乳制品中兽药残留限量标准比较分析. 食品安全质量检测学报，2016, 7(1): 378-382.

[29] 廖明治，田丽萍，孟庆红. 乳制品生产过程中阪崎肠杆菌的控制研究. 乳业科学与技术，2011, 34(1): 33-35.

[30] 中国会计学会. 乳品质量安全监督管理条例. 北京：中国法制出版社，2008.

[31] 周瑞宝. 特种植物油料加工工艺. 北京：化学工业出版社，2010.

[32] 郝林. 食品微生物学实验技术. 北京：中国农业出版社，2001.

[33] 国家质量监督检验检疫总局，国家标准化管理委员会. 危害分析与关键控制点体系食品生产企业通用要求：GB/T 27341—2009. 北京：中国标准出版社，2009.

[34] 国家卫生健康委员会. 食品安全国家标准食品生产通用卫生规范：GB 14881—2013. 北京：中国标准出版社，2013.

[35] 国家卫生健康委员会. 食品安全国家标准，粉状婴幼儿配方食品良好生产规范：GB 23790—2010. 北京：中国标准出版社，2010.

[36] 李聪. 食品安全监测与预警系统. 北京：化学工业出版社，2006.

第 **7** 章

婴幼儿配方食品货架期的品质变化与保持

婴幼儿配方食品的组成复杂，容易受到产品本身配方特点、包装材料以及储存环境温度、湿度、光照、氧气等外界环境因素的影响而发生变化，包括感官指标、理化性状、营养成分等，由此可能导致产品的感官品质、营养性和安全性无法得到保证。其中产品配方设计和生产工艺优选的合理性是确保婴幼儿配方食品安全营养的前提，而货架期内产品营养成分的稳定是确保婴幼儿食用营养安全的基础。

7.1 主要营养素在货架期内的衰减变化及其影响因素

7.1.1 主要营养素在货架期内的衰减变化

食品货架期内营养物质的稳定性对产品质量的保证至关重要。婴幼儿配方乳粉，作为 0 ～ 3 岁婴幼儿的主要食品，确保其营养成分稳定对促进婴幼儿健康生长和发育至关重要。近二十年来，许多研究者对婴幼儿配方乳粉货架期内营养成分的稳定性进行了研究。

7.1.1.1 脂肪和脂肪酸

婴幼儿配方乳粉中脂肪含量约为 18% ～ 30%，充足的脂肪摄入为婴幼儿生长发育提供了能量，也有利于婴幼儿对脂溶性维生素的消化和吸收。婴幼儿配方乳粉作为目前营养成分最接近母乳的一种营养产品，其中富含亚油酸、α-亚麻酸、花生四烯酸（ARA）、二十二碳六烯酸（DHA）等多不饱和脂肪酸。然而，如果多不饱和脂肪酸（如亚油酸、α-亚麻酸、DHA 和 ARA）暴露在空气中，容易发生氧化。长期食用过氧化物含量高的食品可能引起婴幼儿机体细胞的突变 [1]。

为研究货架期内婴幼儿配方乳粉中脂肪和脂肪酸的稳定性，汇总了国内近几年公开发表的脂肪和脂肪酸货架期衰减率的研究数据（表 7-1）。数据表明，无论是加速试验还是常温货架期试验，脂肪、亚油酸和 α-亚麻酸在试验过程中均未发生衰减，说明货架期内适宜储存条件下脂肪、亚油酸、α-亚麻酸的稳定性较好。不饱和脂肪酸虽然容易氧化，但婴幼儿配方乳粉在密封的惰性气体条件下保存，在极低含氧量和低水分活度条件下，不易发生不饱和脂肪酸氧化，因此在适宜的储存条件下，亚油酸和 α-亚麻酸可以稳定存在。

由于 DHA 和 ARA 对婴幼儿生长发育具有重要意义，在婴幼儿配方乳粉行业中，常将 DHA 和 ARA 作为可选择性多不饱和脂肪酸进行强化。通常婴幼儿配方乳粉中的 DHA 和 ARA 以微胶囊的形式存在，微胶囊以多糖和蛋白质作为壁材，能够隔绝光线和氧气，减少自动氧化的过程，有效地保护不饱和双键，从而使产品更加稳定 [2]。DHA 和 ARA 的衰减率较低，同时考虑实验方法的精确度，低于 10% 可认为没有发生衰减，因此，在货架期内 DHA 和 ARA 也比较稳定。但各研究者之间报告的数据差异较大，其中，刘宝华等 [3] 和张媛媛等 [4] 的研究结果中 ARA 和 DHA 衰减率较大，两个研究的 ARA 衰减率分别为 21.32% 和 22.73%，DHA 衰减率分别为 13.96% 和 18.14%，而马雯等 [5] 研究表明婴幼儿配方乳粉中

表 7-1 婴幼儿配方乳粉中脂肪和脂肪酸的货架期衰减率 /%

序号	作者	包装形式	储存环境	储存时间	段数	花生四烯酸 (ARA)	二十二碳六烯酸 (DHA)	脂肪	亚油酸	α-亚麻酸
1	赵红霞等[6]	400g充氮包装	42℃, RH 75%	6个月	—	0.58	0.87	—	—	—
2	张媛媛等[4]	800g镀锡马口铁充氮罐装	常温 (≤25℃, ≤60%)	24个月	—	22.73	18.14	—	—	—
3	姜艳喜等[7]	充氮铁听装	常温	24个月	1	-2.76±8.58	-1.24±9.18	0.39±1.68	-3.95±4.65	-3.10±5.41
					2	-2.55±5.09	0.23±9.79	0.88±2.15	-2.70±3.16	1.55±7.64
					3	-5.00±11.09	0.63±5.21	1.48±1.81	-3.58±4.47	-2.66±5.66
4	戴智勇等[8]	充氮包装 N_2-CO_2（7:3）混合填充	37℃	6个月	—	2.58	12.30	0.75	—	—
					—	5.34	15.80	1.47	—	—
5	马雯等[9]	200g充氮盒装	室温	18个月	1	12.73±4.19	8.12±0.30	0.00±0.00	4.23±3.40	-7.73±1.40
					2	4.17±7.55	5.13±7.25	-0.61±0.43	-1.85±2.62	-7.11±5.10
					3	3.33±2.72	9.71±3.25	0.93±0.00	0.00±0.00	-7.57±0.06
		405g充氮盒装	室温	18个月	1	9.03±2.10	5.56±3.93	0.55±1.02	2.90±2.05	-7.39±4.45
					2	11.62±1.55	7.14±5.83	-1.22±0.44	3.51±2.48	0.27±2.65
					3	11.58±8.10	7.14±5.83	-1.89±0.77	5.09±4.08	-7.27±4.62
		900g充氮罐装	室温	24个月	1	10.72±0.31	20.21±5.94	1.08±0.76	-1.55±2.24	-10.97±5.02
					2	12.25±4.91	12.45±3.40	0.00±0.74	-3.92±2.77	-11.71±1.93
					3	12.18±1.53	6.25±8.84	0.00±0.77	-9.72±3.00	-13.92±7.19
6	楼佳佳等[10]	400g镀锡马口铁充氮罐装	(25±2)℃, RH (60±10)%	24个月	—	-1.94	-5.95	1.28	-4.66	-9.1
7	刘宝华等[3]	800g充氮马口铁罐装	(37±2)℃, RH (75±5)%	6个月	—	21.32	13.96	0	-0.71	0.58

序号	作者	包装形式	储存环境	储存时间	段数	花生四烯酸（ARA）	二十二碳六烯酸（DHA）	脂肪	亚油酸	α-亚麻酸
8	马雯等[5]	镀锡马口铁充氮罐装	（37±2）℃、RH（75±5）%	6个月	—	-10.12±10.61	-10.95±9.48	1.55±1.42	-3.12±6.44	-1.28±3.56
9	马雯等[11]	900g充氮镀锡马口铁罐装	（37±2）℃、RH（75±5）%	6个月	1	2.56	0	—	7.14	11.38
					2	3.61	4.76	—	-5.9	-4.12
					3	-12.5	-3.13	—	1.53	-9.11
10	马玉琴等[12]	800g罐装	45℃、RH 75%	180天	—	18.78	14.86	-0.14	4.78	2
11	姜艳喜等[13]	镀锡马口铁罐充氮包装	（37±2）℃、RH（75±5）%	6个月	1	-2.71	7.02	—	-2.28	-6.03
					2	4.1	0.18	—	1.61	—
					3	4.4	9.18	—	-3.18	—
12	卢宝川[14]	镀锡薄钢板	（37±2）℃、RH（75±5）%	6个月	—	—	2.2	—	—	0.63
13	吕倩等[15]	充氮包装	（40±2）℃、RH 75%	6个月	—	0.41	3.16	—	—	—
14	刘宾等[16]	900g充氮听装	室温	24个月	—	约8	27	—	—	—
15	戴智勇[17]	—	45℃	96天	1	2.58	13.9	0.75	—	—
					2	2.42	12.2	0.82	—	—
16	孙健[18]	镀锡马口铁听	室温	18个月	—	—	—	约0	约1.5	约1.8
		镀锡马口铁听	（37±2）℃、RH（75±5）%	3个月	—	—	—	约0.2	约2.5	约2.6
		镀铝膜包装袋	室温	18个月	—	—	—	约0	约2.3	约2
		镀铝膜包装袋	（37±2）℃、RH（75±5）%	3个月	—	—	—	约0.8	约2.9	约2.7

注：RH 为相对湿度。

的 DHA 和 ARA 在货架期内稳定性较好。这些数据的差异可能与生产工艺（干法、湿法、干湿混合）、添加方式、包装形式（听装、袋装）、配方中其他营养素的添加量等有关。

7.1.1.2　脂溶性维生素

脂溶性维生素包括维生素 A、维生素 D、维生素 E 和维生素 K，是婴幼儿发育的必需营养素，在被吸收之后储存于脂肪组织中，适量的脂溶性维生素摄入对婴幼儿神经、大脑以及免疫系统等发育有积极促进作用，然而长期大量摄入会增加婴幼儿代谢负担，严重时还会引发中毒。

婴幼儿配方乳粉中脂溶性维生素的稳定性受储存环境影响较大，适宜的储存环境更利于保持乳粉中的营养物质。当环境因素不同时，其营养成分会表现出不同的稳定性差异，甚至会发生持续损失的情况。婴幼儿配方乳粉中脂溶性维生素的货架期衰减率，如表 7-2 所示。其中选取常温条件下储存时间大于 18 个月，37℃以上储存时间大于 6 个月的衰减率数据进行分析。结果表明，维生素 A 平均衰减率为 11.48%，维生素 D 平均衰减率为 8.84%，维生素 E 平均衰减率为 6.56%，维生素 K 平均衰减率为 6.68%。脂溶性维生素整体在货架期的衰减较为明显，其中维生素 A 衰减率最大，平均损失率超过 10%，这和刘宾等 [16] 的研究结果相同。不同研究报告中维生素 A 损失率差别较大，在张天博 [19] 的研究中维生素 A 损失率最大，为 33.16%，马雯等 [20] 的研究中维生素 A 损失率最小，货架期过程中几乎不发生衰减。

脂溶性维生素在货架期内的稳定性受自身条件和储存条件共同影响。以维生素 A 为例，影响维生素 A 稳定性的自身因素包括维生素 A 强化剂的不同添加形式和维生素 A 的添加方式，储存条件包括包装、储存环境、氧气、光照、脂肪含量、抗氧化剂等。

维生素 A 强化剂的添加形式不同，其稳定性存在差异 [21]。维生素 A 包括视黄醇、视黄醛、视黄酸、视黄醇乙酸酯和视黄醇棕榈酸酯等在内的视黄醇及视黄醇的衍生物，不同分子结构导致其具有不同的稳定性。例如视黄醇的光稳定性往往高于视黄醇棕榈酸酯，在相同条件下，视黄醇的损失率为 36%，而视黄醇棕榈酸酯则高达 71%[22]。改变维生素 A 的添加方式，例如使用微胶囊技术，选择固体脂质、磷脂、β-环糊精等包埋材料对维生素 A 进行包埋 [23]，制成固体脂质纳米粒、磷脂微囊、脂双螺旋模型等方式均可以增强其稳定性，减少货架期的损失。

储存条件是影响维生素 A 降解的主要因素，维生素 A 中除了有 5 个共轭双键，还有一个羟基或酯基，当受到光照及有氧存在时羟基易氧化成醛或羧酸从而发生降解，通常来说光照强度和其损失率呈正相关 [24]，储存时间越长，储存温度越高，

表 7-2 婴幼儿配方乳粉中脂溶性维生素货架期衰减率/%

序号	作者	包装形式	储存环境	储存时间	段数	维生素 A 衰减率 /%	维生素 D 衰减率 /%	维生素 E 衰减率 /%	维生素 K 衰减率 /%
1	姜艳喜等[7]	充氮听装	室温	24 个月	1	17.51±16.56	24.14±19.1	2.88±13.86	33.61±14.03
					2	12.71±15.69	15.02±14.27	4.51±8.94	31.00±17.47
					3	11.33±15.79	20.77±12.58	6.80±8.14	30.71±16.70
2	张天博等[19]	900g 充氮铁罐装	室温	6 个月	—	33.16±6.54	15.95±11.57	26.08±10.41	25.53±10.40
		400g 充氮盒装	室温	6 个月	—	31.29±6.47	16.95±11.39	25.33±6.10	18.56±13.34
3	马雯等[9]	405g 铝箔复合软包装袋	室温	18 个月	1	11.34±1.41	4.89±3.56	1.69±3.18	4.49±2.40
					2	9.35±2.41	-2.34±1.28	-4.70±4.20	11.03±3.54
					3	24.03±3.52	2.29±4.26	6.95±5.49	7.19±4.14
		900g 马口铁罐	室温	24 个月	1	13.45±4.63	3.52±1.51	28.69±2.97	-0.72±2.64
					2	1.94±3.67	4.17±1.76	10.06±14.47	7.13±1.97
					3	12.72±5.68	1.96±7.28	16.05±9.34	6.58±6.48
4	马雯等[20]	镀锡马口充氮铁听	室温	24 个月	1	-8.36±5.71	8.52±7.06	-3.65±5.96	2.25±3.74
					2	-6.21±5.18	5.13±1.45	-9.11±2.88	12.15±2.84
					3	-3.81±3.11	6.72±2.20	-4.80±0.94	8.39±1.73
			(37±2)℃、RH(75±5)%	6 个月	1	0.11±3.58	8.76±3.63	4.62±0.91	5.51±2.92
					2	-2.52±6.93	2.31±5.14	-1.04±7.45	11.51±2.38
					3	-3.12±1.94	5.22±1.06	2.02±1.56	2.90±5.48

序号	作者	包装形式	储存环境	储存时间	段数	维生素 A 衰减率 /%	维生素 D 衰减率 /%	维生素 E 衰减率 /%	维生素 K 衰减率 /%
5	马雯等[29]	镀锡马口充氮铁听	室温	24 个月	1	4.76±5.06	1.01±2.89	-0.18±3.86	4.94±1.88
6	孙本凤等[30]	镀锡马口铁听	(37±2)℃、RH（75±5）%	6 个月	1	10.01±5.90	-13.29±19.14	-12.58±1.99	11.18±3.81
7	刘宝华等[3]	800g 充氮马口铁罐	室温	24 个月	—	32.62	—	-0.71	12.73
8	马玉琴等[12]	800g 罐装	(37±2)℃、RH（75±5）%	6 个月	—	22.35	13.92	25.56	-6.44
9	雷媛媛等[31]	未提及	恒温（45℃）、恒湿（75%）	6 个月	—	1.53	12.9	-6.62	12.18
10	贾宏信[32]	铝箔包装装	(40±2)℃、RH（75±5）%	3 个月	—	3.05	1.26	—	—
			42℃、RH75%	6 个月	1	7.2	0	3.2	6.1
					2	13.4	5.6	11.3	9.2
			50℃、RH75%	6 个月	1	8.2	0	5.1	4.9
					2	14.8	5.4	11.6	9.2
11	姜艳喜等[13]	镀锡充氮马口铁罐	(37±2)℃、RH（75±5）%	6 个月	1	2.36	—	—	-9.3
					2	3.69	—	—	-11.97
					3	7.02	—	—	0.94
12	刘宾等[16]	镀锡充氮马口铁听	室温	24 个月	—	约 25	约 11	约 13	约 4.37

续表

序号	作者	包装形式	储存环境	储存时间	段数	维生素 A 衰减率/%	维生素 D 衰减率/%	维生素 E 衰减率/%	维生素 K 衰减率/%
13	龚志清等[33]	900g铁听充氮包装	(40±2)℃、RH(75±5)%	3个月	—	19.21	13.45	10.01	7.97
14	戴智勇等[8]	充氮包装	37℃	6个月	1	2.84	1.45	-4.4	-0.73
		充氮及二氧化碳包装	37℃	6个月	1	0.75	9.8	-16.8	6.42
15	张媛媛等[4]	800g镀锡充氮马口铁听	常温（≤25℃，≤60%）	24个月	1	17.72	31.82	26.15	14.73
16	戴智勇[17]	未提及	45℃恒温	96d	1	2.84	1.45	-0.36	-0.28
					2	2.99	1.39	0.2	-0.27
17	颜景超[34]	未提及	20℃	12个月	—	13.59	—	—	—
					—	18.87	—	—	—
			40℃	12个月	—	31.56	—	—	—
					—	36.62	—	—	—
18	孙健[18]	马口铁听	室温	18个月	—	约19	约18.5	约18.5	约7
			(37±2)℃、RH(75±5)%	3个月	—	约24.5	约19	约22.5	约11
		镀铝膜袋	室温	18个月	—	约25	约22.5	约23	约9
			(37±2)℃、RH(75±5)%	3个月	—	约26.5	约22.5	约24.5	约12

序号	作者	包装形式	储存环境	储存时间	段数	维生素 A 衰减率 /%	维生素 D 衰减率 /%	维生素 E 衰减率 /%	维生素 K 衰减率 /%
19	高春阳[35]	螺口试管密封	62℃	30d	1	—	—	—	24.3
					2	—	—	—	20.7
					3	—	—	—	19
20	张晓雷[36]	未提及	20℃	12 个月	—	—	—	7.12	—
			60℃	5 周	—	—	—	18.22	—
					—	—	—	21.28	—
21	赵文星 等[37]	充氮听装	(20±5)℃, RH（55±20）%	24 个月	2	4.04±2.92	6.54±0.03	-6.00±6.71	-10.57±1.96
			(37±2)℃, RH（75±5）%	6 个月	2	-3.6±0.02	-0.27±0.77	-10.89±9.98	8.94±0.52
22	Chávez-Servin 等[38]	充氮密封罐	25℃	18 个月	—	18.3	—	17.9	—
					—	21	—	12.8	—
			40℃	18 个月	—	27.5	—	23.1	—
					—	29	—	28.1	—
23	Jiang 等[39]	200mL 铝箔袋装	25℃	6 个月	—	约 5	—	约 15	—
			30℃	6 个月	—	约 7	—	约 13	—
			40℃	6 个月	—	约 14	—	约 17	—

维生素 A 损失率越大 [25]；脂肪和其他抗氧化剂的存在可一定程度上减缓其衰减，维生素 A 作为亲脂性物质，被脂肪球包裹可以减缓其氧化 [26]；同时抗坏血酸的存在也可以减少视黄醇棕榈酸酯的损失 [27]。一些金属离子例如 Fe^{3+}、Cu^{2+}、Al^{3+} 可以加快维生素 A 的异构化进而导致其发生衰减 [28]。

7.1.1.3 水溶性维生素

水溶性维生素主要包括维生素 B_1、维生素 B_2、维生素 B_6、维生素 B_{12}、烟酸、叶酸、泛酸、生物素和维生素 C。这些水溶性维生素常以辅酶或辅基的形式存在，大多性质不稳定，对光、氧、热、pH 值等非常敏感。

① 维生素 B_1（又称硫胺素），性质较为稳定，受外界影响较小，温度和储存时间是最重要的影响因素，在货架期稳定性的研究中，维生素 B_1 损失相对较少。婴幼儿配方乳粉中常添加盐酸硫胺素作为维生素 B_1 的化合物来源，盐酸硫胺素在避光和干燥的条件下，即使有氧也很稳定。

② 维生素 B_2（又名核黄素），对光照比较敏感，在光照 1h 后，维生素 B_2 的损失率达到 41%，而黑暗中 5h 后，损失率仅为 5%[40]。同时，维生素 B_2 的稳定性会受到金属离子，如 Mg^{2+}、Fe^{2+}、Cu^{2+} 的影响 [40]。表 7-3 中维生素 B_2 衰减率结果偏差较大，可能是由于配方差异，导致乳粉中营养素组成成分不同，从而影响维生素 B_2 货架期稳定性。

③ 维生素 B_6（又名吡哆素），包括吡哆醇、吡哆醛及吡哆胺，在空气中和加热的条件下是稳定的，光照和金属离子的存在会催化其降解。统计的数据中仅有一篇报道指出维生素 B_6 的衰减率超过了 20%，但该报道的水溶性维生素衰减率均偏高 [3]。因此，综合所有数据，与其他水溶性维生素相比，维生素 B_6 稳定性较好。

④ 维生素 B_{12}（又称钴胺素），目前婴幼儿配方乳粉中可用于强化维生素 B_{12} 的化合物包括氰钴胺、盐酸氰钴胺和羟钴胺 3 种，其中氰钴胺使用最为广泛。

⑤ 泛酸，马雯等 [9] 研究发现 1、2、3 段不同包装的婴幼儿配方乳粉中泛酸的衰减率均较高，与姜艳喜等 [7] 的研究结果一致。然而，在这两篇研究中，婴幼儿配方乳粉中所使用的泛酸都是以泛酸钙的形式进行添加的，而泛酸钙在低水分活度的食品中相当稳定，因此，泛酸钙的衰减原因仍需要进一步探究。

⑥ 维生素 C（又称抗坏血酸），水溶液中的维生素 C 稳定性很差，易被空气中的氧气氧化，且金属离子能够催化抗坏血酸降解，铜离子和铁离子在抗坏血酸的金属催化氧化中起重要作用。维生素 C 的稳定性极差，环境因素、产品成分及包装都可能对其造成影响 [41]。因此，维生素 C 一般被认为是最易衰减的水溶性维生素，研究者们的数据也支持了这一结论（表 7-3）。

表 7-3 婴幼儿配方乳粉中水溶性维生素的货架期衰减率 /%

序号	作者	包装形式	储存环境	储存时间	段数	维生素 B_1	维生素 B_2	维生素 B_6	维生素 B_{12}	维生素 C	烟酸	叶酸	泛酸	生物素
1	张媛媛等[4]	800g 镀锡马口铁充氮罐	常温（≤25℃，≤60%）	24 个月	—	7.99	19.48	8.65	12.28	20.57	4.87	11.45	7.24	14.45
2	姜艳等[7]	充氮铁听装	常温	24 个月	1	-7.56±13.53	-8.05±11.25	8.47±10.96	9.91±9.88	9.79±5.93	6.98±19.55	0.88±16.31	19.57±9.99	8.97±12.84
					2	-5.95±9.38	0.49±8.78	13.17±9.27	18.48±10.88	6.74±4.36	2.71±19.07	2.21±16.81	16.23±6.89	-2.10±12.55
					3	-9.70±8.94	-5.12±14.71	17.20±13.71	25.45±7.19	8.41±5.95	-0.82±18.56	-9.08±7.07	12.43±9.70	-8.61±16.35
3	戴智勇等[8]	充氮包装 N_2-CO_2（7:3）混合填充	37℃	6 个月	—	1.84	-3.80	1.20	12.70	6.90	2.70	4.30	4.50	—
					—	1.70	-4.80	1.77	6.80	4.20	0.61	2.90	4.20	—
4		200g 充氮盒装	室温	18 个月	1	-52.05±6.08	-1.71±1.41	-6.13±6.31	2.97±3.11	-5.15±1.91	-0.10±5.52	12.42±12.82	11.22±2.58	2.78±3.93
					2	-50.90±3.09	-4.43±4.74	-6.38±5.27	8.91±2.61	-0.02±1.88	1.53±4.72	15.06±6.23	26.29±2.99	2.38±3.37
					3	-49.57±1.21	1.13±2.88	1.96±1.39	14.78±6.03	3.61±2.67	1.49±2.74	13.28±2.21	24.41±2.28	0.00±0.00
	马雯等[9]	405g 充氮罐装	室温	18 个月	1	-48.49±4.67	10.67±5.03	3.89±8.19	10.95±7.41	-1.93±1.37	2.11±0.67	8.94±4.00	16.44±2.13	5.00±3.60
					2	-32.52±6.40	0.00±0.00	-6.25±5.10	13.6±8.91	4.43±1.79	-3.22±2.14	14.45±10.36	20.69±5.89	7.01±5.46
					3	-39.67±6.14	1.50±1.26	-4.17±1.47	5.71±4.01	-2.04±2.89	-1.49±2.23	5.97±2.89	19.51±2.89	2.38±3.37
		900g 充氮罐装	室温	24 个月	1	-21.39±3.49	9.07±8.43	9.19±2.56	25.91±3.04	1.81±3.74	7.36±3.33	9.37±2.45	23.11±1.85	4.60±3.46
					2	-39.63±9.95	1.33±1.89	11.61±3.71	10.64±5.30	1.45±4.86	3.29±1.92	6.52±3.12	22.15±8.93	5.88±8.43
					3	-48.44±3.26	3.98±0.80	9.48±4.02	9.31±7.87	1.87±4.09	6.52±4.40	10.26±6.43	33.86±3.93	0.00±0.00
5	孙术凤等[30]	900g 充氮听装	室温	24 个月	—	2.16	-17.87	-9.47	-48.44	-6.94	-1.37	-2.17	—	-9.45
6	楼佳佳等[10]	400g 镀锡马口铁充氮罐装	（25±2）℃，RH（60±10）%	24 个月	—	3.84	-0.4	1.07	20.81	-4.73	-4.09	11.9	1.95	1.06

序号	作者	包装形式	储存环境	储存时间	段数	维生素 B_1	维生素 B_2	维生素 B_6	维生素 B_{12}	维生素 C	烟酸	叶酸	泛酸	生物素
7	刘宝华等[3]	800g充氮马口铁罐装	(37±2)℃, RH(75±5)%	6个月	—	25.34	29.83	20.81	32.27	57.35	-0.74	5.68	15.29	23.11
8	马雯等[20]	充氮镀锡马口铁罐装	(37±2)℃, RH(75±5)%	6个月	1	6.75±5.64	-0.92±1.55	-9.05±8.03	6.94±3.93	1.09±3.03	-3.52±3.93	6.84±1.13	-2.33±6.00	-4.85±3.35
					2	9.65±5.17	-3.54±3.18	-10.28±5.99	14.81±3.02	0.93±3.39	-2.18±6.25	9.56±7.22	-9.45±2.48	-4.31±1.19
					3	-0.50±5.18	-1.85±2.16	-1.03±1.71	-9.09±3.71	5.51±1.05	-0.20±7.11	4.80±4.53	-4.56±6.36	0.17±2.96
		800g充氮马口铁罐装	室温	24个月	1	9.08±2.08	-2.15±3.42	-12.04±4.43	9.72±5.20	5.46±4.81	-1.67±1.40	5.15±2.67	-10.88±4.85	-1.52±5.67
					2	10.20±6.06	-1.50±2.84	-9.77±5.17	14.81±3.02	6.31±1.32	-1.01±1.93	8.20±2.92	-1.70±2.14	3.33±1.80
					3	5.25±1.11	-1.41±2.07	-4.12±5.20	1.52±5.67	1.77±1.06	-1.56±2.74	6.13±3.29	-4.03±5.40	4.53±1.36
9	马雯等[5]	充氮镀锡马口铁罐装	(37±2)℃, RH(75±5)%	6个月	—	10.61±8.71	0.39±1.88	-2.99±7.79	15.83±4.12	-7.89±3.89	6.08±0.59	8.17±8.22	6.71±0.54	8.78±5.03
10	马雯等[11]	900g充氮镀锡马口铁罐装	(37±2)℃, RH(75±5)%	6个月	1	—	2.22	0.59	-16.67	2.54	—	—	—	—
					2	—	4.57	-4.95	7.14	7.89	—	—	—	—
					3	—	-0.93	5.36	-23.08	9.69	—	—	—	—
11	马玉琴等[12]	800g罐装	45℃, RH75%	180天	—	15.75	-6.91	-3.02	7.74	7.03	-1.95	14.41	11.26	0.18
12	雷媛媛等[31]	密封保存	(40±2)℃, RH(75±5)%	90天	—	7.38	3.29	—	5.81	15.49	—	2.17	—	—
13	姜艳喜等[13]	镀锡马口铁氮气罐装	(37±2)℃, RH(75±5)%	6个月	1	5.13	—	-0.97	—	13.46	—	8.2	—	—
					2	4.37	—	-2.36	—	8.89	—	-4.25	—	—
					3	5.41	—	-0.92	—	15.73	—	-9.4	—	—
14	卢宝川[14]	镀锡薄钢板	(37±2)℃, RH(75±5)%	6个月	—	—	0.16	0.39	3.25	0.82	—	—	—	—

序号	作者	包装形式	储存环境	储存时间	段数	维生素 B_1	维生素 B_2	维生素 B_6	维生素 B_{12}	维生素 C	烟酸	叶酸	泛酸	生物素
15	刘宾等[16]	900g充氮听装	室温	24个月	—	17	约20	13	44	8.8	13	18	7	几乎没有损失
16	戴智勇[17]	—	45℃	96天	1	1.74	5.85	0.92	—	32	2.7	—	1.25	—
					2	1.78	5.78	1.24	—	37.0	3.11	—	0.85	—
17	韦宇宇[42]	马口铁空气罐装	37℃，RH 75%	6个月	—	—	51.8	—	—	—	—	—	—	—
		马口铁充氮罐装			—	—	28	—	—	—	—	—	—	—
		马口铁氧气-二氧化碳罐装			—	—	16.5	—	—	—	—	—	—	—
		马口铁空气罐装	25℃，RH 60%	24个月	—	—	53	—	—	—	—	—	—	—
		马口铁充氮罐装			—	—	25.4	—	—	—	—	—	—	—
		马口铁氧气-二氧化碳罐装			—	—	18.9	—	—	—	—	—	—	—
18	彭启华[43]	—	室温	6个月	—	1.09	—	—	—	—	—	—	—	—
19	孙健[18]	镀锡马口铁听	室温	18个月	—	约10	约16	约13	约2	约17	约1	约14	约2	约7
			(37±2)℃，RH（75±5）%	3个月	—	约15	约9	约15	约3	约22	约7	约15	约4	约11
		镀铝膜包装袋	室温	18个月	—	约13.5	约17.5	约15	约3	约25	约2	约16	约4	约10
			(37±2)℃，RH（75±5）%	3个月	—	约18	约21.5	约16	0	约27	约7	约18	约5	约8

相比于其他水溶性维生素，维生素 B₁、烟酸、叶酸和生物素的衰减率较小，货架期稳定性较好。

7.1.1.4 常量矿物元素

婴幼儿乳粉中的常量元素包括钙、磷、钠、镁、钾和氯。婴幼儿配方乳粉中常量元素的货架期衰减率的统计结果见表 7-4。选取常温条件下储存时间大于 18 个月以及 37℃以上储存时间大于 6 个月的衰减率数据进行统计分析，结果表明钙的平均衰减率为 −0.69%，磷的平均衰减率为 −1.35%，钠的平均衰减率为 1.40%，镁的平均衰减率为 −0.11%，钾的平均衰减率为 −0.04%，氯的平均衰减率为 1.49%。其中，只有钠和氯呈现轻微衰减，而其他元素并未发生衰减。在不同研究报告中常量元素的损失率略有不同，在赵文星[37]和马雯[29]的研究中，钠的损失率（最大值和最小值）分别达到 9.23% 和 −7.41%，氯的损失在 −9.45% ～ 9.72% 之间。与其他营养素相比，常量元素总体更加稳定不容易发生损失，这和卢宝川[14]、姜艳喜[7]等的研究一致。与维生素不同，常量元素在温度、光照、氧化剂和 pH 变化的条件下具有较好的稳定性。

7.1.1.5 微量矿物元素

人体中某些化学元素存在数量极少，甚至仅有痕量，但有一定生理功能，且必须通过食物摄入，称之为必需微量元素。婴幼儿配方乳粉中铁、铜、锌、锰、硒、碘六种微量元素货架期衰减率如表 7-5 所示。

由表 7-5 中收集到的研究数据可知，铁、铜、锌三种微量元素在货架期内几乎不发生衰减，货架期稳定性好。与其他五种微量元素相比，碘的货架期衰减率较高，货架期稳定性差，其平均衰减率为 15.07%，且碘的衰减率差异较大，姜艳喜等[13]的研究中碘几乎不发生衰减，而马雯等[9]的研究中，碘的衰减率达到 44.05%，这可能与乳粉组分及储藏条件有关。

除碘的衰减率较高之外，锰的衰减率最大值也达到了 31.15%[12]。马雯等[9]的研究中，铝箔复合软包装的 2 段配方乳粉室温存放 18 个月，锰的衰减率为 26.34%，与 1 段、3 段的衰减率差异较大，表明乳粉中营养素组成和含量不同会对锰的货架期稳定性产生影响。同时，该研究中不同包装形式的配方乳粉中锰的衰减率也有较大差异。

7.1.1.6 可选择成分

可选择成分是除宏量营养素、维生素和矿物质外，被允许添加在婴幼儿配方乳粉中的一类有助于婴幼儿生长发育的强化成分，包括胆碱、肌醇、牛磺酸、左

表 7-4 婴幼儿配方乳粉中常量元素的货架期衰减率/%

序号	作者	包装形式	储存环境	储存时间	段数	钙	磷	钠	镁	钾	氯
1	姜艳喜等[7]	充氮听装	室温	24个月	1	3.61±8.80	3.12±10.60	2.98±8.73	3.66±8.35	1.87±8.66	9.72±11.97
					2	2.66±10.92	0.47±13.57	0.13±6.82	-0.30±7.30	-3.07±7.31	9.45±4.16
					3	8.05±7.62	3.39±5.23	3.79±6.57	4.90±7.10	2.76±6.95	9.54±4.69
2	马雯等[9]	405g铝箔复合软包装袋	室温	18个月	1	-1.75±2.48	-1.65±4.43	0.00±0.00	3.50±1.90	-2.30±3.25	-1.75±2.48
					2	-2.38±1.68	-6.94±1.23	-0.37±8.62	3.44±4.27	-4.03±3.03	1.45±2.05
					3	-3.45±0.00	-3.25±2.85	-7.41±5.24	2.21±1.43	-7.36±1.94	2.67±3.77
		900g马口铁罐	室温	24个月	1	-8.33±2.36	2.66±1.32	-0.83±9.20	-1.91±0.53	-3.33±2.72	-5.09±0.12
					2	-4.76±3.37	0.67±1.23	3.33±4.71	-10.45±9.75	2.15±4.87	-3.03±2.14
					3	-4.56±1.65	2.86±4.92	3.33±4.71	-3.38±2.15	-1.69±1.19	-0.13±3.56
3	马雯等[20]	镀锡马口充氮铁听	室温	24个月	1	-6.96±1.89	-1.87±4.34	1.62±2.33	-0.40±1.41	-4.70±2.31	-0.16±2.97
					2	-8.64±2.32	-6.40±4.33	-2.26±1.80	-3.12±2.96	-6.16±2.66	1.67±0.90
					3	-3.35±0.76	-6.31±2.09	-1.30±0.17	3.18±1.18	-4.58±0.81	6.38±2.56
			(37±2)℃、RH（75±5）%	6个月	1	-6.03±2.56	-8.11±3.37	1.99±1.68	-3.49±2.13	3.88±2.26	1.77±0.99
					2	-10.29±1.56	-9.36±2.52	2.94±1.15	-3.88±2.78	8.76±1.10	3.90±1.23
					3	-5.64±2.60	-6.57±4.12	-1.18±0.17	-4.82±2.23	4.75±0.26	3.10±1.29
4	马雯等[29]	镀锡马口铁听	室温	24个月	1	1.29±4.32	1.82±1.51	-6.71±3.03	-2.24±0.90	-3.58±10.98	2.18±4.21
		镀锡马口充氮铁听	(37±2)℃、RH（75±5）%	6个月	1	5.36±2.70	-0.59±4.00	-3.41±4.44	7.17±4.99	1.39±4.47	4.69±2.45
5	孙本风等[30]	镀锡马口铁听	室温	24个月	—	0	1.65	-0.66	-3.33	-2.43	-0.69
6	刘宝华等[3]	800g充氮马口铁罐	(37±2)℃、RH（75±5）%	6个月	—	-0.51	-3.62	14.83	-0.60	9.91	-6.96

序号	作者	包装形式	储存环境	储存时间	段数	钙	磷	钠	镁	钾	氯
7	马玉琴等[12]	800g罐装	恒温（45℃）、恒湿（75%）	6个月	—	3.8	-3.94	-0.03	2.45	-6.54	-1.66
8	刘宾等[16]	镀锡充氮马口铁听	室温	24个月	—	约2	约2	约1	约3	约10.8	约-8
9	龚志清等[33]	900g铁听充氮包装	（40±2）℃，RH（75±5）%	3个月	—	2.98	6.78	0.64	1.66	1.33	0
10	戴智勇等[8]	充氮包装	37℃	6个月	1	1.2	3.49	—	0.68	—	—
		充氮及二氧化碳包装	37℃	6个月	1	3.6	7.8	—	1.34	—	—
11	张媛媛等[4]	800g镀锡充氮马口铁听	常温（≤25℃，≤60%）	24个月	—	-3.12	2.86	7.71	-1.2	-8.22	4.82
12	戴智勇[17]	未提及	45℃恒温	96d	1	1.19	1.92	—	0.52	—	—
					2	1.15	1.54	—	0.58	—	—
13	孙健[18]	马口铁听	室温	18个月	—	约1.2	约2.2	约1.8	约1.2	约1.3	约2.2
			（37±2）℃，RH（75±5）%	3个月	—	约2.0	约2.9	约2.0	约2.5	约2.1	约1.7
		镀铝膜袋	室温	18个月	—	约2.4	约2.7	约1.7	约2.2	约1.4	约2.7
			（37±2）℃，RH（75±5）%	3个月	—	约2.5	约3.5	约2.6	约3.6	约3.5	约1.1
14	赵文星等[37]	充氮听装	（20±5）℃，RH（55±20）%	24个月	2	7.15±4.75	-15.42±2.11	9.23±1.37	-0.52±2.79	0.57±3.78	1.31±1.85
			（37±2）℃，RH（75±5）%	6个月	2	8.25±6.24	-6.75±3.28	4.16±0.89	-2.29±4.28	8.81±0.46	-1.35±4.70

表 7-5　婴幼儿配方乳粉中微量元素的货架期衰减率/%

序号	作者	包装形式	储存环境	储存时间	段数	铁	铜	锌	锰	硒	碘
1	姜艳喜等[7]	充氮听装	室温	24个月	1	10.31±6.32	-8.47±11.32	4.68±16.28	—	2.54±9.66	37.46±8.49
					2	3.23±6.26	-6.47±11.23	9.20±14.89	—	4.51±7.84	20.50±14.36
					3	9.79±6.28	-5.78±8.92	10.79±16.89	—	7.80±8.59	18.08±13.32
2	马雯等[9]	405g铝箔复合软包装袋	室温	18个月	1	1.50±2.60	-4.94±5.06	-7.93±3.15	10.83±8.61	-14.83±8.39	23.05±2.36
					2	8.95±1.03	4.99±3.29	-6.60±1.76	26.34±9.02	—	44.05±2.48
					3	4.68±4.01	-0.35±5.70	-4.89±4.58	14.61±5.85	—	40.67±4.30
		900g马口铁罐	室温	24个月	1	2.46±1.40	4.31±1.34	-7.22±0.69	6.31±2.53	-15.02±3.47	33.04±8.56
					2	4.18±1.58	0.21±0.81	-4.68±2.75	11.06±1.28	—	29.90±4.92
					3	3.99±5.20	-0.89±3.11	-2.95±3.25	-2.59±5.16	—	36.80±1.55
3	马雯等[20]	镀锡马口充氮铁听	室温	24个月	1	-5.43±4.78	5.63±6.70	2.37±4.31	-1.99±1.22	14.55±3.31	23.66±2.98
					2	-2.98±2.03	3.39±3.19	-8.70±2.54	5.06±2.73	23.0±0.93	16.96±2.39
					3	4.45±1.35	3.31±1.54	2.50±5.40	-1.84±3.37	19.17±1.20	19.98±2.93
			(37±2)℃, RH(75±5)%	6个月	1	-3.18±4.03	-2.41±4.74	-2.46±5.54	-3.66±1.22	11.75±2.24	21.05±1.98
					2	-3.52±0.77	7.12±1.68	-6.31±7.86	-12.32±4.29	10.83±5.79	17.35±4.76
					3	-6.48±0.47	2.05±3.66	2.50±4.08	-4.78±1.88	12.83±1.41	16.96±1.12

序号	作者	包装形式	储存环境	储存时间	段数	铁	铜	锌	锰	硒	碘
4	马雯等[29]	镀锡马口充氮铁听	室温	24个月	1	4.81±2.26	-4.69±3.21	-3.80±6.83	1.84±5.11	4.96±3.26	-10.70±2.68
		镀锡马口铁听	(37±2)℃、RH（75±5）%	6个月	1	2.38±1.32	-5.56±9.51	3.40±4.45	0.61±10.78	0.22±5.72	8.82±6.27
5	孙木风等[30]	镀锡马口铁听	室温	24个月	—	20.06	7.07	7.14	21.61	—	33.07
6	刘宝华等[3]	800g充氮马口铁罐	(37±2)℃、RH（75±5）%	6个月	—	-2.22	-0.35	4.81	13.04	1.58	30.66
7	马玉琴等[12]	800g罐装	恒温（45℃）、恒湿（75%）	6个月	—	7.48	8.13	9	31.15	-7.64	30.03
8	姜艳喜等[13]	镀锡充氮马口铁罐	(37±2)℃、RH（75±5）%	6个月	1	—	—	—	—	—	0.44
					2	—	—	—	—	—	-7.17
					3	—	—	—	—	—	-5.32
9	刘宾等[16]	镀锡充氮马口铁听	室温	24个月	—	约6	约9.8	约0.5	约6	约5	约4
10	龚志清等[33]	900g铁听充氮包装	(40±2)℃、RH（75±5）%	3个月	—	8.26	4.05	5.53	8.72	3.8	8.37
11	戴智勇等[8]	充氮包装	37℃	6个月	1	0.78	0.77	2.21	1.3	0.61	0
		充氮及二氧化碳包装	37℃	6个月	1	1.73	3.48	-3.2	1.9	-6.2	-4.9

序号	作者	包装形式	储存环境	储存时间	段数	铁	铜	锌	锰	硒	碘
12	张媛媛等[4]	800g镀锡充氮马口铁听	常温(≤25℃,≤60%)	24个月	—	14.87	-3.97	-0.19	14.76	17.72	18.53
13	戴智勇[17]	—	45℃恒温	96天	1	0.78	0.85	1.8	0.47	0.8	0
					2	0.74	1.19	1.82	0.59	0.82	0.13
14	孙健[18]	马口铁听	室温	18个月	—	约1.8	约3.1	约2.5	约3.5	约1.6	约1.6
			(37±2)℃,RH(75±5)%	3个月	—	约2.6	约2.2	约3.5	约1.6	约1.7	约3.4
		镀铝膜袋	室温	18个月	—	约1	约2.8	约4.1	约2.6	约3.9	约2.8
			(37±2)℃,RH(75±5)%	3个月	—	约2.6	约2.5	约3.2	约2.1	约4.5	约23.5
15	赵文星等[37]	充氮听装	(20±5)℃,RH(55±20)%	24个月	2	-5.90±2.31	5.49±1.61	-21.43±3.65	3.19±6.59	0.20±10.45	9.23±2.43
			(37±2)℃,RH(75±5)%	6个月	2	-12.49±3.51	3.61±0.29	-6.65±10.21	4.72±4.20	0.54±5.89	-3.60±2.01
16	Chávez-Servín等[38]	充氮密封罐	25℃	18个月	—	2.6	—	—	—	2.6	—
					—	-5.8	—	—	—	-0.1	—
			40℃	18个月	—	0.3	—	—	—	0.3	—
					—	-14.3	—	—	—	-5.2	—

旋肉碱、乳铁蛋白、叶黄素、核苷酸、低聚半乳糖和 1,3-二油酸-2-棕榈酸甘油三酯（OPO）等。李敏等[44]在对婴幼儿配方乳粉中添加的可选择成分的调查分析中发现，婴幼儿配方乳粉中添加最多的可选择成分是牛磺酸、DHA、ARA 和核苷酸，添加叶黄素的较少。

婴幼儿配方乳粉中可选择性成分稳定性受环境因素影响，为保证婴幼儿配方乳粉中可选择成分含量的稳定性，对其衰减率进行了统计见表 7-6。其中选取常温条件下储存时间 24 个月，37℃以上储存时间大于 6 个月的衰减率的数据进行分析，结果表明胆碱平均衰减率为 6.44%，肌醇平均衰减率为 2.33%，牛磺酸平均衰减率为 6.04%，左旋肉碱平均衰减率为 6.04%，乳铁蛋白平均衰减率为 11.42%，叶黄素平均衰减率为 19.01%，核苷酸平均衰减率为 3.65%，低聚半乳糖平均衰减率为 3.58%，低聚果糖平均衰减率为 2.89%，OPO 平均衰减率为 10.24%。叶黄素衰减率最大，这可能是因为影响叶黄素稳定性的因素较多，例如日光会破坏叶黄素结构，高温会加快其降解速度，同时 Fe^{3+}、Fe^{2+}、Cu^{2+} 对叶黄素的破坏作用也较强[45]。

针对叶黄素衰减率过大的问题，可采用微胶囊技术。蔡晶和许新德[46]发现，将叶黄素包裹于大分子胶体中，可提高叶黄素在婴幼儿配方乳粉中的稳定性，降低货架期衰减率。

7.1.2 主要营养素货架期内衰减变化的影响因素

为了提升婴幼儿配方食品产品品质，为消费者提供满意的产品，研究产品在不同储存环境中发生的劣变反应、水活度对产品货架期的影响，以及婴幼儿配方食品玻璃化转变温度等很有意义。

7.1.2.1 在储存过程中婴幼儿配方食品发生的劣变

婴幼儿配方食品在加工及储存过程中，容易发生脂质氧化、非酶褐变和乳糖结晶等化学反应，从而影响婴幼儿配方乳粉的货架期。婴幼儿配方食品不饱和脂肪酸含量高，且含有促氧化剂，使其特别容易发生脂肪氧化，产生过氧化物以及小分子的醛、酮类物质，如氢过氧化物、己醛、戊醛、4-羟基壬烯酸和丙二醛等，危害婴幼儿的健康；而且婴幼儿配方食品富含脂肪、蛋白质和碳水化合物，在储存过程中也容易发生美拉德反应和乳糖结晶，从而影响产品品质。婴幼儿配方食品中的羰基和氨基之间的美拉德反应，不但能改变产品的颜色和风味，还会影响蛋白质的营养价值，破坏维生素，甚至产生抗营养物质；婴幼儿配方乳粉中的乳糖结晶会导致乳粉水活度（A_w）的变化，影响乳粉的物性，甚至引起蛋白质

表7-6 婴幼儿配方乳粉中可选择成分的货架期衰减率

序号	作者	包装形式	储存环境	储存时间	段数	胆碱衰减率/%	肌醇衰减率/%	牛磺酸衰减率/%	左旋肉碱衰减率/%	乳铁蛋白衰减率/%	叶黄素衰减率/%	核苷酸衰减率/%	低聚半乳糖衰减率/%	低聚果糖衰减率/%	1,3-二油酸-2-棕榈酸甘油三酯衰减率/%
1	姜艳喜等[7]	充氮听装	室温	24个月	1	27.43±9.84	16.29±13.52	7.71±7.29	10.11±4.22	22.49±5.34	—	—	—	—	—
					2	24.81±10.00	18.11±18.71	3.21±9.24	26.85±6.30	29.38±2.79	—	—	—	—	—
					3	15.9±7.64	13.36±17.02	-0.65±4.81	27.21±14.80	28.03±3.54	—	—	—	—	—
2	马雯等[20]	镀锡马口充氮铁听	室温	24个月	1	-5.79±3.12	-6.55±4.44	4.98±2.91	9.02±4.02	4.90±2.28	16.62±3.76	2.70±2.32	—	—	—
					2	0.19±1.63	-9.24±6.86	6.20±2.70	-3.88±5.80	11.99±2.96	16.90±3.21	2.18±3.08	—	—	—
					3	-3.45±2.85	-5.46±4.80	6.42±3.48	-2.33±3.80	5.29±2.29	18.96±1.12	-0.70±4.36	—	—	—
			(37±2)℃、RH (75±5)%	6个月	1	-3.70±3.65	1.15±3.97	5.53±8.21	6.83±2.15	1.92±4.61	17.12±2.78	5.71±2.62	—	—	—
					2	-0.95±1.87	-1.59±3.09	7.36±3.74	6.98±3.80	12.12±1.82	17.14±2.92	5.20±1.75	—	—	—
					3	-1.53±0.98	4.80±1.66	3.69±4.43	-3.57±1.33	0.80±6.01	15.10±2.52	2.15±1.16	—	—	—
3	马雯等[29]	镀锡马口充氮铁听	室温	24个月	1	8.91±2.08	9.23±6.23	-2.61±10.55	-7.19±3.91	8.12±3.04	19.06±2.30	1.09±5.20	—	-5.83±5.76	—
			(37±2)℃、RH (75±5)%	6个月	1	2.19±3.82	5.62±7.21	4.27±7.43	-10.43±7.49	4.79±3.29	18.03±3.10	14.91±5.20	—	1.86±5.23	—
4	孙本风[30]	镀锡马口铁听	室温	24个月	—	4.31	17.67	-2.78	—	—	—	—	—	—	—
5	刘宝华等[3]	800g充氮马口铁罐	(37±2)℃、RH (75±5)%	6个月	—	13.08	23.06	11.90	14.46	—	32.12	13.83	8.04	—	6.29

序号	作者	包装形式	储存环境	储存时间	段数	胆碱衰减率/%	肌醇衰减率/%	牛磺酸衰减率/%	左旋肉碱衰减率/%	乳铁蛋白衰减率/%	叶黄素衰减率/%	核苷酸衰减率/%	低聚半乳糖衰减率/%	低聚果糖衰减率/%	1,3-二油酸-2-棕榈酸甘油三酯减率/%
6	马玉琴等[12]	800g 罐装	恒温（45℃），恒湿（75%）	6个月	—	1.54	0.46	9.47	4.48	—	—	—	-0.88	3.88	14.19
7	姜艳喜等[13]	镀锡充氮马口铁罐	（37±2）℃，RH（75.00±5.00）%	6个月	1	—	-9.99	—	—	—	—	—	—	—	—
					2	—	-10.29	—	—	—	—	—	—	—	—
					3	—	-13.73	—	—	—	—	—	—	—	—
8	张媛媛等[4]	800g 镀锡充氮马口铁听	常温（≤25℃），RH ≤60%	24个月	—	13.61	—	—	—	—	—	—	—	11.65	—
9	赵文星等[37]	充氮马口铁听	（20±5）℃，RH（55±20）%	24个月	3	—	-4.48±2.44	15.11±2.42	—	-1.01±3.82	—	-7.08±3.57	—	—	—
			（37±2）℃，RH（75±5）%	6个月	3	—	-9.58±2.98	16.87±2.35	—	19.58±3.68	—	0.17±3.57	—	—	—
10	申雪然[47]	铝箔装袋	（25±5）℃，RH（60±10）%	12个月	1	—	—	—	—	—	2.1	—	—	—	—
					2	—	—	—	—	—	-7.3	—	—	—	—
					3	—	—	—	—	—	-11.1	—	—	—	—
		马口铁罐	（25±2）℃，RH（60±10）%	12个月	1	—	—	—	—	—	-2.2	—	—	—	—
					2	—	—	—	—	—	-4.7	—	—	—	—
					3	—	—	—	—	—	-8.6	—	—	—	—

分子之间及脂肪分子之间的聚集，导致乳粉质量的劣变。因此，研究婴幼儿配方乳粉在储存过程中的品质劣变反应及其控制方法对该类产品的开发具有现实指导意义。

7.1.2.2 婴幼儿配方食品储存过程中的劣变反应及影响因素

脂肪氧化、非酶褐变（美拉德反应）和乳糖结晶是婴幼儿配方乳粉储存过程中发生的主要品质劣变反应，三者并不是相互独立的。如乳糖结晶和美拉德反应能释放水，提高分子流动性，对脂肪氧化起到加速作用；而脂质氧化产生的过氧化产物又能参与美拉德反应，影响美拉德反应的进行。因此，影响婴幼儿配方乳粉的某一劣变反应因素也会间接影响其他劣变反应。

（1）水分活度对产品货架期的影响　水分活度是关系产品保质期、质地、味道及微生物和化学稳定性的关键参数。现代食品在全世界范围内广泛流通，严格控制产品的水分活度有助于控制产品质量，保证保质期内质量稳定，给消费者提供安全、无污染的食品。

水分活度被定义为"当前可用自由水"的量，和水分含量没有直接的对比关系，水分活度值范围在 0 ～ 1 之间。当物质与环境空气发生水分交换活动，会在表面形成对微生物生长的理想条件，这样会影响微生物的稳定性，如图 7-1 所示。水分活度也是影响食品中化学反应的重要因素。

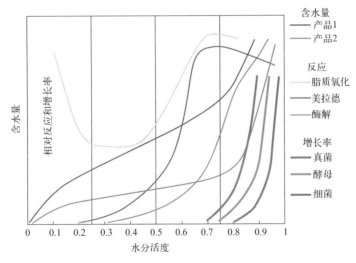

图 7-1　水分活度与含水量的关系（彩图）

空气的水分活度取决于相对湿度（RH），当产品所处环境的相对湿度低于产品的水分活度时，产品将保持干燥。

通过对婴幼儿配方食品水分活度、产品储藏温度、货架期的研究，发现它们三者之间存在正比关系[48]，如图7-2所示。

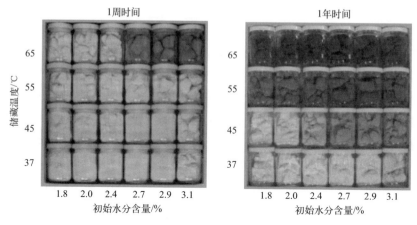

图7-2　乳粉水活度和产品储藏温度、货架期的关系（彩图）

（2）玻璃化转变温度　在各种一定含水量的食品中，玻璃态、玻璃化转变温度以及玻璃化转变温度与储藏温度的差值，与食品加工和储存期间的稳定性密切相关。婴幼儿配方食品玻璃化转变温度的研究表明，每个产品配方的玻璃化转变温度不同，如图7-3所示。生产过程通过控制干燥塔一级干燥和二级干燥温度，静态流化床、动态流化床温度设定值和实际值偏差，确定每个产品玻璃化转变温度值。在实践中，婴幼儿配方乳粉的二次受热温度不能超过65～68℃，干燥塔排风温度不能超过96～98℃。通过大数据库来监控，验证乳粉发生劣变和整个货架期的变化过程。原料的玻璃化转变温度如表7-7所示。

乳粉玻璃化转变温度模型

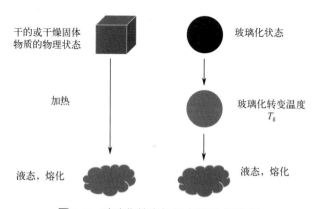

图7-3　玻璃化转变与温度关系（彩图）

表 7-7　原料的玻璃化转变温度研究

序号	原料	T_g/℃
1	脱脂乳粉	92
2	乳糖	101
3	低聚半乳糖	32
4	麦芽糖	87
5	蔗糖（苏克雷）	62
6	葡萄糖	31
7	果糖	5
8	麦芽糊精 DE 05	188
9	麦芽糊精 DE 10	160
10	麦芽糊精 DE 20	141
11	麦芽糊精 DE 25	121
12	麦芽糊精 DE 36	100

7.2　婴幼儿配方食品在货架期内的品质保持技术

7.2.1　包装材料的选择

婴幼儿配方食品包装在食品运输和储藏过程中能够保障食品安全、保持其产品价值、保持原有的状态和品质，因此其包装形式的确定以及所用包装材料的选择尤为重要。婴幼儿配方食品在货架期内的品质保持，其中的营养成分稳定性除受储存条件及储存时间的影响外，其包装材料也是主要影响因素。作为营养配方食品的包装材料，除保证材料本身的安全性外，还应具有良好的阻隔性，以避免/降低外界环境因素（温度、湿度、光照、氧气等）对保质期内产品品质的影响[49]。因此，所用包装材料应不仅具有良好的物理性能，如阻隔性高、可塑性强、密封性好等，还具有稳定的化学及安全性能，如无添加、无污染、无迁移、无毒害等，才能够兼顾品质及性能。比如食品、饮料等产品，如果没有高阻隔性包装材料与技术来制成包装，其货架期会很短，甚至到达消费者手中之前就已变质[50]。

7.2.1.1　包装材料设计和选用原则

保护商品是包装的基本功能，产品从工厂制造出来后通过储存、运输、销售等环节到达消费者手中，要经过数天、数月，甚至一年以上的时间，要使商品在整个流通过程中保持品质不变，除了产品本身必须质量良好以外，更重要的是需要包装来进行保护[50]。产品包装在开发环节，包装材料的选择需要兼顾产品需求、供应链、成本等多个因素进行综合评估考量，在确保包装防护、食品安全的前提下，选择最佳的包装方案，以实现安全、防护、经济、环保、提高商品价值的目的。设计和选用包装材料时，应结合实际应用情境，尽量遵循以下几个基本原则。

（1）以产品需求为基本依据　结合产品特性，如产品的形态，内容物形状，是否具有腐蚀性、挥发性以及是否需要避光储存等进行取材。基于婴幼儿配方食品的特殊需求，从阻隔性角度，无论液态还是固态、粉状类产品，对包装物的阻隔性要求都很严苛，如阻湿、阻氧、阻光、阻异味等性能。如婴幼儿配方乳粉，典型特点就是粉状类，首先，需要使用完全密闭容器进行包装，且包装内需要有惰性气体进行填充以控制残氧量，确保内容物的新鲜度。其次，乳粉易氧化、易吸潮，对包装材料的阻隔性（阻光、氧气透过量和水蒸气透过量）就需要有更高的指标要求。从商业化生产角度，需要匹配能够实现批量生产的自动化设备，故对包装材料的成型、厚度、摩擦系数、封合温度等关键工序指标同样有更高的要求；从安全卫生角度，需符合 GB 9685 和 GB 4806.1 等食品安全国家标准中如塑化剂、壬基酚、重金属等相关指标的要求。

（2）基于产品定位和档次"量身定制"　包装材料设计和选用时，会基于产品的定位和档次，进行不同材料的筛选和评估。如高档商品的包装材料应高度注意美观和性能优良，中档商品的包装材料则应美观与实用并重，而低档包装材料则应以实用为主。婴幼儿配方食品作为婴幼儿的口粮，也会依据不同产品的营养需求进行定位区隔，对于常用包装材料主要以罐装、盒装（内包装为袋装）及袋装形式为主，综合外包装设计以及包装功能等因素，实现并提升各产品包装的形象展示、实用性、美观度以及档次感。

（3）包装材料能够有效地保护商品　包装材料应具有一定的强度、韧性和弹性等，使产品可以抵挡压力、冲击、震动等外界因素的影响。产品从生产到各个流通环节，再到终端市场展示、销售，需要对产品的直接接触包装、销售包装及储运包装进行分类，并需要对各类包装材料的强度性能进行需求性匹配，以确保包装在产品全链路实现其保护产品、方便储运、促进销售的功能。

（4）权衡包装材料的社会效益　产品商业化生产应用，需进一步权衡产品价值与包装成本。包装材料设计要同步考虑经济性，应尽量选择来源广泛、取材方便、成本低廉、可回收利用、可降解、加工无污染的材料，避免造成公共污染等不良影响。

7.2.1.2 婴幼儿配方食品的包装材料选择

选择婴幼儿配方食品用包装材料时，主要选择可直接接触产品的包装材料，并实现货架期内的品质保持，能够在包装环节实现阻隔、密封及防护作用。其原理为食品包装材料被要求具备较高的阻隔性，能有效地防止氧气、水蒸气、虫害、微生物及酸碱腐蚀液等通过包装壁进入到包装内，避免食品因受外界因素的干扰而发生变质；能有效防止食品中有机蒸气的渗出，保持食品包装内部条件的持续稳定，从而达到保护食品的效果，维持食品的新鲜度，延长食品的使用期[51]。

婴幼儿配方食品常用的直接接触产品的包装材料主要以马口铁罐、复合膜（袋）为主。马口铁罐用铝箔热压封口，再用盖子封紧，可以保证良好的气密性和极好的阻光性能，有效地提高乳粉的保质期。铝箔复合软包装袋常用的复合材料为聚对苯二甲酸乙二醇酯（PET）/铝箔/聚乙烯（PE），该包装具有良好的阻光、阻气和防潮性能，包装的品质效果与马口铁罐相近，且包装成本低于马口铁罐[9]。下面依据不同材料的选择，进行具体介绍。

（1）马口铁罐 近年来，马口铁罐深受婴幼儿配方食品包装厂商的青睐，尤其是高端乳粉类产品，主要以金属马口铁罐包装为主。马口铁罐以其密封性能和阻隔性能优异、商品保质期长、安全卫生等优点，在食品、药品、化妆品特别是饮料包装领域仍占有主导地位。金属包装容器与其他包装容器相比具有更高的力学性能，抗冲击能力强，且不易破损，同时又具有完美的阻隔性能，良好的加工性能[50]。生产制造环节可塑性强，易于储存和运输。

① 罐型结构选择及设计。马口铁罐依据罐型结构，分为无筋罐、有筋罐，按罐身形状分为圆罐和异形罐。按顶盖形式分为易开盖罐、组合盖罐和易撕盖罐[52]。婴幼儿配方食品常用罐型是易撕盖圆罐，厚度一般采用T4CA0.21～0.25mm厚度的镀锡马口铁，罐型高度和直径可依据不同包装规格需求进行匹配。作为销售包装，根据不同的产品版面设计、陈列效果，亦可选择不同的印刷工艺。比如传统的锁色印刷工艺、珠点光油印刷工艺、覆膜工艺、镭射印刷工艺等。罐整体以罐身、顶盖、底盖三部分结构为基础，加以产品对罐型差异化需求的结构设计，经过无汞焊接、卷封、在线气密性检测、灌装、充惰性气体、封合成型等工序，从而得以满足对包装密封性、罐内残氧量指标等各项物理性能指标的有效管控。

② 安全卫生性管控。需基于GB 4806.1《食品安全国家标准 食品接触材料及制品通用安全要求》[53]、GB 4806.9《食品安全国家标准 食品接触用金属材料及制品》[54]、GB 9685《食品安全国家标准 食品接触材料及制品用添加剂使用标准》[55]等国标的要求，以及结合产品对微生物的指标要求，对婴幼儿配方食品用马口铁罐的原材料、成品罐、印刷油墨的安全卫生指标进行严格要求和监管，以

确保马口铁罐安全无污染、无重金属迁移等。

（2）复合膜（袋）材料　为使包装材料满足产品品质的需求，如提高包装材料的阻隔性、机械强度、加工实用性以及其他包装功能，并产生良好的印刷、展示效果，除了对原有包装进行多方面的改进外，一个重要的开发方向就是多层复合技术的应用。复合膜（袋）包装材料以其功能丰富、货架展示效果良好、包装形态样式多样化等特点，在食品包装领域占有重要地位。

复合膜（袋）包装材料的功能可以通过多层复合结构设计达到，根据不同要求设计出合理的配材结构，可以充分利用各种包装基材的特性，取长补短。多色凹版印刷，印刷色彩层次丰富、画面表现力强、色彩鲜艳、光泽度高，具有极佳的表现力，细腻、醒目、鲜艳的复合软包装，使商品增色很多，增加了消费者的吸引力。复合膜袋可塑性强，包装功能全面，具备良好的成型性能，可以加工成各种薄膜包装袋等容器，几乎适合包装各种固态、液态商品。

① 复合膜（袋）配材结构选择及设计。婴幼儿配方食品采用的复合膜（袋）主要采用铝箔与塑料薄膜制成的三层或者四层结构复合材料，以实现阻湿阻氧、防潮保香、气密性高的产品需求。常见结构主要以聚对苯二甲酸乙二醇酯（PET）/铝箔（AL）/聚乙烯（PE）、PET/AL/尼龙（NY）/PE 为主，其中 AL 为主要阻隔性（阻隔氧气、水分和光）材料，NY 具有防褶皱、提升膜韧性、耐穿刺以及保护 AL 的功能。该结构的复合膜（袋）透氧透湿指标一般能达到：水蒸气透过量 ≤ 0.5g/（m²·24h），氧气透过量 ≤ 1cm³/（m²·24h·atm❶）。包装工序中一般采用填充惰性气体工艺，控制袋内残氧量。部分包装袋的销售外包装采用纸盒形式，同样也起到对袋装产品的避光及防护的双重作用。针对不同产品、不同性能需求，需使用不同配材结构的复合膜。为确保袋的气密性，包装环节的热封合较为关键。同时，依据产品及包材特性，需对包装的其他各项物理机械性能指标均做指标管控。

② 安全卫生性管控。基于 GB 4806.1《食品安全国家标准　食品接触材料及制品通用安全要求》[53]、GB 4806.7《食品安全国家标准　食品接触用塑料材料及制品》[56]、GB 9685《食品安全国家标准　食品接触材料及制品用添加剂使用标准》[8]等国标的要求，以及结合产品对微生物的指标要求，对婴幼儿配方食品用复合膜（袋）的原材料、成品膜（袋）、印刷油墨的安全卫生指标均进行了严格要求和监管，以确保复合膜（袋）安全无污染、无迁移等。

综上所述，婴幼儿配方食品包装的选择主要基于产品所用原料的特性、产品自身的特性以及货架期内的品质需求，同时兼顾包装材料的安全卫生性、与设备匹配性、物流运输环节的满足度等，结合相关包装材料的国家标准、行业标准、

---

❶ 1atm=101325Pa。

食品安全国家标准等要求，并以科学性、实用性、经济环保为基本原则，从而实现婴幼儿配方食品包装材料的选择及匹配性，确保产品各环节在正常使用时，实现婴幼儿配方食品在货架期内的营养品质稳定。

7.2.2 灌装工艺控制

7.2.2.1 婴幼儿配方乳粉灌装工艺

在乳粉生产工艺中，乳粉灌装工艺基本类同，但并不完全统一。在产品品质提升方面，为解决各地区不同大气压环境下产品的胀听、瘪听问题，在工艺设计中将传统单一的氮气填充工艺改为混合气体填充工艺（氮气，食品级 CO_2），有效地改善了产品在货架期的包装变形问题。目前，乳粉灌装工艺中氮气与食品级 CO_2 的添加比例一般为 7:3（夏季标准）或 6:4（冬季标准）。为了保证乳粉新鲜度和产品货架期，研究得出乳粉灌装产品残氧值控制值，婴幼儿配方乳粉 $\leqslant$ 3%，成人粉 $\leqslant$ 5%。

乳粉灌装工艺流程及乳粉灌装关键设备介绍如下。

（1）乳粉生产工艺流程　干混后乳粉暂存粉仓-星型阀-金属检测仪-包装机下料仓-填充-封合-计量验证-激光打码-X 射线机检测-装箱-外箱打码-检验-出库。

（2）乳粉灌装工艺核心设备　包括金属检测仪、填充机、输粉螺杆、计量秤、封罐机；对应的辅助能源系统包括空压系统、氮气填充系统、CO_2 填充系统、负压真空系统；产品检测设备包括残氧仪、试漏仪、卷边检测仪。

① 金属检测仪：其位置安装在干混后乳粉暂存粉仓的下部，填充机的上部，在乳粉生产工艺中普遍采用重力下落式金属检测器，主要作用是检验并剔除可能混入乳粉中的金属异物（关键限值：铁、不锈钢 1.0mm/1.2mm/1.5mm/1.8mm；非铁类金属 1.2mm/1.5mm），如图 7-4 所示。

② 填充机：填充机分为负压下料填充机、重力下粉填充机、螺杆输送填充机 3 种，主要作用是完成乳粉灌装和计量稳定性保障，见图 7-5。

③ 封罐机：当产品经过填充机—计量秤后，进入封罐环节，在封罐环节完成送盖—罐定位—送罐—抽真空—充氮（或混合气体）—提升封罐—包装，进入封合环节，见图 7-6。该设备主要完成抽真空、混合气体填充、产品封合 3 个主要任务。

针对产品胀瘪听和混合气体改善研究，在中国各地做了大量的实验，其产品货架期实验数据论证得出，产品发生胀瘪听与地域压强和温度有直接关联，同时根据季节天气温湿度变化，建立夏季、冬季混合气体参数及管理标准，见图 7-7。

标号	名称
①	通管
②	金属检测机
③	端板
④	支架金属件
⑤	剔除器外壳
⑥	电源和控制模块
⑦	剔除器外壳检查盖
⑧	可调节支脚

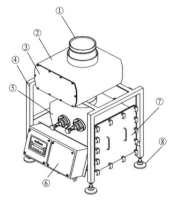

图 7-4　金属检测仪实物图

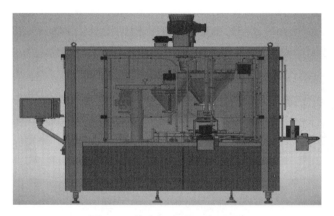

图 7-5　填充机立面图（彩图）

图 7-6　封罐机结构图

（部件组成：送盖机构、送罐机构、卷封机构、抽真空充氮机构四大系统）

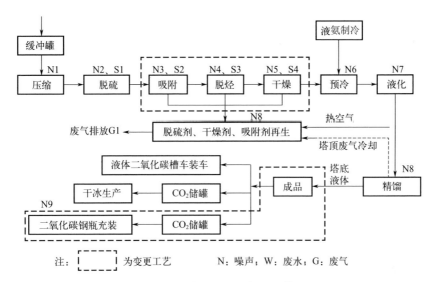

图 7-7　食品级 CO_2 加工工艺

针对包装产品的外观形象，产品密封完好性，在生产线上配置了在线检测设备，常用的检测设备有残氧仪、封合检测仪（效果见图 7-8）、试漏仪（检测封罐机封合密封性，是否存在漏水漏气）、在线计量检测仪等设备。

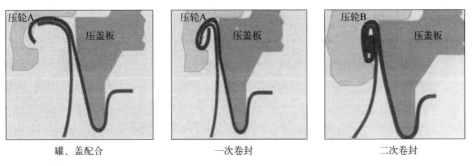

图 7-8　封罐机卷封效果图（彩图）

7.2.2.2　乳粉灌装工艺的分类

乳粉灌装工艺分为氮气填充灌装工艺、混合气体灌装工艺（氮气、食品级 CO_2）、无气体灌装工艺三类。因生产企业的工艺设计和产品品质管控要求不同，乳粉灌装工艺也不同，但最终验证乳粉灌装工艺的标准是以产品品质及消费者对乳粉感官指标的需求为主。

乳粉灌装工艺的优势在于保存密封性好，便于携带和保存，在一定环境、一定期限内能够保证产品营养成分和营养物质不被损坏。

7.2.2.3 乳粉灌装工艺的标准

（1）听装产品 工艺流程：干混后乳粉暂存粉仓—星型阀—金属检测仪—包装机下料仓—氮气填充—填充（听）—封合—计量验证—激光打码—X 射线机检测—装箱—外箱打码—检验—出库。

（2）袋装产品 工艺流程：干混后乳粉暂存粉仓—星型阀—金属检测仪—包装机下料仓—氮气填充—填充（袋）—封合—计量验证—激光打码—X 射线机检测—装箱—外箱打码—检验—出库。

（3）条状产品 条状与袋装生产流程一致，只是包装机类型不同。

7.2.3 储藏环境控制

为了保证婴幼儿配方食品产品品质，应做每一款新品乳粉货架期试验，同时还应坚持做婴幼儿配方食品中最容易损失的叶黄素和维生素 C 营养指标稳定性试验，以叶黄素为例，如表 7-8 和表 7-9 所示 [57]。

表 7-8　光照条件下对不同材质包装乳粉中叶黄素含量的影响　　单位：μg/100g

包装材质	初始值	第 2 周	第 4 周	第 6 周	第 8 周	第 10 周
铝箔袋组	217	207.3	197.7	201	191.3	195
镀铝袋组	217	201.7	184.7	188.7	185.3	191
PE 袋组	217	200	171	178.3	175.7	176.7
吨袋组	217	194.7	172.7	176.7	173.3	179.7

注：将含叶黄素的样品用不同材料包装，放置自然光下 3 个月，每 2 周从 4 组中各取出 3 份样品，检测叶黄素含量。

表 7-9　温度对不同材质包装乳粉中叶黄素含量的影响　　单位：μg/100g

包装材质	初始值	第 2 周	第 4 周	第 6 周	第 8 周	第 10 周
铝箔袋组	217	208.7	202.7	191.3	188.3	187.7
镀铝袋组	217	207.7	193	190.3	185.7	190.3
PE 袋组	217	193.7	192.3	185.7	182	171.3
吨袋组	217	200.7	192.7	180.3	174.3	171.7

注：将含叶黄素的样品用不同材料包装，放置在 42℃恒温箱中 3 个月，每 2 周从 4 组中取出 3 份样品检测叶黄素含量。

7.2.3.1 乳粉储藏环境

乳粉储藏环境是指生产乳粉的原料、乳粉基粉、乳粉包装材料、乳粉干混小料，以及乳粉生产后成品的存放环境。国家法律法规对乳粉储藏环境有严格的要求和规定，生产企业必须按照国家标准和要求建立及管理乳粉储藏环境。

7.2.3.2 乳粉储藏环境的设计与管理

国家食品安全监督部门及乳粉生产企业，对乳粉储藏环境要进行全面系统的设计和管理。国家法律法规中有明确要求：对乳粉的储藏环境及场所设计、硬件配置、管理标准要符合国家法律法规标准，标准包括 GB 12693、GB 14881、GB 23790，以及婴幼儿乳粉生产许可条件。

乳粉储藏环境及现场管理标准要同时符合国家库房建设安全标准和食品生产库房管理标准。生产安全管理要求库房现场要设置消防通道、消防喷淋设施、灭火器材；质量管理要求乳粉储藏库房现场必须要设置虫害控制设施、温湿度监控设施、货物风淋设施、人流物流专属通道，同时生产企业必须要有符合法律法规要求和企业自己管理的库房储藏管理标准、管理责任人、管理专职人员。

乳粉储藏环境一般包括乳粉生产原料库房的管理、基粉库房的管理、干混小料的库房管理、包装材料的管理、乳粉成品储藏环境的管理。

（1）婴幼儿配方乳粉原料（包括原料、包装材料）与基粉储藏环境控制

① 仓库以无毒、坚固的材料建成，地面平整，便于通风换气，仓库门口应设防鼠板、粘鼠板等装置。厂房地面、屋顶、天花板及墙壁有破损时，应及时修补，库房应使用耐腐蚀、不透水的材料建筑，坚固耐用，不得漏雨，易维修；内外墙要保持卫生清洁，仓库墙体、门、窗户、天窗、出货口密闭时不得出现≥6mm 的缝隙。

② 仓库的设计应易于维护和清洁，防止虫害藏匿，并应有防止虫害侵入的装置。仓储区应有足够的空间，确保分区有序存放（合格、不合格、退货或召回的原辅料、包装材料等各类物料）。仓储区的设计和建造应确保良好的仓储条件，并有通风和照明设施。

③ 接收、发放和发运区域应能保护物料、产品免受外界天气（如雨、雪）的影响。接收区的布局和设施应能确保到货物料在进入仓储区前可对外包装进行必要的清洁。

④ 仓储区应能满足物料或产品的储存条件（如温湿度、避光、阴凉、干爽）和安全储存的要求，并进行检查和监控，库房外墙距离粪坑、污水池、垃圾站、废弃物、旱厕等污染源 25m 以上；仓库周边无辐射物、有害气体及扩散性污染源等可能直接或间接影响产品质量的潜在因素。外墙 1m 范围内禁止种草种花，应沿墙基做水泥硬质地面，墙边无灌木或杂草生长。

⑤ 所有原料、包装材料不得露天存放，必须存放于环境适宜的库房内。库房应有温湿度表，对温湿度进行监控并填写"温湿度监控记录"，温湿度记录明确

记录的时间段。严格按照各种原料、包装材料外包装标识的储存要求或标准进行储存。原辅料和包材保管员要每天上午、中午、下午对所辖区域温湿度进行检查、登记并形成记录，记录本要整齐、固定放置。严格按照各种原料、包装材料外包装标识的储存要求或标准进行储存。

⑥ 仓库应设置数量足够的物品存放架，并使物品与墙壁、地面保持适当距离，以利空气流通及物品的搬运，所有原料、包装材料摆放离墙≥50cm，离地≥15cm，离顶棚≥50cm，非货架类跺间距≥50cm，确保虫害控制活动的实施。

⑦ 仓储设施应与企业生产许可证获得时的许可内容保持一致，符合食品安全管理要求。库房外围四周应该进行硬化处理，硬化带宽度≥80cm。库房内不得漏雨，要防冻，玻璃粘贴反光贴，库房区域所使用和存在的玻璃、脆性塑料、尖锐物品类材料，建立清单，列明位置、类别、数量和状况。清单内容变化时应予以更新，不允许将脆性材料及尖锐物品带入仓储区域。

⑧ 库房应设有防鼠、防蝇等设施并定期维护更换，挡鼠板高度不低于60cm，门底部加装金属防鼠挡，使门底缝小于0.6cm，墙体没有虫害侵入的缝隙，库内净高不得低于3m；排水沟出口和排气口应有金属网眼隔栅或网罩阻隔（孔径小于6mm）；顶棚要易于清扫，能防止害虫隐匿和灰尘积聚。

⑨ 在储存场所的入口处应设捕虫灯（器），窗户等与外界直接相连的地方应当安装纱窗或采取其他措施，防止或消除虫害。在库房使用过程中，需要按照要求配置灭蝇灯、风幕机等设施，同时要连接好电源。有满足生产需要的托盘等产品防护设施，保持干净无损坏，建议使用塑料托盘，木制托盘不能用于原料和包装材料的仓储和叉运，托盘的清洗应与产品处置和储存充分隔离。

⑩ 库房应有满足需要的清扫工器具，保持库房地面整洁，库房门最少2个门口设置风幕机，库内柱子密度不得超过145m²/根。库房装卸区域、物料进出门口需要安装高清监控设施，对到货车辆防护、人员装卸情况、物料及人员进出仓储情况进行监控，全过程无死角有效监控，监控影像储存40天以上并能实现远程查看。产品装货和卸货的车辆应在有顶盖的港湾内，以保护产品或采取其他有效措施。

⑪ 乳粉生产原料（粉类、油类、液态原料）、包装材料必须分区域管理。

（2）婴幼儿乳粉干混小料储藏环境控制

① 冷藏（冻）库，内设置温湿度计，外设置制冷压缩机，当冷库温度不能满足储存要求时设备自动启动温度调节。

② 冷藏（冻）库，库内排管要及时扫霜，严禁多水性作业。

③ 严格管理冷藏（冻）库门，商品出入库时，要随时关门，库门有损坏及时进行维修，做到开启灵活，关闭严密，防止跑冷，空库时库房应保持在零点以下温度，避免库内受潮。

④ 冷藏（冻）库要留有合理走道，便于库内操作，对货位进行合理利用，货物放置应不高于顶部排管下侧 0.4m 且与墙面留有 0.2m 间距。

⑤ 冷藏（冻）库的货物出入库时，应防止运输工具和货物碰撞库门、栓子、墙壁和制冷系统管道等设备，在容易碰撞之处增加防护措施。

（3）婴幼儿乳粉成品储藏环境控制

① 所有物料储存场所应有明显的分区标识。

② 仓储过程中出现的因物料存储、搬运不当，造成不能投入使用的物料，应对相关责任人进行考核后，按照流程进行报废审批，报废后的物资按照废品出售流程办理入库、出库。

③ 同一仓库储存性质不同物品时，应有明显标识，分区进行管理。

④ 物料标识信息通过扫描货位二维码可直接获取，取消人工填写标识牌。

⑤ 不合格物料需要在货位悬挂有"不合格"字样的标识。

⑥ 成品库采用电子二维码进行库位管理，库存信息基于仓库管理系统（WMS系统）信息及时更新。

⑦ 车间正常退库的合格物料需要粘贴专用退库标签，采样物料需要粘贴采样标签，不合格物料需要悬挂不合格标识牌。

7.3　展望

婴幼儿配方乳粉的加工和储藏直接关系到乳粉的质量安全，在这个过程中充分了解乳产品的物理和化学变化对确保乳产品的质量具有重要意义。在食品领域中，越来越多化学反应的过程和机理被揭示，但是由于有些食品成分的复杂性，大量的化学反应机理仍处于模糊状态，乳粉储藏过程中的化学反应就是其一。在了解影响乳粉质量劣变的外因基础上，摸索其化学反应机理，通过测定乳粉的自由基含量、褐变指数、水分活度、荧光化合物光谱等指标确定重要反应过程，找出乳粉氧化劣变的根源。随着现代化学检测仪器日益先进，更多精确的方法不断出现，对于乳粉氧化、非酶褐变和结晶的检测过程将更加精细化，三者之间的关系和作用机理也将随之进一步清晰。

（肖竞舟、田春艳、李彦荣、徐洋、王瑞霞、李奋昕）

参考文献

[1] 黄兴旺 . 婴幼儿配方奶粉加工与贮藏过程中脂肪的氧化稳定性研究 . 长沙：中南林业科技大学，2011.

[2] 刘凡 . 油脂微胶囊壁材主要成分相互作用研究及微观结构分析 . 南昌：南昌大学，2013.

[3] 刘宝华，徐庆利，孙欣瑶，等 . 婴儿配方乳粉营养素的稳定性研究 . 中国乳业，2022, 3: 85-92.

[4] 张嫒嫒，王娟，舒刚强，等 . 低聚果糖在婴幼儿配方乳粉中的稳定性研究 . 农产品加工（下半月），2021(4): 12-14.

[5] 马雯，林加建，华家才，等 . 婴儿配方乳粉加速试验过程营养素衰减分析 . 中国食品添加剂，2019, 30(12): 95-100.

[6] 赵红霞，高昕 . DHA、AA 在婴儿配方奶粉中稳定性的研究 . 乳业科学与技术，2011, 34(1): 18-20.

[7] 姜艳喜，华家才，张建友，等 . 婴幼儿配方奶粉货架期内营养成分变化规律 . 中国乳品工业，2018, 46(2): 29-32.

[8] 戴智勇，樊垚，汪家琦，等 . 婴配奶粉气调工艺惰性气体组成对产品货架期稳定性影响的研究 . 中国乳品工业，2020, 48(8): 24-28.

[9] 马雯，林加建，华家才，等 . 婴幼儿配方乳粉货架期营养素衰减率分析 . 中国乳品工业，2019, 47(2): 26-29.

[10] 楼佳佳，华家才，姜艳喜，等 . 乳蛋白部分水解配方奶粉货架期内营养素变化分析 . 中国食品添加剂，2022, 33(5): 154-161.

[11] 马雯，储小军，孔迎，等 . 婴幼儿配方乳粉加速试验营养素变化初探 . 食品工业，2020, 41(6): 333-336.

[12] 马玉琴，崔广智，苏德亮，等 . 营养素货架期内的衰减 . 食品工业，2020, 41(3): 320-322.

[13] 姜艳喜，楼佳佳，李归浦，等 . 婴幼儿配方乳粉营养素稳定性研究 . 中国乳品工业，2020, 48(10): 13-20.

[14] 卢宝川 . 婴幼儿配方乳粉中营养成分及稳定性分析 . 科学技术创新，2020, 32: 46-47.

[15] 吕倩，吴颖，邓泽新，等 . 添加 DHA、ARA 粉剂干法生产的婴儿配方奶粉稳定性研究 . 中国乳业，2018, 10: 57-61.

[16] 刘宾，孔小宇，苏曼，等 . 婴儿配方奶粉保质期内营养素损失的研究 . 中国乳品工业，2017, 45(7): 33-36.

[17] 戴智勇 . 婴儿配方奶粉的营养素货架期内的衰减研究 . 长沙：中南林业科技大学，2017.

[18] 孙健 . 婴儿奶粉配方设计及其生产与贮存对营养素稳定性影响 . 哈尔滨：哈尔滨工业大学，2016.

[19] 张天博，杨凯，李朝旭 . 货架期内婴儿配方乳粉维生素损失率的研究 . 中国乳业，2018, 2: 64-67.

[20] 马雯，林加建，华家才，等 . 婴幼儿配方乳粉加速试验和常温试验衰减率分析 . 中国乳品工业，2020, 48(4): 13-16.

[21] 任国谱，颜景超 . 乳制品中维生素 A 稳定性的研究进展 . 中国乳品工业，2009, 37(10): 34-37/52.

[22] Ihara H, Hashizume N, Hirase N, et al. Esterification makes retinol more labile to photolysis. J Nutr Sci Vitaminol (Tokyo), 1999, 45(3): 353-358.

[23] Li Y O, Lam J, Diosady L L, et al. Antioxidant system for the preservation of vitamin A in Ultra Rice. Food Nutr Bull, 2009, 30(1): 82-89.

[24] Whited L J, Hammond B H, Chapman K W, et al. Vitamin A degradation and light-oxidized flavor defects in milk. J Dairy Sci, 2002, 85(2): 351-354.

[25] 柳阳阳，贾有青，李哲，等 . 强化乳制品中维生素 A 稳定性的研究 . 食品工程，2016, 3: 32-34.

[26] Lau B L T, Kakuda Y, Arnott D R. Effect of milk fat on the stability of vitamin A in ultra-high temperature milk. J Dairy Sci, 1986, 69(8): 2052-2059.

[27] Jung M Y, Lee K H, Kim S Y. Retinyl palmitate isomers in skim milk during light storage as affected by ascorbic acid. J Food Sci, 1998, 63(4): 597-600.

[28] Rutkowski K, Diosady L L. Vitamin A stability in triple fortified salt. Food Res Int, 2007, 40(1): 147-152.

[29] 马雯, 林加建, 华家才, 等. 婴儿配方乳粉加速实验和常温实验营养素衰减率对照分析. 中国食品添加剂, 2019, 30(10): 73-78.

[30] 孙本风, 顾修蕾, 孙爱杰, 等. 婴儿配方奶粉货架期内营养强化剂衰减率的研究. 中国乳业, 2012, 7: 78-82.

[31] 雷媛媛, 刘志伟, 李明, 等. 婴幼儿配方奶粉的研制及稳定性研究. 现代食品, 2020, 12: 94-99.

[32] 贾宏信. 婴幼儿配方乳粉中脂溶性维生素的稳定性探究. 中国乳品工业, 2018, 46(3): 16-18.

[33] 龚志清, 黄小晖, 夏祖祥. 婴儿配方奶粉加速稳定性试验营养素衰减率的研究. 食品界, 2019, 2: 138-141.

[34] 颜景超. 婴儿配方奶粉中维生素 A 的稳定性研究. 长沙: 中南林业科技大学, 2012.

[35] 高春阳. 婴幼儿配方奶粉中维生素 K1 的稳定性研究. 长沙: 中南林业科技大学, 2016.

[36] 张晓雷. 婴儿配方奶粉中维生素 E 稳定性研究. 长沙: 中南林业科技大学, 2012.

[37] 赵文星, 华家才, 孔迎, 等. 较大婴儿配方奶粉加速和常温试验营养素衰减率分析. 食品工业, 2021, 42(4): 231-234.

[38] Chávez-Servín J L, Castellote A I, Rivero M, et al. Analysis of vitamins A, E and C, iron and selenium contents in infant milk-based powdered formula during full shelf-life. Food Chem, 2008, 107(3): 1187-1197.

[39] Jiang Y, Yang X, Jin H, et al. Shelf-life prediction and chemical characteristics analysis of milk formula during storage. LWT-Food Sci Technol, 2021, 144: 111268-111275.

[40] 王超, 赵晶, 余宁江. 婴幼儿食品添加剂维生素 B2 的稳定性研究. 食品安全质量检测学报, 2015, 6(1): 284-288.

[41] 刘平, 李强, 金庆中, 等. 保健食品及营养素补充剂中维生素 C 稳定性研究. 中国食品卫生杂志, 2011, 23(2): 137-141.

[42] 韦呈宇. 婴幼儿配方奶粉中维生素 B6 的稳定性研究. 长沙: 中南林业科技大学, 2018.

[43] 彭启华. 婴幼儿配方奶粉中维生素 B1 稳定性研究. 长沙: 中南林业科技大学, 2015.

[44] 李敏, 邹志飞, 黄华军, 等. 婴幼儿配方奶粉中添加可选择性成分的调查分析. 中国酿造, 2014, 33(8): 24-28.

[45] 李大婧, 方桂珍, 刘春泉, 等. 叶黄素酯和叶黄素稳定性的研究. 林产化学与工业, 2007, 27(1): 112-116.

[46] 蔡晶, 许新德. 婴幼儿配方奶粉中叶黄素的添加. 中国乳品工业, 2009, 37(1): 40-41.

[47] 申雪然, 王丽然, 池桂良, 等. 婴幼儿配方乳粉中叶黄素的损失率及影响因素分析. 食品工业, 2019, 40(10): 218-220.

[48] 邵莅宇, 王丽萍, 许丛丛, 等. 两种市售婴幼儿奶粉存放稳定性研究. 食品科技, 2015, 40(10): 309-313.

[49] 冯晓涵, 庄柯瑾, 田芳, 等. 营养配方食品稳定性及货架期预测研究进展. 食品科学, 2019, 40(9): 332-340.

[50] 王建清, 陈金周. 包装材料学. 2 版. 北京: 中国轻工业出版社, 2019.

[51] 朱江. 简述阻隔性食品塑料包装材料及其应用. 大众标准化, 2016, 10: 69-71.

[52] 国家市场监督管理总局、国家标准化管理委员会. 中华人民共和国国家标准 包装容器 奶粉罐质量要求: GB/T 42010—2022. 北京: 中国标准出版社, 2022.

[53] 中华人民共和国国家卫生和计划生育委员会. 食品安全国家标准 食品接触材料及制品通用安全要求: GB 4806.1—2016. 北京: 中国标准出版社, 2016.

[54] 中华人民共和国国家卫生和计划生育委员会. 食品安全国家标准 食品接触用金属材料及制品: GB

4806.9—2016. 北京：中国标准出版社，2016.

[55] 中华人民共和国国家卫生和计划生育委员会 . 食品安全国家标准 食品接触材料及制品用添加剂使
用标准：GB 9685—2016. 北京：中国标准出版社，2016.

[56] 中华人民共和国国家卫生和计划生育委员会 . 食品安全国家标准 食品接触用塑料材料及制品：GB
4806.7—2016. 北京：中国标准出版社，2016.

[57] 刘宾，孔小宇，苏曼，等 . 婴儿配方奶粉中叶黄素稳定性的研究 . 中国乳品工业，2018, 46(8): 18-20.

第8章

提升消费者对婴幼儿配方
食品体验的创新实践

随着社会发展和技术的进步，消费者的消费需求也在不断升级，不但要求产品的品质提升，而且还要求在产品使用过程中的体验趋于完美，这就要求生产企业在产品内涵和外延两方面做出创新突破。具体对于婴幼儿配方食品来说，不管是产品营养配方、先进生产技术、严格的检测标准、良好的冲调感官等品质方面，还是产品包装形式和结构设计、消费者操作过程体验等包装颜值和体验方面，在终端市场都越来越凸显。因此，从产品到包装的极致使用体验的实践创新，不断满足消费者体验需求，必然将成为提升消费者使用体验的趋势。

8.1 提升消费者对于婴幼儿配方食品的使用体验

消费者对婴幼儿配方食品的使用体验，主要是指在购买婴幼儿配方食品后，从包装开启到食用完毕的整个使用产品过程中建立起来的感受。包括冲调性，包装结构设计以及标准化的喂养指南等方面。因此，婴幼儿配方产品设计所需考虑的因素已不再仅仅局限于外观造型设计和功能设计，更需要考虑消费者的使用体验和感受。

近年来，婴幼儿配方食品企业结合生产实践以及消费者使用场景，无论从产品还是包装使用体验上都进行了深入的研究和创新，输出流程化、标准化、创新型的产品及包装技术，以不断满足消费者从包装开启到食用完毕的体验需求，实现消费者使用全过程的良好体验。

消费者购买一罐婴幼儿配方乳粉后，依据冲调步骤，第一步开启外包装防护，外包装一般会采用热收缩膜对防尘盖进行防护，能够预防产品在运输或储存时被污染，具有防尘和防恶意开启的作用，也传递给消费者品质安全的概念；第二步开盖取勺，防尘盖的结构从外观、体验等多个维度进行设计，如开盖锁扣实现防恶意开启且轻松开盖、勺盖一体实现勺粉分离且易轻松取勺、扣合结构保持开盖后的密封性等；第三步量勺取粉，罐和盖扣合一体操作便捷，量勺取粉后可在罐体的刮板刮平，实现精准称量；第四步依据喂哺表冲调乳粉，温水和乳粉按一定比例以保证奶液的浓度，粉体的冲调性好、速溶性高，让消费者获得更安心的体验。

为提升消费者使用体验、货架展示效果以及产品档次感，满足婴幼儿配方食品冲调感官品质，更加严谨地保证婴幼儿配方食品开启后的品质保障，目前市场上主流品牌的婴幼儿配方乳粉在产品的感官指标、包装和全过程使用体验方面均做了大量的创新研究和成果输出，只为持续不断地为消费者提供极致满意的产品。

下面从婴幼儿配方乳粉相关勺盖包装创新及零碳包装解决方案、产品冲调前准备的标准化指导以及冲调粉体的改善三个方面如何提升消费者对婴幼儿配方食品体验的创新实践进行介绍。

8.2 通过包装创新提升消费者体验

婴幼儿配方乳粉包装均采用马口铁罐加高盖防尘盖的包装形式。产品会以其配套防尘盖的高度、外观结构和功能化差异进行不同定位和档次的区分。勺盖的结构和样式也在应用中不断地打破传统模式，进行结构功能化和消费者体验的升级创新。如勺盖一体的防尘盖结构设计也让消费者在产品冲调过程中使用量勺称量更加方便，同时确保婴幼儿配方食品的保存更加安全与卫生。

8.2.1 常用的包装勺盖

婴幼儿配方食品常用的包装勺盖主要包括防尘盖和量勺两类，其中防尘盖的作用是进行外包装装饰、防恶意开启、防尘、防异物、密封防潮等；量勺是消费者依据喂哺表用于定量称粉的工具。在婴幼儿配方食品通用包装中，按照勺盖结构和组合方式，可分为普通平盖＋独立量勺、独立高盖＋独立量勺、勺盖一体高盖等方式。常用包装勺盖的材料主要以食品级聚丙烯（PP）、聚乙烯（PE）材料为主。

8.2.1.1 包装勺盖分类

（1）防尘盖的分类和基本介绍　防尘盖按照结构设计和高度区分，分为平盖和高盖。高盖依据匹配量勺的结构方式又分为独立高盖、勺盖一体高盖[1]；依据高盖部件组合方式，又分为一体盖和组合盖。各类型防尘盖样式如图 8-1 所示。

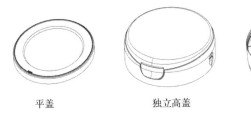

平盖　　　　　　　独立高盖　　　　　　勺盖一体高盖

图 8-1　防尘盖的分类

① 平盖：平盖的盖型结构单一，样式较为普通，材料一般采用聚乙烯（PE）或聚丙烯（PP）材料，属非直接接触产品包装。

② 独立高盖：独立高盖的结构相比平盖，其功能设计更全面，会依据装饰、密封、防尘、异物、防护等多维度进行设计，且配套量勺的结构也会进行不同形式的设计，结构设计空间局限相比较小。高盖材料一般采用聚丙烯 PP 材料，属非直接接触产品包装。

③ 勺盖一体高盖：在独立高盖的结构基础上，将高盖和塑料勺通过结构设计一体注塑成型，能够节省包装工序，提升生产效率，且提升消费者体验。属于直接接触产品包装，安全管控更加严格。

（2）量勺的分类和基本介绍　量勺按照结构形式，分为独立量勺和勺盖一体量勺；按量勺勺柄方式，分为直柄式量勺和折叠式量勺。量勺的分类如图 8-2 所示。

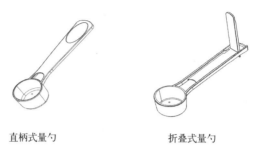

直柄式量勺　　　　　　　　折叠式量勺

图 8-2　量勺的分类

量勺主要用于承装婴幼儿配方食品，会依据婴幼儿配方食品的冲调需求，进行不同勺容的设计，勺头和勺柄结构可依据不同的设计概念进行结构开发，实现量勺勺容精准、整体使用体验良好的目的。属直接接触产品包装，安全管控更加严格。

8.2.1.2　包装勺盖结构功能介绍

不同结构、不同样式的高盖，其各部件结构功能大同小异，但设计样式却各有千秋。高盖中的不同部件，如上盖、盖面、下环盖、开盖锁扣、铰链、卡勺装置、密封性装置等，依据不同的结构都发挥着不同的作用，各结构位置及示意如图 8-3、图 8-4 所示。结合包装开启及冲调过程中的相关包装功能，如高盖匹配的马口铁罐铝箔易撕膜、罐口刮板、成品包装外部的热收缩膜等，无论是消费者体验开启还是冲调使用时，都可以满足消费者的使用需求，并有仪式感，也传递了消费者对产品品质安全的认知。下面以图 8-3、图 8-4 为例，介绍不同部件结构的基本作用及特点。

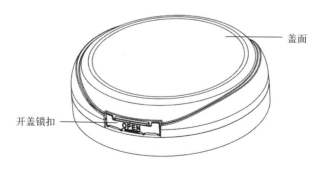

盖面

开盖锁扣

图 8-3　　高盖结构位置及示意图 [2]（外）

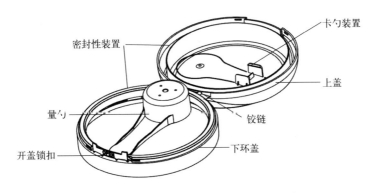

图 8-4 高盖结构位置及示意图 [2]（内）

（1）高盖——罐盖扣合一体，操作更便捷 从高盖整体的结构部件及功能角度，高盖是上盖、下环盖通过铰链连接而成的，各部件一体注塑成型。其中上盖用于开启和扣合，其盖面可以做宣传装饰，如创意图案设计、粘贴标签或膜内贴等；下环盖是用于与罐体扣合、固定高盖；铰链则是起到连接上下盖、满足反复开启的作用，铰链从设计和形式上还可以有如背带式、蝴蝶结式、折边式等不同结构。

高盖与马口铁罐扣合后，可以确保罐盖一体，结合实际生活中看护人在哭闹声中慌乱冲婴幼儿配方乳粉的场景，罐盖不分离，可以在舀粉后顺手扣盖，避免冲调过程中太匆忙盖子到处乱丢，造成产品暴露吸潮或污染。

（2）开盖锁扣——防恶意开启，保证食用安全 为确保产品包装后，防盗、防恶意开启，高盖的开合处会设计锁扣，破坏后无法复原，防护并便于消费者清晰识别产品的完整性。不管是市面上见到的如一片式安全封口、圆形安全纽扣，还是方形安全纽扣都是为了满足上所述功能，而且可以进一步保证乳粉的安全性和密封性，同时还减少运输及储存时灰尘、污垢等聚集罐口，卫生更有保障。

（3）卡勺装置——勺粉分离更卫生 无论产品用独立高盖＋独立量勺还是勺盖一体高盖包装方式，卡勺装置在高盖上都会有卡勺的结构设计，主要是用于量勺使用后，将勺置于卡扣处，能实现勺粉分离状态。

勺粉分离的好处在于操作更加方便与卫生。如冲调取粉时，打开高盖就可以直观看到量勺，拿取更加方便，同时避免了勺子与产品的长期接触，以及取勺时手与产品接触等弊端，更加卫生。此外，勺粉分离可避免产品吸潮的风险，如在舀粉时难免会遇到奶瓶中冒出来的水汽，如用完量勺后直接放入罐中会增加产品吸潮风险，量勺周围的产品容易结块，而勺粉分离可以很大程度上降低吸潮风险。

（4）密封性装置 高盖结构设计时，上盖和下盖的结合会考虑盖子的密封性，一般设计会有上下盖单层结构结合、双层结构结合、加密封圈等方式，实现一定的密封性。

（5）高盖结构功能的延伸——高盖或马口铁罐口刮板　量勺在舀粉时，为满足冲调所需，能够依据喂哺表的冲调说明实现精准称量，部分高盖的下环盖会设计一个刮板，最常见的刮板一般是在马口铁罐口，包装打开后，将罐内的铝箔易撕膜揭开且全部揭掉后，罐口的环圈是一个 D 型结构刮板，确保在舀粉时可以对量勺内的粉进行刮平，实现平勺称粉更精准。

8.2.1.3　不同类型包装勺盖的应用趋势

婴幼儿配方食品听装类产品的防尘盖与量勺的组合方式，从最初量勺独立包装随产品赠送方式、量勺直接投入产品罐内，以及独立包装量勺置于防尘盖内等形式。这些形式从产品角度，通用与随意组合性相对可行性高，但独立量勺包装会存在在终端市场售卖时，与产品无法实现一对一匹配的问题，导致消费者购买产品后，可能会没有配套量勺使用，从而导致使用体验下降；量勺直接投入罐内，量勺因直接与粉接触，会存在产品二次污染、异物带入的安全卫生风险，需要更加严格地进行安全卫生管控。因此，依据勺盖应用的历代经验以及追随时代发展的创新需求，从消费者的使用体验和感受出发，逐步开发勺盖一体的结构包装设计，逐渐替代原有的包装形式，从而无论从终端的包装展示效果，还是勺盖一体的使用体验，都有了更加贴合消费者使用需求的设计。从而勺盖一体创新结构也深受消费者的关注与信赖。

8.2.2　勺盖一体结构创新应用

婴幼儿配方食品在终端市场上，应用高盖的越来越多，纵观各类勺盖，或多或少都会存在勺盖结构差异小、同质化、终端展示凸显效果不明显的现象。为了打破现状，突破创新，无论研发设计人员的设计理念还是消费者的体验需求，都随之有了更高的开发设计标准。

从消费者的消费心理和良好使用体验出发，包装结构设计除遵循设计的基本原则外，还要通过包装差异化创新，如要从高盖的开启与扣合体验、勺子放置方式以及上盖形状专属性、上盖与罐整体协调程度、美感角度等方面，进一步挖掘高盖的创新空间，提升产品品质及终端效果，提升消费者使用体验，让产品更好地实现其价值。

下面以一个勺盖一体的结构创新方案为例，从不同维度介绍一些勺盖创新结构。如图 8-5[3]、图 8-6[3] 所示。

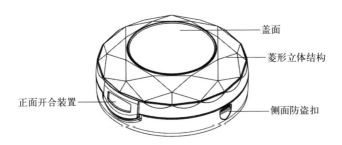

图 8-5 勺盖创新结构示意[3]（外）

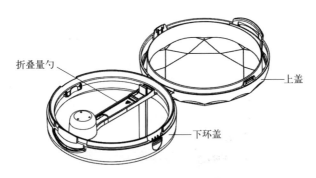

图 8-6 勺盖创新结构示意[3]（内）

8.2.2.1 侧面防盗扣装置

该盖型将盖子的防盗装置置于盖子侧面，取消防盗片的设计，防盗扣由外置改为内置滑块，开启状态可以通过文字"未开"、"已开"字样清晰识别，如图 8-7 所示。该装置从结构上减少了开启盖子的步骤，摒弃易于随手丢弃的防盗条，且开启后滑块仍留存在机构内部，减少塑料污染。

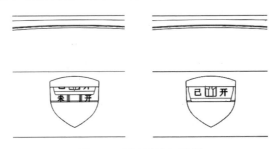

图 8-7 侧面防盗扣装置

8.2.2.2 盖结构整体效果

上盖采用菱形立体结构设计，凸显"钻石"的效果。上盖和下环盖可以采用单色或者两种色彩搭配，吸引消费者眼球。整体盖型隐含高端、独一无二、产品高品质和上档次感。

8.2.2.3　正面开合装置

正面开合装置采用新结构卡扣式设计，突显包装新颖独特的开启方式，合理保证盖子密封性、扣合效果。正面可以结合品牌标志或不同的图案形状进行设计，实现品牌宣传效应，新颖独特。减少了开启盖子的步骤，轻松实现单手开启，并保证扣合到位，省时省力。

8.2.2.4　折叠量勺

相比直柄量勺，折叠勺可依据罐内产品的高度自由调节量勺所需长度，可以轻松取用，避免手部接触到罐内产品而污染。勺柄结构也可以进行不同的新颖造型设计。

8.2.3　婴幼儿配方食品零碳包装解决方案

2014 年，首届联合国环境大会，强调塑料垃圾污染是全球亟待解决的十大环境问题之一；联合国大会 2015 年 9 月 25 日第 70/1 号决议"变革我们的世界：2030 年可持续发展议程"；在联合国的 17 项可持续发展目标中，12 ～ 15 项均不同程度地与包装的可持续发展密切相关。食品企业积极践行绿色可持续发展理念，推动食品类包装材料向环保、可持续的产业链方向发展。要发展绿色低碳产品，就要开展节能降碳和绿色转型升级改造，逐步降低原辅材料产品的能耗和碳排放量。大力研发推行绿色设计，深入推进清洁生产，加强可降解、可回收、生物基材料等高品质绿色低碳材料的研发与应用，强化一次性塑料制品源头减量，推广应用替代产品和模式，加快推动包装绿色转型，减少二次包装，推广可循环、易回收的包装物，并开展包装轻量化研究。逐步启动行业全生命周期碳排放数据库建设，探索将原辅料产品碳足迹指标纳入研发标准体系，推广应用绿色低碳方向鼓励的技术，加快可循环利用、低碳环保等绿色产品的研发与应用。

从消费者体验角度出发，碳中和与零碳包装的创新设计及应用，也让消费者从可持续和环保方面实现共同参与，从不同的开发和应用角度做出了环保贡献，提升消费者的内心满足感，从而建立一个良性循环的低碳消费模式。因此，食品类零碳环保包装材料的开发研究和应用，也必然会开创可持续包装开发的新领域。

婴幼儿配方食品包装在确保品质安全的前提下，开发研究零碳包装并推行多项解决方案的应用势在必行。下面对推动婴幼儿配方产品采用可持续包装材料的相关设计原则、具体零碳包装的解决方案进行介绍。

8.2.3.1　包装可持续/回收设计原则

包装材料在开发和设计环节，不能盲目于可持续包装或可回收材料的应用，尤其是婴幼儿粉配方食品包装，更应该做好全面的评估和验证，对于可持续材料，零碳包装方案应用，全链路包装物理性能、安全卫生性能以及终端展示效果，货架期稳定性等，都要做好严格的评估与把关。对新材料的关键技术指标也要做好定性和定量的分析与验证。基于此，开发设计环节还应遵循如下原则。

① 开展包装材料轻量化研究，整体优化一次、二次包装以及运输包装的重量和体积；新产品包装在设计过程中应注意内容物体积与外盒、外箱的匹配，在满足各项功能的前提条件下应尽可能减少材料的使用量。

② 逐步消除无法制定回收计划的包装材料，如聚氯乙烯（PVC）、聚偏二氯乙烯、聚苯乙烯（PS）和聚苯乙烯泡沫等。

③ 逐步解决硬塑、软包装材料中的不良组合，尽可能使用同种材料，实现材料单一可回收。

④ 尽量避免使用在应用阶段易与主包装分离的小型物品（如胶带、吸管、小勺等），开展一体化包装或直饮包装的开发，或开展可降解材料吸管、小勺的研究。

⑤ 在技术成熟、法规健全的情况下考虑使用生物基包装材料或可降解材料。

⑥ 包装原材料方面，尽量首选透明或浅色材料，避免使用碳基母粒。

⑦ 包装开发定型前，借助产品生命周期评价（LCA）的方法和工具，进行包装碳排放水平的评估。对于替代型包装，原则上要求新包装的碳排水平要低于原包装（以单位食品重量为标准进行比较）。

⑧ 在进行包装可持续设计过程中需兼顾消费者体验设计及食品质量安全，不能以降低消费者体验及安全为代价实现包装的可持续发展。

8.2.3.2　婴幼儿配方食品零碳包装解决方案

婴幼儿配方食品常用销售包装有马口铁罐、纸盒、复合膜袋、礼盒类，配套使用的塑料勺盖类包装，以及用于储运包装的瓦楞纸箱等。婴幼儿配方食品的零碳包装解决方案也主要是基于以上包装材料进行探究的，通过使用可再生资源和可循环利用的包装材料、开发绿色低碳环保的新材料、包装材料轻量化或去塑化、开发可生物降解材料等途径，实现食品零碳包装的可持续应用。

（1）使用可再生资源和可循环利用的包装材料　使用可再生资源和可循环利用的包装材料，考虑产品全生命周期的可持续发展，减少包材废弃后的碳排放。

① 马口铁罐。从包装可回收和可循环利用的角度，钢铁相对其他材料而言，是实现可循环利用最多的材料，无论经历多次的再循环利用，也不会损坏其材料本身具备的刚性和其他特性。因此，可回收并重复利用的铁质包装和循环使用的新材料就形成了一个和谐生态圈。铁质包装材料依托可持续发展的推动，依据不同产品需求，应用非常广泛。

马口铁罐是婴幼儿配方食品最常用的金属包装材料，马口铁是一种镀锡薄钢板，包装容器可以有效阻隔氧气、水蒸气和光线等，阻隔效果好，防护性能好，便于物流储运。因马口铁罐的钢铁磁性作用，包装也特别易于回收。

金属容器在用完后可以回炉再生，循环使用回收既节约了资源，又可以消除环境污染，即使金属锈蚀后散落在土壤中，也不会对环境造成恶劣影响。

因此，婴幼儿配方食品基于产品本身特性和产品全生命周期的可持续发展原则，选用马口铁罐包装以实现环保可持续的目的，顺应国家政策和倡导的理念。

② 塑料勺盖。塑料勺盖作为婴幼儿配方食品的附属包装，无论是用于展示包装的装饰，还是用于精准称量冲调等，都是不可或缺的包装形式。随着时代的进步，塑料勺盖的款式和结构也是多样化创新，基于婴幼儿配方食品的自身特性、安全卫生指标、可持续发展等需求，塑料勺盖包装的要求也极为严格。但无论塑料勺盖结构如何差异，其包装材料基于生产注塑工艺的特殊性，一般采用的原材料都较为单一，依据不同产品设计需求，常用材料主要是以聚丙烯（PP）为主，部分瓶盖会用到聚乙烯（PE）材料。材质均单一，易于回收再利用。一些塑料勺盖采用勺盖一体注塑工艺，配套标签采用模内注塑工艺，几部分结构均使用同种材质，摒弃先注塑后贴标的传统工艺，产品外观一体化程度更佳，同时在环保（包含后端回收）和节能方面具有显著优势。

③ 纸质类——纸盒、礼盒及瓦楞纸箱。纸盒及礼盒类包装主要用于婴幼儿配方食品的销售展示包装，主要是以纸和纸板为材料制成的盒型结构。礼盒和瓦楞纸箱均是以瓦楞纸板制作而成的。瓦楞纸板成型品是一种应用最广泛的包装制品，既可以用作运输包装，又可以当销售包装使用。与其他包装相比，纸包装具有原料来源丰富、加工容易、性能优良、印刷装潢适应性好、质量轻、价格低廉、易于回收处理、可降解、对商品保护功能全等特点与优势，在包装领域占有十分重要的地位。

（2）引入新材料　新材料的引入，加强绿色低碳包装物设计，提高可降解型包材使用比例，提高可回收利用率。

① 复合膜袋单一材料。复合膜袋塑料包装由于其轻便的特性被广泛应用在生活中的各个领域，与此同时，大量的塑料垃圾已成为环保领域亟待解决的重大难题，所以研究开发可回收、易回收的塑料包装就成为顺应时代发展的必然需求。

婴幼儿配方食品基于产品特性，对复合膜包装材料的阻隔性、密封性要求高。目前常用的复合膜材料主要以 PP、PET、AL、PE 等这些不同高分子材料及金属材料复合而成，原材料品类繁多，多层异种结构很难分离，材质废弃物回收难度高，很难再生和循环利用，需进行环保化替代，实现回收再利用。易回收环保材质首先从绿色环保角度设计，复合膜不同层结构的相容性较好，回收后的再利用价值高，从目前用了包装的高分子材料研究分析，聚烯烃材料的可再塑性好，回收利用价值高，因此，环保材质可考虑各层都使用聚烯烃材料开展应用研究。

现在的开发趋势是，开发复合膜单一聚烯烃或单一聚乙烯材质，在兼顾其阻隔性和密封性、满足货架期需求的前提下，实现可持续环保应用。单一复合材料相比现有常规材料，碳排放量可降低 60% 以上，目前应用于婴幼儿粉系列配方产品的单一材质仍在开发和研究储备应用阶段，未来基于国家政策及可持续发展需求，单一材料在婴幼儿配方食品方面的应用必将逐步替代常规复合膜材料，从而实现 100% 包装物可回收、可循环利用。

② 再生环保纸类瓦楞纸箱。再生环保纸采用 100% 再生纸利用纤维制造而成。每用 1t 原纸，即少用 1t 木浆，相当于节约大约 3.5m³ 木材，可少砍伐 28 棵成熟桉树（每年吸收 0.672tCO$_2$）。瓦楞纸箱配材选用再生环保纸材料，在原有瓦楞纸箱可回收利用、可降解的基础上，更加提升环保档次，在满足物流储运的产品防护前提下，一定程度上实现了零碳目标。在原纸同等克重或者同等指标需求前提下，再生环保纸相比其他箱纸板的质量等级较低，所以在包装防护需求高的产品上应用，需做好充分评估。再生纸环保包装箱作为婴幼儿配方食品的零碳包装应用，更为保护环境，为深度强化"零碳"的产品定位增加了浓墨重彩的一笔，同时也有助于提升品牌具有社会责任感与关心用户的品牌形象。

（3）限塑环境下的包装可持续开发　限塑是全球可持续发展的大势，国内外政策、法规及监管近年来都会不断完善，并逐步会出台明确的包装可持续发展目标和举措，相关要求必然会延伸到预包装食品领域。如市面上的一些采用表面覆膜工艺的礼盒和瓦楞纸箱，以及一些采用硬质片材制作的包装展示窗口、托盒等，此类工艺均为了在终端展示提升包装设计效果，吸引消费者，以及在物流储运环节增加耐磨性等。但基于限塑和可持续环保要求，覆膜类及塑料制品工艺包装存在回收难、不符合限塑要求等问题。针对该类情况，一般是通过采用特殊印刷工艺或者特殊耐磨类光油技术替代覆膜，或开发新材料替代，实现去塑化包材应用，响应限塑政策，实现环保可回收。替代覆膜工艺的新印刷技术和印刷光油，同样也需要针对产品包装的需求以及匹配生产效果的要求，进行充分验证，以确保终端产品满足流通展示需求。也需要对新技术、新工艺进行逐步更新迭代，以满足零碳包装环境下的商业化应用。

（4）包装轻量化　通过对原材料的结构设计，推行低克重高强度的材料应用。基于绿色环保、包装可持续、限塑等政策及发展趋势，结合现有包装应用情况及体验需求，开发应用轻量化包装材料，提升消费者体验及商品经济价值。如纸张类包装基于现有开发新材料的应用成果，采用低克重高强度原纸，如高松厚涂布白卡纸，相比普通白卡纸，在保持原有纸张的品质和强度的条件下，可以减少纸浆使用量，降低环境污染负荷，节省能源，满足可持续发展和绿色环保的要求。因此，纸盒类产品包装在开发环节要优先考虑该类型纸张，在满足各项指标需求的前提下，推动环保材料应用。

（5）逐步引入碳排放数据库　通过数据库对比各类原辅料的碳排放因子，研究低碳配方及原料替代方案，逐步提高天然原料在产品中的使用比例。针对产品需求建立生命周期评价（LCA），对其产品从取得原材料，经生产、使用直至废弃的整个过程，即从"摇篮"到"坟墓"的过程进行评价。深度研究低碳配方和原材料的替代方案，从而更全面深入地开发替代现有的问题材料，实现产品包装材料的全面可回收、可循环、零碳应用。

8.3　通过冲调前准备的标准化指导提升消费者体验

如何冲调婴幼儿配方乳粉，可能是每个新手父母都会遇到的问题，也是必须学会的事情，看似简单，却因不明确乳粉的正确冲调方法而经常做错。比如乳粉应该如何冲调、乳粉冲调的比例是多少、乳粉冲调时应注意什么事项等，若冲调环节未正确操作，则可能会导致婴幼儿得不到适当的营养。

8.3.1　影响冲调的因素

消费者在购买乳粉后，可能大多数人认为冲调乳粉是个平常又简单的事情，但其实在这个过程中，有许多需要注意的事项，比如冲泡用水的温度、冲调的正确顺序、冲调的比例等等，中间任意一点出了错都可能让乳粉的营养价值大打折扣。

8.3.1.1　乳粉冲调的温度

每个品牌的产品对适宜的冲调温度各有差别，由该产品的制作工艺决定。所以在冲泡前应仔细阅读产品喂哺和冲调说明，根据产品标签上的冲调适宜温度进行冲调。如温度过高，会导致乳粉中的一些活性益生菌的营养缺失；温度太低又会导致乳粉得不到充分溶解。

8.3.1.2　乳粉冲调顺序

日常冲调饮品时，常见的错误是先倒产品再加水。但对于婴幼儿配方乳粉，这可能也是一个冲调误区，为保证婴幼儿配方乳粉的精准称量及冲调，应该先注水再添加乳粉。因每款乳粉产品均有其特定的适宜比例，若是先添加乳粉再注水全固定刻度，这样调出来的奶液会变浓。从而造成宝宝的消化吸收不良而引起其他的不适症状。

8.3.1.3　乳粉冲调的比例

不同品牌的乳粉有不同的营养配比，每一款产品均会依据配比在包装上标注出本产品所适宜的冲调比例。通常情况下，每个产品都会在包装上标出本产品乳粉与水的适宜冲调比例，消费者按照喂哺表进行冲调。

过浓的奶液会给孩子还未发育完善的胃肠道和肾脏带来压力，降低消化能力。浓度太低的奶液中营养含量不足，会使孩子缺乏营养，从而对孩子的身体造成不利影响。所以冲泡乳粉时一定要把握好适宜的比例。

因此，对于没有喂养经验的新手父母而言，提供冲调前的标准化指导，以减少婴幼儿因营养不当而引发疾病或感染，变得尤为重要。

8.3.2　冲调前准备的标准化指导

在产品的标签上除标有配料表、喂哺表等关键信息外，针对消费者冲调前的准备阶段也做了标准化的指导，如冲调说明、储存条件以及注意事项等。不同的产品包装形式导致其包装的开启方式也会有所区别，具体罐盖开启方式依据产品标签上的实际指导操作为准。针对不同产品还会有其他方面的内容提示，会更加清晰便捷地提升消费者体验。

以金领冠珍护婴幼儿配方乳粉为例，标签上除配料表、喂哺表等关键信息外，还有消费者冲调前的准备，如冲调说明、储存条件以及注意事项等内容指导如下。

8.3.2.1　冲调说明

在婴幼儿配方乳粉冲调过程中，建议参照包装标签中的冲调说明，具体如下。

① 罐盖开启方式：单手轻触上盖，将拇指指尖置于正面锁扣底部，向外轻提上盖，瞬间将罐盖开启。

② 调奶之前请洗手，彻底清洗奶瓶、奶嘴及奶盖的残奶。将奶具放入沸水中煮五分钟彻底消毒。

③ 依照婴幼儿月龄及喂哺表的指示，将50℃以下准确分量的温开水倒入消毒后的奶瓶。

④ 取下固定在罐盖上的量勺，量取乳粉，依照喂哺表的指示，加入准确分量的乳粉。

⑤ 均匀摇动奶瓶直至乳粉完全溶解。

8.3.2.2　储存条件

在婴幼儿配方乳粉开盖后及使用中，建议参照包装标签中的储存条件：

置阴凉、干燥处储存。使用后请将罐盖紧，并在一个月内用完。请在罐底所印有效日期届满前使用此产品。

8.3.2.3　注意事项

在婴幼儿配方乳粉食用过程中，还应关注产品标签中的提醒信息，如调奶时请用专用量勺，用多于或少于制定分量的乳粉，将令婴儿得不到适当的营养。除非有专业人员建议，请勿改变奶的浓度。

8.4　通过粉体改善提升消费者体验

为了持续不断满足消费者对婴幼儿配方乳粉冲调易、速溶快的冲调需求，企业在粉体感官指标改善领域做了大量的研究和成果输出。在不影响产品配方本身营养成分指标的情况下，通过优化生产工艺、标准化生产参数，结合生产技术和管理创新提升产品的感官指标，以提升消费者的冲调体验。婴幼儿配方乳粉粉体冲调改善主要是从色泽、滋味、气味、冲团团块、颗粒大小及颗粒溶解性等六个方面进行，具体介绍如下。

8.4.1　提升乳粉感官指标

8.4.1.1　色泽

婴幼儿配方乳粉的色泽一般是均匀一致的乳黄色或浅黄色、浅乳黄色、乳白色，并且粉体有光泽。影响婴幼儿配方乳粉色泽的因素一般包括原料的色泽、牛乳的储存时间、牛乳的酸度、生产工艺操作等。一旦原料加工工艺操作不当或储存环境不符合原料本身储存条件，会发生变色或变质，从而造成婴幼儿配方乳粉粉体色泽异常；牛乳的储存条件如果出现温度超标或储存时间过长，牛乳就会发生变质，最终导致婴幼儿配方乳粉粉体色泽异常；当牛乳本身或混料奶出现高温受热，储存时间超时，就会造成婴幼儿配方乳粉粉体色泽异常；当婴幼儿配方乳粉在生产工艺加工过程中未按照标准进行操作或出现异常情况时未按照标准流程处理，就会造成婴幼儿配方乳粉粉体色泽异常。为保证婴幼儿配方乳粉正常的色泽，一般在生产过程中采用如下管理措施。

（1）原料的管理　原料的到货色泽检验与判定，如到货原料颜色与原料本身标准颜色不符，生产企业应禁止使用，同时生产企业要建立原料及原料存放库房管理标准，如原料的储存环境温湿度和光照度、原料包装完好性等管理。为保证原料的色泽，生产企业应建立明确的原料新鲜度管控标准，在原料的生产日期和保质期期限内必须使用完毕，禁止使用过期原料。在生产配料过程中，如发现原料色泽与标准不符，应立即上报并停止使用该原料，同时将该原料撤离生产现场。

（2）牛乳的储存时间　生产企业应建立原乳储存时间、原乳的巴氏杀菌时间、巴氏乳的储存时间和使用时间，生产过程要时刻监控原乳和巴氏乳的存放温度，防止微生物繁殖和酸度升高导致牛乳变质。

（3）牛乳的酸度　牛乳从牧场挤奶到生产企业进入厂区时间要建立管理标准，牛乳从开始收奶进入原乳罐到巴氏杀菌时间要建立管理标准，从原乳开始进行巴氏杀菌到巴氏乳使用完毕要建立管理标准。

（4）生产工艺的管理　每家婴幼儿配方乳粉生产企业必须要有自己的生产工艺管理标准。乳粉生产工艺分湿法和干法工艺，湿法生产工艺影响色泽的因素包括原料（指原料到货色泽检验和原料储存过程中色泽变化）、混料温度（指配料奶在加热过程中时间不宜太长，温度不宜太高）、营养素添加顺序（按照技术研发部配方要求操作）、营养素排空顺序（按照技术研发部配方要求操作）、混料奶存放时间的管控［指工厂根据自己工艺设计建立标准操作规程（SOP）］；浓缩奶的受热时间（效体温度不超过 $68 \sim 70{}^\circ\text{C}$）、浓缩奶巴氏杀菌温度（$90 \sim 95{}^\circ\text{C}$）、干燥预热温度（$70 \sim 75{}^\circ\text{C}$）、主进风温度（全脂乳粉 $140 \sim 160{}^\circ\text{C}$，配方乳粉 $180 \sim 200{}^\circ\text{C}$）、主排风温度的管控（$80 \sim 95{}^\circ\text{C}$）；基粉水分值的控制（3% ～ 5%）、基粉包装封合温度及封合压力（根据企业设备自行建立 SOP），保证基粉包装密封性无漏气现象（企业应配置检测设备和建立 SOP）。干法工艺影响色泽的因素包括基粉的生产日期、基粉的色泽、干混小料的色泽、成品密封完好性管控等。

8.4.1.2　滋气味

影响婴幼儿配方乳粉滋气味的因素一般包括原料油生产日期、油系统设备使用和 CIP 的管理、半成品新鲜度、成品货架期管控。

（1）原料油生产日期　对乳粉湿法配方中油的质量管控和原料一致，重点关注生产日期、使用完毕期限。

（2）油系统设备使用和 CIP 清洗的管理　目前行业中有小桶油（190～210kg/小桶）和大罐油（30～50t/罐）2 种生产工艺，其中小桶油在供应商供货到生产工厂后通过库房暂存、检验、抽油，倒入称重罐进行使用；大罐油通过供应商油罐车到生产工厂，通过检验、抽油，倒入大油罐储存，再根据生产工单倒入称重罐中分批配料使用。针对以上不同工艺分别建立生产操作，生产设备 CIP 清洗标准，同时为改善乳粉的滋味，对所有油管路和储油设备要进行充氮保护，CIP 清洗后必须使用热风工艺进行设备内部烘干。

（3）半成品新鲜度　为了保证婴幼儿配方乳粉的滋气味指标，一般通过管控基粉的新鲜度来提升和保存产品原有的特性，在目前行业中，婴幼儿配方乳粉 1段在 1 个月内完成包装，2 段和 3 段在 2 到 3 个月完成包装。在一些设备先进、婴幼儿配方乳粉生产质量管控水平高的工厂，近年来开展婴幼儿配方乳粉基粉直接包装，即基粉采用湿法工艺生产，再把基粉在干法车间与小料干混后直接包装成品，等待基粉、成品检验合格后直接售卖。

（4）成品货架期管控　为保证婴幼儿配方乳粉货架期产品质量稳定，乳粉行业近年来一直在进行生产工艺创新和升级，如在保证婴幼儿配方乳粉滋味和气味方面，行业中近年来使用混合气体填充工艺（氮气和食品级 CO_2），生产企业在产品填充包装过程按照一定比例根据不同地区大气压强进行测试和添加，保证产品在不同区域质量稳定，满足消费者需求。

8.4.2　改善乳粉冲调团块和溶解性

影响乳粉溶解性的主要因素包括冲调团块和乳粉颗粒，在乳粉生产过程中主要通过乳粉颗粒的造粒技术和减少乳粉颗粒，提升乳粉溶解性指标。

8.4.2.1　冲调团块

影响婴幼儿配方乳粉冲调团块的因素很多，在这里我们选取 10 个方面进行介绍。

（1）乳粉配方中原料的影响　湿法配方中原料自身的热稳定性对婴幼儿配方乳粉的冲调影响很大，如果原料的热稳定性很差时，在生产过程中会出现奶液蛋白质变性，白色絮片不溶物附着在奶瓶或玻璃容器内表面。在婴幼儿配方乳粉配方中一般乳糖、D80（浓缩乳清蛋白粉，蛋白质含量占比 80%）、D90（去除 90%

矿物盐的脱盐乳清粉）、牛乳的含量会影响乳粉冲调团块，低聚果糖、低聚半乳糖添加量过大时会影响乳粉冲调团块。不同配方及原料，呈现粉体冲调团块效果不同。改善效果如图8-8。

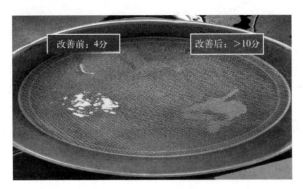

图8-8 D90 原料对应粉体指标改善（彩图）

（2）乳粉生产工艺设计的影响 一般包括湿法混料方式、浓缩效体数量的选择、干燥塔的选型、基粉的包装形式，以上均会影响粉体冲调团块。

（3）预处理混料 pH 值的影响 研究证明混料奶 pH 值在 6.8～7.2 时，基粉粉体冲调团块改善明显，奶瓶底部溶解残留减少或无残留。如婴幼儿配方乳粉中混料 pH 值低于 6.5 时，混料奶接近酸性，粉体冲调出现絮片，同时浓缩奶的高温加热时间太长或加热温度太高，会导致生产设备运行中出现蒸发器列管堵塞、预热器列管堵塞等问题。

（4）预处理混料奶干物质的影响 经多年研究和数据论证，前处理混料奶干物质在 20%～23% 时，乳粉冲调团块改善明显。当混料奶干物质低于 19% 时，浓缩奶物料到达浓缩工段时，浓缩奶浓度低，对应干燥塔细粉量大，产品冲调团块不合格；当混料奶干物质高于 24% 时，浓缩进料量低于程序设定值，会出现浓缩效体挂管，甚至出现不合格品。

（5）浓缩奶干物质和黏度的影响 婴儿配方乳粉浓缩奶干物质有 2 个标准，其中 1 段干物质为 48%～50%，2～3 段干物质为 50%～52%；一般婴儿粉配方乳粉黏度在 5～30cP[1]，当出现黏度＞25cP 时，要及时调整生产速度和调整生产参数，以防出现冲调团块不合格产品。

（6）干燥塔预热温度的影响 一般情况下婴幼儿配方乳粉预热温度选择 72～75℃，过低会影响干燥塔塔顶喷枪的雾化效果和颗粒的造粒效果。

（7）干燥塔附聚方式的影响 目前乳粉生产干燥塔设计附聚方式有三种，分别是塔顶、塔中、流化床 1 段。全部选用干燥塔塔顶附聚工艺，形成"松散葡萄

---

❶ $1cP=10^{-3}Pa \cdot s$。

型颗粒"，可以提升和改善乳粉冲调团块，如图8-9所示。

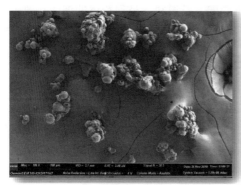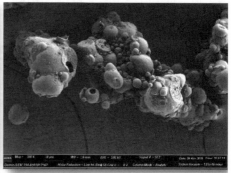

图8-9　松散葡萄型颗粒

在研究乳粉冲调团块改善中，干燥塔喷眼以及导流板型号的选配最为关键，一般生产管理中要求操作工每日确认生产配方匹配的喷眼型号，用孔径规测喷眼磨损情况，同时确认当天生产配方对应的喷眼标准。

（8）基粉包装方式的影响　基粉包装方式分为在线粉箱直接干混包装和先包装成半成品到库房暂存，等待基粉检验指标合格后再进行包装。为了改善乳粉冲调团块，一般通过基粉生产过程稳定性控制，干燥塔生产出来的直接粉箱接粉干混包装为成品，减少二次包装和运输过程粉体颗粒的破损。

（9）预混、干混时间对冲调团块的影响　当预混机、干混机预混及干混时间太长时，比如由于干混机转速太快时，干混机搅拌桨会破坏乳粉粉体颗粒，细小的颗粒亲水面积降低，最终影响乳粉冲调团块。预混及干混时间一般设定在60 ～ 120s，干混机转速 20 ～ 35r/min。

（10）包装机螺杆转速及螺径的影响　包装机下料螺杆转速与包装机填充料仓高料位进行程序连锁，当料仓液位达到高液位时，螺杆停止转动，可以减少乳粉颗粒破损和冲调性下降。一般在不影响包装机额定生产速率时，螺杆螺径要放到最大，减少螺杆旋转过程造成乳粉颗粒破损情况，在生产设备和工艺设计阶段要做早期管理。

8.4.2.2　颗粒及颗粒溶解性

一般情况下，乳粉颗粒越大粉体颗粒溶解性越好。乳粉在溶解过程中，颗粒表面积越大，与水接触的面积就会越大。在乳粉生产工艺中，一般通过浓缩（蒸发）工序、干燥工序之间各关键参数调整生产颗粒最大、溶解性最好的产品，行业中工艺设计追求实现"松散葡萄型"颗粒，见图8-9。

8.4.3　粉体冲调改善检测设备及应用

乳粉颗粒粒径分布是验证乳粉冲调好坏的其中 1 个维度，通常利用 MAS3000-马尔文粒径检测仪完成样品检测，生产技术人员拿到检测报告后进行生产过程参数调试，同步验证调试举措的有效性。

MS3000-马尔文粒径检测仪见图 8-10，该设备可以根据用户需求选择相应型号，设备型号包括湿法检测系统和干法检测系统，其中湿法检测系统用于验证液态混料的脂肪颗粒均匀度，干法检测系统用于验证固态粉体颗粒的均匀度。

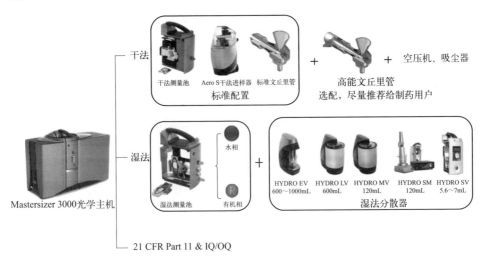

图 8-10　MS3000-马尔文粒径检测仪

通过乳粉粉体冲调溶解性研究得出，乳粉溶解性差的主要原因是乳粉中存在过多的小颗粒，当小颗粒基粉经过粉体输送（正压输送，或负压输送）、干混机后，粉体颗粒会变得更小，小颗粒在奶瓶或烧杯中会迅速下沉，粉体颗粒接触水的表面积变小，最终出现不易溶解冲调团块问题，通常消费者认为此款乳粉存在"质量问题"，不能满足消费者需求。

在乳粉粒径检测中，通过 $D[4,3]$、$D10$、$D50$、$D90$ 的数据分析和判断（图 8-11），通过乳粉粒径分布选择最精准的设备运行参数。一般情况下乳粉基粉 $D[4,3]$ 值在 $180 \sim 230\mu m$，$D10$ 值 $\geqslant 60\mu m$（参考值）。婴幼儿配方乳粉的颗粒 $D[4,3]$ 值增大，$D10$ 与 $D90$ 整体会增大；$D10$ 与 $D90$ 的差值减小，乳粉颗粒及冲调性会更好。

在验证乳粉颗粒分布和设备调试是否有效性时，必须参考 MS3000-马尔文粒径检测仪检测报告，如图 8-12 所示。检测报告包括：

① 样品名称；

② SOP（标准操作规程）名称，操作者姓名，分析日期，编辑日期，结果来源等；

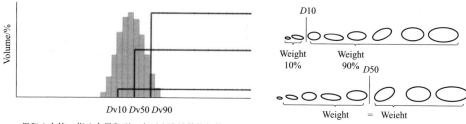

Volume/%
Dv10 Dv50 Dv90
D10
Weight
10%
Weight
90%
D50
Weight
=
Weieht
·累积分布值：指分布累积到一定百分比处的粒径值，D10，D50，D90
Dv10：体系中10%的颗粒小于它，90%大于它。
Dv50：体系中50%的颗粒小于它，50%大于它。
Dv90：体系中90%的颗粒小于它，10%大于它。

图 8-11　乳粉颗粒粒径分布图

MS3000 报告参数解释
Rain. zhang
Analysis
Malvern Instruments
Malvern
Measurement Details
Analysis
Result
粒度分级 (μm)

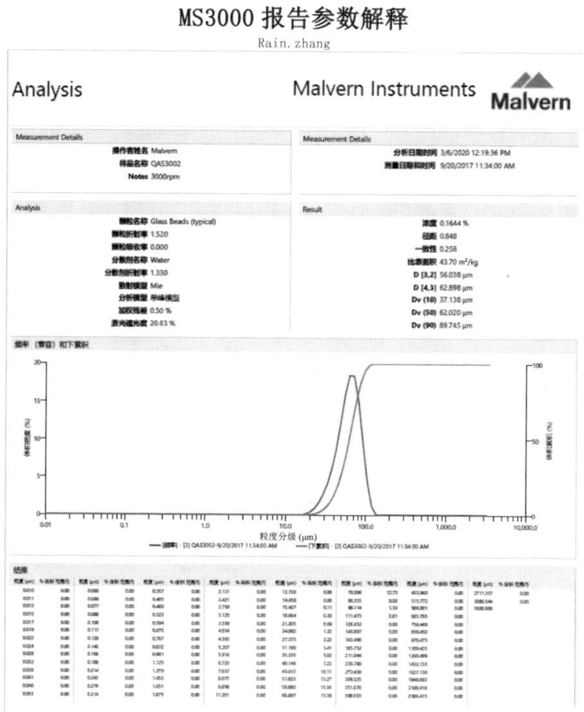

图 8-12　MS3000-马尔文粒径检测数据（彩图）

③ 颗粒类型：样品的折射率、吸收率；

④ 分散剂类型：分散体系的折射率；

⑤ 马尔文 MS3000 采用米氏理论计算分析模型：一般选择通用加权残差，体现理论光强和实际光强拟合质量，一般＜ 3% 遮光度；

⑥ 样品加入量：湿法 5%～15%，干法 0.5%～6%，颗粒越大，建议加入量越大；

⑦ 浓度：体积浓度，通过比尔-朗伯定律计算得到；

⑧ 可忽略径距：表征样品分布宽度；

⑨ 一致性：表征样品均一性；

⑩ 比表面积：因为颗粒形状均一性及密度、计算方法等问题，这个结果仅供参考。

$D[4,3]$ 为体积加权平均粒径；$D[3,2]$ 为表面积加权平均粒径；$D10$、$D50$、$D90$ 为累积分布值，是指分布累积到一定百分比处的粒径值。$Dv10$：体系中 10% 的颗粒小于它，90% 大于它。$Dv50$：体系中 50% 的颗粒小于它，50% 大于它。$Dv90$：体系中 90% 的颗粒小于它，10% 大于它。

8.4.4　对粉体冲调改善的总结

为持续不断地满足消费者需求和改善粉体冲调性，通过以上研究和管理，可以将婴幼儿配方乳粉粉体冲调做到 7 ~ 10s 速溶，在冲调过程中减少和解决乳粉冲调性差的问题。在婴幼儿配方乳粉粉体冲调改善上的学习和研究永不止步，这里将我们对婴幼儿配方乳粉冲调方法研究的成果和改善案例分享给大家，方便大家参考和研究。

8.4.4.1　婴幼儿配方粉粉体溶解性检测标准方法

婴幼儿配方粉粉体溶解性检测标准方法共分为 8 个步骤，操作步骤见图 8-13。

① 取水，在清洗干净的奶瓶中倒入 210mL，50℃温水；

② 按照产品包装标识，结合消费者操作习惯，向奶瓶中加入 7 平勺乳粉；

③ 观察乳粉溶解及下沉时间，注意观察奶瓶上面是否有漂浮、不溶现象；

④ 将奶瓶加入专利设备，点击"开始"按钮，设备自动旋转，这里注意设备计时器必须是 1r/s，旋转时间可以随意设计，目前标准为 8r/8s，如图 8-13 所示；

⑤ 等待奶瓶旋转设备停止后，取下奶瓶，拿出 40 目不锈钢筛子；

⑥ 左手拿筛，右手拿瓶，缓慢将奶液倒在筛子上面，注意在奶瓶奶液剩余 1/3 时，用右手轻轻旋转奶瓶，将奶液全部倒在 40 目不锈钢筛网上；

⑦ 根据内部检验标准判定产品冲调效果，如图 8-13 所示；

⑧ 判定标准为无团 10 分、微团 8 分、少团 6 分、大团 4 分，在生产和研究中，要求基粉无团 10 分，成品微团 8 分，如图 8-13 所示。

8.4.4.2　检验用乳粉溶解设备

为验证和避免不同人员的检验误差，粉体改善成果采用检验用乳粉溶解设备来代替人工检测，见图 8-14[4]。

操作步骤	1.取水	2.称样	3.倒粉	4.搖动奶瓶
	奶瓶中加入50℃、210mL水（规格为240mL玻璃奶瓶）。	连续加入入7平勺乳粉（使用对应产品配置的小勺，并且用粉罐上的刮板将多余奶粉去除）干奶瓶中。	将粉倒入奶瓶，当粉完全下沉，并将盖子拧紧。	将奶瓶夹在自动摇瓶机上，确认参数设置（1r/s，连续转动8圈），打开启动按钮。或双手夹住奶瓶且与地面垂直，双手前后搖动奶瓶15次。

操作步骤	5.观察蛋白质变性等情况	6.观察乳粉溶解(团块)情况	7.观察瓶底黑点情况	8.下沉时间验证实验
	将复原乳（2mL）倾倒在平皿上观察蛋白质变性点情况，并且慢慢晃动奶瓶、观察挂壁和上浮情况。	将剩余奶液即刻过40目标准筛，同时将底部奶液晃动呈旋涡状（旋转2周）倒入后，观看团块情状（乳团块粘贴奶瓶底部，与端上部分合计判定结果），然后用10mL纯净水冲洗端网。	将过筛后的奶液收集在烧杯中，静置10min后观察烧杯底黑点。	每批产品抽一个样品进行下沉时间验证实验：先量取50℃、210mL水倒入烧杯中，倒在不锈钢板上不锈钢圆筒中，称取30g粉，倒在不锈钢方板上不锈钢圆筒中，抽出不锈钢方板，使粉自然沉降到烧杯中，同时启动秒表开始计时，待粉全部下沉后秒表表止时，记录的时间即下沉时间。

图8-13　婴幼儿配方乳粉粉体检测方法

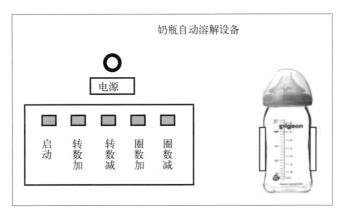

图 8-14　婴幼儿配方乳粉冲调溶解设备

该设备功能可实现自动旋转奶瓶，可设置旋转速度和圈数，在同一标准下验证不同原料、不同工艺参数、不同配方的粉体冲调团块和冲调溶解性改善情况。

8.5　展望

为了提升消费者对婴幼儿配方食品的创新实践体验，结合零碳环保的发展趋势，无论从产品配方、原料、生产技术应用，还是包装体验需求上，都将有更高的发展需求。

8.5.1　提升产品品质

随着新技术的迭代和升级，未来的婴幼儿配方食品加工会从原料新鲜度、加工工艺温度、工艺工序优化方向开展，持续研究低温配料工艺，膜除菌、膜浓缩、低温喷雾干燥技术，不断改善乳粉的颗粒均匀度、速溶性、冲调性、色泽及口感等感官指标，提升产品品质及消费者体验。

8.5.2　创新可调节容量量勺

基于消费者在冲调乳粉准备阶段的场景和需求，一些创新的配套设计理念和先行的设计也逐步研究输出创意成果，比如可调节容量量勺[5]。其可作为婴幼儿配方乳粉的配套量勺，通过对勺柄的结构设计，实现称粉容量可调节，打破行业内普遍低勺容的量勺结构，从而使得调节勺头容量的操作变得方便，满足用户需求。消费者依据冲调比例，通过调整勺柄而确定勺头的容量，取出所需量的乳粉，且量勺可以重复使用，能够提升未来市场的冲调实践体验。

8.5.3　可降解环保材料的研究应用

基于可降解环保材料的新技术，衍生出的技术材料有生物基材料和可降解材料。生物基材料指利用可再生物料（包括农作物、树木和其他植物及其残体和内含物）为原料，通过生物、化学以及物理等手段制造的一类新型材料。可降解材料是在一段时间内，在热力学和动力学意义上均可降解的材料。按降解的外因因素可分为：光降解材料、生物降解材料等。影响因素主要有温度、分子量、材料结构等。对于婴幼儿配方食品而言，目前对货架期的需求，生物基材料和可降解材料可能一定程度上还不能满足商业化生产，但也会成为婴幼儿配方食品包装的应用趋势，需要深入研究和验证分析，任重而道远。期待将来能够实现新技术、新材料在婴幼儿配方食品包装上的可持续应用。

8.5.4　持续研发、储备产品包装材料碳中和新技术，并推广应用

随着包装材料技术的不断创新及开发，针对婴幼儿配方食品包装需求，持续研发和储备新材料、新技术。包装的易操作性、实用性和可回收性，或将成为消费者是否回购的关键。可回收、可再循环利用的包装设计既要关注单品类，又要有细分应用领域的探究，总体目标是要形成闭环管理；同时要考虑减少包装标签的印刷设计，减少油墨用量等；而且随之而来的消费者体验及包装人性化的设计更为重要。因此，为高效践行可持续发展，包装碳中和新技术的未来可期。

（田春艳、李彦荣、刘彪）

参考文献

[1] 内蒙古伊利实业集团股份有限公司 . 奶粉盖：CN202130478502.6 A. 2021-11-16.

[2] 内蒙古伊利实业集团股份有限公司 . 容器盖（勺盖一体式）：CN201830400261.1 A. 2019-04-09.

[3] 内蒙古伊利实业集团股份有限公司 . 一种盖子及包含其的容器：CN201922069205.6[P]. 2020-06-30.

[4] 内蒙古伊利实业集团股份有限公司 . 检验用奶粉溶解设备：CN202122563633.1 A. 2022-04-15.

[5] 内蒙古伊利实业集团股份有限公司 . 可调节容量量勺：CN202020598291.X A. 2020-10-13.

第9章

婴幼儿配方食品国内外相关标准与法规

我国婴幼儿配方食品的发展起点较乳制品晚，真正规模化、商业化的婴幼儿配方食品在中华人民共和国成立后才发展起来。改革开放以来随着国内外交流合作的深入，尤其是近十几年国内母乳研究的不断深入，国内婴幼儿配方食品从标准法规、市场监管、科研水平等各个层面都步入了发展的快车道。改革开放30多年来，我国婴幼儿配方食品研发取得了长足进步，促进了品种多样化，丰富了市场，并逐渐缩小了与国际著名品牌的差距。与此同时，我国出台了一系列婴幼儿配方食品标准并进行了两次大的修订，这些标准对规范我国婴幼儿配方食品的生产与市场监管发挥了重要作用。

9.1 婴幼儿配方食品产品标准

我国每年出生新生儿约 1000 万，其中母乳喂养不足的婴儿通常占 20% 左右。据 2017 年联合国儿童基金会发布的数据，中国纯母乳喂养率平均只有 27.8%。不能用母乳喂养或母乳喂养不足的这部分婴幼儿需要选择婴幼儿配方乳粉作为母乳代用品。然而，婴幼儿是一类具有特殊营养需求的群体，处于一生中体格生长和智力发育的最快时期，而且其自身的胃肠道功能和新陈代谢系统尚未发育成熟，营养素摄入的数量和质量将对其未来产生重大影响。因此，婴幼儿配方乳粉的品质是保证母乳不足或没有母乳喂养婴儿健康成长的关键。最近 10 年，婴幼儿配方乳粉行业快速发展。2008 年我国婴幼儿配方乳粉年产量约 35 万吨，2017 年已达 90 万吨，10 年同比增长 157.1%，国产婴幼儿配方乳粉企业达 108 家。近几年，从国务院到各部委对于婴幼儿配方食品行业高度重视，在标准上，中国标准不断与国际标准对标（CAC/GL 10-1979, CODEX STAN 180-1991）；从检测指标上，要求原料及成品批批检验，检验项目高达 66 项，高于国外检测要求；从监管上，严格落实"四个最严"标准，原国家食品药品监督管理总局牵头实施了婴幼儿配方乳粉生产企业质量体系审查；并采取飞行检验、回头看、月月抽检等措施实施严格监管，使得国内婴幼儿配方产品质量有了快速的飞跃式提升。

9.1.1 婴幼儿配方食品国内产品标准

1989 年国家技术监督管理总局发布的关于婴幼儿配方食品的 16 项标准是我国最早的婴幼儿配方食品标准 [1-3]，之后 1997 年对其进行修订完善，直到 2009 年原国家卫生部继续对标准进行修订并形成《食品安全国家标准　婴儿配方食品》（GB 10765—2010）和《食品安全国家标准　较大婴儿和幼儿配方食品》（GB 10767—2010）两个标准。两项标准于 2010 年 3 月 26 日发布，2011 年 4 月 1 日起正式执行 [4-5]。这两项标准是我国之前针对婴幼儿配方乳粉的主要强制性标准。党中央、国务院高度重视婴幼儿配方食品的安全，在《中共中央国务院关于深化改革加强食品安全工作的意见》、《国民营养计划（2017—2030 年）》等文件中均明确提出要加强标准引领和创新驱动，加快修订完善婴幼儿配方乳粉食品安全国家标准。2010 版婴幼儿配方食品系列标准自发布以来，在规范引导我国婴幼儿配方食品生产企业，保障婴幼儿配方食品安全等方面发挥了重要作用。近年来，随着各国对母乳成分、婴幼儿营养素需要量以及婴幼儿配方食品的研究不断深入，国际食品法典委员会、欧盟、澳新等国际组织和国家（地区）陆续开展婴幼儿配方食品标准的修订工作（CODEXSTAN 156-1987, CODEXSTAN 72-1981）。为了更好地适应中国婴幼儿的营养健康需求，国家卫生健康委组织对已有婴幼儿配方食品系列标准进一步修订完善。

标准修订工作遵循以下原则：一是坚持《中华人民共和国食品安全法》立法宗旨，允分保证婴幼儿配方食品安全，保障婴幼儿营养和健康；二是全面贯彻落实"最严谨的标准"要求，充分考虑标准的科学性、合理性和规范性；三是吸取国内外婴幼儿营养学最新研究成果，充分考虑我国婴幼儿生长发育特点和营养素需要量；四是科学借鉴国际组织和发达国家标准管理经验，综合考虑我国国情、生产企业工艺现状及市售产品营养素含量分布情况；五是坚持公开透明，深入调研，广泛收集行业、科研院所、监管部门、消费者等多方意见建议。2021 年 3 月 18 日，新修订的食品安全国家标准《食品安全国家标准 婴儿配方食品》（GB 10765—2021）、《食品安全国家标准 较大婴儿配方食品》（GB 10766—2021）、《食品安全国家标准 幼儿配方食品》（GB 10767—2021）正式发布，并已于 2023 年 2 月 22 日正式实施。新国标的修订，以《中华人民共和国食品安全法》为宗旨，以充分保证婴幼儿配方食品安全，保障婴幼儿的营养和健康。

婴幼儿配方食品系列标准修订的主要变化：①与国际食品法典委员会标准修订趋势一致，将《食品安全国家标准 较大婴儿和幼儿配方食品》（GB 10767—2010）分为 2 个标准，即 GB 10766 和 GB 10767；②为充分保证婴幼儿配方食品营养有效性，修订或增加了产品中营养素含量的最小值；③为充分保障婴幼儿营养的安全性，修订或增加了产品中营养素含量的最大值；④将 2010 版标准中部分可选择成分调整为必需成分；⑤污染物、真菌毒素和致病菌限量要求统一引用相关基础标准，体现标准间协调性。本次标准修订明确了婴儿、较大婴儿的乳基和豆基配方食品概念。两种不同基质的产品应分别以乳类及乳蛋白制品（乳基），或大豆及大豆蛋白制品（豆基）为主要蛋白质来源，两者不可混合使用。对于幼儿配方食品，则可以单独或同时使用；当单独使用时，分别为乳基幼儿配方食品或豆基幼儿配方食品。无论乳基还是豆基产品，均指产品中蛋白质的主要来源应为乳类及乳蛋白制品，或大豆及大豆蛋白。随着食品生产加工工艺的不断改进和消费者对产品多样化的需求，本次修订取消了 2010 版标准中对产品形态的要求。

9.1.1.1 婴儿配方食品

新修订的 GB 10765—2021《食品安全国家标准 婴儿配方食品》标准待实施后，将是我国婴儿配方产品的主要标准，在原来标准基础上主要对适用范围、原料要求、必需成分、可选择性成分等内容进行了修订和完善 [6]。具体内容如下：

① 标准适用范围人群从 0 ～ 12 月龄修订为 0 ～ 6 月龄。

② 定义中删除了 2010 版标准中"液态或粉状产品"，在新的定义中不再明确产品状态。随着生产工艺的不断发展，婴儿配方食品产品状态已不限于液态或粉状。

③ 原料要求中将"谷蛋白"修订为"麸质"，与国际食品法典要求一致。

④ 必需成分修订情况

a. 能量计算，膳食纤维"按照碳水化合物能量系数的 50% 计算"修订为"膳食纤维的能量系数为 8kJ/g"，与《食品安全国家标准　预包装食品营养标签通则》（GB 28050—2011）问答（修订版）中的规定一致。

b. 对于碳水化合物来源，"婴儿配方食品不得使用果糖"修改为"婴儿配方食品不应使用果糖和蔗糖作为碳水化合物的来源"，增加不使用蔗糖的规定。

c. 维生素 E、维生素 K_1、维生素 B_1、维生素 B_2、维生素 B_{12}、泛酸、维生素 C、生物素、镁、钙、氯的要求不变，维生素 A、维生素 D、维生素 B_6、烟酸、叶酸、钠、钾、铜、铁、锌、锰、磷、碘和硒的含量要求有所改变，胆碱由可选择性成分修订为必需成分，具体变化详见表 9-1。

表 9-1　GB 10765 修订前后必需成分含量对比

营养素	单位	GB 10765—2010	GB 10765—2021
维生素 A	μg RE/100kJ	14 ～ 43	14 ～ 36
维生素 D	μg/100kJ	0.25 ～ 0.60	0.48 ～ 1.20
维生素 B_6	μg/100kJ	8.5 ～ 45.0	8.4 ～ 41.8
烟酸（烟酰胺）	μg/100kJ	70 ～ 360	96 ～ 359
叶酸	μg/100kJ	2.5 ～ 12.0	2.9 ～ 12.0
胆碱	mg/100kJ	1.7 ～ 12.0	4.8 ～ 23.9
钠	mg/100kJ	5 ～ 14	7 ～ 14
钾	mg/100kJ	14 ～ 43	17 ～ 43
铜	μg/100kJ	8.5 ～ 29.0	14.3 ～ 28.7
铁	mg/100kJ	0.10 ～ 0.36	乳基 0.10 ～ 0.36 豆基 0.15 ～ 0.36
锌	mg/100kJ	0.12 ～ 0.36	乳基 0.12 ～ 0.36 豆基 0.18 ～ 0.36
锰	μg/100kJ	1.2 ～ 24.0	0.72 ～ 23.90
磷	mg/100kJ	6 ～ 24	乳基 6 ～ 24
碘	μg/100kJ	2.5 ～ 14.0	3.6 ～ 14.1
硒	μg/100kJ	0.48 ～ 1.90	0.72 ～ 2.06

⑤ 可选成分修订情况详见表 9-2。

表 9-2　GB 10765 修订前后可选成分含量对比

营养素	单位	GB 10765—2010	GB 10765—2021
肌醇	mg/100kJ	1.0 ～ 9.5	1.0 ～ 9.6
牛磺酸	mg/100kJ	N.S. ～ 3	0.8 ～ 4.0
二十二碳六烯酸（DHA）（以总脂肪酸计）	mg/100kJ	N.S. ～ 0.5（%）	3.6 ～ 9.6
二十碳四烯酸（AA/ARA）（以总脂肪酸计）	mg/100kJ	N.S. ～ 1（%）	N.S. ～ 19.1

注：N.S. 为没有特别说明。

⑥ 标准附录 B 中增加了可用于婴儿配方食品中单体氨基酸的化合物来源。

9.1.1.2　较大婴儿配方食品

GB 10766—2021《较大婴儿配方食品》是从 GB 10765—2010《婴儿配方食品》和 GB 10767—2010《较大婴儿和幼儿配方食品》标准中新拆分出来的，对适用于 6 ～ 12 月龄较大婴儿的配方食品作出了相应规定，包括定义、营养素含量、安全性指标、标签标识等要求[7]。较大婴儿配方食品根据较大婴儿的生长发育和营养需要特点，相应调整了必需成分与可选成分的限量值。具体内容如下：

① 标准适用范围人群为 6 ～ 12 月龄较大婴儿。

② 定义中删除了 2010 版标准中"液态或粉状产品"，删除原因同 GB 10765—2021。

③ 原料要求中增加所使用的原料和食品添加剂不应含有"麸质"的要求，与新修订的婴儿配方食品标准一致。

④ 必需成分修订情况如下。

a. 能量范围进行了调整，最小值不变，但最大值下调，即食状态下每 100mL 所含能量 250 ～ 314kJ。计算时，膳食纤维按照"碳水化合物能量系数的 50% 计算"修订为"膳食纤维的能量系数为 8kJ/g"，与《食品安全国家标准　预包装食品营养标签通则》（GB 28050—2011）问答（修订版）中的规定一致[8]。

b. 蛋白质含量最小值和最大值均降低，为 0.43 ～ 0.84g/100kJ（乳基）。考虑我国过高蛋白质摄入与婴幼儿超重与肥胖的发展趋势，以及欧盟、国际食品法典委员会（Codex）对较大婴儿配方食品标准的修订趋势，降低了标准中蛋白质含量要求。新增了豆基产品蛋白质含量要求，由于大豆蛋白与乳蛋白消化吸收率不同，对于豆基较大婴儿配方食品，参照 Codex 和欧盟标准，其最小值上调至乳基最小值的 1.23 倍。

c. 新增乳基较大婴儿配方食品中乳清蛋白含量应 ≥ 40%（可按原料添加量计算）的要求。

d. 脂肪含量最小值上调，最大值不变，为 0.84 ～ 1.43g/100kJ。而亚油酸含量最小值不变，最大值上调。同时新增亚油酸与α-亚麻酸比值、芥酸含量、月桂酸和肉豆蔻酸（十四烷酸）总量等要求。

e. 对于碳水化合物来源，新增"较大婴儿配方食品不应使用果糖和蔗糖作为碳水化合物的来源"和"碳水化合物的来源应首选乳糖（乳糖占碳水化合物含量应≥90%）"，同时碳水化合物含量要求与新修订的婴儿配方食品标准一致。

f. 除钠和氯的含量与 GB 10767—2010 基本一致外，其他维生素和矿物质的含量要求均有所调整，锰、硒和胆碱由可选择性成分调整为必需成分，详见下表 9-3。

表 9-3　修订前后必需成分含量对比

营养素	单位	GB 10767—2010	GB 10766—2021
维生素 A	μg RE/100kJ	18 ～ 54	18 ～ 43
维生素 D	μg/100kJ	0.25 ～ 0.75	0.48 ～ 1.20
维生素 E	mg a-TE/100kJ	0.15 ～ N.S.	0.14 ～ 1.20
维生素 K_1	μg/100kJ	1 ～ N.S.	0.96 ～ 6.45
维生素 B_1	μg/100kJ	11 ～ N.S.	14 ～ 72
维生素 B_2	μg/100kJ	11 ～ N.S.	19 ～ 120
维生素 B_6	μg/100kJ	11 ～ N.S.	11.0 ～ 41.8
维生素 B_{12}	μg/100kJ	0.04 ～ N.S.	0.041 ～ 0.359
烟酸（烟酰胺）	μg/100kJ	110 ～ N.S.	110 ～ 359
叶酸	μg/100kJ	1 ～ N.S.	2.4 ～ 12.0
泛酸	μg/100kJ	70 ～ N.S.	96 ～ 478
维生素 C	mg/100kJ	1.8 ～ N.S.	2.4 ～ 16.7
生物素	μg/100kJ	0.4 ～ N.S.	0.41 ～ 2.39
胆碱	mg/100kJ	1.7 ～ 12.0	4.8 ～ 23.9
钾	mg/100kJ	18 ～ 69	18 ～ 54
铜	μg/100kJ	7 ～ 35	8.4 ～ 28.7
镁	mg/100kJ	1.4 ～ N.S.	1.2 ～ 3.6
铁	mg/100kJ	0.25 ～ 0.50	乳基 0.24 ～ 0.48 豆基 0.36 ～ 0.48
锌	mg/100kJ	0.1 ～ 0.3	乳基 0.12 ～ 0.36 豆基 0.18 ～ 0.36
锰	μg/100kJ	0.25 ～ 24.0	0.24 ～ 23.90
钙	mg/100kJ	17 ～ N.S.	17 ～ 43
磷	mg/100kJ	8.3 ～ N.S.	乳基 8 ～ 26 豆基 10 ～ 26
碘	μg/100kJ	1.4 ～ N.S.	3.6 ～ 14.1
硒	μg/100kJ	0.48 ～ 1.90	0.48 ～ 2.06

⑤ 可选成分修订情况详见表9-4。

表 9-4　修订前后可选成分含量对比

营养素	单位	GB 10767—2010	GB 10766—2021
牛磺酸	mg/100kJ	N.S. ～ 3	0.8 ～ 4.0
二十二碳六烯酸（DHA）（按总脂肪酸计）	mg/100kJ	N.S. ～ 0.5（%）	3.6 ～ 9.6
二十碳四烯酸（AA/ARA）（按总脂肪酸计）	mg/100kJ	N.S. ～ 1（%）	N.S. ～ 19.1

⑥ 标签新增要求：标签上不能有婴儿和妇女的形象，不能使用"人乳化"、"母乳化"或近似术语表述。

⑦ 标准附录增加了推荐的较大婴儿配方食品中必需与半必需氨基酸含量值，以及可用于较大婴儿配方食品中单体氨基酸的化合物来源。

9.1.1.3　幼儿配方食品

新修订的 GB 10767—2021《食品安全国家标准　幼儿配方食品》标准是我国幼儿配方产品的主要标准，在原来标准基础上主要对适用范围、原料要求、必需成分、可选择性成分等内容进行了修订和完善[9]。具体内容如下：

① 定义中删除了 2010 版标准中"液态或粉状产品"，删除原因同 GB 10765—2021。

② 必需成分修订情况如下。

a. 能量范围进行了调整，最小值不变，但最大值下调，即食状态下每 100mL 所含能量 250 ～ 334kJ。计算时，膳食纤维"按照碳水化合物能量系数的50%计算"修订为"膳食纤维的能量系数为 8kJ/g。"与《食品安全国家标准　预包装食品营养标签通则》（GB 28050—2011）问答（修订版）中的规定一致。

b. 蛋白质含量最小值和最大值均下调，范围 0.43 ～ 0.96g/100kJ。考虑我国过高蛋白质摄入与婴幼儿超重与肥胖的发展趋势，降低了标准中蛋白质含量要求。

c. 脂肪含量最小值上调，最大值不变，范围 0.84 ～ 1.43g/100kJ。而亚油酸含量最小值不变，增加最大值要求。同时新增 α-亚麻酸含量、亚油酸与 α-亚麻酸比值要求。

d. 新增碳水化合物含量范围要求，范围 1.8 ～ 3.6g/100kJ。新增对于乳基幼儿配方食品（无乳糖和低乳糖产品除外）的碳水化合物含量范围要求，乳糖占碳水化合物含量应 ≥ 50%。（固态无乳糖配方食品中乳糖含量应 ≤ 0.5g/100g；固态低乳糖配方食品中乳糖含量应 ≤ 2g/100g）。

e. 除钠、钾、铜、锌和氯的含量与 GB 10767—2010 基本一致外，其他维生素和矿物质的含量要求均有所调整，详见表 9-5。

表 9-5 修订前后必需成分含量对比

营养素	单位	GB 10767—2010	GB 10767—2021
维生素 A	μg RE/100kJ	18 ～ 54	18 ～ 43
维生素 D	μg/100kJ	0.25 ～ 0.75	0.48 ～ 1.20
维生素 E	mg a-TE/100kJ	0.15 ～ N.S.	0.14 ～ 1.20
维生素 K_1	μg/100kJ	1 ～ N.S.	0.96 ～ 6.45
维生素 B_1	μg/100kJ	11 ～ N.S.	14 ～ 72
维生素 B_2	μg/100kJ	11 ～ N.S.	19 ～ 155
维生素 B_6	μg/100kJ	11 ～ N.S.	11.0 ～ 41.8
维生素 B_{12}	μg/100kJ	0.04 ～ N.S.	0.041 ～ 0.478
烟酸（烟酰胺）	μg/100kJ	110 ～ N.S.	110 ～ 359
叶酸	μg/100kJ	1 ～ N.S.	2.4 ～ 12.0
泛酸	μg/100kJ	70 ～ N.S.	96 ～ 478
维生素 C	mg/100kJ	1.8 ～ N.S.	2.4 ～ 16.7
生物素	μg/100kJ	0.4 ～ N.S.	0.41 ～ 2.39
镁	mg/100kJ	1.4 ～ N.S.	1.4 ～ 4.3
铁	mg/100kJ	0.25 ～ 0.50	0.24 ～ 0.60
钙	mg/100kJ	17 ～ N.S.	17 ～ 50
磷	mg/100kJ	8.3 ～ N.S.	8 ～ 26
碘	μg/100kJ	1.4 ～ N.S.	1.4 ～ 14.1

③ 可选成分修订情况详见表 9-6。

表 9-6 修订前后可选成分含量对比

营养素	单位	GB 10767—2010	GB 10767—2021
硒	μg/100kJ	0.48 ～ 0.90	0.48 ～ 2.06
胆碱	mg/100kJ	1.7 ～ 12.0	4.8 ～ 23.9
牛磺酸	mg/100kJ	N.S ～ 3	0.8 ～ 4.0
二十二碳六烯酸（DHA）（以总脂肪酸计）	mg/100kJ	N.S. ～ 0.5（%）	3.6 ～ 9.6
二十碳四烯酸（AA/ARA）（以总脂肪酸计）	mg/100kJ	N.S. ～ 1（%）	N.S. ～ 19.1

9.1.2 婴幼儿配方食品国际产品标准

9.1.2.1 Codex 婴儿配方食品标准摘要

（1）0 ～ 6 月龄婴儿配方食品标准 标准号 CODEX STAN 72-1981，标准名《婴儿配方及特殊医用婴儿配方食品标准》，2007 年修订，最近一次修改为 2016 年。

婴儿配方乳粉主要参考标准第 A 部分：婴儿配方食品标准。A 部分标准适用于液态或粉状婴儿配方食品，必要时可作为母乳代用品，以满足婴儿正常营养需求。包括对婴儿配方食品成分、质量和安全要求。只有符合本标准规定的产品才能允许作为婴儿配方食品销售。婴儿配方食品是指一类可满足婴儿从出生至可适当辅食喂养的最初几个月的营养需求而特别配制的母乳替代品，是一类以牛乳或其他动物乳汁和 / 或与已经证明适于婴儿喂养的其他成分混合而成的产品。婴儿配方食品的营养安全和充足，应该经科学证实可促进婴儿的生长发育。所有配料和食品添加剂应不含麸质 [9]。

（2）较大婴儿配方食品标准　较大婴儿指 6 ～ 12 月龄的人群。标准号 CODEX STAN 156-1987，标准名为《较大婴儿配方食品》，2017 年修订 [8]。该标准适用于较大婴儿配方食品的成分和标识。本标准不适用于婴儿配方国际食品法典所涉及的食品（CODEX STAN 72-1981）。较大婴儿配方食品是由牛乳、其他畜乳和 / 或由那些已被证明适合于 6 月龄以上婴幼儿食用的其他动物和 / 或植物来源物制成的食品。较大婴儿配方食品应经过物理方法加工，防止在正常的操作、储存和销售条件下腐败变质。液态食品较大婴儿配方食品可直接食用，或在喂养前用适量的水稀释后食用。粉状的配方食品需用水调制。

（3）婴幼儿食品卫生操作规范　CAC/RCP11-1979，该规范是国际性推荐法规，在 CAC 第 13 次会议上讨论通过。1981 年的 CAC 第 14 次会议又补充了对婴幼儿食品的微生物规定及微生物检测方法 [1]。该规范规定了婴幼儿食品卫生操作的基本要求，为婴幼儿食品的质量控制和管理提供了有益参考。Codex《CAC/RCP 66-2008 粉状婴幼儿配方食品卫生规范》允许采用湿法工艺、干法工艺、干湿复合工艺三种工艺生产婴幼儿配方乳粉。

① 湿法工艺。将粉状婴幼儿配方食品的配料在液体状态下进行处理与混合的生产工艺，该工艺通常包括配料、热处理、浓缩、干燥等工序。

② 干法工艺。将粉状婴幼儿配方食品的配料成分在干燥状态下进行处理与混合而制成最终产品的生产工艺。

③ 干湿复合工艺。将粉状婴幼儿配方食品的部分配料在液体状态下进行处理与混合，干燥后再采用干法工艺添加另一部分干燥配料而制成最终产品的生产工艺。

9.1.2.2　欧盟婴幼儿配方食品标准摘要

① 婴儿配方食品是满足婴儿食用的加工食品，其完全满足婴儿在出生前几个月的营养需求直到给予适当的辅食喂养。为了保障这类婴儿的健康，确保市场销售产品能够符合这一时期婴儿的食用。

② 婴儿配方食品和较大婴儿配方食品的关键成分必须能够满足婴儿健康、营

养需求必须以普遍接受的科学数据为基础。

③ 婴儿配方乳粉和较大婴儿配方乳粉的关键组分来源于牛乳蛋白和豆基蛋白或者二者的混合。

④ 考虑到婴儿配方食品和较大婴儿配方食品的性质，配方食品中营养素的详细情况需要在标签上进行展示。《欧盟运作条约》（TFEU）第 114 条提出，根据以科学事实为基础的新发展，特别是考虑到健康、安全和消费者保护等，委员会在内部市场建立及运作方面已经采取了措施，以满足特定人群的营养需求，此类食品包括以乳及其加工制品和（或）豆类及其加工制品为主要原料的婴儿配方食品和较大婴儿配方食品，以及特殊医学用途食品。本条例所涉及的食品标签不得包含预防、治疗人类疾病的相关信息，也不得含蓄地暗示该食品具有此类属性。

为了保护消费者的权益，产品标识应确保向消费者提供准确信息。婴儿配方食品和较大婴儿配方食品标签中所有文字以及插画信息应避免出现难以识别婴儿年龄的情况，以清晰区分不同的配方食品。婴儿配方食品在给予适当辅食喂养前应满足婴儿的营养需要，因此对婴儿配方食品标签的正确识别是保护消费者权益的关键。

关于婴儿配方食品和较大婴儿配方食品具体组分和信息要求以及关于与婴儿和幼儿喂养信息相关的要求，2009/39/EC 和 2006/141/EC 由条例（EU）No 609/2013替代。该条例规定了不同品类食品的通用组分和信息要求，包括婴儿配方食品和较大婴儿配方食品。为了解释 2006/141/EC 条款，委员会已经通过了婴儿配方食品和较大婴儿配方食品组分说明和信息要求。婴儿配方食品是为婴儿在生命的最初日直到可以给予适当辅食喂养之前，提供能够满足其全部营养需求的唯一加工食物。为了保护婴儿群体的健康，确保婴儿配方食品是适合这一时期婴儿的生长发育需要至关重要。婴儿配方食品和较大婴儿配方食品关键组分必须满足婴儿良好健康的营养需求并且这些关键组分是建立在普遍接受的科学数据之上。婴儿配方食品和较大婴儿配方食品是为消费者中一类弱势群体特别配制的精细产品。为确保此类产品的安全性和适宜性，应当规定对婴儿配方食品和较大婴儿配方食品的详细要求，包括对于能量值、宏量营养素和微量营养素含量的要求。这些要求应当在欧洲食品安全委员会（简称委员会）最新的关于婴儿、较大婴儿配方食品关键组成意见的科学建议基础上提出。

所有用于婴儿配方食品和较大婴儿配方食品制造的配料应当适合婴儿，这些成分的适用性已得到证实，必要时应进行适当的研究。食品生产企业有责任证明这些适用性，官方主管部门有责任对具体问题具体分析，确定情况是否属实。关于适当研究的设计和实施指南已经由专业的科学团队出版，例如食品科学委员会、英国食品和营养方针方面的医学委员会，和欧洲儿科胃肠病、肝病和营养学协会。

婴儿配方食品和较大婴儿配方食品的制作过程应当考虑这些指南。婴儿配方乳粉是指供婴儿出生后最初几个月食用的食品（1 段为适用于 6 月龄之前的婴儿，2 段适用 6 ~ 12 月龄的婴儿），并在引入适当辅食之前 1 段产品能满足这些婴儿的营养需求。将婴儿配方乳粉的能量和营养价值标注为每日推荐摄入量的百分比会误导消费者，因此是不允许的。当婴儿被适当喂养辅食时，较大婴儿配方乳粉是这类婴儿日益多样化的饮食。如上所说，为了保证能够与其他可以用于此类婴儿的食品比较，较大婴儿配方乳粉的营养信息以日推荐摄入量百分比的形式表示。对较大婴儿配方乳粉而言，只允许以具体的参考摄入量百分比表示营养信息对这一年龄段的人群是恰当的。婴儿配方乳粉和较大婴儿配方乳粉中强制添加二十二碳六烯酸（DHA）是该条例引入的一项新要求。考虑到添加 DHA 在 2006/141/EC 中被允许自愿添加，同时父母和看护者熟悉了婴儿配方乳粉中添加 DHA 的营养声称，这样的使用在 2006/141/EC 中是被允许的，为了避免混淆，应允许食品生产企业在有限的时间内继续根据本法规［（EU）2016/127］在婴儿配方粉中添加 DHA。然而，在市场中的所有婴儿配方乳粉产品的此类宣称都要为消费者提供关于强制添加 DHA 的完整信息，这是非常重要的。由于 2009/39/EC 及其旧标准已经被欧盟关于特殊膳食食品法规（EU）No 609/2013 所代替，欧盟委员会也相应调整了婴儿及较大婴儿配方食品的法令，并于 2016 年通过了新的对婴儿及较大婴儿配方食品具体成分和信息要求，即（EU）2016/127，已经于 2016 年 2 月 2 日在《欧盟官方公报》中公布，于 2 月 22 日生效，并于 2020 年 2 月 22 日起正式在欧盟成员国执行，其中关于婴儿及较大婴儿配方食品中水解蛋白的规定于 2021 年 2 月 22 日起执行。四年的缓冲期给欧盟各成员国充足的时间来适应新的标准要求，这样欧盟各成员国无需再将欧盟法规转化为各成员国的国家层面的法规，自执行日起在各成员国境内直接适用新的法规，自按照其规定及要求对婴儿及较大婴儿配方食品进行统一管理，适用同一规则。相应地也就避免了各成员国理解不一，导致贸易壁垒的情况。

9.1.2.3　美国婴幼儿配方食品标准摘要

美国婴幼儿配方乳粉生产商或零售商必须遵守《联邦食品、药品和化妆品法案》21 标题下第 412 部分，以及美国食品药品管理局（FDA）修订法案的法规。关于婴儿配方食品，法案第 412 部分（21 标题第 350a）规定了关于营养含量、营养素质量、营养素质量控制、生产记录和报告、婴幼儿配方乳粉报告的相关要求。另外，因为讨论的充分性，法案第 421 部分要求生产商或经销商有责任向 FDA 注册婴儿配方食品，并向 FDA 递交关于新婴儿配方食品的申请，新递交的婴儿配方食品包括任何在生产加工过程中以及产品信息方面作出重大调整的婴儿配方食品。在法案授权下，FDA 颁布法规包括：婴儿配方食品的营养素质量控制过程，记录和报告，递交的要求（21 CFR 106），婴儿配方食品的标签，在特定条件下可以豁免的条款和条件，婴儿配方食品营养说明，婴儿配方食品召回（21 CFR 107）。2014 年官方修订了婴儿配方食品法规（21 CFR 第 106 和 107 部分），建立了质量因子、当前良好操作规范和修正的质量控制程序。

美国的《婴儿配方食品法案》于 1980 年由美国总统签署颁布，旨在确保婴儿的营养和健康。该法案被列入《联邦食品、药品和化妆品法案》（简称《法案》）第 412 部分。

《法案》对婴儿配方食品掺假（food adulteration）进行了定义，设立了对营养素、质量要素和生产过程控制的要求，赋予美国食品药品管理局（FDA）定期对产品进行营养成分和质量测试的权力，并可以颁布相应的监管法规。婴儿配方食品不需要进行上市前审批。但对于新婴儿配方食品，生产商需要在产品上市前通告 FDA。根据《法案》第 412 节，新婴儿配方食品包括：由之前没有生产过婴儿配方食品的生产商生产的婴儿配方食品，与现在或之前的产品相比，在加工或配方方面有重大变化的婴儿配方食品。重大变化是指婴儿配方食品的配方或加工发生了变化，该变化有可能导致营养成分含量或营养成分的利用下降。重大变化的例子有：新的生产工厂，新的生产线，重大新技术的运用，包装材料种类的重大变化，新宏量营养素（蛋白质、脂肪或碳水化合物）的添加，蛋白质、脂肪或碳水化合物含量的重大变化，新成分的添加。据《法案》要求，新婴儿配方食品的生产商必须向 FDA 的营养产品、标签和膳食补充剂办公室注册、通告，并向其提交书面验证。

通报制度包括：对于新产品需要在上市前 90 天通知 FDA；对于可能影响产品质量的配方变化需要提前通知 FDA；生产企业如果发现可能发生的食品掺假，需要将情况通知 FDA。《法案》对企业的召回和销售记录管理制定了强制要求。赋予 FDA 进厂监管和查阅相关记录的权利。

《婴儿配方食品法案》于 1986 年和 1993 年进行了两次修订，要求 FDA 为婴儿配方食品颁布良好生产规范（GMP）条例，违反 GMP 也被视为掺假。这样既扩大了 FDA 检查工厂的权力，也完善了召回及记录管理要求等。

根据《婴儿配方食品法案》要求，美国 FDA 制定颁布了相应的法规：第 105 部分（21 CFR 105）是关于特殊膳食的使用规定，其中，对婴儿食品要求，当食品中含有两种或两种以上组分时其标签上应明确标出组分名称，包括使用的调味料、风味剂和色素。第 106 部分（21 CFR 106）是关于婴儿配方乳粉的质量控制程序，程序内容分为总则、保证婴儿配方乳粉营养含量的质量控制程序、记录和报告四部分，目的是保证婴儿配方乳粉满足安全、质量和营养的要求。第 107 部分（21 CFR 107）是对婴儿配方乳粉的规定，规定了婴儿配方乳粉的术语和定义、标签要求、营养素要求及问题产品的召回制度和记录要求等。这两个规章在颁布之后也多次进行了修订，不断完善了对婴儿配方食品的监管要求。美国 FDA 于 2015 年 6 月 23 日对联邦法规 107 部分进行修订，将硒作为必需营养素，并设定了最低和最高限量，并于 2016 年 6 月 22 日正式实施。

2016 年 9 月 16 日，美国 FDA 发布婴儿配方食品标签的行业指导书，旨在帮助婴儿配方食品的制造商和经销商遵守婴儿配方食品产品相应的标签要求，包括对标签的特别声明和恰当的特性说明的要求。鉴于婴儿配方食品的对象是成长发育期的婴儿，这类食品对婴儿来说可以作为唯一或者主要营养来源的食品。婴儿看护者在配制婴儿配方产品时必须能够确认标签信息的准确性和可靠性，而不会被科学证据误导。FDA 强调了对标签内容的要求，包括产品属性说明、豁免婴儿配方食品、营养素含量声明、健康声明和有条件的健康声明。附加的婴儿配方产品标签要求，包括制备和使用的指导书、配图、保质期、加水声明和图示、警示说明、医生建议和过敏原声明等内容。

9.1.2.4 澳新婴幼儿配方食品标准摘要

澳新婴幼儿配方乳粉标准属于澳新食品法典的一部分，列于具体产品标准章节部分第 2.9.1 婴儿配方产品标准（简称"标准"）中，标准包括婴儿配方食品、特殊膳食用婴儿配方产品等的制造和销售要求。标准中对婴儿配方食品、较大婴儿配方食品分别规定了定义及能量、蛋白质、脂肪、维生素、矿物质等要求，其中特别对较大婴儿配方食品的潜在肾溶质负荷进行了限量规定。同时对婴儿配方食品的营养素质量要求也作出明确规定。标准对婴儿配方食品的标签和包装也作出了明确规定，包括必须规范使用的产品名称、量勺的要求、必须标示的警示用语和说明、印刷尺寸、生产日期、储存日期、不得出现在标签上的内容（如婴儿的图片、理想／美化婴幼儿配方食品的图片、"母乳化"及相关词语的使用等）。同时与标准匹配的是 2016 年标准新修订后增加的指南，标准 2.9.1 对应的指南编号为指南 29 特殊用途食品，其中对婴儿配方食品的能量计算、潜在肾溶质负荷计算、蛋白质含量计算、婴儿配方产品中允许添加的营养物质名单等均有详细的规定／说明。

9.1.3 婴幼儿配方食品国内与国际产品标准对比

2021 年 3 月 18 日我国婴幼儿配方乳粉新国标正式发布，2023 年 2 月 22 日实施，新国标是一个更高水平、更安全、高质量的标准，纵观 CAC、欧盟等的国际标准，新国标标准体系更加科学、分类更加明确、营养指标更加严格，以进一步促进婴幼儿配方乳粉产业的高质量发展。

（1）体系科学化　新国标将《食品安全国家标准　较大婴儿和幼儿配方食品》（GB 10767—2010）分为两个标准，即 GB 10766—2021 和 GB 10767—2021，使我国的婴幼儿配方乳粉食品安全国家标准体系更科学、更合理、更具有针对性和可操作性。

（2）分类明确化　相比于 CAC、欧盟等的国际标准，新国标对不同月龄的产品设置了单独的标准，即 1、2、3 段均有相对应的产品标准，将标准分类更加细化、更加明确。而国际上的婴幼儿配方乳粉标准均没有如此精准的产品标准对应，如欧盟没有 3 段标准，国际标准法典委员会（CAC）的标准对于 2 段没有准确的对应标准。

（3）指标严格化　新国标在与 CAC、欧盟等的国际标准对标的基础上，对部分营养素指标进行了更严格的规定，如新国标有 1 段及 2 段产品乳清蛋白占总蛋白比例的限制，其他国际标准均无此项要求；此外包含维生素 B_1、烟酸、牛磺酸、锰等 10 余项营养素的限量范围，新国标均严于 CAC、欧盟等国际标准。

9.1.3.1　婴儿配方食品对比分析

（1）月龄划分　我国与 CAC、欧盟国际标准法规中月龄划分对比详见表 9-7。

表 9-7　中国、CAC、欧盟关于婴儿配方产品适用范围划分对比

项目	中国 GB 10765—2021	CAC CXS 72-1981	欧盟 EU/2016/127、EU/2013/609
适用范围	本标准适用于 0～6 月龄婴儿食用的配方食品	婴儿（infant）指 12 月龄以下人群	"婴儿"是指 12 个月龄以下人群

（2）营养素对比分析　我国与 CAC、欧盟国际标准法规营养素指标对比详见表 9-8。

表 9-8　中国、CAC、欧盟关于婴儿配方产品相关营养素指标对比

项目	中国 GB 10765—2021	CAC CXS 72—1981	欧盟 EU/2016/127
能量 /（kJ/100mL）	250～295	250～295	250～293
蛋白质 /（g/100kJ）	乳基 0.43～0.72 豆基 0.53～0.72	0.45～0.7	0.43～0.6
脂肪 /（g/100kJ）	1.05～1.43	1.05～1.40	1.1～1.4
亚油酸 /（g/100kJ）	0.07～0.33	≥0.07（GUL:0.33）	0.12～0.3

项目	中国 GB 10765—2021	CAC CXS 72—1981	欧盟 EU/2016/127
α-亚麻酸/（mg/100kJ）	≥ 12	≥ 12	12 ～ 24
亚油酸与α-亚麻酸比值	5:1 ～ 15:1	5:1 ～ 15:1	—
碳水化合物/（g/100kJ）	2.2 ～ 3.3	2.2 ～ 3.3	2.2 ～ 3.3
维生素 A/（μg RE/100kJ）	14 ～ 36	14 ～ 43	16.7 ～ 27.2
维生素 D/（μg/100kJ）	0.48 ～ 1.20	0.25 ～ 0.60	0.48 ～ 0.72
维生素 E/（mg α-TE/100kJ）	0.12 ～ 1.20	≥ 0.12（GUL:1.2）	0.14 ～ 1.2
维生素 K 或维生素 K_1/（μg/100kJ）	0.96 ～ 6.45	≥ 1（GUL:6.5）	0.24 ～ 6
维生素 B_1/（μg/100kJ）	14 ～ 72	≥ 14（GUL:72）	9.6 ～ 72
维生素 B_2/（μg/100kJ）	19 ～ 120	≥ 19（GUL:119）	14.3 ～ 95.6
维生素 B_6/（μg/100kJ）	8.4 ～ 41.8	≥ 8.5（GUL:45）	4.8 ～ 41.8
维生素 B_{12}/（μg/100kJ）	0.024 ～ 0.359	≥ 0.025（GUL:0.36）	0.02 ～ 0.12
烟酸/（μg/100kJ）	96 ～ 359	≥ 70（GUL:360）	100 ～ 360
叶酸/（μg/100kJ）	2.9 ～ 12.0	≥ 2.5（GUL:12）	3.6 ～ 11.4
泛酸/（μg/100kJ）	96 ～ 478	≥ 96（GUL:478）	100 ～ 480
维生素 C/（mg/100kJ）	2.4 ～ 16.7	≥ 2.5（GUL:17）	0.96 ～ 7.2
生物素/（μg/100kJ）	0.36 ～ 2.39	≥ 0.4（GUL:2.4）	0.24 ～ 1.8
胆碱/（mg/100kJ）	4.8 ～ 23.9	≥ 1.7（GUL:12）	6.0 ～ 12
钠/（mg/100kJ）	7 ～ 14	5 ～ 14	6 ～ 14.3
钾/（mg/100kJ）	17 ～ 43	14 ～ 43	19.1 ～ 38.2
铜/（μg/100kJ）	14.3 ～ 28.7	≥ 8.5（GUL:29）	14.3 ～ 24
镁/（mg/100kJ）	1.2 ～ 3.6	≥ 1.2（GUL:3.6）	1.2 ～ 3.6
铁/（mg/100kJ）	乳基 0.10 ～ 0.36 豆基 0.15 ～ 0.36	≥ 0.1	0.07 ～ 0.31
锌/（mg/100kJ）	乳基 0.12 ～ 0.36 豆基 0.18 ～ 0.36	≥ 0.12（GUL:0.36）	0.12 ～ 0.24
锰/（μg/100kJ）	0.72 ～ 23.90	≥ 0.25（GUL:24）	0.24 ～ 24
钙/（mg/100kJ）	12 ～ 35	≥ 12（GUL:35）	12 ～ 33.5
磷/（mg/100kJ）	乳基 6 ～ 24 豆基 7 ～ 24	≥ 6（GUL:24）	6 ～ 21.5
钙磷比值	1:1 ～ 2:1	1:1 ～ 2:1	1:1 ～ 2:1
碘/（μg/100kJ）	3.6 ～ 14.1	≥ 2.5（GUL:14）	3.6 ～ 6.9
氯/（mg/100kJ）	12 ～ 38	12 ～ 38	14.3 ～ 38.2
硒/（μg/100kJ）	0.72 ～ 2.06	≥ 0.24（GUL:2.2）	0.72 ～ 2

项目	中国 GB 10765—2021	CAC CXS 72—1981	欧盟 EU/2016/127
肌醇 /（mg/100kJ）	1.0 ～ 9.6	≥ 1（GUL:9.5）	0.96 ～ 9.6
牛磺酸 /（mg/100kJ）	0.8 ～ 4.0	≤ 3	≤ 2.9
左旋肉碱 /（mg/100kJ）	≥ 0.3	≥ 0.3	≥ 0.3
二十二碳六烯酸 /（%，以总脂肪酸计）	3.6 ～ 9.6mg/100kJ	GUL:0.5%	4.8 ～ 12mg/100kJ
二十碳四烯酸 /（%，以总脂肪酸计）	≤ 19.1mg/100kJ	如果添加 DHA，则至少要添加相同量的 ARA	≤ 1%

注：GUL 为指导上限水平。

9.1.3.2 较大婴儿配方食品对比分析

（1）月龄划分　我国与CAC、欧盟国际标准法规中月龄划分对比详见表9-9。

表 9-9　中国、CAC、欧盟关于较大婴儿配方产品适用范围划分对比

项目	中国 GB 10766—2021	CAC CXS 72—1981 CXS 156—1987	欧盟 EU/2016/127 EU/2013/609
适用范围	本标准适用于6 ～ 12月龄较大婴儿食用的配方食品	婴儿（infant）指 12 月龄以下人群。 较大婴儿配方食品（follow-up formula）指用于 6 个月以上的婴幼儿的断乳期液态膳食	"婴儿"是指 12 个月龄以下；较大婴儿配方乳粉应由附件 Ⅱ 第 2 点中规定的蛋白质来源和其他食品成分（视情况而定）制成，其适用于 6 个月以上的婴儿

（2）营养素指标对比分析　我国与CAC、欧盟国际标准法规中营养素指标对比详见表 9-10。

表 9-10　中国、CAC、欧盟关于较大婴儿配方产品相关营养素指标对比

项目	中国 GB 10766—2021	CAC CXS 72—1981 CXS 156—1987	欧盟 EU/2016/127 EU/2013/609
能量 /（kJ/100mL）	250 ～ 314	250 ～ 355	250 ～ 293
蛋白质 /（g/100kJ）	乳基 0.43 ～ 0.84 豆基 0.53 ～ 0.84	0.7 ～ 1.3	0.43 ～ 0.6
脂肪 /（g/100kJ）	0.84 ～ 1.43	0.7 ～ 1.4	1.1 ～ 1.4
亚油酸 /（g/100kJ）	0.07 ～ 0.33	≥ 0.07	0.12 ～ 0.3
α-亚麻酸 /（mg/100kJ）	≥ 12	—	12 ～ 24

项目	中国 GB 10766—2021	CAC CXS 72—1981 CXS 156—1987	欧盟 EU/2016/127 EU/2013/609
亚油酸与 α-亚麻酸比值	5:1 ～ 15:1	—	—
碳水化合物（g/100kJ）	2.2 ～ 3.3	—	2.2 ～ 3.4
维生素 A/（μg RE/100kJ）	18 ～ 43	18 ～ 54	16.7 ～ 27.2
维生素 D/（μg/100kJ）	0.48 ～ 1.20	0.25 ～ 0.75	0.48 ～ 0.72
维生素 E/（mg α-TE/100kJ）	0.14 ～ 1.20	≥ 0.15	0.14 ～ 1.2
维生素 K_1 或维生素 K/（μg/100kJ）	0.96 ～ 6.45	≥ 1	0.24 ～ 6
维生素 B_1/（μg/100kJ）	14 ～ 72	≥ 10	9.6 ～ 72
维生素 B_2/（μg/100kJ）	19 ～ 120	≥ 14	14.3 ～ 95.6
维生素 B_6/（μg/100kJ）	11.0 ～ 41.8	≥ 11	4.8 ～ 41.8
维生素 B_{12}/（μg/100kJ）	0.041 ～ 0.359	≥ 0.04	0.02 ～ 0.12
烟酸 /（μg/100kJ）	110 ～ 359	≥ 60	100 ～ 360
叶酸 /（μg/100kJ）	2.4 ～ 12.0	≥ 1	3.6 ～ 11.4μgDFE
泛酸 /（μg/100kJ）	96 ～ 478	≥ 70	100 ～ 480
维生素 C/（mg/100kJ）	2.4 ～ 16.7	≥ 1.9	0.96 ～ 7.2
生物素 /（μg/100kJ）	0.41 ～ 2.39	≥ 0.4	0.24 ～ 1.8
胆碱 /（mg/100kJ）	4.8 ～ 23.9	—	—
钠 /（mg/100kJ）	≤ 20	5 ～ 21	6 ～ 14.3
钾 /（mg/100kJ）	18 ～ 54	≥ 20	19.1 ～ 38.2
铜 /（μg/100kJ）	8.4 ～ 28.7	—	14.3 ～ 24
镁 /（mg/100kJ）	1.2 ～ 3.6	≥ 1.4	1.2 ～ 3.6
铁 /（mg/100kJ）	乳基 0.24 ～ 0.48 豆基 0.36 ～ 0.48	0.25 ～ 0.50	0.14 ～ 0.48
锌 /（mg/100kJ）	乳基 0.12 ～ 0.36 豆基 0.18 ～ 0.36	≥ 0.12	0.12 ～ 0.24
锰 /（μg/100kJ）	0.24 ～ 23.90	≥ 0.25（GUL:24）	0.24 ～ 24
钙 /（mg/100kJ）	17 ～ 43	≥ 22	12 ～ 33.5
磷 /（mg/100kJ）	乳基 8 ～ 26 豆基 10 ～ 26	≥ 14	6 ～ 21.5
钙磷比值	1.2 : 1 ～ 2 : 1	1.2 : 1 ～ 2 : 1	1 : 1 ～ 2 : 1
碘 /（μg/100kJ）	3.6 ～ 14.1	≥ 1.2	3.6 ～ 6.9
氯 /（mg/100kJ）	≤ 52	≥ 14	14.3 ～ 38.2
硒 /（μg/100kJ）	0.48 ～ 2.06	≥ 0.24（GUL:2.2）	0.72 ～ 2

项目	中国 GB 10766—2021	CAC CXS 72—1981 CXS 156—1987	欧盟 EU/2016/127 EU/2013/609
肌醇 /（mg/100kJ）	1.0～9.6	—	—
牛磺酸 /（mg/100kJ）	0.8～4.0	—	≤ 2.9
左旋肉碱 /（mg/100kJ）	≥ 0.3	—	—
二十二碳六烯酸 /（%，以总脂肪酸计）	3.6～9.6mg	—	4.8～12mg/100kJ
二十碳四烯酸 /（%，以总脂肪酸计）	≤ 19.1mg	—	—

9.1.3.3 幼儿配方食品对比分析

（1）月龄划分　我国与 CAC、欧盟国际标准法规中月龄划分对比详见表 9-11。

表 9-11　中国、CAC、欧盟关于幼儿配方产品适用范围划分对比

项目	中国 GB 10767—2021	CAC CXS 156—1987	欧盟
适用范围	本标准适用于 12～36 月龄幼儿食用的配方食品	幼儿（young children）：是指 12 月龄以上，3 岁以内的人群	—

（2）营养素指标对比分析　我国与 CAC、欧盟国际标准法规中营养素指标对比详见表 9-12。

表 9-12　中国、CAC、欧盟关于幼儿配方产品相关营养素指标对比

项目	中国 GB 10767—2021	CAC CXS 156—1987	欧盟
能量 /（kJ/100mL）	250～334	250～355	—
蛋白质 /（g/100kJ）	0.43～0.96	0.7～1.3	—
脂肪 /（g/100kJ）	0.84～1.43	0.7～1.4	—
亚油酸 /（g/100kJ）	0.07～0.33	≥ 0.0717	—
α-亚麻酸 /（mg/100kJ）	≥ 12		
亚油酸与 α-亚麻酸比值	5:1～15:1		
碳水化合物 /（g/100kJ）	1.8～3.6	符合能量要求	
乳糖 /（g/100kJ）	乳糖≥碳水化合物总量的 50%（无乳糖和低乳糖产品除外）	—	
维生素 A/（μg RE/100kJ）	18～43	18～54	
维生素 D/（μg/100kJ）	0.48～1.20	0.25～0.75	

项目	中国 GB 10767—2021	CAC CXS 156—1987	欧盟
维生素 E /（mg α-TE/100kJ）	0.14～1.20	≥ 0.7 I.U./g 亚油酸但不低于 0.15 I.U./100kJ 可利用能量	—
维生素 K_1 或维生素 K/（μg/100kJ）	0.96～6.45	≥ 1	—
维生素 B_1/（μg/100kJ）	14～72	≥ 10	—
维生素 B_2/（μg/100kJ）	19～155	≥ 14	—
维生素 B_6/（μg/100kJ）	11.0～41.8	≥ 11，≥ 15μg/g 蛋白质	—
维生素 B_{12}/（μg/100kJ）	0.041～0.478	≥ 0.04	—
烟酸 /（μg/100kJ）	110～359	≥ 60	—
叶酸 /（μg/100kJ）	2.4～12.0	≥ 1	—
泛酸 /（μg/100kJ）	96～478	≥ 70	—
维生素 C/（mg/100kJ）	2.4～16.7	≥ 1.9	—
胆碱 /（mg/100kJ）	4.8～23.9	—	—
生物素 /（μg/100kJ）	0.41～2.39	≥ 0.4	—
钠 /（mg/100kJ）	≤ 20	5～21	—
钾 /（mg/100kJ）	18～69	≥ 20	—
铜 /（ug/100kJ）	6.9～34.9	—	—
镁 /（mg/100kJ）	1.4～4.3	≥ 1.4	—
铁 /（mg/100kJ）	0.24～0.60	0.25～0.50	—
锌 /（mg/100kJ）	0.10～0.31	≥ 0.12	—
锰 /（μg/100kJ）	0.24～23.90	—	—
钙 /（mg/100kJ）	17～50	≥ 22	—
磷 /（mg/100kJ）	8～26	≥ 14	—
钙磷比值	1.2∶1～2∶1	1.0∶1～2∶1	—
碘 /（μg/100kJ）	1.4～14.1	≥ 1.2	—
氯 /（mg/100kJ）	≤ 52	≥ 14	—
硒 /（μg/100kJ）	0.48～2.06	—	—
肌醇 /（mg/100kJ）	1.0～9.6	—	—
牛磺酸 /（mg/100kJ）	0.8～4.0	—	—
左旋肉碱 /（mg/100kJ）	≥ 0.3	—	—
二十二碳六烯酸 /（%，以总脂肪酸计）	≤ 9.6mg/100kJ	—	—
二十碳四烯酸 /（%，以总脂肪酸计）	≤ 19.1mg/100kJ	—	—

9.2　婴幼儿配方食品其他相关标准

9.2.1　食品营养强化剂使用标准

我国现有涉及婴幼儿食品的基础标准主要有《食品安全国家标准　食品添加剂使用标准》（GB 2760）、《食品安全国家标准　营养强化剂使用标准》（GB 14880）及检验方法标准。婴幼儿食品作为一类特殊产品，其食品添加剂的使用应符合相应的国家标准。食物营养强化、平衡膳食/膳食多样化、应用营养素补充剂是世界卫生组织推荐的改善人群微量营养素缺乏的三种主要措施。食品营养强化是在现代营养科学的指导下，根据不同地区、不同人群的营养缺乏状况和营养需要，以及为弥补食品在正常加工、储存时造成的营养素损失，在食品中选择性地加入一种或者多种微量营养素或其他营养物质。食品营养强化不需要改变人们的饮食习惯就可以增加人群对某些营养素的摄入量，从而达到预防人群微量营养素缺乏的目的。国际社会十分重视食品营养强化工作。国际食品法典委员会（CAC）1987年制定了《食品中必需营养素添加通则》，为各国的营养强化政策提供指导。在CAC原则的指导下，各国通过相关法规来规范本国的食品强化。美国制定了一系列食品营养强化标准，实施联邦法规第21卷104部分（21 CFR Part 104）中"营养强化政策"，对食品生产单位进行指导。欧盟2006年12月发布了1925/2006《食品中维生素、矿物质及其它特定物质的添加法令》，旨在避免由于各成员国对于食品中营养素强化量不一致而造成的贸易影响。其他国家也通过标准或管理规范等途径对食品营养强化进行管理。

营养强化剂是食品添加剂的一类，广泛用于婴幼儿食品的营养强化，GB 14880对婴幼儿食品中营养强化剂的来源、品种、使用范围及使用量等做了详细规定[10]。《食品安全国家标准　食品营养强化剂使用标准》经食品安全国家标准审评委员会第六次会议审查通过，于2012年3月15日公布，自2013年1月1日正式施行。该标准是食品安全国家标准中的基础标准，旨在规范我国食品生产单位的营养强化行为。该标准属于强制执行的标准，其强制性体现在一旦生产单位在食品中进行营养强化，则必须符合本标准的相关要求（包括营养强化剂的允许使用品种、使用范围、使用量、可使用的营养素化合物来源等），但是生产单位可以自愿选择是否在产品中强化相应的营养素。该标准包括正文和四个附录。正文包括了范围、术语和定义、营养强化的主要目的、使用营养强化剂的要求、可强化食品类别的选择要求、营养强化剂的使用规定、食品类别（名称）说明和营养强化剂质量标准八个部分。四个附录则对允许使用的营养强化剂品种、使用范围及使用量，允许使用的营养强化剂化合物来源，允许用于特殊膳食用食品的营养强化剂及化合物来源，以及食品类别（名称）四个不同方面进行了规定。

《中华人民共和国食品安全法》第二条第二项和第六项明确规定，食品添加剂国家标准包括使用安全标准和产品标准，统一纳入食品安全国家标准体系管理。第二十五条则明确了食品安全国家标准的法律地位，食品安全国家标准是强制执行的标准。

食品添加剂的使用标准为 GB 2760《食品安全国家标准　食品添加剂使用标准》，GB 2760 规定了我国批准使用的食品添加剂的种类、名称、每个食品添加剂的使用范围和使用量等内容，同时还明确规定了食品添加剂的使用原则，包括基本要求、使用条件、带入原则等内容[11]。食品生产者应严格按照标准规定的食品添加剂品种、使用范围、使用量的要求使用食品添加剂。2014 年 12 月 31 日，原国家卫生和计划生育委员会发布了《食品安全国家标准　食品添加剂使用标准》GB 2760—2014，该标准的修订出台，将替代我国 2011 年制定的《食品安全国家标准　食品添加剂使用标准》，并于 2015 年 5 月 24 日起实施，此次修订的主要内容包括：将国家卫生计生委公告批准的食品添加剂纳入标准，修订了 GB 2760 中营养强化剂的使用规定，修订后的 GB 2760 不再对营养强化剂进行规定，将其相关内容列入 GB 14880 中管理，修订了带入原则的内容，修订了附录 A 食品添加剂的使用规定，修订了附录 B 食品用香料使用规定，修订了附录 C 食品工业用加工助剂使用规定，修订了食品分类系统内容，增加了附录食品添加剂使用规定索引等共计九方面的修订内容。

9.2.2　预包装食品标签标准

我国对预包装食品标签的管理已经延续近三十年，相关的标准也经过了多次修订和更新，按照《中华人民共和国卫生法》《中华人民共和国食品安全法》等相关法律法规的要求，随着《食品安全国家标准　预包装食品标签通则》（GB 7718）这一强制性国家标准的贯彻实施，我国食品标签的规范化水平不断提高，标准在繁荣市场、规范食品消费方面发挥了重要作用。GB 7718—2011 自 2012 年 4 月 1 日起实施，是《食品安全法》颁布以来修订的最新一版关于预包装食品标签通则的标准。食品营养标签是食品包装上向消费者提供食品营养信息和特性的说明。近年来，营养标签已经成为世界各国预包装食品健康化的发展趋势，对于宣传食品营养知识、促进平衡膳食、规范企业正确标示、推动食品产业健康发展都有重要意义。营养标签的法规和管理工作已经受到国际和许多国家政府的高度重视，全球 70% 以上的国家和地区已经强制实施营养标签管理。食品标签是向消费者传递产品信息的载体。做好预包装食品标签管理，维护消费者权益，保障行业健康发展，也是实现食品安全科学管理的需求。食品标签是指食品包装上的文字、图形、符号及一切说明物。我国对食品标签的管理是通过法律、法规和标准及其他技术性法规文件来实现的。食品安全国家标准标签体系包括两项通用食品标签标准《食品安全国家标准　预包装食品标签通则》（GB 7718—2011）和《食品安全国家标准　预包装食品营养标签通则》（GB 28050—2011），以及产品标准中的标签规定。《食品安全国家标准　预包装食品标签通则》（GB 7718—2011）适用于直接提供给消费者的预包装食品标签和非直接提供给消费者的预包装食品标签。预包装食品定义为：预先定量包装或者制作在包装材料和容器中的食品，包括预先定量包装以及预先定量制作在包装材料和容器中并且在一定量限范围内具有统一的质量或体积标识的食品。预包装食品首先应当预先包装，且包装上要有统一的质量或体积的标示。商品的标签提供商品的特性和性能的说明，向消费者传递必要信息，食品标签的主要作用有：①引导、指导消费者购买食品；②向消费者承诺；③向监管机构提供必要信息；④促进销售；⑤维护生产经营者合法权益。婴幼儿配方产品的食品名称、产品配料表、净含量、生产者或经销者的名称和地址、食品生产许可证编号、企业的联系方式、食品的生产日期和保质期、储存条件及法律法规需要标注的其他内容应遵循上述相关标准的规定[12]。

　　食品营养标签属于食品标签的一部分。按照国际食品法典委员会（CAC）的定义，营养标签是指向消费者提供食品营养特性的一种描述，包括营养成分标识和营养补充的信息。食品营养标签是向消费者提供食品营养信息和特性的说明，也是消费者直观了解食品营养组分、特征的有效方式。根据《中华人民共和国食品安全法》有关规定，为指导和规范我国食品营养标签标示，引导消费者合理选择预包装食品，促进公众膳食营养平衡和身体健康，保护消费者知情权、选择权和监督权，原卫生部在参考国际食品法典委员会和国内外管理经验的基础上，组织制定了《食品安全国家标准　预包装食品营养标签通则》（GB 28050—2011），并于 2013 年 1 月 1 日起正式实施。根据 GB 28050 的规定，预包装食品标签上要向消费者提供食品营养信息和特性的说明，包括营养成分表、营养声称和营养成分功能声称。营养标签是预包装食品标签的一部分。根据中国居民营养与健康状况调查结果，我国人群中既存在营养不足，也有营养过剩的问题，特别是膳食脂肪和钠（食盐）的摄入量较高，这是引发慢性病的主要危险因素。通过实施营养标签标准，要求预包装食品必须标示营养标签内容，一是有利于宣传普及食品营养知识，指导公众科学选择膳食；二是有利于促进消费者合理平衡膳食和身体健康；三是有利于规范企业正确标示营养标签，科学宣传有关营养知识，促进食品产业健康发展。

9.2.3　预包装特殊膳食用食品标签标准

特殊膳食用食品是指为满足特殊的身体或生理状况和（或）满足疾病、紊乱等状态下的特殊膳食需求，专门加工或配方的食品。自 2009 年 6 月 1 日起实施《中华人民共和国食品安全法》以来，我国发布并实施了婴幼儿配方食品相关标准，《预包装特殊膳食用食品标签》（GB 13432—2013）于 2013 年 12 月 26 日发布，2015 年 7 月 1 日正式实施，其适用于预包装特殊膳食用食品的标签（含营养标签）。标准涵盖了对预包装特殊膳食用食品标签中食品名称、产品配料表、生产日期及保质期以及营养成分表、营养成分含量声称和功能声称等营养标签的要求，还明确了特殊膳食用食品的分类，主要包括婴幼儿配方食品、婴幼儿辅助食品、特殊医学用途配方食品以及其他特殊膳食用食品。GB 13432 与 GB 28050 的主要区别在于涵盖的食品范围不同、营养成分的标示要求不同、声称的要求和条件不同等方面，但特殊膳食用食品在进行功能声称时，要求使用 GB 28050 中规定的功能声称标准用语。GB 13432 的适用范围是预包装特殊膳食用食品，在符合 GB 7718 标签通用要求的基础上，当为预包装特殊膳食品标识能量值、营养素含量、声称营养素含量水平、营养素含量比较声称、营养素功能声称时，应符合 GB 13432 的规定 [13]。

为进一步规范婴幼儿配方乳粉产品标签标识，国家市场监管总局下发《关于进一步规范婴幼儿配方乳粉产品标签标识的公告》（2021 年第 38 号）（以下简称《公告》），《公告》进一步规范了婴幼儿配方乳粉的含量声称、功能声称要求、产品名称中有某种动物性来源字样的原料和标注要求，产品标签配料表中复合配料的标示要求等，要求标签标识真实、客观、准确反映产品相关信息，促进消费者知情权，防止误导销售。具体有关事项公告如下：

① 婴幼儿配方乳粉产品标签应当符合食品安全法律、法规、标准和产品配方注册相关规定，标识内容应当真实准确、清晰易辨，不得含有虚假、夸大、使消费者误解的文字、图形或者绝对化的内容。

② 适用于 0 ～ 6 月龄的婴儿配方乳粉不得进行含量声称和功能声称。适用于 6 月龄以上的较大婴儿和幼儿配方乳粉不得对其必需成分进行含量声称和功能声称，其可选择成分可以文字形式在非主要展示版面进行食品安全国家标准允许的含量声称和功能声称。

③ 产品标签主要展示版面应当标注产品名称、净含量（规格）、注册号，可配符合食品安全国家标准要求且不会使消费者误解的图形，也可在主要展示版面的边角标注已注册商标，不得标注其他内容。

④ 产品名称中有某种动物性来源字样的，其生乳、乳粉、乳清粉等乳蛋白来源应当全部来自该物种。使用的同一种乳蛋白原料有两种或两种以上动物性来源

的，应当在配料表中标注各种动物性来源原料所占比例。

⑤ 产品标签配料表中的复合配料应当严格按照食品安全国家标准的要求标注。如果某种配料是两种或两种以上的其他配料构成的复合配料（不包括复合食品添加剂），应在配料表中标示复合配料的名称，随后将复合配料的原始配料在括号内按加入量的递减顺序标示。

⑥ 产品标签上的推荐食用量或喂哺量建议应当有科学依据，表述严谨，不得使用"必须""严格"等字样。

9.2.4 污染物限量相关标准

食品中污染物是影响食品安全的重要因素之一，是食品安全管理的重点内容。国际上通常将常见的食品污染物在各种食品中的限量要求，统一制定公布为食品污染物限量通用标准。如 CAC 制定公布的《食品和饲料中污染物和毒素通用标准》，涉及食品污染物、毒素和放射性核素限量规定（我国对放射性核素另行制定了相关标准）；欧盟委员会 No 1881/2006 指令，规定了食品中特定污染物（含真菌毒素）限量；澳新食品标准局公布的《食品法典标准》的 1.4.1"污染物及天然毒素"中规定了特定的金属和非金属污染物、天然毒素限量。

为不断完善我国食品中真菌毒素限量及污染物限量标准，《食品安全国家标准　食品中真菌毒素限量》（GB 2761—2017）于 2017 年 3 月 17 日发布，2017 年 9 月 17 日正式施行。《食品安全国家标准　食品中真菌毒素限量》（GB 2761—2017）是食品安全通用标准，规定了食品中黄曲霉毒素 B_1、黄曲霉毒素 M_1、脱氧雪腐镰刀菌烯醇、展青霉素、赭曲霉毒素 A 及玉米赤霉烯酮的限量指标。GB 2761 中规定了我国食品中真菌毒素的限量要求，对保障食品安全、规范食品生产经营、维护公众健康具有重要意义。《食品安全国家标准　食品中污染物限量》（GB 2762—2022）于 2022 年 6 月 30 日发布，2023 年 6 月 30 日正式实施。《中华人民共和国食品安全法》（简称《食品安全法》）实施以前，我国涉及食品污染物限量的食品标准共有 600 多项，包括食品卫生标准 86 项、食用农产品质量安全标准 35 项、食品质量标准 76 项、相关行业标准 411 项，涵盖铅、镉、总汞和甲基汞、砷和无机砷、锡、镍、铬、亚硝酸盐和硝酸盐、苯并 [a] 芘、N-亚硝胺、多氯联苯、3-氯-1,2-丙二醇、稀土元素、硒、铝、氟等 16 种食品污染物。

同食品污染物限量指标不同，为了统一分类，发布使用，《食品安全国家标准　食品中真菌毒素限量》（GB 2761—2017）与《食品安全国家标准　食品中污染物限量》（GB 2762—2022）的分类一致，将食品分为 22 大类，每大类下分为若干亚类，依次分为次亚类、小类等，按不同类别食品制定相应的污染物限量[14-15]。最近一次 GB

2761 及 GB 2762 两项污染物通用标准的修订，主要新增了葡萄酒和咖啡中赭曲霉毒素 A 限量、新增了螺旋藻及其制品中铅限量要求、删除了植物性食品中稀土限量要求。同时结合《食品安全国家标准　食品中真菌毒素限量》（GB 2761—2011）及《食品安全国家标准　食品中污染物限量》（GB 2762—2012）发布实施后遇到的一些问题，兼顾与其他相关标准的协调性，对两项标准文本内容做了进一步修订完善。GB 2761 规定了我国食品中真菌毒素的限量要求，GB 2762 规定了除农药残留、兽药残留、生物毒素和放射性物质以外的化学污染物限量要求。我国对食品中农药残留限量、兽药残留限量、放射性物质限量另行制定相关食品安全国家标准。

　　GB 2761 及 GB 2762 是食品安全通用标准，属于强制执行标准，对保障食品安全、规范食品生产经营、维护公众健康具有重要意义。标准修订工作遵照《食品安全法》及其实施条例规定，以风险评估为依据，科学合理设置污染物指标及限量，体现了以下工作原则：①坚持《食品安全法》立法宗旨，以保障公众健康为基础，重点对我国居民健康构成较大风险的食品污染物和对居民膳食暴露量有较大影响的食品种类设置限量规定，突出安全性要求。②坚持以风险评估为基础，遵循国际食品法典委员会（CAC）食品中污染物标准制定原则，结合污染物监测和暴露评估，确定污染物及其在相关食品中的限量，确保科学性。③坚持食品污染物源头控制和生产过程控制相结合，重点对食品原料中污染物进行控制，通过严格生产过程卫生控制，降低食品终产品中相关污染物含量。④强调无论是否制定污染物限量，食品生产和加工者均应采取控制措施，突出食品生产经营过程中的污染物控制要求，使食品中各种污染物的含量达到最低水平，从而最大程度维护消费者健康利益。⑤坚持标准工作的公开透明和各领域专家广泛参与。

　　按照世贸组织相关协议规定，各国可以根据风险评估结果、食品消费及膳食结构的不同和生产经营实际情况，制定不同于国际食品法典标准的安全标准，特别是污染物限量标准，重点针对可能对本国公众健康构成较大风险的污染物和对本国消费者膳食暴露量有较大影响的食品，因此各国标准规定的食品污染物种类、食品类别和限量规定可能存在一定差异。此外，农业生产和地理区域影响、食品污染物特点和控制状况、环境污染状况、居民膳食消费习惯也影响了食品中污染物限量规定。

　　GB 2761—2017 及 GB 2762—2022 在实施中应当遵循以下原则：①食品生产企业应当严格依据法律法规和标准组织生产，符合食品污染物（真菌毒素）限量标准要求。②对标准未涵盖的其他食品污染物（真菌毒素），或未制定限量管理值或控制水平的，食品生产者应当采取控制措施，使食品中污染物（真菌毒素）含量达到尽可能的最低水平。③重点做好食品原料污染物（真菌毒素）控制，从食品源头降低和控制食品中污染物（真菌毒素）。④鼓励生产企业采用严于 GB 2761、

GB 2762 的控制要求，严格生产过程食品安全管理，降低食品中污染物（真菌毒素）的含量，推动食品产业健康发展。该标准实施后，其他相关规定与本标准不一致的，应当按照本标准执行，《食品安全国家标准 食品中真菌毒素限量》（GB 2761—2011）及《食品安全国家标准 食品中污染物限量》（GB 2762—2012）即行废止。在新标准实施日期前已生产的食品，可在产品保质期内继续销售。食品生产经营者应当严格执行食品生产经营规范标准，严格生产经营过程的污染物控制。食品污染物的检验方法应按照新的 GB 2761 及 GB 2762 引用的检验方法执行。

近几年，国内外发生的食源性疾病给公众身体健康与生命安全带来严重危害，食源性疾病已成为不断扩大的公共卫生问题之一，引起各国政府的高度关注。而食品中致病菌污染是导致食源性疾病的重要原因，预防和控制食品中致病菌污染是食品安全风险管理的重点内容。我国于 2013 年制定和发布了《食品安全国家标准 食品中致病菌限量》（GB 29921—2013），该标准的发布对保障食品安全、控制食源性疾病的发生发挥了积极作用[16]。为了进一步完善我国食品安全国家标准体系，适应行业的发展以及监管部门的使用需求，该标准根据最新的风险监测和风险评估结果，结合国际上近年来食源性致病菌标准的修订动态及 GB 29921—2013 执行过程中遇到的问题，按照《食品安全法》和《食品安全标准与监测评估"十三"五规划（2016—2020 年）》的要求，启动了修订。本次修订将标准名称由《食品安全国家标准 食品中致病菌限量》修改为《食品安全国家标准 预包装食品中致病菌限量》，整合了乳制品和特殊膳食用食品中的致病菌限量要求，增加了食品类别（名称）说明的附录，对乳制品、特殊膳食用食品等 13 类食品中的沙门氏菌、单核细胞增生李斯特氏菌、致泻大肠埃希氏菌、金黄色葡萄球菌、副溶血性弧菌、克洛诺杆菌属（阪崎肠杆菌）等 6 种致病菌指标和限量进行了调整，新修订标准于 2021 年 9 月 7 日发布，2021 年 11 月 22 日正式实施。

该标准在实施中应当遵循以下原则：①食品生产、加工、经营者应当严格依据法律法规和标准组织生产和经营活动，使其产品符合《食品安全国家标准 预包装食品中致病菌限量》的要求。②对标准未涵盖的其他食源性致病菌，或未制定致病菌限量要求的食品类别，食品生产、加工、经营者均应通过采取各种控制措施尽可能降低微生物污染，进行致病菌风险的防控。③食品生产、加工、经营者应严格管理食品生产、经营过程，尽可能降低食品中致病菌含量水平及导致风险的可能性，保障食品安全。

9.2.5 禁止添加的物质要求

此前世界卫生组织发布调查报告并提出意见：3 岁以下婴幼儿食品中禁止添加

糖分或甜味剂，若含有应进行标注说明该商品不适合 3 岁以下婴幼儿。WHO 抽检了英国、丹麦和西班牙市面上的婴幼儿食品，发现部分生产商在产品中加入了糖、浓缩果汁或其他甜味剂成分。这些添加了糖分的食品会严重影响儿童对甜味的偏好，长期食用会造成龋齿，导致肥胖，增加引发糖尿病等一系列代谢类疾病的发生风险。过度食用甜食还会抑制婴幼儿食欲，导致饮食不均衡，影响身体与智力发育。除了糖分外，婴幼儿配方食品中还有以下几类禁止添加的物质：

（1）氢化油脂　氢化油脂是由液态的植物脂肪通过加氢硬化变成固态或者半固态的油脂，其目的在于防止油脂酸败、增强口感。氢化油加工过程中会产生大量的反式脂肪酸，而摄入过多的反式脂肪酸会干扰婴幼儿体内必需脂肪酸的代谢，以及长链不饱和脂肪酸如 ARA、DHA 等的合成，容易引起婴幼儿必需脂肪酸缺乏，严重影响婴幼儿的中枢神经系统及其他器官发育；而且反式脂肪酸还会影响心血管系统的健康、增加引发糖尿病的风险等。值得注意的是，氢化油包括植物奶油、植物黄油、植脂末、起酥油、人造奶油、代可可脂等，广泛应用于糖果食品、焙烤食品、速冻食品、冷饮等，建议 3 岁以下婴幼儿不要摄入含氢化油的上述各类食品。

（2）经辐照处理的原辅料　食品生产中的辐照技术主要是通过辐照源照射食品，达到食品灭菌的目的。经辐照处理的原辅料具有无有害物质残留的优点。早在 1980 年，WHO、FAO 和国际原子能机构（IAEA）就联合宣布：10kGy 以下剂量辐照后的食品不存在毒理学问题，后又声明大于 10kGy 辐照处理的食品，只要有需求，可安全食用。但是对于婴幼儿这样的群体，由于其处于快速生长发育期，消化吸收和免疫功能不健全，长期食用辐照处理过的食物可能对婴幼儿存在潜在的放射性危害。

（3）危害营养与健康的物质　根据《食品安全国家标准　婴儿配方食品》（GB 10765）、《食品安全国家标准　较大婴儿配方食品》（GB 10766）和《食品安全国家标准　幼儿配方食品》（GB 10767）的规定，婴幼儿配方食品主要以乳类及乳蛋白制品或大豆及大豆蛋白制品为主要蛋白质原料，添加特定的维生素、矿物质，以及可选择性成分经物理加工而成。此外，婴幼儿配方食品还包括一些谷物类配方食品、灌装配方食品和营养素补充食品（辅食营养补充品-营养包）等。对于上述原料中质量不符合国家相关标准，或加入非食用化学物质、可能会危害人体健康的物质严禁添加到婴幼儿食品中，如含乳及乳制品的婴幼儿配方食品需检测其原料中的三聚氰胺含量。

（4）婴儿配方食品（0～6 月龄）不得添加的其他物质

① 谷蛋白（麸质）。由于 0～6 月的婴儿消化系统和免疫系统发育不成熟，而谷蛋白易诱发过敏反应。②未糊化的淀粉。0～6 月龄的婴儿消化能力有限，未

糊化的淀粉不能够被其消化吸收。③果糖。果糖的分子量较蔗糖小，渗透压高，能快速地穿透细胞组织，过多摄入会影响婴儿体内的渗透压平衡，从而导致水肿或电解质紊乱。

（5）其他新食品原料　应严格执行新食品原料批准的相关规定，产品说明中适用范围不包括婴幼儿配方食品或婴幼儿不宜食用的原料不得添加到婴幼儿配方食品中。关于香精香料，除较大婴儿和幼儿配方食品中允许使用香兰素、乙基香兰素、香荚兰豆浸膏（提取物）外，其他香精香料严禁添加到婴幼儿配方食品中。关于牛初乳，根据卫办监督函〔2012〕335号《卫生部办公厅关于牛初乳产品适用标准问题的复函》规定：婴幼儿配方食品中不得添加牛初乳以及用牛初乳为原料生产的乳制品。

9.3　婴幼儿配方食品相关法规

9.3.1　配方注册相关要求

9.3.1.1　《婴幼儿配方乳粉产品配方注册管理办法》出台的背景过程

婴幼儿配方乳粉的质量安全，既是重大民生问题，也是重大的社会经济问题。提升婴幼儿配方乳粉质量安全水平，保障婴幼儿食用安全的配方乳粉，关系下一代健康成长，关系亿万家庭的幸福和国家、民族的未来，对于转变经济发展方式、提高经济增长质量和效益具有重要意义。为贯彻《中华人民共和国食品安全法》、《乳品质量安全监督管理条例》和《国务院办公厅关于进一步加强乳品质量安全工作的通知》（国办发〔2010〕42号）精神，需把保障婴幼儿配方乳粉质量安全工作放在更加突出的位置，严格落实地方政府食品安全责任和企业主体责任，全面实现生产经营者对婴幼儿配方乳粉质量安全承担首负责任；坚持治标与治本并举、整治与建制相结合，严打违法违规行为，健全长效监管机制，实现婴幼儿配方乳粉从源头到消费全过程监管；坚持调动社会各方力量，充分发挥社会监督作用，构建婴幼儿配方乳粉社会共管共治格局。通过强化监管、综合施策，全面提高我国婴幼儿配方乳粉质量安全水平，维护人民群众切身利益，提振消费信心，促进乳品产业振兴和可持续发展。

2013年公布的《婴幼儿配方乳粉生产许可审查细则》和国家市场监督管理总局《关于禁止以委托、贴牌、分装等方式生产婴幼儿配方乳粉的公告》（总局2013年第43号），对婴幼儿配方乳粉生产企业的配方研发和管理能力都提出了严格要求，规范了婴幼儿配方乳粉的生产。然而一些企业仍存在一些问题，包括：①个别企业配方过多、过滥、低水平重复。②配方制定的随意性。个别企业按照食品安全国家标准的基本要求自行添加营养物质确定配方，目的基本是为了市场营销。③存在质量安全隐患。个别企业为销售商专门定制生产婴幼儿配方乳粉，不能严格落实原辅料进厂查验、生产过程控制、生产清场消毒、批批出厂检验、产品留样等制度，甚至为垄断偏远地区、农村等小区域市场专门生产偷工减料、价格便宜的少量产品，容易出现质量安全问题。

为了解决当时配方乳粉行业的诸多问题，在2015年《食品安全法》修订草案的提议过程中，原国家食品药品监督管理总局明确提出婴幼儿配方乳粉的产品配方实施注册管理。国家食品药品监督管理总局先后召开了专家论证会、地方监管部门座谈会、企业听证会，充分听取了企业和专家对婴幼儿配方乳粉的配方实行注册管理的合法性、必要性和合理性的意见与建议。经国务院同意，建议全国人大在新《食品安全法》中增加了婴幼儿配方食品的专门规定，对婴幼儿配方乳粉产品配方实施注册管理。考虑到这一规定有利于保证这类特殊食品的安全，全国人大常委会采纳了这一建议。为贯彻落实《食品安全法》，进一步严格婴幼儿配方乳粉监管，国家食品药品监管总局在前期充分调研的基础上，根据我国国情，借鉴药品管理和国外监管经验，经征求各方意见，反复讨论完善。我国于2015年4月25日修订通过的《中华人民共和国食品安全法》第八十一条规定："婴幼儿配方乳粉的产品配方应当经国务院食品药品监督管理部门注册。注册时应提交配方研发报告和其他表明配方科学性、安全性的材料。"从而保证婴幼儿配方乳粉质量安全总体水平不断提升，进一步加大对婴幼儿配方乳粉监管工作的力度。

为贯彻落实《食品安全法》，进一步严格婴幼儿配方乳粉监管，原国家食品药品监管总局在前期充分调研的基础上，根据我国国情，借鉴药品管理和国外监管经验，经征求各方意见，反复讨论完善，制定并发布了《婴幼儿配方乳粉产品配方注册管理办法》（简称《办法》）。《办法》的起草制定工作严格按照《食品安全法》规定，对婴幼儿配方乳粉生产企业的研发能力、生产能力、检验能力提出要求，督促企业科学研制婴幼儿配方乳粉产品配方，保障婴幼儿配方乳粉质量安全和均衡营养需求。

根据《食品安全法》的要求，原食品药品监管总局在大量工作基础上，于2015年9月2日公开征求《婴幼儿配方乳粉产品配方注册管理办法》（简称《办法》）的意见，并在2016年1月通告WTO。经过进一步反复修改，我国于2016年8月发布了该《办法》，并于2016年10月1日起正式实施。在发布注册管理办法的基础上，原食品药品监督管理总局又于2016年11月发布了相应配套文件《婴幼儿配方乳粉产品配方注册申请材料项目与要求（试行）》和《婴幼儿配方乳粉产品配方注册现场核查规定》（试行），2017年6月发布了《婴幼儿配方乳粉产品配方注册标签规范技术指导原则（试行）》，从而形成一套比较完善的婴幼儿配方乳粉注册管理制度。《婴幼儿配方乳粉产品配方注册管理办法》及其配套文件的发布是我国食品安全法治历史上的重要创新，是贯彻党中央、国务院要求、推动婴幼儿配方乳粉产业健康发展的重要手段。我国婴幼儿配方乳粉市场与国外有所不同，一方面婴幼儿配方乳粉市场需求大，行业快速发展；另一方面市场还存在着一些乱象，需要进行整治以使行业健康发展。《办法》进一步规范了婴幼儿配方乳粉生产销售行为，促进我国婴幼儿配方乳粉产业健康可持续发展。

为进一步落实食品安全"四个最严"要求，加强婴幼儿配方乳粉产品配方注册管理，保障婴幼儿健康，提升婴幼儿配方乳粉品质、竞争力和美誉度，促进产业高质量发展，国家市场监督管理总局组织修订了《婴幼儿配方乳粉产品配方注册管理办法》，经总局局务会审议通过，将于2023年7月10日正式签批发布，并于10月1日起施行。

9.3.1.2 《办法》的主要技术内容

《婴幼儿配方乳粉产品配方注册管理办法》一共有6章共计52条，规定了相关的定义、适用范围、注册职责、配方要求、注册程序时限、标签与说明书、监管和法律责任7个方面的重点及主要内容。

定义：婴幼儿配方乳粉注册是指国家市场监督管理总局依据本办法规定的程序和要求，对申请注册的婴幼儿配方乳粉产品配方进行审评，并决定是否准予注册的活动。

适用范围：在中华人民共和国境内生产销售和进口的婴幼儿产品配方注册管理，适用本方法。

注册职责：国家市场监督管理总局食品审评机构（食品审评中心，以下简称审评机构）负责婴幼儿配方乳粉产品配方注册申请的受理、技术审评、现场核查、制证送达等工作，并根据需要组织专家进行论证。

配方要求：申请人应当具备与所生产婴幼儿配方乳粉相适应的研发能力、生产能力和检验能力，包括拟在中华人民共和国境内生产并销售婴幼儿配方乳粉的生产企业或者拟向中华人民共和国出口婴幼儿配方乳粉的境外生产企业。

申请人还要符合粉状婴幼儿配方食品良好生产规范要求，实施危害分析与关键控制点体系，对出厂产品按照有关法律法规和婴幼儿配方乳粉食品安全国家标准规定的项目实施逐批检验。

申请注册产品配方应当符合有关法律法规和食品安全国家标准的要求，并提供科学、安全的产品配方研发与论证报告。申请婴幼儿配方乳粉产品配方注册时，应当向国家市场监督管理总局提交婴幼儿配方乳粉产品配方注册申请书，申请人主体资质文件，原辅料的质量安全标准，产品配方，产品配方研发与论证报告，生产工艺说明，产品检验报告，证明研发能力、生产能力、检验能力的材料以及其他表明配方科学性、安全性的材料。原《办法》规定，申请人应当具备相应的研发能力，需设立独立的研发机构，配备相应的专职研发人员。本着节约资源、集中优势的原则，结合行业实际情况，修订后《办法》对已经取得婴幼儿配方乳粉产品配方注册证书及生产许可的企业集团设有独立研发机构的，允许企业集团母分公司或者其控股子公司作为申请人可以共享集团部分研发能力，如母乳营养成分、临床应用效果、部分研发设计等研发能力。

为提升产品品质，可对产品配方进行创新，鼓励婴幼儿配方乳粉产品配方研发和创新，结合母乳研究成果优化配方，提升婴幼儿配方乳粉品质。《办法》要求同一企业申请注册两个以上同年龄段产品配方时，产品配方之间应当有明显差异，并经科学证实。每个企业原则上不得超过三个配方系列九种产品配方。

为充分利用企业产能，满足市场需求，优化营商环境，将集团全资子公司间的配方调配调整为企业集团母公司及其控股子公司间可进行配方调配，组织生产前，企业集团母公司应当充分评估配方调用的可行性，确保产品质量安全，并向国家市场监督管理总局提交书面报告。企业集团母公司应说明配方调配具体原因，充分评估生产工艺可行性，保证调配后配方与注册证书一致，拟定并有效执行相适应的质量管控措施，保证调配方生产质量安全以及产品稳定。

注册程序及时限要求：《办法》规定了婴幼儿配方乳粉产品配方注册工作的程序及其时限，主要有以下几点。

① 行政受理及其时限。受理机构按照《办法》规定接收申请材料，在5个工作日内完成对申请材料的审查，作出是否受理的决定。

② 技术审评及其时限。审评机构应当对申请配方的科学性和安全性以及产品配方声称与产品配方注册内容的一致性进行审查，自受理之日起六十个工作日内完成审评工作。特殊情况下需要延长审评时限的，经审评机构负责人同意，可以延长二十个工作日，延长决定应当书面告知申请人。

③ 现场核查及其时限。需要开展现场核查的，审评机构应当通过书面或者电子等方式告知申请人核查事项，申请人三十个工作日内反馈接受现场核查的日期。因不可抗力等原因无法在规定时限内反馈的，申请人应当书面提出延期申请并说明理由。审评机构自申请人确认的现场核查日期起二十个工作日内完成现场核查。

④ 抽样检验及其时限。检验机构应当自收到样品之日起二十个工作日内按照食品安全国家标准和申请人提交的测定方法完成检验工作，并向审评机构出具样

品检验报告。

⑤ 行政审批及其时限。国家市场监督管理总局自受理之日起二十个工作日内作出决定。

⑥ 发出决定及其时限。审评机构应当自国家市场监督管理总局作出决定之日起十个工作日内向申请人送达婴幼儿配方乳粉产品配方注册证书或者不予注册决定书。

⑦ 境外注册时限。对境外生产企业现场核查、抽样检验的工作时限，根据实际情况确定。

标签、说明书要求：婴幼儿配方乳粉标签、说明书应当符合法律、法规、规章和食品安全国家标准，并按照国家市场监督管理总局的规定进行标识。

① 产品名称中有动物性来源字样的，其生乳、乳粉、乳清粉等乳蛋白来源应当全部来自该物种。

② 配料表应当将食用植物油具体的品种名称按照加入量的递减顺序标注。

③ 营养成分表应当按照婴幼儿配方乳粉食品安全国家标准规定的营养素顺序列出，并按照能量、蛋白质、脂肪、碳水化合物、维生素、矿物质、可选择性成分等类别分类列出。

④ 声称生乳、原料乳粉等原料来源的，应当如实标明具体来源国或者具体来源地，不得使用"进口奶源""源自国外牧场""生态牧场""进口原料""原生态奶源""无污染奶源"等模糊信息。

⑤ 标签应当注明婴幼儿配方乳粉适用月龄，可以同时使用"1段""2段""3段"的方式标注。同时规定了标签、说明书禁止声称的内容，如涉及疾病预防、治疗功能，明示或者暗示具有增强免疫力、调节肠道菌群等保健作用，明示或者暗示具有益智、增抵抗力、保护肠道等功能性表述；对于按照法律法规和食品安全国家标准等不应当在产品配方中含有或者使用的物质，以"不添加""不含有""零添加"等字样强调未使用或者不含有；虚假、夸大、违反科学原则或者绝对化的内容；使用"进口奶源""源自国外牧场""生态牧场""进口原料""原生态奶源""无污染奶源"等模糊信息；与产品配方注册内容不一致的声称；使用婴儿和妇女的形象，"人乳化""母乳化"或者近似术语表述；其他不符合法律、法规、规章和食品安全国家标准规定的内容。

监管：《办法》明确了各机构的责任，监管范围及对于其他撤销注册的情形进行了说明。包括承担技术审评、现场核查、抽样检验的机构和人员应对出具的审评结论、现场核查报告、产品检验报告等负责。

市场监督管理部门接到有关单位或者个人举报的婴幼儿配方乳粉产品配方注册工作中的违法违规行为，应当及时核实处理。

未经申请人同意，参与婴幼儿配方乳粉产品配方注册工作的机构和人员不得披露申请人提交的商业秘密、未披露信息或者保密商务信息，法律另有规定或者涉及国家安全、重大社会公共利益的除外。

有下列情形之一的，国家市场监督管理总局根据利害关系人的请求或者依据职权，可以撤销婴幼儿配方乳粉产品配方注册：工作人员滥用职权、玩忽职守作出准予注册决定的；超越法定职权作出准予注册决定的；违反法定程序作出准予注册决定的；对不具备申请资格或者不符合法定条件的申请人准予注册的；依法可以撤销注册的其他情形。

有下列情形之一的，由国家市场监督管理总局注销婴幼儿配方乳粉产品配方注册：企业申请注销的，企业依法终止的，注册证书有效期届满未延续的，注册证书依法被撤销、撤回或者依法被吊销的，法律、法规规定应当注销的其他情形。

法律责任：《办法》在《食品安全法》等相关法律法规的基础上主要对申请人隐瞒有关情况或者提供虚假材料申请婴幼儿配方乳粉产品配方注册的，以欺骗、贿赂等不正当方式取得婴幼儿配方乳粉产品配方注册证书的，未依法进行变更申请的，伪造、涂改、倒卖、出租、出借、转让婴幼儿配方乳粉产品配方注册证书的等情形给出了罚则规定，同时也对市场监督管理部门及其工作人员对不符合条件的申请人准予注册，或者超越法定职权准予注册的，也给予了明确的惩罚规定。

9.3.1.3 《办法》实施的目的意义

《办法》的公布下发是加强婴幼儿配方乳粉质量安全监管的又一重大举措，针对目前婴幼儿配方乳粉生产企业中存在的问题，在申请注册、标签说明、监管办法和法律责任等方面作出科学详尽的规范，进一步提升国内婴幼儿配方乳粉生产门槛，保障我国婴幼儿配方乳粉质量安全。《办法》修订结合实施过程中的行业关注点，进一步明确规范相关要求，有助于企业投入研发创新，承担主体责任，更新换代更丰富的产品。主要体现在以下四个方面：

① 优化营商环境。随着近几年婴幼儿配方乳粉行业集中度的升高及产业结构优化升级，逐步转变为由大型乳品企业通过资产重组、兼并收购中小及区域乳企等方式带来的产业协同效应，扩大生产规模，从而加强对奶源以及销售渠道的控制。新《办法》顺应行业发展变化规律，允许经企业集团充分评估后，集团母公司及其控股子公司间均可配方调用，有助于资源优势整合，实现产能效率最大化。

② 鼓励研发创新。集团公司的研发根据全球布局，会设置不同的研发中心，根据集团研发需求、目标配置资源，基础性研发往往集中在集团层面，生产企业属于集团的一部分，其研发能力主要来自于集团，新《办法》鼓励企业集团研发，允许控股子公司作为申请人的，共享集团部分研发能力，有助于集团公司集中研

发力量，优化资源配置。

③ 明确审批流程。新《办法》优化办理流程时限，将检验时限从三十个工作日压缩到二十个，补发证书时限从二十个工作日压缩到十个工作日，提升审评审批效率。

④ 促进行业发展。新《办法》以行业健康发展为导向，结合审评审批工作实际，在企业研发生产、现场核查情形、违法处置等方面进行了修订，为婴幼儿配方乳粉行业健康良性有序发展提供了坚实保障。

9.3.1.4　注册材料的要求

《婴幼儿配方乳粉产品配方注册申请材料项目与要求（试行）》（以下简称《项目与要求》）于 2016 年 10 月 29 日发布实施（2016 年 175 号公告），经过一段时间的试运行并收集各方意见，为进一步推进婴幼儿配方乳粉产品配方注册工作更加科学高效，国家市场监督管理总局经过反复研究和论证，决定对《项目与要求》部分内容进行修订。本次修订遵循三个原则。①落实"四个最严"要求。将婴幼儿配方乳粉产品配方注册工作中体现法律法规和食品安全国家标准执行所必需的材料项目和要求进一步予以明确。②落实企业主体责任。明确企业在原辅料把关、稳定性研究等配方研发和实现过程中作为责任主体应履行的义务，及企业作为配方注册申报主体对所提供材料的真实性、完整性、合法性负责。③落实国务院放、管、服工作要求。在不降低标准的前提下，根据国内外存在标准差异，按照等效性原则进行判定，减少企业重复提交文献资料，减轻企业研究成本压力，梳理配方注册与生产许可、日常监管和监督抽检等事中事后监管中申报材料和评审核查等工作，既避免企业重复申报和重复审查，也避免造成监管环节中存在的真空。

对申请人如何申请注册、申请材料排版要求、申请材料打印要求、申请材料提交要求等内容进行规定，具体内容如下：

① 申请人通过现国家市场监督管理总局网站（www.cfda.gov.cn）或现国家市场监督管理总局食品审评机构网站（www.bjsp.gov.cn）进入婴幼儿配方乳粉产品配方注册申请系统，按规定格式和内容填写并打印国产婴幼儿配方乳粉产品配方注册申请书（附表 1）、进口婴幼儿配方乳粉产品配方注册申请书（附表 2）、国产婴幼儿配方乳粉产品配方变更注册申请书（附表 3）、进口婴幼儿配方乳粉产品配方变更注册申请书（附表 4）、国产婴幼儿配方乳粉产品配方延续注册申请书（附表 5）、进口婴幼儿配方乳粉产品配方延续注册申请书（附表 6）。

② 申请人应当在注册申请书后附上相关申请材料，按照注册申请书中列明的"所附材料"顺序排列。整套申请材料应有详细材料目录，目录作为申请材料首页。

③ 整套申请材料应当装订成册，每项材料应有封页，封页上注明产品名称、

申请人名称，右上角注明该项材料名称。各项材料之间应当使用明显的区分标志，并标明各项材料名称或该项材料所在目录中的序号。

④ 申请材料使用 A4 规格纸张打印（中文用宋体且不得小于 4 号字，英文不得小于 12 号字），内容应完整、清楚，不得涂改。

⑤ 除注册申请书和检验机构出具的检验报告外，申请材料应逐页或骑缝加盖申请人公章或印章，境外申请人无公章或印章的，应加盖驻中国代表机构或境内代理机构公章或印章，公章或印章应加盖在文字处。加盖的公章或印章应符合国家有关用章规定，并具法律效力。

⑥ 申请材料中填写的申请人名称、地址、法定代表人等内容应当与申请人主体资质证明文件中相关信息一致，申请材料中同一内容（如申请人名称、地址、产品名称等）的填写应前后一致。加盖的公章或印章应与申请人名称一致（驻中国代表机构或境内代理机构除外）。

⑦ 申请人主体资质证明材料、原辅料的质量安全标准、产品配方、生产工艺、检验报告、标签和说明书样稿及有关证明文件等申请材料中的外文，均应译为规范的中文；外文参考文献（技术文件）中的摘要、关键词及与配方科学性、安全性有关部分的内容应译为规范的中文（外国人名、地址除外）。申请人应当确保译本的真实性、准确性与一致性。

⑧ 申请人提交补正材料，应按《婴幼儿配方乳粉产品配方审评意见通知书》的要求和内容，将有关项目修改后的完整材料逐项顺序提交，并附《婴幼儿配方乳粉产品配方审评意见通知书》原件或复印件。

⑨ 申请人应当同时提交申请材料的原件 1 份、复印件 5 份和电子版本；审评过程中需要申请人补正材料的，应提供补正材料原件 1 份、复印件 4 份和电子版本。复印件和电子版本由原件制作，其内容应当与原件一致，并保持完整、清晰。申请人对申请材料的真实性、完整性、合法性负责，并承担相应的法律责任。

⑩ 各项申请材料应逐页或骑缝加盖公章或印章后，扫描成电子版上传至婴幼儿配方乳粉产品配方注册申请系统。

首次进行注册申请的申请人需要提交完整的注册材料，包括婴幼儿配方乳粉产品配方注册申请书，申请主体资质证明文件，原辅料的质量安全证明产品配方，产品配方研发论证报告、产品生产工艺说明，产品检验报告，研发能力、生产能力、检验能力的证明材料，标签和说明书样稿及其声称的说明、证明材料，保证产品的科学性，材料共包括 9 部分的内容，具体要求如下：

（1）婴幼儿配方乳粉产品配方注册申请书

① 产品名称

a. 产品名称由商品名称和通用名称组成，每个产品只能有一个产品名称，产品名称应使用规范的汉字。申请注册的进口婴幼儿配方乳粉还可标注英文名称，英文名称应与中文名称有对应关系。

b. 应当符合有关法律法规和食品安全国家标准的规定，不应包含下列内容：虚假、夸大、违反科学原则或者绝对化的词语；涉及预防、治疗、保健功能的词语；明示或者暗示具有益智、增加抵抗力或者免疫力、保护肠道等功能性表述；庸俗或者带有封建迷信色彩的词语；人体组织器官等词语；其他误导消费者的词语，如使用谐音字或形似字足以造成消费者误解的。

c. 同一系列不同适用月龄的产品，其商品名称应相同或相似。根据产品适用月龄，通用名称应为"婴儿配方乳（奶）粉（0～6月龄，1段）"、"较大婴儿配方乳（奶）粉（6～12月龄，2段）"、"幼儿配方乳（奶）粉（12～36月龄，3段）"。

② 工艺类别

a. 核实实际生产工艺，如实填写申请书的工艺类别。

b. 申请人名称，组织机构代码/统一社会信用代码，生产地址，通讯地址等申请书中的统一信息填写。

c. 依据营业执照信息准确无误填写。

③ 其他需要说明的问题

a. 产品配方曾经不予注册的，应对相关情况及原因进行说明，并提交原配方不予注册决定书复印件。

b. 说明产品配方是否为已经上市销售产品的配方，如为已上市销售产品的配方，应当说明产品名称、上市销售时间、销售国家或者区域等情况。

c. 其他需要说明的问题。

（2）申请人主体资质证明文件

① 申请人对他人已取得的专利不构成侵权的保证书。

② 产品名称不构成侵权的保证书。

③ 申请人合法有效的主体登记证明文件复印件。

④ 产品已经上市销售的，提交申请人为该上市产品合法生产企业的证明材料。

⑤ 商品名称含注册商标的，应提供国家商标注册管理部门批准的商标注册证书复印件，商标使用范围应符合要求。商标注册人与申请人不一致的，应提供申请人可以合法使用该商标的证明材料。

a. 商标注册证书，商标许可授权函。

b. 商标授权使用期限要长于注册有效期，即在申请变更时授权商标的使用期限要长于新注册批准到注册证书到期日的时间。

⑥ 进口产品

a. 由境外申请人常驻中国代表机构办理注册事务的，提交《外国企业常驻中国代表机构登记证》复印件。

b. 境外申请人委托境内代理机构办理注册事务的，提交经过公证的授权委托书原件及其中文译本，以及受委托的代理机构营业执照复印件。

c. 境外申请人的主体登记证明文件：通过中国国家认证认可监督管理委员会进口婴幼儿配方乳粉境外生产企业注册的，提交进口婴幼儿配方乳粉境外生产企业注册的证明文件复印件。无上述材料的，应提交产品生产国（地区）政府主管部门或者法律服务机构出具的注册申请人为境外生产企业的资质证明文件。

d. 授权委托书中应载明出具单位名称、被委托单位名称、委托申请注册的产品名称、委托事项及授权委托书出具日期。授权委托书的委托方应与申请人名称一致。

e. 同一委托书中可包含一个产品也可以包含多个产品。

（3）原辅料的质量安全标准

① 食品原料、食品添加剂的品种、等级和质量要求应当符合食品安全国家标准和（或）相关规定，并提交食品安全国家标准号和（或）国务院卫生行政部门公告名称，且食品添加剂可以执行药典标准，申请材料提交公告名称即可。

② 应提交基粉实际执行的质量安全标准及生产基粉所用原辅料执行的质量安全标准。

③ 无国标的原辅料质量安全标准（包括单体）应提供申请人企业标准、供应商企业标准或产品质量规格书文本。

④ 按照配方全部展开的原辅料均需提供质量安全标准。质量安全指标需要符合 GB 2761、GB 2762 等标准的要求。

⑤ 复配食品添加剂（包括配方中提到的各种情况下的复配食品添加剂情况）：

a. 如果提供的复配原料是执行 GB 26687 的要求，那么原料要严格执行该标准定义。

b. 如果是包埋类的食品添加剂，应提供原料的控制标准、质量标准或者质量规格书。上述执行标准中，要包括原料的质量安全指标和有效成分控制指标要求。

⑥ 原料脱盐乳清粉、浓缩乳清蛋白粉等执行《食品安全国家标准 乳清粉和乳清蛋白粉》（GB 11674—2010）规定的原料，需提供符合该标准中脱盐乳清粉、浓缩乳清蛋白粉要求的相关证明材料，并说明指标不同之处，灰分指标提供符合《婴幼儿配方乳粉生产许可审查细则（2022 版）》要求的相关证明材料。

（4）产品配方

① 配方组成

a. 按照加入量递减顺序列出使用的食品原料和食品添加剂，加入量不超过 2% 的配料可以不按递减顺序排列。食品原料和食品添加剂的名称应符合食品安全国家标准。不得添加国家标准法规规定以外的其他物质。

b. 使用复合配料和复配食品添加剂的，在配方组成中标示复合配料和复配食品添加剂的名称，并在其后加括号，按递减顺序一一标示复合配料和复配食品添加剂的各组成成分，加入量不超过 2% 的配料可以不按递减顺序排列。食用植物油应按照加入量的递减顺序标示具体的品种名称。

c. 产品名称中有动物性来源的，应当在配方组成中标明使用的生乳、乳粉、乳清（蛋白）粉等乳制品原料的动物性来源。同一乳制品原料有两种以上动物性来源的，应当标明各种动物性来源原料所占比例。

② 配方用量表

a. 配方用量表按制成 1000kg 婴幼儿配方乳粉所用食品原料和食品添加剂的量计算。应当与试制样品的食品原料和食品添加剂的实际投料量一致，不得以百分比标示。在原料种类不变、符合配料表顺序和营养成分含量要求的条件下，实际生产时食品原料和食品添加剂的使用量允许在一定范围内合理波动或调整。试制样品时，不需要按照配方用量表制成 1000kg 产品投料，可按配方用量表等比例放大或缩小投料。

b. 生乳等液态原料按实际投入量填写，不需要折合成干物质填写。

c. 复合配料在配方用量表中的标示：配方用量表应当列出使用的全部食品原料和食品添加剂的名称和用量，标签配料表中标示的配料均需提供其用量。对于复合配料，应提供复合配料的用量以及其中各组成成分的用量，复合配料中含有的不在最终产品中发挥功能作用的辅料，如不在配方用量表中列出，应说明不列出的理由。

d. GB 14880 中规定使用量的，应标示所使用原辅料的添加量以及其中有效成分的用量。

e. 制剂中的辅料用量需要符合 GB 2760、GB 14880 的要求，如果在婴幼儿配方食品国标及 GB 2760 中没有规定的，名单可执行欧盟标准 EC 1333/2008，同时量也要符合欧盟 EC 1333/2008 的规定，并提供计算过程。

f. 复配食品添加剂，如果此类原料全部展开后的成分存在"适用范围不包括婴幼儿配方食品的"情况的，那么这类原料就是不允许使用的。

g. 复配食品添加剂、复配营养强化剂，在配方用量表中，各个组分的单体的和要与该复配食品添加剂或复配营养强化剂的量一致。

h. 营养强化剂在配方用量表中的标示：配方用量表中食品原料和食品添加剂的名称应与配方组成具有一致性。由于每种营养强化剂有一种或多种化合物来源，在配方用量表中应标示化合物名称（按照 GB 14880 附录表 C.1 中化合物来源项下的名称标示），不能标示为营养素名称。

i. 配方用量表中食品原料和食品添加剂使用量的计量单位应依据法定计量单位，用质量克（g）、千克（kg）标示。

j. 规范标注注册证书批件中配方用量表各原料名称的表述方式。

③ 营养成分表

a. 营养成分应当按照在每 100kJ 和每 100g 中的含量标示，可同时标示每 100mL 中的含量。

b. 营养成分应当按照《食品安全国家标准　婴儿配方食品》（GB 10765）、《食品安全国家标准　较大婴儿配方食品》（GB 10766）和《食品安全国家标准　较大婴儿和幼儿配方食品》（GB 10767）规定的顺序列出。除 GB 10765、GB 10766 和 GB 10767 规定之外的，按《食品安全国家标准　食品营养强化剂使用标准》（GB 14880）等规定的顺序列出，并按照能量、蛋白质、脂肪、碳水化合物、维生素、矿物质、可选择性成分等类别分类列出。

c. 营养成分的名称、标示单位应与食品安全国家标准中的标示一致。

d. 营养成分表既是对申请材料的要求也是对标签中营养成分表的要求。标签上的营养成分表应与批准注册的营养成分表（营养成分名称、顺序、标示单位、数值）一致。申请材料中营养成分表的数值是产品的标签值。各营养素标签明示值高于（低于）理论设计值，请补充提供相关数据材料进行说明。

e. 注册申请系统中填报的配方组成、配方用量表、营养成分表应与纸质申请材料中的产品配方一致。审评中以系统填报信息为准。注册申请系统中填报的营养成分表、纸质申请材料应与"（4）产品配方"中的营养成分表以及提交的标签中的营养成分表具有一致性。

（5）产品配方研发论证报告

① 阐述产品配方特点、研发目的。

② 证明配方科学性、安全性的充足依据。

证明配方科学性、安全性的充足依据可来自：试验资料、相关国内外法规标准、营养指南或专著、营养数据资料、其他相关研究文献及长期上市食用历史资料等。使用上述资料的，仅提交相关资料的目录或摘要即可。

③ 污染物、微生物、真菌毒素等可能含有的危害物质的控制方案。

添加活性菌种的配方，需提交菌株溯源、杂菌污染防控等相关材料，包括菌株原料的来源说明、菌株鉴定报告以及因使用菌株可能引起产品杂菌污染的防控措施（如活性菌原料的质量规格和检测报告、活性菌原料管理、成品生产相关过程控制、成品中相关项目检测等措施）。

④ 商业化生产工艺验证报告。包括对样品均匀性、工艺稳定性及营养成分符合性分析。

a. 同一配方，不同包装规格的产品不需要分别进行生产工艺验证。

b. 使用基粉生产的配方使用三批次基粉进行商业化生产工艺验证。干湿复合工艺应验证从湿法工艺的投料开始，至成品包装结束的三批次完整的工艺过程。除了以上指标，还应对干混所有指标进行分析。

c. 工艺验证中样品均匀性指标中至少应包括宏量成分、矿物质、维生素、可选择性成分及其他不易混匀的成分。

d. 提交工艺验证报告中3批次生产的原辅料投料量、理论产量、实际产量信息。

⑤ 配方明显差异性说明

a. 已上市产品，涉及到新旧检验方法差异导致营养成分标示值改变的项目，由申请人提供材料证明为同一配方。

b. 申请人申请注册两个以上同年龄段产品配方时，阐述申请注册配方与申请人同年龄段其他配方相比具有的特点及明显差异。

c. 产品配方及其差异性的基础应为母乳研究、营养学研究成果。配方明显差异性应遵循下列原则之一：产品配方主要原料所提供的宏量营养素，如蛋白质、脂类、碳水化合物组分具有明显差异；可选择性成分营养特性的选择具有明显差异。明显差异性的科学证实材料包括与母乳数据的比较或相关营养学研究成果，还可同时提交婴幼儿喂养试验（或针对性动物实验）或其他相关研究文献。将申请注册的产品配方与申请人同年龄段其他配方进行明显差异性比较说明时除文字阐述之外需以对照列表方式将上述存在差异的原辅料的种类和用量等内容列明。

d. 通过"注销＋注册"通道提交的注册材料，要有已经注册配方与拟注册配方之间的差异性对比说明，包括说明一份、配方组成及配方用量表对比、营养成分表对比。

（6）生产工艺说明

① 生产工艺文本及流程图

a. 首先文字清晰，标明主要生产工序、关键生产控制环节、工艺参数、关键控制点、分区等。

b. 核实工艺流程图中"非食品加工区"和"一般作业区"的作业区划分，说明"非食品加工区"和"一般作业区"划分的理由和合理性。

② 相关生产设备（名称、型号）、关键控制点控制参数和控制措施。

（7）产品检验报告

① 提交不少于3批次按照申请注册产品配方生产的产品检验报告，其中不少于1批次为通过商业化生产线生产的产品检验报告。企业可自行检验，也可委托有法定资质的食品检验机构进行检验。

② 检验项目应为有关法律法规和婴幼儿配方乳粉食品安全国家标准规定的全

部项目。检测方法应符合 GB 10765、GB 107666 和 GB 10767 及相关国家标准的规定。国家标准未规定的，申请人应提交检测方法及方法学研究与验证材料，采用国际和国外标准的，应当提交标准文本和全文中译文。

③ 全项目检测报告，检测用国标方法，无国标方法的需要附本工厂/第三方出具检测报告机构的方法学验证报告，检测报告需要附原件，且报告中的所有项目应出同一检验机构出具，检验报告中的结果必须通过检验得出，不可通过配方计算（能量和碳水化合物除外）。

④ 检验报告应注明样品名称、数量、生产日期、生产批号、执行标准、检验项目、标准指标、检验数据、检测方法、单项判定、检验结论、检验时间、检验报告编号等信息，应当由生产企业质量负责人或质量授权人签名并盖公章。检验报告由具有法定资质的食品检验机构出具的，应当有检验机构负责人签名并盖公章。

⑤ 为了保证不同批次产品间检验数据的可比性，同一配方三个批次产品应委托同一家检验机构检验。

⑥ 提交注册材料时应当提交婴幼儿配方乳粉基粉的检测报告。报告出具项目需覆盖国标项目，基粉指标不允许覆盖在国标范围内。基粉配料的质量检验报告可不再提供。

⑦ 境外申请人应提交实施逐批检验的检验机构名称及其法定资质证明材料：法定资质证明材料是指所在国官方认可的食品检验机构资质认定证书复印件。须提供第三方检测报告。

（8）研发能力、生产能力、检验能力的证明材料

① 已上市产品生产企业应提交以下材料：境内已取得食品生产许可证的婴幼儿配方乳粉生产企业应提交食品生产许可证复印件（含正本、副本及品种明细）；境外已取得进口注册证书的婴幼儿配方乳粉生产商，应提交进口注册证书复印件。

② 新申请企业的申报材料：

a. 研发能力证明材料。至少应包括产品营养素设计值和（或）标签值的确定依据、原料本底相关营养数据研究、营养素在生产过程中和货架期衰减研究、营养素设计值和（或）标签值检测偏差范围研究，以及配方组成选择依据和用量设计值、配方验证纠偏过程与结果、产品企业内控标准的确定，不应缺项。

b. 生产能力证明材料——新申请企业。产品的主要生产设备、设施清单和生产场所平面图以及申请人执行粉状婴幼儿配方食品良好生产规范要求以及实施危害分析和关键控制点体系的证书或材料。

c. 检验能力证明材料——新申请企业。自行检验的，应提交检验人员、检验设备设施、全项目资质的基本情况；不具备自行检验能力的，应提交实施逐批检验的检验机构名称及其法定资质证明材料等。

（9）标签和说明书样稿及其声称的说明、证明材料

① 提交申请注册产品配方的标签、说明书样稿及其声称的说明、证明材料。

② 申请人应当提交申请注册产品配方的所有包装规格产品的标签和说明书样稿，有标签但无说明书的，应在申请材料中注明。

③ 标签标注内容应包括产品信息、企业信息、使用信息、储存条件及法律法规或者食品安全国家标准规定需要标明或可以标明的其他事项或信息。

④ 标签中可选择标注内容包括：食品安全国家标准允许的含量声称和功能声称，但应以文字形式标识在非主要展示版面；获得认证项目，可以文字或认证标识标注在非主要展示版面，并提交认定证书复印件；用于产品追溯、提醒或警示、产品售后服务的信息。

⑤ 申请人提交多个规格标签样稿的，除规定的材料外还需提交确认书。确认书中主要内容应包括：本企业申请的相同配方多个规格标签样稿的内容（除净含量、食用方法、保质期等本身存在差异的内容外）、格式及颜色均一致。

9.3.1.5 审评和审批流程

为使婴幼儿配方生产企业熟悉注册流程，明确注册审评流程，依据《中华人民共和国食品安全法》（中华人民共和国主席令第 21 号）、《婴幼儿配方乳粉产品配方注册管理办法》（国家市场监督管理总局令第 26 号，以下简称《办法》）等要求，国家市场监督管理总局于 2018 年 10 月 1 日发布了《婴幼儿配方乳粉产品配方注册审批服务指南》（以下简称《指南》），明确了婴幼儿配方乳粉产品配方注册审批事项的申请和办理的相关要求。《指南》对注册审评机构，决定机构、审批数量要求及禁止性要求进行了说明，并分别对婴幼儿配方乳粉产品配方注册申请、婴幼儿配方乳粉产品配方变更注册、婴幼儿配方乳粉产品配方延续注册的受理、技术审评审查要求进行了细化。

国家市场监督管理总局食品审评中心为受理机构，国家市场监督管理总局为决定机构，《办法》中明确规定每个生产企业原则上不超过 3 个系列 9 个配方的要求与《指南》的审批数量要求相一致，且提出的禁止性要求如下。

① 原辅料不符合相应的食品安全相关标准和（或）相关规定的；

② 现场核查结论为"不符合"的；

③ 检验报告结果与配方不符或不符合产品执行标准或国家标准规定的；同一申请人不同系列同年龄段配方无明显差异的；

④ 除证明文件外，申请材料不全或模糊不清而影响审评的；

⑤ 申请材料内容矛盾、不符，真实性难以保证的；

⑥ 科学依据不充足或申请材料无法保证配方安全性、科学性的；

⑦ 逾期未提供补正材料或者未完成补正的；

⑧ 其他与相关法律法规、标准、规范不相符的情况。

9.3.1.6 变更管理

变更是婴幼儿配方乳粉产品配方注册过程中的重要工作，依据《婴幼儿配方乳粉产品配方注册管理办法》（国家食品药品监督管理总局令第 26 号，以下简称《办法》）规定，标签和说明书涉及婴幼儿配方乳粉产品配方的，应当与获得注册的产品配方内容一致。为做好标签变更工作，国家市场监督管理总局下发了《总局关于婴幼儿配方乳粉产品配方注册标签变更有关事项的公告》（2017 年第 150 号）（以下简称《公告》），对标签变更事项进行了明确规定。2021 年 3 月 18 日，新修订的食品安全国家标准《食品安全国家标准　婴儿配方食品》（GB 10765—2021）、《食品安全国家标准　较大婴儿配方食品》（GB 10766—2021）、《食品安全国家标准　幼儿配方食品》（GB 10767—2021）正式发布，于 2023 年 2 月 22 日正式实施。为做好新国标过渡期配方注册工作，国家市场监管总局发布了《关于婴幼儿配方乳粉产品配方注册有关事宜的公告》（2021 年第 10 号），就过渡期内注册申报分类管理、配方调整研发等内容进行了明确。为进一步指导申请人科学开展配方研发及试生产工作、规范注册材料申报，市场监管总局整理形成了《婴幼儿配方乳粉产品配方注册问答》。

（1）标签变更　2017 年第 150 号公告规定婴幼儿配方乳粉产品配方注册证书有效期内，需要变更标签中产品名称，企业名称、生产地址名称，配料表、营养成分表，食品安全国家标准允许的含量，注册商标、图形、产品标准代号、认证项目和其他涉及产品配方注册一致性的内容时，应当按照法定程序向国家食品药品监督管理总局（现国家市场监督管理总局）提出变更申请。

2017 年第 150 号公告指出婴幼儿配方乳粉产品配方注册证书有效期内，标签中生产日期、保质期、使用方法、食用量、储存条件、注意事项，以及产品追溯、提醒或警示、产品售后服务的信息变化的；生乳、原料乳粉等原料来源地、来源国的声称变化的；主要展示版面除商标和产品名称外内容的位置，以及非主要展示版面内容的位置变化的；商标持有人、代理商、生产许可证编号（境外生产企业注册编号）、联系方式（二维码、电话等）变化的；认证标志、标签色彩变化的；产品规格（净含量）变化的；其他不涉及产品配方注册一致性的内容变化事项可自行修改，不需提交变更申请。

《公告》指出，申请标签变更的具体程序按照《婴幼儿配方乳粉产品配方注册管理办法》第二十六条相关规定办理。申请变更和自行修改的标签均应当符合法律、法规、规章和食品安全国家标准等规定的内容和形式要求。产品配方注册时提交的说明书样稿需要变更的，可自行修改，不需提交变更申请，但应当符合法律、法规、规章和食品安全国家标准等规定的内容和形式要求。

因标签变更涉及企业生产规划调整，新旧标签包材的切换采购，国家市场监督管理总局根据《食品安全法》《婴幼儿配方乳粉产品配方注册管理办法》有关规定，对配方注册变更后配方及标签更替问题进行了说明。在保障婴幼儿配方乳粉产品配方科学性、安全性的前提下，为节约资源、避免不必要的浪费，产品配方（含标签）变更注册批准后，申请人应当自批准之日起3个月内完成产品配方和标签更替。产品配方和标签更替后，申请人应当停用原配方和标签，并将有关情况向所在地市场监管部门报告。产品配方和标签更替前生产的产品可以销售至保质期结束。

（2）注册变更

《婴幼儿配方乳粉产品配方注册问答》针对新国标注册不同调整变化采取不同的注册方式给了明确说明。对已获注册的产品配方，申请人按新国标调整配方的，原则上按变更注册办理，如0～6月龄（1段）增加胆碱，6～12月龄（2段）增加胆碱、硒、锰、维生素、矿物质的化合物来源和食品添加剂制剂有效成分含量调整等情形。

已注册配方按新国标调整需变更办理的情形包括：

① 全脂乳粉和脱脂乳粉调整为相应的生乳和脱脂乳，乳清蛋白粉调整为乳清蛋白、脱盐乳清粉调整为脱盐乳清等原料固液性状发生变化的；

② 提供蛋白质、脂肪、碳水化合物等宏量营养素的主要原料品种发生调整（例如脱盐乳清粉调整为乳清蛋白粉）的；

③ 产品名称中有动物性来源，乳原料调整为相同动物性来源（如羊乳粉中的脱盐牛乳清粉调整为脱盐羊乳清粉）的；

④ 维生素、矿物质的化合物来源或食品添加剂品种发生调整（例如醋酸视黄酯调整为棕榈酸视黄酯，氢氧化钾调整为柠檬酸钾）的；

⑤ 单体原料调整为制剂原料或反之；

⑥ 原料组合形式发生调整（例如复合配料变成单体原料）的；

⑦ 作为辅料的麦芽糊精、乳糖等原料品种发生调整的；

⑧ 营养成分表中营养成分项目或标示值发生调整（属于注销原配方申请新配方情形的除外）的；

⑨ 原标准属于可选择成分，因新标准调整为必需成分而增加原料品种或营养成分的；

⑩ 属于其他变更情形的。

已获注册的产品配方增加或去除可选择性成分的，按注销原配方申请新配方注册办理。其中，涉及膳食纤维（包括低聚果糖、低聚半乳糖、多聚果糖、棉子糖、聚葡萄糖、酵母 β-葡聚糖）、核苷酸以及可用于婴幼儿食品的菌种等三类原料的，仅当添加或去除某一类原料时（不包括同一类别内原料品质调整），按注销原配方申请新配方注册办理。

针对新国标调整的变更注册所提交的注册申请材料与原注册相比，提交材料有所减少，仅提交婴幼儿配方乳粉产品配方注册申请书（或变更注册申请书），配方调整的相关研发论证材料，产品配方，生产工艺说明（注册证书载明工艺发生变化时需提交），产品检验报告，产品稳定性研究材料，标签样稿。而对于产品的申请人主体资质证明文件、原辅料的质量安全标准这两部分材料无需提交，其中配方调整的相关研发论证材料新增了与已注册配方的调整内容（如原料和食品添加剂标准、配方组成及用量表、营养成分表等）的"列表对比"，"并对调整的情况及理由进行说明"的要求。同时特别说明对于未发生变化的材料可不重复提交，如原料和食品添加剂执行标准未发生变化的，污染物、微生物、真菌毒素等可能含有的危害物质的控制方案未发生变化的，其中对于产品货架期稳定性研究材料无论是按变更注册还是新配方注册均需提交。申请人可以提交加速试验研究材料，也可以提交长期试验材料。

9.3.2 生产规范管理要求

婴幼儿配方食品生产规范管理要求对规范我国婴幼儿配方乳粉行业发展起到了重要的作用，同时企业的质量安全控制和检验能力也得到了一定的提升。规范婴幼儿配方食品生产管控的主要法规文件包括《婴幼儿配方乳粉生产许可审查细则（2022 版）》、《食品安全国家标准 婴幼儿配方食品良好生产规范》（GB 23790—2023）（2024 年 9 月 6 日实施）等。

2022 年 11 月 28 日，国家市场监督管理总局发布《婴幼儿配方乳粉生产许可审查细则（2022 版）》（以下简称《细则》），在质量安全管理、原辅料把关等多个方面，进一步提高了婴幼儿配方乳粉生产条件要求，细则是生产许可制度的重要组成部分，是对婴幼儿配方乳粉企业生产许可条件的进一步明确和规范。通过制定更加严格的细则，进一步提高婴幼儿配方乳粉企业生产条件要求，规范许可机关对生产企业开展生产许可审查工作。通过提升生产企业的管理、工艺、原料、人员、设备、检验等方面的标准，进一步保障婴幼儿配方乳粉的质量安全。

《细则》从质量安全管理、主要生产原料管理、原辅料采购管理、技术标准、工艺文件及记录管理、产品配方管理、过程管理、检验管理、产品防护管理、物料储存和分发管理、人员管理、信息化管理、产品追溯及召回管理、研发能力等全方面逐一实施规定，覆盖研发生产全过程的控制。

9.3.2.1 主要原料批批检验

原辅料是婴幼儿配方乳粉安全的第一道关口，细则明确主要原料批批检验，出具检验报告符合质量、安全要求，其生牛乳应全部来自企业自建自控的奶源基地，并逐步做到生牛乳来自企业全资或控股建设的养殖场，主要原料为全脂、脱脂乳粉的，企业应对其原料质量采取严格的控制措施。应建立原料供应商审核制度，原料供应商相对固定并定期进行审核评估；0～6个月婴儿配方食品产品所用乳清粉、乳清蛋白粉原料灰分要求严于发达国家。明确了乳清粉和乳清蛋白粉、食用植物油、维生素、微量元素等营养强化剂、食品添加剂、包装材料和生产用水等质量安全要求。

9.3.2.2 产品配方论证

婴幼儿配方乳粉的产品配方应保证婴幼儿的安全，满足其营养需要，不应使用危害婴幼儿营养与健康的物质。企业应组织生产、营养学、医学等专家对婴幼儿配方乳粉产品配方进行安全、营养等方面的综合论证。保留完整的配方设计、论证文件等资料。

9.3.2.3 过程管理

生产企业必须建立健全生产全过程的质量安全管理制度，对生产过程的关键控制点提出详细的操作规范，并要求对生产环境、生产设备运行和清洗效果、生产过程等进行验证，确保生产全过程中各个环节都能规范并有效操作，达到质量安全的目的。

9.3.2.4 检验管理

建立原辅料检测、过程检验和成品检验的管理制度，成品出厂批批检验，出厂检验合格的产品应当保留检验报告，并做好检验记录，检验合格的婴幼儿配方乳粉应标注检验合格证号，检验合格证号可追溯到相应的出厂检验报告。企业对全项目检测能力的验证频率每年至少1次。

9.3.2.5 人员管理

对企业负责人、质量管理人员、生产技术人员、检验人员及生产操作人员的资质、职责、培训等要求作了详细的规定，相关人员应掌握婴幼儿配方乳粉有关的质量安全知识，了解应承担的责任和义务，并且无违反《中华人民共和国食品安全法》规定的不良记录。

9.3.2.6 产品分段、生产工艺明确

明确婴幼儿配方乳粉分为婴儿配方乳粉（0～6月龄，1段）、较大婴儿配方乳粉（6～12月龄，2段）和幼儿配方乳粉（12～36月龄，3段）。同时为严格化生产工艺的要求，规定了湿法工艺、干法工艺和干湿法复合工艺3种生产工艺的基本流程、关键控制点技术要求及具体的审查要求。

9.3.2.7 研发能力

婴幼儿配方乳粉生产企业应建立自主研发机构，配备相应的专职研发人员，研发机构应有相适应的场所、设备、设施及资金保证。除了研发新的婴幼儿配方乳粉产品之外，还要能够跟踪评价婴幼儿配方乳粉的营养和安全，研究生产过程中存在的风险因素，提出防范措施。

9.3.2.8 全环节可追溯，实现质量安全追溯，建立消费者投诉处理机制

对生产的关键工序或关键点形成的信息建立电子信息记录系统。消费者能够从企业网站查询到标签、外包装、质量标准、出厂检验报告等信息。企业要确保对产品从原料采购到产品销售所有环节都有有效追溯和召回制度。企业建立消费者投诉处理机制，妥善处理消费者提出的意见和投诉。

9.3.3 其他监管要求

依据《中华人民共和国食品安全法》及其实施条例、《食品生产许可管理办法》《婴幼儿配方乳粉生产许可审查细则（2022版）》（以下简称《细则》）《食品安全国家标准 婴幼儿配方食品良好生产规范》（GB 23790—2023）等规范性文件及食品安全国家标准的相关规定。结合国家市场监督管理总局工作部署，保健食品审评中心组织全国范围内以婴幼儿配方乳粉生产许可核查人员为主的多领域专家对婴幼儿配方乳粉生产企业开展食品安全生产规范体系检查，体系检查工作是落实国务院食品安全重点工作安排，加强食品生产全过程监管，推动企业完善食品生产过程质量安全记录制度和食品安全追溯制度的有力手段。

9.3.3.1 食品安全生产规范体系检查工作

该项工作的主要内容包括：婴幼儿配方乳粉生产许可条件保持情况；食品安全管理制度落实情况；检验能力情况；生产记录、检验记录的真实性、完整性情况以及在国家食品安全监督抽检工作中出现不合格产品的企业对不合格产品的排

查、处置与原因分析的情况等。其中《细则》成为主要核查依据，按照《中华人民共和国食品安全法》及其实施条例、《国务院办公厅转发食品药品监管总局等部门关于进一步加强婴幼儿配方乳粉质量安全工作意见的通知》（国办发〔2022〕33 号）等有关法律法规及《食品生产许可审查通则》的规定，对企业建立食品质量安全管理制度的情况进行审核，《细则》中对如下内容进行规范要求：

① 管理制度审查内容：食品质量安全管理制度，主要生产原料管理制度，原辅料采购制度，技术标准、工艺文件及记录管理制度，产品配方管理制度，过程管理制度，检验管理制度，产品防护管理制度，物料储存和分发制度，人员管理制度，信息化管理、产品追溯及召回制度，研发能力；

② 场所核查；

③ 设备核查；

④ 设备布局、基本工艺流程、关键控制点及清场要求；

⑤ 人员核查内容包括：企业负责人、质量安全管理人员、生产管理人员和质量安全授权人，生产技术人员及检验人员，生产操作人员，人员健康证明；

⑥ 产品检验。

多年来，对于婴幼儿配方乳粉产品实际生产过程进行严格的监管，在过程监控上，主要要求企业要落实危险控制点和良好生产规范。也就是我们常说的 HACCP 体系（危害分析和关键控制点体系）和 GMP（生产质量管理规范）。并且在落实 HACCP 体系和 GMP 上，对于婴幼儿配方乳粉企业都是强制执行的。为了有效保障婴幼儿配方乳粉质量，相关政府部门已连续 9 年组织实施生乳质量安全监测计划和专项整治行动，从奶源基地建设、饲草料供应、奶站和运输车监管、奶源质量安全抽检、培训推广关键技术、政策扶持六方面出发，全面落实"确保婴幼儿配方乳粉奶源安全六项措施"，确保婴幼儿配方乳粉奶源安全。

9.3.3.2　国家多部门参与、协调行动

婴幼儿配方乳粉生产链条长，属于高风险食品，为进一步保障婴幼儿配方乳粉的质量安全，相关监管机构除对注册、生产经营方面提出要求外，还发布了《总局关于进一步加强婴幼儿配方乳粉监管有关工作的公告》《国产婴幼儿配方乳粉提升行动方案》等要求。

① 2016 年 12 月 2 日，国家食品药品监督管理总局发布《总局关于进一步加强婴幼儿配方乳粉监管有关工作的公告》（以下简称《公告》），《公告》的主要内容包括：

a. 整改过渡期结束后，允许集团公司所属婴幼儿配方乳粉工厂继续使用同一集团所属不在同一个厂区的基粉工厂生产的基粉。同时，对于使用同一集团所属

不在同一个厂区生产的基粉，或进口基粉的，婴幼儿配方乳粉生产企业应对基粉进行逐批全项目检验，确保基粉质量安全。

b. 对于使用同一集团所属不在同一个厂区生产的基粉，或进口基粉的，各省级食品药品监管部门应按照干法工艺的相关技术要求，组织实施生产许可审查或延续许可审查，符合条件的，发放"婴幼儿配方乳粉（干湿法复合工艺）"生产许可证，并在生产许可证的副页加注"干法工艺部分"。

c. 对过渡期内婴幼儿配方乳粉生产许可与产品配方注册的衔接作出规定。

② 国家多部门出台《国产婴幼儿配方乳粉提升行动方案》（简称《行动方案》）。习近平总书记强调，要下决心把乳业做强做优，让祖国的下一代喝上好乳粉。《行动方案》的主要目标是，大力实施国产婴幼儿配方乳粉"品质提升、产业升级、品牌培育"三大行动计划，国产婴幼儿配方乳粉产量稳步增加，更好地满足国内日益增长的消费需求，力争婴幼儿配方乳粉自给水平稳定在 60% 以上；产品质量安全可靠，品质稳步提升，消费者信心和满意度明显提高；产业结构进一步优化，行业集中度和技术装备水平继续提升；产品竞争力进一步增强，市场销售额显著提高，中国品牌婴幼儿配方乳粉在国内市场的排名得到明显提升。实施"品质提升行动"，持续强化产品质量保障。《行动方案》的基本原则：

a. 坚守质量底线，确保食品安全。以产品质量提升带动产业提质增效，完善质量管理机制，落实企业食品安全主体责任，全面提高产品品质和质量安全水平，提升消费者对国产婴幼儿配方乳粉的信心。

b. 坚持创新驱动，加强品牌引领。鼓励企业优化产品配方，在技术装备、质量管理、营销模式等方面大胆创新，加快产品研发创新和产业转型升级，加强国产婴幼儿配方乳粉的品牌培育。

c. 立足国内实际，找准市场定位。充分认识提升国产婴幼儿配方乳粉品质、竞争力和美誉度的长期性与艰巨性，选准产业发展突破口，找准产品市场定位，促进国产婴幼儿配方乳粉与进口产品公平竞争、错位竞争。

d. 坚持市场主导，政府支持引导。充分发挥市场在资源配置中的决定性作用，尊重企业的主体地位，强化政府在政策引导、宏观调控、监督管理等方面的作用，维护公平有序的市场环境。

为了保障婴幼儿配方乳粉的质量安全，规范企业的生产经营管理，从 2014 年起，国家食品药品监管总局"以问题为导向"，对所有检出不合格产品的婴幼儿配方乳粉生产企业均进行体系检查，即对生产企业进行体系性、全方位的检查。2015 年，国家食品药品监督管理总局对婴幼儿配方乳粉生产企业开展了食品安全生产规范体系审核又称体系审核。2016 年，国家食品药品监督管理总局决定"以预防为主"全面推进体系检查范围，即在 3 年内实现婴幼儿配方乳粉生产企业体系检查全覆盖。按照国家的法律法规。依照 GMP、食品安全标准、相关生产规范，对生产过程、整个生产管理体系进行严格检查，相当于药品 GMP 检查要求。体系审核是一项重要的监管措施，对保障产品质量安全具有重大意义。

③ 国务院部署加强婴幼儿乳粉质量安全工作，推进奶牛标准化规模养殖，按照严格的药品管理办法监管婴幼儿配方食品质量，开展婴幼儿乳粉质量安全专项行动，加强源头监管，全面清理和规范婴幼儿乳粉原料供应商及生产企业，严格监管企业落实原料收购质量把关、婴幼儿配方年发出厂全项目批批检验。

④ 2017 年 1 月，五部委联合印发《全国奶业发展"十三五"规划》，确定奶业发展主要任务，其中涉及婴幼儿配方乳粉的内容包括：优化奶源区域布局；强化奶源基地建设；支持乳品企业建设自有自控的婴幼儿配方乳粉奶源基地，鼓励研发适合中国婴幼儿的产品，培育国产品牌，四是加强乳制品质量监管。

⑤ 2018 年 6 月，国务院办公厅印发《关于推进奶业振兴保障乳品质量安全的意见》指出，①加强优质奶源基地建设。优化调整奶源布局。②完善乳制品加工体系，支持奶业全产业链建设，促进产业链各环节分工合作、有机衔接，有效控制风险。③强化乳品质量安全监管，修订提高生鲜乳等乳品国家标准，严格安全卫生要求，建立健全奶牛养殖、加工、流通等全过程乳制品质量安全追溯体系，强化婴幼儿配方乳粉管理，持续开展食品安全生产规范体系检查。大力提倡和鼓励使用生乳生产婴幼儿配方乳粉，支持乳制品企业建设自有自控的婴幼儿配方乳粉奶源基地，进一步提高婴幼儿配方乳粉产品品质。

由于婴幼儿配方产品的特殊性，生产企业在取得生产许可即产品上市后仍要接受国家及当地监管部门的监督，随着近几年国家监管力度的加大，基本实现了监督抽检的全覆盖。监督抽检就是按照国家市场监督管理总局的规定及要求对所有的婴幼儿配方乳粉生产企业的全部婴幼儿产品及品相实施月月抽检，通过抽检方式监督企业加强产品的质量管控。此外，监管部门会要求企业做好自身的监控，产品出厂时进行批批检验，保证终产品的质量。在实际的体系检查及抽检过程中还会开展一些飞行检查，针对在监督抽检过程中发现的问题进行核查，坚持"市场买样、异地抽样、月月抽检、月月公布"原则，从监督检查到最终问题的发现，包括最后的产品召回，监管部门都会在第一时间向社会公布相关监管信息，同时要求被检查企业也要向社会进行定期公布。

未来，将持续把婴幼儿配方乳粉作为食品安全监管的重中之重，加强婴幼儿配方乳粉生产企业的监督检查及风险监测，加大监管力度，综合施策，从严管理，强化婴幼儿配方乳粉产品配方注册管理，保障配方科学性、安全性。同时，加大婴幼儿配方乳粉进口产品的监管力度，严禁检测不合格乳制品进入我国，并依法对未批准入境产品做退货或销毁处理，保护消费者权益。

9.4 展望

　　未来行业会致力于为婴幼儿提供更精确、更适宜的婴幼儿配方食品，不断深耕母婴营养研究领域，为中国婴幼儿提供营养更全面的婴幼儿配方食品。例如，针对母子队列的研究，不再进行单一的母乳成分或婴幼儿营养需求的研究，而是要将母亲与婴儿结合开展队列研究，即追踪观察从孕期一直到婴儿出生以及成长过程中的数据，建立母亲-母乳-婴儿间的紧密关系，积累数据完善基础数据库，为更精准的婴幼儿营养以及更细化的婴幼儿配方食品的段位划分提供依据。另一方面需开展不同区域母乳研究，中国疆域辽阔，不同区域的母乳存在差异性，不再统一配方，根据母乳的地域差异性，设计区域化的婴幼儿配食品，更贴合不同区域的婴幼儿生长发育需求。随着科技发展，生产工艺及国家法规审批的智能化，母婴基础研究的深入，未来还可能会出现个性化定制的婴幼儿配方食品，但无论怎么变化，都是为给婴幼儿提供更适合的营养，为国家下一代的健康成长助力。

（王洪丽，景智波）

参考文献

[1] 国家技术监督局. 婴儿配方乳粉Ⅰ：GB 10765—1997. 北京：中国标准出版社，1997.

[2] 国家技术监督局. 婴儿配方乳粉Ⅱ、Ⅲ：GB 10766—1997. 北京：中国标准出版社，1997.

[3] 国家技术监督局. 婴幼儿配方粉及婴幼儿补充谷粉通用技术条件：GB 10767—1997. 北京：中国标准出版社，1997.

[4] 中华人民共和国卫生部. 食品安全国家标准婴儿配方食品：GB 10765—2010. 北京：中国标准出版社，2010.

[5] 中华人民共和国卫生部. 食品安全国家标准较大婴儿和幼儿配方食品：GB 10767—2010. 北京：中国标准出版社，2010.

[6] 中华人民共和国国家卫生健康委员会. 食品安全国家标准婴儿配方食品：GB 10765—2021. 北京：中国标准出版社，2021.

[7] 中华人民共和国国家卫生健康委员会. 食品安全国家标准较大婴儿配方食品：GB 10766—2021. 北京：中国标准出版社，2021.

[8] 中华人民共和国卫生部. 食品安全国家标准预包装食品营养标签通则：GB 28050—2011. 北京：中国标准出版社，2011.

[9] 中华人民共和国国家卫生健康委员会. 食品安全国家标准幼儿配方食品：GB 10767—2021. 2021. 北京：中国标准出版社，2021.

[10] 中华人民共和国卫生部. 食品安全国家标准食品营养强化剂使用标准：GB 14880—2012. 北京：中国标准出版社，2021.

[11] 中华人民共和国国家卫生和计划生育委员会. 食品安全国家标准食品添加剂使用标准：GB 2760—2014. 北京：中国标准出版社，2021.

[12] 中华人民共和国卫生部 . 食品安全国家标准预包装食品标签通则：GB 7718—2011. 北京：中国标准出版社，2021.

[13] 中华人民共和国国家卫生和计划生育委员会 . 预包装特殊膳食用食品标签：GB 13432—2013. 北京：中国标准出版社，2021.

[14] 中华人民共和国国家卫生和计划生育委员会 . 食品安全国家标准食品中真菌毒素限量：GB 2761—2017. 北京：中国标准出版社，2021.

[15] 中华人民共和国国家卫生健康委员会 . 食品安全国家标准食品中污染物限量：GB 2762—2022. 北京：中国标准出版社，2021.

[16] 中华人民共和国国家卫生和计划生育委员会 . 食品安全国家标准食品中致病菌限量：GB 29921—2013. 北京：中国标准出版社，2021.